21世纪高等学校规划教材 | 计算机科学与技术

JSP实训教程

（第二版）

郭新　张颖　王丽梅　编著

清华大学出版社
北京

内 容 简 介

本书作为JSP相关课程的教材,用通俗易懂的语言系统介绍了基于JSP开发所需的基础知识和技术,讲解了JSP程序设计的方法,同时辅以实例和综合实训,采用任务驱动和案例驱动的编写方法,侧重于培养学生软件设计、代码编写的应用能力,满足社会对软件人才的需要。

全书共分12章,内容包括JSP技术概述、JSP开发基础、JSP语法、JSP内置对象、JavaBean技术、Servlet技术、JSP实用组件、JSP数据库应用开发、JSP高级程序设计(包括Ajax技术和Struts、Hibernate、Spring框架技术),以及最后的3个功能全面的综合应用系统,包括投票系统、实验室网上选课系统和职业咨询预约系统。

本书可作为高等学校计算机及相关专业的JSP程序设计的实训教程,也可作为成人教育及自学考试的教材,还可作为计算机专业技术人员的参考用书。

本书封面贴有清华大学出版社防伪标签,无标签者不得销售。
版权所有,侵权必究。侵权举报电话: 010-62782989 13701121933

图书在版编目(CIP)数据

JSP实训教程/郭新,张颖,王丽梅编著. —2版. —北京:清华大学出版社,2019
(21世纪高等学校规划教材·计算机科学与技术)
ISBN 978-7-302-53123-4

Ⅰ. ①J… Ⅱ. ①郭… ②张… ③王… Ⅲ. ①JAVA语言-网页制作工具-高等学校-教材 Ⅳ. ①TP312.8 ②TP393.092

中国版本图书馆CIP数据核字(2019)第104446号

责任编辑: 刘向威　张爱华
封面设计: 傅瑞学
责任校对: 胡伟民
责任印制: 李红英

出版发行: 清华大学出版社
网　　址: http://www.tup.com.cn, http://www.wqbook.com
地　　址: 北京清华大学学研大厦A座
邮　　编: 100084
社 总 机: 010-62770175
邮　　购: 010-62786544
投稿与读者服务: 010-62776969, c-service@tup.tsinghua.edu.cn
质量反馈: 010-62772015, zhiliang@tup.tsinghua.edu.cn
课件下载: http://www.tup.com.cn, 010-62795954

印 装 者: 三河市君旺印务有限公司
经　　销: 全国新华书店
开　　本: 185mm×260mm　　印　张: 28　　字　数: 702千字
版　　次: 2012年5月第1版　2019年10月第2版　印　次: 2019年10月第1次印刷
印　　数: 1~1500
定　　价: 59.00元

产品编号: 059647-01

出版说明

随着我国改革开放的进一步深化,高等教育也得到了快速发展,各地高校紧密结合地方经济建设发展需要,科学运用市场调节机制,加大了使用信息科学等现代科学技术提升、改造传统学科专业的投入力度,通过教育改革合理调整和配置了教育资源,优化了传统学科专业,积极为地方经济建设输送人才,为我国经济社会的快速、健康和可持续发展以及高等教育自身的改革发展做出了巨大贡献。但是,高等教育质量还需要进一步提高以适应经济社会发展的需要,不少高校的专业设置和结构不尽合理,教师队伍整体素质亟待提高,人才培养模式、教学内容和方法需要进一步转变,学生的实践能力和创新精神亟待加强。

教育部一直十分重视高等教育质量工作。2007年1月,教育部下发了《关于实施高等学校本科教学质量与教学改革工程的意见》,计划实施"高等学校本科教学质量与教学改革工程"(简称"质量工程"),通过专业结构调整、课程教材建设、实践教学改革、教学团队建设等多项内容,进一步深化高等学校教学改革,提高人才培养的能力和水平,更好地满足经济社会发展对高素质人才的需要。在贯彻和落实教育部"质量工程"的过程中,各地高校发挥师资力量强、办学经验丰富、教学资源充裕等优势,对其特色专业及特色课程(群)加以规划、整理和总结,更新教学内容、改革课程体系,建设了一大批内容新、体系新、方法新、手段新的特色课程。在此基础上,经教育部相关教学指导委员会专家的指导和建议,清华大学出版社在多个领域精选各高校的特色课程,分别规划出版系列教材,以配合"质量工程"的实施,满足各高校教学质量和教学改革的需要。

为了深入贯彻落实教育部《关于加强高等学校本科教学工作,提高教学质量的若干意见》精神,紧密配合教育部已经启动的"高等学校教学质量与教学改革工程精品课程建设工作",在有关专家、教授的倡议和有关部门的大力支持下,我们组织并成立了"清华大学出版社教材编审委员会"(以下简称"编委会"),旨在配合教育部制定精品课程教材的出版规划,讨论并实施精品课程教材的编写与出版工作。"编委会"成员皆来自全国各类高等学校教学与科研第一线的骨干教师,其中许多教师为各校相关院、系主管教学的院长或系主任。

按照教育部的要求,"编委会"一致认为,精品课程的建设工作从开始就要坚持高标准、严要求,处于一个比较高的起点上。精品课程教材应该能够反映各高校教学改革与课程建设的需要,要有特色风格、有创新性(新体系、新内容、新手段、新思路,教材的内容体系有较高的科学创新、技术创新和理念创新的含量)、先进性(对原有的学科体系有实质性的改革和发展,顺应并符合21世纪教学发展的规律,代表并引领课程发展的趋势和方向)、示范性(教材所体现的课程体系具有较广泛的辐射性和示范性)和一定的前瞻性。教材由个人申报或各校推荐(通过所在高校的"编委会"成员推荐),经"编委会"认真评审,最后由清华大学出版社审定出版。

目前，针对计算机类和电子信息类相关专业成立了两个"编委会"，即"清华大学出版社计算机教材编审委员会"和"清华大学出版社电子信息教材编审委员会"。推出的特色精品教材包括：

（1）21世纪高等学校规划教材·计算机应用——高等学校各类专业，特别是非计算机专业的计算机应用类教材。

（2）21世纪高等学校规划教材·计算机科学与技术——高等学校计算机相关专业的教材。

（3）21世纪高等学校规划教材·电子信息——高等学校电子信息相关专业的教材。

（4）21世纪高等学校规划教材·软件工程——高等学校软件工程相关专业的教材。

（5）21世纪高等学校规划教材·信息管理与信息系统。

（6）21世纪高等学校规划教材·财经管理与应用。

（7）21世纪高等学校规划教材·电子商务。

（8）21世纪高等学校规划教材·物联网。

清华大学出版社经过三十多年的努力，在教材尤其是计算机和电子信息类专业教材出版方面树立了权威品牌，为我国的高等教育事业做出了重要贡献。清华版教材形成了技术准确、内容严谨的独特风格，这种风格将延续并反映在特色精品教材的建设中。

清华大学出版社教材编审委员会
联系人：魏江江
E-mail：weijj@tup.tsinghua.edu.cn

前言

本书是"21世纪高等学校规划教材·计算机科学与技术"系列图书之一，是在第一版教材使用了6年的基础上重新修订而成。修订过程中根据应用型高校培养应用型人才的需要，对教材内容进行了重新优化，本着循序渐进、理论联系实际的原则，教材采用的是案例教学式的组织结构，以实际应用为主线，在案例的选择上更接近实际应用并具有典型性，目的是让学生在任务中不断动手实践，采用项目驱动的方法，侧重于培养学生的软件架构设计和编写规范代码的能力。

JSP是一种动态网页技术标准，该技术为创建显示动态生成内容的Web页面提供了一个简洁而快速的方法。JSP技术的设计目的是使得构造基于Web的应用程序更加容易和快捷。JSP是结合HTML（或XML）和Java代码来处理的一种动态页面，它不仅拥有与Java一样的面向对象、便利、跨平台等优点，还拥有Java Servlet的稳定性，并可与JavaBean及Web开发框架技术结合，使页面代码与后台代码分离，提高效率。

本书以适应高校计算机专业教学为目标，以企业需求为导向，结合高校计算机教育的教学现状，进行内容的组织和编写。

本书在内容安排上，充分体现实用性，尽可能选取又新又实用的技术，通过设计可实施的项目化实训，帮助学生掌握所要求的知识点。同时最后的综合实训来源于真实的企业级别项目，包括数据库层设计、业务流程分析、系统架构设计、系统的编码、系统的打包、系统的部署运行等。

本书共分12章，下面是各章的主要内容。

第1章：JSP技术概述，包括JSP技术背景、动态网页技术、JSP页面与JSP运行原理、JSP开发环境的搭建与运行及JSP集成开发工具。

第2章：JSP开发基础，包括HTML、CSS、JavaScript、Dreamweaver和Java语言基础。

第3章：JSP语法，包括JSP的基本构成、JSP的注释、JSP的脚本标识、JSP指令标识和JSP的动作标识。

第4章：JSP内置对象，包括JSP内置对象概述、request对象、response对象、session对象、application对象、out对象和其他内置对象。

第5章：JavaBean技术，包括JavaBean的基本概念和在JSP中使用JavaBean等。

第6章：Servlet技术，包括Servlet基础、Servlet API编程常用接口和类及Servlet开发。

第7章：JSP实用组件，包括JSP文件上传与下载操作、JSP中生成和读取Excel文件、JSP动态图表组件JFreeChart、JSP报表组件iText、JSP在线编辑组件CKEditor。

第8章：JSP数据库应用开发，包括关系数据库、数据库管理系统、JDBC概述、JDBC中的常用接口、连接数据库、典型JSP数据库连接、数据库操作技术和连接池技术。

第9章：JSP高级程序设计，包括Java EE应用、表现层框等Struts 2技术、持久层

Hibernate 技术、业务层框架 Spring 技术以及 JSP 与 Ajax 技术。

第 10 章：投票系统，包括需求分析、总体设计和详细设计。

第 11 章：实验室网上选课系统，包括系统概述、系统设计、数据库设计、逻辑层的设计与实现、表示层与逻辑层整合及相关经验与技巧。

第 12 章：职业咨询预约系统，包括 Spring 框架流程、系统说明、系统功能及系统实现，演示如何在实际的项目中运用 Hibernate 和 Spring 框架来搭建分层的框架结构。

本书可作为高等学校计算机及相关专业的 JSP 程序设计的实训教程，也可作为成人教育及自学考试的教材，还可作为计算机专业技术人员的参考用书。

本书由郭新、张颖和王丽梅编著。其中，北京城市学院网络中心的郭新编写了第 1～3 章和第 10～11 章，北京服装学院信息中心的张颖编写了第 7～9 章和第 12 章，山东潍坊职业学院信息工程学院的王丽梅编写了第 4～6 章。

由于作者水平有限，再版内容虽有所改进，但书中不当之处在所难免，欢迎广大同行和读者批评指正。

作　者

2019 年 1 月

目 录

第 1 章 JSP 技术概述 ... 1
1.1 JSP 技术背景 ... 1
1.2 动态网页技术 ... 1
1.3 JSP 页面与 JSP 运行原理 ... 3
1.3.1 JSP 的工作原理 ... 3
1.3.2 编译后的 JSP ... 5
1.4 JSP 开发环境的搭建与运行 ... 6
1.4.1 JSP 的运行环境 ... 6
1.4.2 JDK 的下载与安装 ... 6
1.4.3 Tomcat 安装与配置优化 ... 11
1.4.4 Tomcat 的目录结构 ... 16
1.4.5 Tomcat 的默认行为 ... 17
1.4.6 更改 Tomcat 默认配置 ... 17
1.4.7 虚拟主机的配置 ... 19
1.4.8 创建简单 JSP 页面 ... 20
1.5 JSP 集成开发工具 ... 21
1.5.1 JSP 开发和应用平台介绍 ... 21
1.5.2 Eclipse 的安装与配置 ... 21
实训 1 用 Eclipse 创建 Web 项目 ... 25
1.5.3 MyEclipse 的安装与配置 ... 30
实训 2 用 MyEclipse 创建 Web 项目 ... 33
1.6 小结 ... 45
习题 ... 46

第 2 章 JSP 开发基础 ... 47
2.1 HTML ... 47
2.1.1 HTML 概述 ... 47
2.1.2 简单格式标签 ... 48
2.1.3 超链接与图片标签 ... 48
2.1.4 表格设计 ... 49
2.1.5 表单设计 ... 50
2.1.6 框架结构 ... 52

实训 3　HTML 简单网页设计 …………………………………………… 53
2.2　CSS ……………………………………………………………………………… 61
　　2.2.1　CSS 概述 …………………………………………………………………… 62
　　2.2.2　CSS 定义与编辑 …………………………………………………………… 64
　　2.2.3　网页中应用样式表方法 …………………………………………………… 64
　　　实训 4　CSS 应用 ………………………………………………………… 66
2.3　JavaScript ……………………………………………………………………… 68
　　2.3.1　JavaScript 概述 …………………………………………………………… 68
　　2.3.2　在 JSP 中引入 JavaScript ………………………………………………… 69
　　2.3.3　JavaScript 的数据类型与运算符 ………………………………………… 70
　　2.3.4　JavaScript 的流程控制语句 ……………………………………………… 73
　　2.3.5　函数的定义和调用 ………………………………………………………… 74
　　2.3.6　事件 ………………………………………………………………………… 75
　　2.3.7　JavaScript 常用对象的应用 ……………………………………………… 76
　　　实训 5　JavaScript 综合应用 ……………………………………………… 76
2.4　Dreamweaver …………………………………………………………………… 79
　　2.4.1　操作界面 …………………………………………………………………… 79
　　2.4.2　用 Dreamweaver 建立 JSP 站点 ………………………………………… 81
　　　实训 6　Dreamweaver 简单网站设计 …………………………………… 81
2.5　Java 语言基础 …………………………………………………………………… 85
　　2.5.1　面向对象程序设计 ………………………………………………………… 85
　　2.5.2　标识符、关键字和分隔符 ………………………………………………… 89
　　2.5.3　基本数据类型及之间转换 ………………………………………………… 90
　　2.5.4　常量与变量 ………………………………………………………………… 93
　　2.5.5　运算符与表达式 …………………………………………………………… 94
　　2.5.6　流程控制语句 ……………………………………………………………… 97
　　2.5.7　数组的创建与应用 ………………………………………………………… 99
　　2.5.8　字符串处理 ………………………………………………………………… 101
　　2.5.9　集合类 ……………………………………………………………………… 104
　　2.5.10　异常处理 ………………………………………………………………… 105
　　　实训 7　Java 综合应用 …………………………………………………… 109
2.6　小结 ……………………………………………………………………………… 112
习题 ……………………………………………………………………………………… 112

第 3 章　JSP 语法 …………………………………………………………………… 114

3.1　JSP 的基本构成 ………………………………………………………………… 114
　　3.1.1　JSP 中的指令标识 ………………………………………………………… 115
　　3.1.2　HTML 标记 ………………………………………………………………… 115
　　3.1.3　嵌入的 Java 代码片段 …………………………………………………… 115

  3.1.4 JSP 表达式 …………………………………………………… 115
3.2 JSP 的注释 …………………………………………………………… 116
  3.2.1 HTML 中的注释 ……………………………………………… 116
  3.2.2 带有 JSP 表达式的注释 ……………………………………… 117
  3.2.3 隐藏注释 ……………………………………………………… 117
  3.2.4 脚本程序中的注释 …………………………………………… 118
3.3 JSP 的脚本标识 ……………………………………………………… 121
  3.3.1 JSP 表达式 …………………………………………………… 121
  3.3.2 声明标识 ……………………………………………………… 122
  3.3.3 脚本程序 ……………………………………………………… 124
  实训 8 灵活使用 JSP 脚本等元素进行 JSP 编程 ………………… 124
3.4 JSP 的指令标识 ……………………………………………………… 127
  3.4.1 page 指令 ……………………………………………………… 127
  3.4.2 include 指令 …………………………………………………… 129
  3.4.3 taglib 指令 ……………………………………………………… 130
  实训 9 通过 include 指令实现网页模板 …………………………… 130
3.5 JSP 的动作标识 ……………………………………………………… 131
  3.5.1 <jsp:include> ………………………………………………… 131
  3.5.2 <jsp:forward> ………………………………………………… 133
  3.5.3 <jsp:useBean> ………………………………………………… 133
  3.5.4 <jsp:setProperty> ……………………………………………… 136
  3.5.5 <jsp:getProperty> ……………………………………………… 138
  3.5.6 <jsp:fallback> ………………………………………………… 139
  3.5.7 <jsp:plugin> …………………………………………………… 139
  实训 10 动作标识综合应用 ……………………………………… 141
3.6 小结 …………………………………………………………………… 143
习题 ………………………………………………………………………… 143

第 4 章 JSP 内置对象 …………………………………………………… 144

4.1 JSP 内置对象概述 …………………………………………………… 144
4.2 request 对象 ………………………………………………………… 145
  4.2.1 访问请求参数 ………………………………………………… 146
  4.2.2 管理属性 ……………………………………………………… 147
  4.2.3 获取客户端 Cookie 信息 ……………………………………… 149
  4.2.4 获取客户信息的方法 ………………………………………… 150
  实训 11 使用 request 对象实现页面信息的提取 ………………… 150
4.3 response 对象 ………………………………………………………… 151
  4.3.1 重定向网页 …………………………………………………… 151
  实训 12 使用 response 对象实现重定向网页 …………………… 152

    4.3.2 设置 HTTP 响应报头 ·················· 154
    4.3.3 缓冲区配置 ·················· 155
  4.4 session 对象 ·················· 156
    实训 13 使用 session 对象实现保持会话信息 ·················· 157
  4.5 application 对象 ·················· 158
    4.5.1 访问应用程序初始化参数 ·················· 158
    4.5.2 管理应用程序环境属性 ·················· 158
    实训 14 使用 application 对象实现简单聊天室 ·················· 159
  4.6 out 对象 ·················· 160
    实训 15 使用 out 对象实现向客户端输出数据 ·················· 161
  4.7 其他内置对象 ·················· 162
    4.7.1 获取会话范围的 pageContext 对象 ·················· 162
    4.7.2 读取 web.xml 配置信息的 config 对象 ·················· 163
    4.7.3 应答或请求的 page 对象 ·················· 163
    4.7.4 获取异常信息的 exception 对象 ·················· 163
  4.8 小结 ·················· 164
  习题 ·················· 164

第 5 章 JavaBean 技术 ·················· 165

  5.1 JavaBean 的基本概念 ·················· 165
    5.1.1 JavaBean 的属性 ·················· 166
    5.1.2 JavaBean 的方法 ·················· 168
    实训 16 创建简单属性的 JavaBean ·················· 168
  5.2 在 JSP 中使用 JavaBean ·················· 169
    5.2.1 创建 JavaBean ·················· 169
    5.2.2 在 JSP 页面中应用 JavaBean ·················· 171
    实训 17 应用 JavaBean 封装数据库访问操作(需配置数据库) ·················· 176
  5.3 小结 ·················· 179
  习题 ·················· 179

第 6 章 Servlet 技术 ·················· 180

  6.1 Servlet 基础 ·················· 180
    6.1.1 Servlet 技术简介 ·················· 180
    6.1.2 Servlet 技术功能 ·················· 180
    6.1.3 Servlet 技术特点 ·················· 181
    6.1.4 Servlet 的生命周期 ·················· 181
    6.1.5 Servlet 与 JSP 的区别 ·················· 182
    6.1.6 Servlet 的代码结构 ·················· 182
    实训 18 开发简单的 Servlet 程序 ·················· 183

6.2 Servlet API 编程常用接口和类 ………………………………………………… 184
    6.2.1 Servlet 接口 ……………………………………………………………… 184
    6.2.2 HttpServlet 类 …………………………………………………………… 185
    6.2.3 ServletConfig 接口 ……………………………………………………… 185
    6.2.4 HttpServletRequest 接口 ………………………………………………… 186
    6.2.5 HttpServletResponse 接口 ……………………………………………… 187
    6.2.6 GenericServlet 类 ………………………………………………………… 187
6.3 Servlet 开发 …………………………………………………………………………… 188
    6.3.1 Servlet 的创建 …………………………………………………………… 188
    6.3.2 Servlet 的配置 …………………………………………………………… 188
    实训 19 应用 Servlet 获取所有 HTML 表单数据 ………………………… 190
6.4 小结 …………………………………………………………………………………… 193
习题 ………………………………………………………………………………………… 194

第 7 章 JSP 实用组件 ………………………………………………………………… 195

7.1 jspSmartUpload 组件 ……………………………………………………………… 195
    7.1.1 jspSmartUpload 组件的安装与配置 …………………………………… 195
    7.1.2 jspSmartUpload 组件中的常用类 ……………………………………… 196
    实训 20 利用 jspSmartUpload 组件实现文件的上传与下载 ……………… 198
7.2 jxl 组件 ……………………………………………………………………………… 201
    7.2.1 jxl.jar 简介 ……………………………………………………………… 201
    7.2.2 jxl 组件的安装与配置 …………………………………………………… 201
    实训 21 利用 jxl 组件实现生成和操作 Excel 文件 ……………………… 201
7.3 JFreeChart 组件 …………………………………………………………………… 209
    7.3.1 JFreeChart 组件简介 …………………………………………………… 210
    7.3.2 JFreeChart 的下载与安装 ……………………………………………… 210
    7.3.3 JFreeChart 的核心类 …………………………………………………… 211
    实训 22 利用 JFreeChart 生成动态图表 ………………………………… 211
7.4 iText 组件 …………………………………………………………………………… 213
    7.4.1 iText 组件简介 …………………………………………………………… 214
    7.4.2 iText 组件的下载与配置 ………………………………………………… 214
    实训 23 利用 iText 组件生成 PDF 文档 ………………………………… 214
7.5 CKEditor 组件 ……………………………………………………………………… 217
    7.5.1 CKEditor 组件简介 ……………………………………………………… 217
    7.5.2 CKEditor 组件的下载与配置 …………………………………………… 217
    实训 24 利用 CKEditor 实现在线编辑 …………………………………… 219
7.6 小结 …………………………………………………………………………………… 221
习题 ………………………………………………………………………………………… 221

第 8 章 JSP 数据库应用开发 · · · · · · 222

8.1 关系数据库 · · · · · · 222
8.2 数据库管理系统 · · · · · · 224
  8.2.1 Oracle · · · · · · 224
  8.2.2 SQL Server · · · · · · 225
  8.2.3 MySQL · · · · · · 225
  8.2.4 Access · · · · · · 225
  实训 25 数据库 MySQL 的安装和使用 · · · · · · 225
8.3 JDBC 概述 · · · · · · 233
  8.3.1 JDBC 技术介绍 · · · · · · 233
  8.3.2 JDBC 驱动程序 · · · · · · 233
8.4 JDBC 中的常用接口 · · · · · · 234
  8.4.1 驱动程序接口 Driver · · · · · · 234
  8.4.2 驱动程序管理器 DriverManager 类 · · · · · · 234
  8.4.3 数据库连接接口 Connection · · · · · · 235
  8.4.4 执行 SQL 语句接口 Statement · · · · · · 236
  8.4.5 执行动态 SQL 语句接口 PreparedStatement · · · · · · 237
  8.4.6 执行存储过程接口 CallableStatement · · · · · · 238
  8.4.7 访问结果集接口 ResultSet · · · · · · 239
8.5 连接数据库 · · · · · · 241
  8.5.1 加载 JDBC 驱动程序 · · · · · · 241
  8.5.2 创建数据库连接 · · · · · · 241
  8.5.3 创建 Statement 实例 · · · · · · 242
  8.5.4 执行 SQL 语句 · · · · · · 242
  8.5.5 获得查询结果 · · · · · · 243
  8.5.6 关闭 JDBC 对象 · · · · · · 243
  实训 26 JDBC Driver for MySQL 的下载和使用 · · · · · · 243
8.6 典型 JSP 数据库连接 · · · · · · 246
  8.6.1 SQL Server 2005 数据库的连接 · · · · · · 246
  8.6.2 Access 数据库的连接 · · · · · · 246
  8.6.3 MySQL 数据库的连接 · · · · · · 246
  实训 27 JSP 连接不同类型数据库 · · · · · · 246
8.7 数据库操作技术 · · · · · · 249
  8.7.1 添加操作 · · · · · · 249
  8.7.2 更新操作 · · · · · · 249
  8.7.3 修改操作 · · · · · · 250
  8.7.4 删除操作 · · · · · · 250
  实训 28 利用 JDBC 实现数据库的操作 · · · · · · 251

实训 29　JSP+JavaBean 模式开发数据库 …………………………………… 256
8.8　连接池技术 ………………………………………………………………………… 259
　　8.8.1　连接池简介 ………………………………………………………………… 259
　　8.8.2　在 Tomcat 中配置连接池 …………………………………………………… 260
　　8.8.3　使用连接池技术访问数据库 ………………………………………………… 261
　　实训 30　JSP 利用连接池连接数据库 …………………………………………… 261
8.9　小结 ………………………………………………………………………………… 262
习题 ……………………………………………………………………………………… 263

第 9 章　JSP 高级程序设计　264

9.1　Java EE 应用 ……………………………………………………………………… 264
　　9.1.1　Java EE 概述 ………………………………………………………………… 264
　　9.1.2　Java EE 应用的分层模型 …………………………………………………… 266
9.2　表现层框架 Struts2 技术 ………………………………………………………… 267
　　9.2.1　MVC 设计模式 ……………………………………………………………… 267
　　9.2.2　Struts2 架构介绍 …………………………………………………………… 268
　　9.2.3　Struts2 的工作机制 ………………………………………………………… 269
　　9.2.4　Struts2 的下载及默认自带示例学习 ………………………………………… 269
　　实训 31　利用 MyEclipse 2018 创建 Struts2 简单应用程序 …………………… 274
　　实训 32　利用 MyEclipse 2018 创建 Struts2 另一个应用程序 ………………… 278
　　9.2.5　Struts2 应用的开发流程 …………………………………………………… 282
9.3　持久层 Hibernate 技术 …………………………………………………………… 283
　　9.3.1　Hibernate 持久层概述 ……………………………………………………… 283
　　9.3.2　Hibernate 简介 ……………………………………………………………… 284
　　9.3.3　ORM 基本对应规则 ………………………………………………………… 285
　　9.3.4　下载 Hibernate 开发包 ……………………………………………………… 285
　　实训 33　利用 MyEclipse 2018 创建简单 Hibernate 应用程序 ………………… 285
9.4　业务层框架 Spring 技术 ………………………………………………………… 288
　　9.4.1　Spring 的基本概念 ………………………………………………………… 288
　　9.4.2　Spring 基本框架模块 ……………………………………………………… 289
　　9.4.3　Spring 的下载和安装 ……………………………………………………… 290
　　实训 34　利用 MyEclipse 2018 创建简单 Spring 应用程序 …………………… 290
9.5　JSP 与 Ajax 技术 ………………………………………………………………… 293
　　9.5.1　Ajax 简介 …………………………………………………………………… 294
　　9.5.2　Ajax 的工作原理 …………………………………………………………… 294
　　9.5.3　Ajax 使用的技术 …………………………………………………………… 295
　　9.5.4　Ajax 开发需要注意的几个问题 ……………………………………………… 298
　　实训 35　应用 Ajax 局部刷新显示用户 ………………………………………… 299
9.6　小结 ………………………………………………………………………………… 302

习题 ··· 303

第10章 投票系统

10.1 需求分析 ·· 304
10.1.1 系统概述 ·· 304
10.1.2 系统运行环境 ··· 304
10.1.3 功能需求 ·· 304
10.2 总体设计 ·· 305
10.2.1 开发和设计的总体思想 ·· 305
10.2.2 系统模块结构图 ··· 305
10.2.3 模块设计 ·· 305
10.2.4 系统流程描述 ··· 306
10.2.5 界面设计 ·· 306
10.2.6 数据库设计 ·· 307
10.3 详细设计 ·· 308
10.3.1 数据库访问模块 ··· 308
10.3.2 投票功能模块 ··· 310
10.3.3 系统维护模块 ··· 312
10.4 小结 ··· 316

第11章 实验室网上选课系统

11.1 系统概述 ·· 317
11.1.1 系统功能分析 ··· 317
11.1.2 系统预览 ·· 317
11.1.3 系统特点 ·· 319
11.2 系统设计 ·· 320
11.2.1 系统设计思想 ··· 320
11.2.2 系统功能分析 ··· 320
11.2.3 业务流程 ·· 321
11.3 数据库设计 ··· 322
11.3.1 设计思路 ·· 322
11.3.2 表设计 ··· 322
11.3.3 表关系图 ·· 324
11.4 逻辑层的设计与实现 ·· 325
11.4.1 逻辑层包结构设计 ·· 325
11.4.2 数据库连接池 Bean 的编写 ·· 326
11.4.3 记录日志的 Debug 类 ·· 332
11.4.4 初始化 Servlet 的 InitServlet 类 ··· 334
11.4.5 抽象用户模型 DBOperation 类 ··· 335

11.4.6　学生 Student 类 ………………………………………… 337
　　11.4.7　教师 Teacher 类 ………………………………………… 348
　　11.4.8　管理员 Admin 类 ………………………………………… 369
　　11.4.9　异常 InvalidUserException 类 …………………………… 394
11.5　表示层与逻辑层整合 ………………………………………………… 395
11.6　经验与技巧 …………………………………………………………… 402
11.7　小结 …………………………………………………………………… 403

第 12 章　职业咨询预约系统 …………………………………………………… 404

12.1　Spring 框架流程 ……………………………………………………… 404
12.2　系统说明 ……………………………………………………………… 406
12.3　系统功能 ……………………………………………………………… 407
12.4　系统实现 ……………………………………………………………… 407
　　12.4.1　创建表 ……………………………………………………… 408
　　12.4.2　Model & BO & DAO & Controller …………………… 408
　　12.4.3　JSP 页面 …………………………………………………… 419
　　12.4.4　资源配置 …………………………………………………… 427
12.5　小结 …………………………………………………………………… 431

参考文献 ……………………………………………………………………… 432

第1章 JSP技术概述

JSP全名为Java Server Pages，译为Java服务器页面，最初是由Sun公司（现已被甲骨文公司收购）发布的一种动态网页技术标准。JSP为创建高度动态的Web应用提供了一个独特的开发环境。用JSP开发的Web应用是跨平台的，既能在Linux下运行，也能在其他操作系统上运行。

1.1 JSP技术背景

JSP是由Sun公司倡导建立的一种动态网页技术标准，该技术标准为创建显示动态生成内容的Web页面提供了一个简洁而快速的方法。JSP技术的设计目的是使得构造基于Web的应用程序变得更加容易和快捷，而这些应用程序能够与各种Web服务器、应用服务器、浏览器和开发工具共同工作。

JSP是结合HTML（超文本标记语言）或XML和Java代码来处理的一种动态页面。在传统的网页文件（*.htm，*.html）中加入Java程序片段（Scriptlet）和JSP标记（Tag），就构成了JSP网页（*.jsp）。Web服务器在遇到访问JSP网页的请求时，首先执行其中的程序片段，然后将执行结果以HTML格式返回给客户。程序片段可以操作数据库、重新定向网页等，这就是建立动态网站所需要的功能。所有程序操作都在服务器端执行，网络上传送给客户端的仅是得到的结果，对客户浏览器的要求最低。

1.2 动态网页技术

随着网络技术的不断发展，单纯的静态页面已经不能满足发展的需要，因为静态页面是用单纯的HTML编写的，它没有交互性。因此，为了满足实际的需要，许多网页文件扩展名不再只是.htm或.html，出现了以.php、.asp、.jsp、.shtml等为扩展名的网页文件，这些都是采用动态网页技术制作出来的。

所谓动态，并不是指几个放在网页上的GIF图片，动态网页技术有以下几个特点。
- 交互性。网页会根据用户的要求和选择而动态改变和响应，将浏览器作为客户端界面。
- 自动更新。即无须手动更新HTML文档，会自动生成新的页面，可减少工作量。
- 因时因人而变。即当不同的时间、不同的人访问同一网址时会产生不同的页面。

除了早期的CGI外，目前主流的动态网页技术有JSP、ASP、PHP等。下面介绍相关动态网页技术。

1. CGI

在早期，动态网页主要采用CGI技术，CGI即Common Gateway Interface(公用网关接口)。可以使用不同的语言编写适合的CGI程序，如Visual Basic、Delphi或C/C++等。虽然CGI技术发展成熟而且功能强大，但由于它有编程困难、效率低下、修改复杂等缺陷，逐渐被新技术所取代，在这里就不再介绍。

2. ASP

ASP即Active Server Pages，它是微软公司开发的一种类似HTML、Script(脚本)与CGI的结合体。它没有提供自己专门的编程语言，而是允许用户使用已有的脚本语言编写ASP的应用程序。

ASP是在Web服务器端运行，运行后再将运行结果以HTML格式传送至客户端的浏览器。因此ASP与一般的脚本语言相比要安全得多。ASP的最大优势是可以包含HTML标签，也可以直接存取数据库及使用无限扩充的ActiveX控件，因此在程序编写上要比HTML方便，而且更富有灵活性。通过使用ASP的组件和对象技术，用户可以直接使用ActiveX控件，调用对象方法和属性，以简单的方式实现强大的交互功能。

但ASP技术也并非完美无缺，由于它基本上局限于微软的操作系统平台，主要的工作环境是微软的IIS应用程序结构，又因为ActiveX对象具有平台特性，所以ASP技术很难在跨平台Web服务器上工作。

3. ASP.NET

ASP.NET是ASP在微软.NET平台上的升级版本，可以用任何.NET兼容的语言来编写ASP.NET应用程序。使用Visual Basic.NET、C#、J#、ASP.NET页面进行编译，可以提供比脚本语言更出色的性能表现。ASP.NET提供了一种编程模型和结构，与原来的Web技术对比，它能更快速、更容易地建立灵活、安全和稳定的应用程序。

4. PHP

PHP即Hypertext Preprocessor(超文本预处理器)，其语法借鉴了C、Java、Perl等语言，而且只需要很少的编程知识就能使用PHP建立一个真正交互的Web站点。

PHP与HTML具有非常好的兼容性，使用者可以直接在脚本代码中加入HTML标签，或者在HTML标签中加入脚本代码，从而更好地实现页面控制。PHP提供了标准的数据库接口，方便连接数据库，兼容性强，扩展性强，可以进行面向对象编程。

但PHP的弱势在于安装复杂，缺少企业支持和正规商业支持等。

5. Servlet

Servlet是一种服务器端的Java应用程序，具有独立于平台和协议的特性，可以生成动态的Web页面。它负责客户请求(Web浏览器或其他HTTP客户程序)与服务器响应

（HTTP 服务器上的数据库或应用程序）的中间层。Servlet 是位于 Web 服务器内部的服务器端的 Java 应用程序，与传统使用命令行启动的 Java 应用程序不同，Servlet 由 Web 服务器进行加载，该 Web 服务器必须包含支持 Servlet 的 Java 虚拟机。

6. JSP

JSP 即 Java Server Pages，它是由 Sun 公司推出的技术，是基于 Java Servlet 以及整个 Java 体系的 Web 开发技术。

JSP 和 ASP 在技术方面有许多相似之处，不过两者来源于不同的技术规范组织。ASP 一般只应用于 Windows 平台，而 JSP 则可以在大部分的服务器上运行，而且基于 JSP 技术的应用程序比基于 ASP 技术的应用程序更易于维护和管理。

7. 动态网页技术的比较

为了简明起见，下面主要将 JSP、ASP、PHP 三种流行语言做一下比较，如表 1-1 所示。

表 1-1 JSP、ASP、PHP 三种流行语言比较

比较方面	JSP	ASP	PHP
运行平台	绝大部分平台	Windows 平台	Windows/UNIX 平台
应用性能	好	较好	较好
安全性	好	较差	好
扩展性	好	较好	较差
函数支持	多	较少	多
数据库支持	多	多	多，但接口不统一
对分布式处理的支持	支持	支持	不支持

三者都提供在 HTML 代码中混合某种程序代码、有语言引擎解释执行程序代码的能力。但 JSP 代码被编译成 Servlet 并由 Java 虚拟机解释执行，这种编译操作仅在对 JSP 页面的第一次请求时发生。在 JSP、ASP、PHP 环境下，HTML 代码主要负责描述信息的显示样式，而程序代码则用来描述处理逻辑。普通的 HTML 页面只依赖于 Web 服务器，而 JSP、ASP、PHP 页面需要附加的语言引擎分析和执行程序代码。程序代码的执行结果被重新嵌入到 HTML 代码中，然后一起发送给浏览器。JSP、ASP、PHP 三者都是面向 Web 服务器的技术，客户端浏览器不需要任何附加的软件支持。

1.3 JSP 页面与 JSP 运行原理

1.3.1 JSP 的工作原理

下面编写一个简单的 HTML 文件 login.html，这个文件包含一个表单，这个表单可以接收用户输入的姓名，然后把这个名字发送到 Web 服务器，服务器根据接收的参数进行显示。

例 1-1 login.html 的代码

```
<html>
    <head>
        <title>理解 JSP 的原理</title>
    </head>
    <body>
        <p>请输入姓名:</p>
        <form method=get action="helloworld.jsp">
            <input type="text" name=name>
            <input type=submit value="提交">
        </form>
    </body>
</html>
```

在 Web 浏览器运行这个文件时，显示的结果如图 1-1 所示。

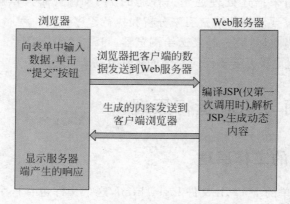

图 1-1 login.html 显示的结果

当用户输入姓名单击"提交"按钮时，浏览器会把用户的数据和请求发送到 helloworld.jsp。由于 helloworld.jsp 是新编写的，还没进行编译，Servlet 容器会在第一次调用这个 JSP 时自动编译它。编译完成后，就会调用这个 JSP。JSP 从服务器获得请求中的表单数据，根据这个数据产生一些输出。这些输出包含的就是 HTML 文件，然后由 Servlet 容器把这些输出发送到客户端。

客户请求和响应的过程如图 1-2 所示。

图 1-2 客户请求和响应的过程

(1) 客户端发出请求；
(2) Servlet 容器将 JSP 编译成 Servlet 的源代码；

(3) 将产生的 Servlet 的源代码进行编译后,加载到内存执行;
(4) 把结果响应至客户端。

下面看一下 helloworld.jsp 的代码,如例 1-2 所示。

例 1-2　helloworld.jsp

```
<%@ page language = "java" contentType = "text/html; charset = gb2312" %>
<html>
    <head>
        <title>理解 JSP 的原理</title>
    </head>
    <body>
        <center>
            <h1>
            <%
            String name = request.getParameter("name");
            out.println (" Hello, World!" + name);
            out.println("<br>");
            %>
            </h1>
        </center>
    </body>
</html>
```

如果在 login.html 中输入的姓名为 JSP,那么显示的结果如图 1-3 所示。

图 1-3　helloworld.jsp 页面显示的结果

要进一步了解 JSP 的工作原理,还得看 JSP 编译后的结果。

1.3.2　编译后的 JSP

　　Servlet 容器在第一次调用 JSP 时,会自动编译,然后这个 JSP 就驻留内存了。所以在调用 JSP 时,第一次总会有一定的延时,在接下来的调用中就不会再有延时了。

　　JSP 源文件是由安装在 Web 服务器上的 JSP 引擎编译执行的。JSP 引擎把来自客户端的请求传送给 JSP 源文件,然后 JSP 引擎再把对它的响应从 JSP 源文件传递给客户端。

　　所有 JSP 引擎都必须支持的请求和响应协议是 HTTP,但是同一个引擎也可以支持其他的一些请求和响应协议。默认的 request 对象对应的协议是 HttpServletRequest,而 response 对象对应的协议则是 HttpServletResponse。

　　一个 JSP 引擎需要在传递 request 和 response 对象之前,在 JSP 源代码中创建一个类,而 Servlet 则定义了在 JSP 引擎与 JSP 源文件实现类之间的约定。例如,当使用 HTTP 时,HttpServlet 类就描述了 JSP 引擎与 JSP 源文件实现类之间的约定。

1.4 JSP 开发环境的搭建与运行

1.4.1 JSP 的运行环境

JSP 能够运行在目前绝大多数的操作系统上,目前普通用户用到的系统绝大多数为 Windows 系列和 Linux 系列。除了必要的硬件外,需要具备以下对应的运行环境:浏览器、Web 服务器、JDK 开发工具包以及数据库,其框架模型如图 1-4 所示。

图 1-4 JSP 运行和开发环境框架模型

- 浏览器:常见的浏览器有 IE、360 等。
- 数据库:常用的数据库有 Oracle、SQL Server、DB2、Sybase、Access、MySQL 等。
- 操作系统:常见的有 Windows、Linux 以及各种 UNIX 系统。
- Web 服务器:常见的有 IIS、Apache、Netscape Enterprise Server 等。
- Servlet/JSP 引擎:使用 ASP 需要 ASP 解释器,使用 PHP 需要 PHP 解释器,同样,搭建 JSP 应用环境也离不开 Servlet/JSP 引擎。

1.4.2 JDK 的下载与安装

1.4.2.1 JDK 简介

JDK(Java Development Kit)是 Sun 公司针对 Java 程序员的产品。自从 Java 推出以来,JDK 已经成为使用最广泛的 Java SDK(Software Development Kit)。

JDK 中还包括完整的 JRE(Java Runtime Environment,Java 运行环境),也被称为 Private Runtime,包括用于产品环境的各种类库,以及给程序员使用的补充库,如国际化的库、IDL 库。同时 JDK 中还包括各种例子程序,用以展示 Java API 中的各部分。

JDK 的最新版本是 JDK 8,2014 年由甲骨文公司发布,其全面升级了已有 Java 编程模式,带来一项协同开发的 JVM、Java 语言以及库。Java 8 平台具备易用性、多语种编程、更高安全性和稳定性等特色。

1.4.2.2 JDK 8 的下载与安装

1. 下载 JDK 8

为了建立基于 JDK 的 Java 运行环境,需要先下载甲骨文公司的免费 JDK 软件包。SDK 包含了一整套开发工具,其中对编程最有用的是 Java 编译器、Applet 查看器和 Java 解释器。在浏览器中输入 http://www.oracle.com/technetwork/java/javase/downloads/index.html,进入甲骨文公司官方网站,下载最新版的 JDK 软件包(JDK 8),如图 1-5 所示。

根据用户使用的操作系统版本下载对应的版本,如果是 Windows XP、Windows Vista、Windows 7、WinServer(32 位系统),请安装名为 jdk-8u112-windows-i586 的安装程序,若为 64 位操作系统,请安装名为 jdk-8u112-windows-x64 的安装程序。当前以 64 位系统为例进行下载演示,下载后的文件名称为 jdk-8u112-windows-x64.exe。

2. 安装 JDK

(1) 运行下载的 jdk-8u112-windows-x64.exe 软件包,在弹出的对话框中,单击"下一步"按钮,如图 1-6 所示,开始安装。

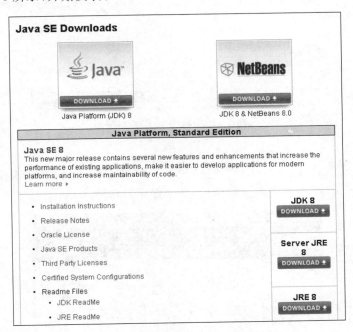

图 1-5　JDK 8 官方下载页面

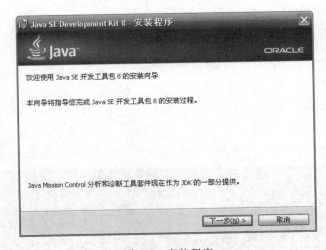

图 1-6　安装程序

（2）此时弹出"定制安装"对话框，在该对话框中选择 JDK 的安装路径。单击"更改"按钮更改安装路径，其他保留默认选项，如图 1-7 所示。

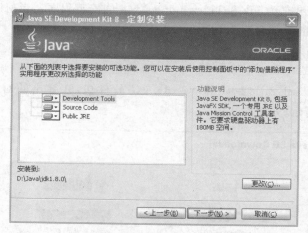

图 1-7　选择 JDK 安装路径

（3）单击图 1-7 中的"下一步"按钮，开始安装。

（4）在安装过程中，会弹出另一个"自定义安装"对话框，提示用户选择 Java 运行时的安装路径。单击"更改"按钮更改安装路径，其他保留默认选项，如图 1-8 所示。

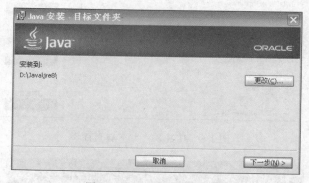

图 1-8　选择 JRE 安装路径

（5）单击图 1-8 中的"下一步"按钮，继续安装。

（6）最后单击"完成"按钮，完成 JDK 的安装。

（7）测试安装结果。安装完成后，输入 cmd 命令 java -version，若出现 JDK 版本信息则说明已经安装成功，如图 1-9 所示。

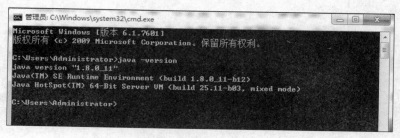

图 1-9　测试安装结果

3. JDK 中主要文件夹和文件

安装成功后,D:\Java\jdk1.8 中的文件和子目录结构如图 1-10 所示。其中 bin 文件夹中包含编译器(javac.exe)、解释器(java.exe)、Applet 查看器(appletviewer.exe)等可执行文件,lib 文件夹中包含所有的类库以便开发 Java 程序使用,sample 文件夹中包含开源代码程序实例,src 压缩文件中包含类库及开源代码。

图 1-10　D:\Java\jdk1.8 中的文件和子目录结构

4. JDK 常用基本工具

(1) javac:Java 源程序编译器,将 Java 源代码转换成字节码。

(2) java:Java 解释器,运行编译后的 Java 程序(带.class 扩展名)。

(3) appletviewer.exe:Java Applet 查看器。appletviewer 命令可在脱离浏览器环境下运行 Applet。

(4) jar:Java 应用程序打包工具,可将多个类文件合并为单个 JAR 归档文件。

(5) javadoc:Java API 文档生成器,从 Java 源程序代码注释中提取文档,生成 API 文档 HTML 页。

(6) jdb:Java 调试器(Debugger),可以逐行执行程序。

1.4.2.3　JDK 部署测试

1. JDK 配置

安装好 JDK 后,需要设置环境变量。在 Windows 系统中需要设置 JAVA_HOME 环境变量,设置 CLASSPATH 环境变量,更新 PATH 环境变量的值。

特别注意:环境变量值的结尾没有任何符号。

具体步骤如下。

(1) 设置 JAVA_HOME 环境变量。指明 JDK 安装路径,就是安装 JDK 8 时所选择的路径(D:\Java\jdk1.8),此路径下包括 lib、bin、jre 等文件夹,此变量设置完毕,便于运行 Tomcat、Eclipse 等。具体设置步骤为:右击"我的电脑",依次选择"属性"→"高级"→"环境变量"选项。在"环境变量"对话框中,单击"系统变量"区域中的"新建"按钮,在弹出的"新建系统变量"对话框中,新建一个系统变量,变量名为 JAVA_HOME,变量值为 D:\Java\jdk1.8,它是 JDK 安装目录,如图 1-11 所示。

（2）设置 CLASSPATH 环境变量。CLASSPATH 表示 Java 加载类（class 或 lib）路径，只有类在 CLASSPATH 中，Java 命令才能识别。先查看是否存在 CLASSPATH 变量，若存在，则加入如下值：

.;%JAVA_HOME%\lib\dt.jar;%JAVA_HOME%\lib\tools.jar

其中开头的"."表示当前路径，一定要复制进去。

若不存在，则创建该变量，并设置上面的变量值，如图 1-12 所示。

图 1-11　创建 JAVA_HOME 变量　　　　图 1-12　设置 CLASSPATH 变量

（3）更新 PATH 环境变量的值。PATH 变量使得系统可在任何路径下识别 Java 命令，设为

;%SystemRoot%\system32;%SystemRoot%;%SystemRoot%\System32\Wbem;%JAVA_HOME%\bin;%JAVA_HOME%\jre\bin

如图 1-13 所示。

2. JDK 配置成功测试

依次选择"开始"→"运行"，在弹出的对话框中输入 cmd 命令，进入 MS-DOS 命令窗口。进入任意目录后输入 javac 命令，按 Enter 键，系统会输出

图 1-13　更新 PATH 变量

javac 命令的使用帮助信息，如图 1-14 所示，这说明 JDK 配置成功，否则需要检查上面各步骤的配置是否正确。

图 1-14　输出 javac 命令的使用帮助

1.4.3 Tomcat 安装与配置优化

1.4.3.1 Tomcat 简介

Tomcat 是 Apache 软件基金会(Apache Software Foundation)的 Jakarta 项目中的一个核心项目,由 Apache、SUN 和其他一些公司及个人共同开发而成。因为 Tomcat 技术先进、性能稳定,而且免费,因而深受 Java 爱好者的喜爱并得到了部分软件开发商的认可,成为目前比较流行的 Web 应用服务器。目前最新版本是 8。Tomcat 服务器是一个免费的、开放源代码的 Web 应用服务器,属于轻量级应用服务器,在中小型系统和并发访问用户不是很多的场合下被普遍使用,是开发和调试 JSP 程序的首选。

1.4.3.2 Tomcat 的下载

用户可到 Tomcat 的官方网站进行下载,网址为 http://tomcat.apache.org。进入网站后,单击左侧 Download 区域中的 Tomcat 8 超链接,进入 Tomcat 8 的下载界面,如图 1-15 所示,根据自身系统情况选择下载合适的软件包,当前以 64 位系统为例进行演示。

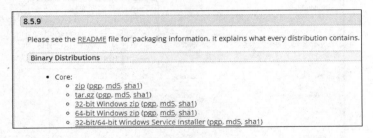

图 1-15 下载 Tomcat

在下载页面中单击 32-bit/64-bit Windows Service Installer (pgp,md5,sha1)超链接,下载 Tomcat,下载后的文件为 apache-tomcat-8.5.9.exe。

或者在下载页面中单击 64-bit Windows zip (pgp,md5,sha1)超链接,下载 64 位 Tomcat 安装包,下载后的文件为 apache-tomcat-8.5.9-windows-x64.zip。另外如果您的平台是 UNIX 或 Linux 系统,则单击 tar.gz 超链接。

注意:这是两种不同的下载,一种是普通安装版本;另一种是解压安装版本。使用是一样的,只是在普通安装版本中有一些界面可提供对 Tomcat 的快捷设置,而且普通安装会将 Tomcat 作为系统服务进行注册。

1.4.3.3 Tomcat 的安装配置

1. 普通安装版本的 Tomcat 安装

(1) 双击 apache-tomcat-8.5.9.exe 文件,弹出安装向导对话框,单击 Next 按钮后,将弹出许可协议对话框。

(2) 单击 I Agree 按钮,接受许可协议,将弹出 Choose Components 对话框,在该对话框中选择需要安装的组件,通常保留其默认选项,如图 1-16 所示。

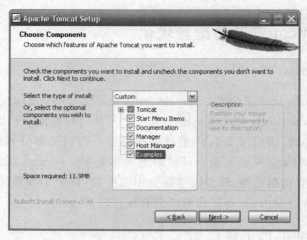

图 1-16　选择需要安装的 Tomcat 组件

(3) 单击 Next 按钮,弹出配置对话框,如图 1-17 所示。

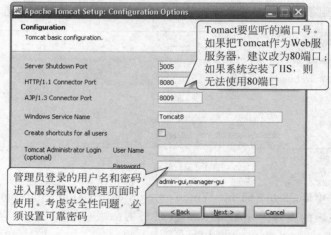

图 1-17　配置 Tomcat 参数

(4) 单击 Next 按钮,选择 Java Virtual Machine 路径为已安装好的 JRE 路径,如图 1-18 所示。

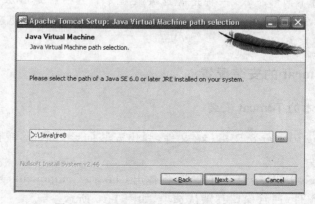

图 1-18　选择 Java Virtual Machine 路径

(5) 单击 Next 按钮,选择安装的目录,如图 1-19 所示。

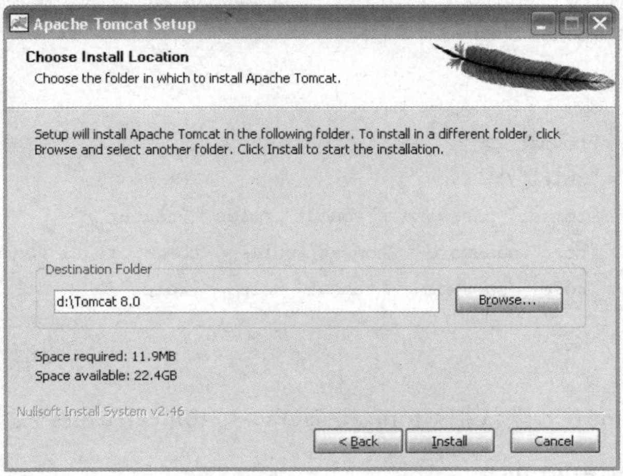

图 1-19 选择 Tomcat 的安装目录

(6) 单击 Install 按钮。
(7) 安装完成后单击 Finish 按钮。
另一种版本是解压安装版本,直接解压缩即可,如解压到 D:\Tomcat 8.0 目录。

2. 配置 Tomcat 环境变量

右击"我的电脑",依次选择"属性"→"高级"→"环境变量"选项。
(1) 新建系统变量 CATALINA_HOME,变量值设置为 D:\Tomcat 8.0。
(2) 在系统变量 CLASSPATH 的值的最后加入以下内容:

; %CATALINA_HOME%\common\lib

(3) 在系统变量 PATH 的值最后加入以下内容:

; %CATALINA_HOME%\bin

至此,Tomcat 安装配置完毕。

注意: 如果 Tomcat 要给外网提供 Web 服务,就应该考虑服务器安全。下面是关于 Tomcat 的一些安全配置:假设 Tomcat 的安装目录为 TOMCAT_HOME,删除 TOMCAT_HOME/webapps 下的所有文件,如 host-manager、manager、ROOT 等,删除 TOMCAT_HOME/conf/Catalina/localhost 下的所有 XML 文件,修改 TOMCAT_HOME/conf/tomcat_users.xml 文件,该文件内容如下:

```
<tomcat-users>
<!--
  NOTE:  By default, no user is included in the "manager-gui" role required
  to operate the "/manager/html" web application.  If you wish to use this app,
  you must define such a user - the username and password are arbitrary.
-->
<!--
```

```
         NOTE:   The sample user and role entries below are wrapped in a comment
         and thus are ignored when reading this file. Do not forget to remove
         <!....> that surrounds them.
    -->
    <!--
        <role rolename = "tomcat"/>
        <role rolename = "role1"/>
        <user username = "tomcat" password = "tomcat" roles = "tomcat"/>
        <user username = "both" password = "tomcat" roles = "tomcat,role1"/>
        <user username = "role1" password = "tomcat" roles = "role1"/>
    -->
</tomcat-users>
```

为安全起见，Tomcat 8 默认把< tomcat-users ></tomcat-users >之间的内容注释掉了。

1.4.3.4　启动与停止 Tomcat

下面针对普通安装版本和解压安装版本分别介绍 Tomcat 的启动和停止。

1. 普通安装版本的 Tomcat 的启动和停止

安装完成后，下面来启动并访问 Tomcat。具体步骤如下：依次选择"开始"→"程序"→Apache Tomcat 8.0→Tomcat8→Monitor Tomcat 选项，在任务栏右侧的托盘中将出现 图标，右击该图标，并选择 Start service 菜单项，启动 Tomcat。同时托盘图标变为 。若想停止 Tomcat 服务，右击 图标，并选择 Stop service 选项即可。

另外也可通过启动 Tomcat 服务程序的方式来启动 Tomcat。具体步骤为：右击"我的电脑"，选择"管理"，选择服务和应用程序中的"服务"，找到 Apache Tomcat 项，双击进行属性的修改来启动或停止 Tomcat 服务器。

2. 解压安装版本的 Tomcat 的启动和停止

此时 Tomcat 的启动是双击解压缩目录的 bin 目录下的 startup.bat 文件（Windows 下）。

如果启动不成功，一般的情况是控制台出来一下立即消失，说明 Tomcat 没有找到 Java 的运行环境。

Tomcat 的停止是双击解压缩目录的 bin 目录下的 shutdown.bat 文件（Windows 下）。

启动 Tomcat 后，打开 IE 浏览器，在地址栏中输入 http://localhost:8080 可访问 Tomcat 服务器，若出现如图 1-20 所示页面，则说明 Tomcat 安装成功。

1.4.3.5　Tomcat 优化

1. Tomcat 连接数优化

该设置位于 Tomcat 配置文件 server.xml（安装路径为 TOMCAT_HOME\conf\server.xml），在该配置文件中找到如下内容，把注释去掉，同时设置 maxThreads 的值为 2000。

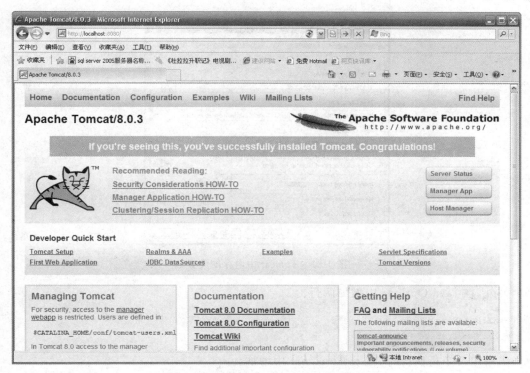

图 1-20　测试 Tomcat 是否安装成功

```
< Connector port = "8443" protocol = "HTTP/1.1" SSLEnabled = "true"
          maxThreads = "2000" scheme = "https" secure = "true"
          clientAuth = "false" sslProtocol = "TLS" />
```

maxThreads 表示最大连接线程数，即并发处理的最大请求数，默认值是 150，这里改为 2000。

或者采用线程池的方式，具体设置为：首先把注释去掉，然后配置 maxThreads 的值为 2000。

```
< Executor name = "tomcatThreadPool" namePrefix = "catalina - exec - "
       maxThreads = "2000" minSpareThreads = "4"/>
< Connector executor = "tomcatThreadPool"
          port = "8080" protocol = "HTTP/1.1"
          connectionTimeout = "20000"
          redirectPort = "8443" />
```

2. Tomcat 堆栈内存优化

在较大型的应用项目中，需要调大 Tomcat 可使用的内存。设置方法为：打开 Tomcat8w.exe（位于 D:\Tomcat 8.0\bin 目录下），切换到 Java 选项卡，如图 1-21 所示。

修改 Initial memory pool 和 Maximum memory pool 两个数值，一般说来，Maximum memory pool 不应该超过可用物理内存的 80%，当然该值不宜设置过大，取值 768～1024MB 就足够了，如果并发数很大，用户访问网页速度会明显变慢。系统可用物理内存很大时，可调大该值。

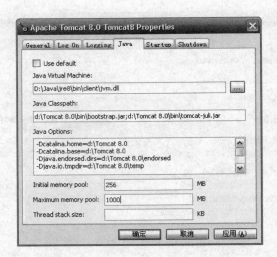

图 1-21 Tomcat 中内存的设置

另外，在 Java Options 中增加两行：

-XX:PermSize=128m
-XX:MaxPermSize=256m

当采用命令行执行时，在 catalina.bat 中增加：

Set JAVA_OPTS=-Xms256m -Xmx1024m -XX:PermSize=128m -XX:MaxPermSize=256m

3. Tomcat 时区设置

Tomcat 安装以后，应确保 Tomcat 提示时间与当前时间一致，设置方法是修改 D:\Tomcat 8.0\bin 目录下的 catalina.bat 文件，加入：

set JAVA_OPTS=-Duser.timezone=GMT+08

再用命令行启动 Tomcat，检查提示的当前时间是否正确。

1.4.4 Tomcat 的目录结构

Tomcat 的目录结构如下。
/bin：存放 Windows 或 Linux 平台上用于启动和关闭 Tomcat 的脚本文件。
/conf：存放关于 Tomcat 服务器的全局配置。
/lib：存放 Tomcat 运行或者站点运行所需的 jar 包，所有在此 Tomcat 上的站点共享这些 jar 包。
/logs：存放 Tomcat 执行时的日志文件。
/webapps：Tomcat 的主要 Web 发布目录，默认情况下把 Web 应用文件放于此目录下。
/work：用于存放在服务器运行时的过渡资源，简单来说，就是存储 JSP 编译后的文件。

1.4.5 Tomcat 的默认行为

浏览器请求发送给 Tomcat，并且请求无误，一般 Tomcat 会以静态页面（即 HTML 文件）的形式予以响应，这是 HTTP 服务器的默认行为。

一个完整的资源请求包括：

- 协议（如 HTTP）。
- 主机名（域名，如 localhost、www.baidu.com）。
- 端口号（HTTP 默认为 80，所以一般向某个网站发起请求时无须输入）。
- 站点。
- 资源位置，如 http://localhost:8080/ROOT/index.jsp。

仅输入域名（或者主机名）就访问到了某个具体的页面，这是什么原理呢？

首先，请求会通过一些途径到达请求的主机地址并被该服务器（指硬件，如我们的本机电脑）上的 HTTP 服务器程序获得。

如输入"http://localhost:8080"到浏览器里，Tomcat 发现此请求，先分析所请求的是什么资源。由于没有指定，它会到默认的站点去取默认的页面反馈。

下面是具体过程。

服务器端：Tomcat 监听 8080 端口，时时注意是否有请求过来。

客户端：浏览器发出请求，到达了服务器端，由于端口的分配，请求最终被 Tomcat 得到。

Tomcat：解析请求的资源，发现没有指定需要的是哪个站点下的哪个资源。Tomcat 在默认的站点下把默认的页面返回给客户端浏览器作为响应。

1.4.6 更改 Tomcat 默认配置

1. 修改 Tomcat 监听端口

假设我们现在作为网络服务提供者，将要对外发布网站，我们怎么让用户只输入我们的域名就能看到我们为他/她准备的网页呢？

首先需要将监听端口设置为 80，道理很简单，用户不会在浏览器输入 8080 来访问网站，浏览器也不会自动将请求发送到服务器的 8080 端口。

在％TOMCAT_HOME％（以下代指 Tomcat 的安装路径）下的 conf 目录下的 server.xml 文件中修改。

```
<Connector port="8080" protocol="HTTP/1.1"
           connectionTimeout="20000"
           redirectPort="8443" />
```

将整个 XML 文件看作一个对象，每个节点是一个属性，这个属性又可能是一个对象，它里面又有属性……，或者直接理解为 Tomcat 的配置信息。这样，就不用输入 8080 了。

2. 修改默认站点

首先站点是具有特定结构的文件夹。这点在 Tomcat 里表现得极为清晰。站点在服务器上肯定是用文件夹（即目录结构）来存储和管理的。但是它和普通的文件夹又不同，在 Tomcat 里，可用于作为站点的文件夹必须有如下特点：拥有一个名为 WEB-INF 的子文件夹，该子文件夹下必须有一个名为 web.xml 的文件，而且该 XML 文件必须受约束于特定的 DTD。

我们先配置（创建）一个站点，再将其设置为默认站点。

配置（创建）站点的过程如下：创建文件夹，创建 WEB-INF 子文件夹，创建 web.xml 文件，完成配置。web.xml 内容可以参考 webapps/ROOT/WEB-INF/web.xml。

设置为默认站点需要分为两步执行。

（1）告诉 Tomcat 当请求哪个站点时（或者说在域名后面跟的是什么名字）来找默认站点。

（2）告诉 Tomcat 默认站点在哪里。

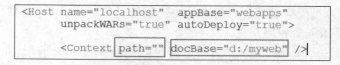

上面已经将两步配置好了（实际上 Tomcat 默认加上了将空站点指向 ROOT 的代码），即 d:/myweb。

如果你的站点存放在 webapps 目录下，可以使用相对路径，如将 d:/myweb 整个复制到 %TOMCAT_HOME%/webapps 下，docBase 很明显就不需要加上 d:/了。

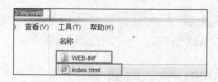

在 index.html 里写几句测试语句，然后结果如下。

3. 修改默认页面

在上面，我们按照常理写了 index.html。那么如果没有写呢？Tomcat 会怎么做呢？

请大家找到 conf/web.xml。这个文件是对所有站点的共同属性进行设置。如大家看文件结尾处：

```
<welcome-file-list>
    <welcome-file>index.html</welcome-file>
    <welcome-file>index.htm</welcome-file>
    <welcome-file>index.jsp</welcome-file>
</welcome-file-list>
</web-app>
```

这个叫作欢迎页面，当没有输入资源地址时，会由上至下地查找，获取页面，进行响应。改动它就可以，但是不建议在这里改，会使所有站点都发生变化，应该将其复制到需要改动的站点下的web.xml进行设置。

1.4.7 虚拟主机的配置

所谓虚拟主机,就是将一个或多个主机名(域名)和Tomcat所在的服务器进行绑定。由于一个IP可以和多个域名进行绑定,可以将不同的域名指向服务器(指硬件)上的不同文件夹,造成一个服务器(或者一个IP)多个主机的"虚拟主机"效果。

配置虚拟主机的好处是可以把多个公司或部门的Web应用都发布到同一个Tomcat服务器上,可以为每家公司分别创建一个虚拟主机,这样用户感觉每个公司或部门都有各自独立的网站。

本书介绍的是共享的IP模式,这种模式就是所有的虚拟主机都使用同一IP。目前国内IDC提供的虚拟主机都是这种模式。这种模式的优点是节约数量有限的IP。

下面实例中,建立两个Web应用,配置两台虚拟主机,假设域名分别为:

www.guoxin.cn
www.liqing.cn

具体的步骤如下。

(1) 打开tomcat/conf/server.xml文件,在Host元素之后添加下面的内容,依次配置域名分别为www.guoxin.cn和www.liqing.cn的虚拟主机。

```
< Host name = "www.guoxin.cn"    appBase = "E:\javaweb\VirtualHost1"
          unpackWARs = "true" autoDeploy = "true"
          xmlValidation = "false" xmlNamespaceAware = "false" >
</Host >
< Host name = "www.liqing.cn"    appBase = "E:\javaweb\VirtualHost2"
          unpackWARs = "true" autoDeploy = "true"
          xmlValidation = "false" xmlNamespaceAware = "false" >
</Host >
```

(2) 分别在E:\javaweb\VirtualHost1\ROOT和E:\javaweb\VirtualHost2\ROOT中创建不同的名为test.html的测试文件。

(3) 为了使配置的虚拟主机生效,在整个网络系统中要建立主机名与IP地址的映射关系,即必须将主机名添加到名称解析系统,有如下两种方法。

第一种方法是使用客户机本身的Hosts文件,例如C:\WINDOWS\system32\drivers\etc\Hosts,在文件的末尾加上下面内容:

```
127.0.0.1        www.gx.cn
127.0.0.1        www.zy.cn
```

然后重启Tomcat服务器,在IE中输入http://www.gx.cn:8080/test.html观察效果,再在IE中输入http://www.zy.cn:8080/test.html观察效果。

这种方法只适用于小范围的环境,因为它要求修改每台客户机本身的Hosts文件。

第二种方法是使用DNS(Domain Name System,域名系统)服务器,必须在DNS服务器中注册以上虚拟主机名,使它们的IP地址都指向Tomcat服务器所在的机器。必须注册www.gx.cn和www.zy.cn。这种方法是经常用到的方法。

以上配置信息根据 Tomcat 的版本不同而不同。

1.4.8 创建简单 JSP 页面

1. 测试第一个 JSP 页面

编写一个简单的 JSP 页面,如例 1-3 所示。

例 1-3 用于测试服务器配置的第一个简单 JSP 页面(exp1/test.jsp)

```
<HTML>
    <HEAD>
        <TITLE> the first JSP </TITLE>
    </HEAD>
    <BODY>
        <%
            out.println("Hello,World!");
        %>
    </BODY>
</HTML>
```

把 exp1 目录复制到%TOMCAT_HOME%\webapps\目录下,启动 Tomcat。在浏览器中输入 http://localhost:8080/exp1/test.jsp,如果出现的结果如图 1-22 所示,那么恭喜你,第一个 JSP 页面的编写和部署已成功。

图 1-22 测试第一个 JSP 页面

2. 测试第二个 JSP 页面

编写另一个 JSP 页面,如例 1-4 所示。

例 1-4 用于测试服务器配置的第二个简单 JSP 页面(exp1/testpara.jsp)

```
<HTML>
    <BODY>
        <%
            String visitor = request.getParameter("name");
            if(visitor == null)
                visitor = "World";
        %>
        Hello,
        <% = visitor %>!
```

```
</BODY>
</HTML>
```

把此 testpara.jsp 文件复制到％TOMCAT_HOME％\webapps\exp1\目录下,启动 Tomcat。在浏览器里分别输入下面不同的 URL,会出现不同的结果。

(1) 在浏览器中输入 http://localhost:8080/exp1/testpara.jsp,输出结果如图 1-23 所示。

图 1-23 测试第二个 JSP 页面的输出 1

(2) 在浏览器中输入 http://localhost:8080/exp1/testpara.jsp?name＝Gxin,则输出结果如图 1-24 所示。

图 1-24 测试第二个 JSP 页面的输出 2

1.5 JSP 集成开发工具

1.5.1 JSP 开发和应用平台介绍

优秀的集成开发环境可以有效地提高 Web 应用的开发效率,使程序员事半功倍,目前比较常见的开发环境有 Eclipse、MyEclipse、JBuilder、Dreamweaver 等。本章主要介绍 Eclipse 和 MyEclipse。

1.5.2 Eclipse 的安装与配置

1.5.2.1 Eclipse 简介

Eclipse 是一个开放源代码的、基于 Java 的可扩展开发平台。就其本身而言,它只是一个框架和一组服务,用于通过插件组件构建开发环境。Eclipse 附带了一个标准的插件集,包括 Java 开发工具(Java Development Tools,JDT)。但 Eclipse 不仅仅只是 Java 的开发工具,如果我们为 Eclipse 装上 C/C++ 的插件(CDT),就可以把它当作一个 C/C++ 开发工具来使用。

Eclipse 支持国际化,若有需要则可为 Eclipse 安装多国语言包,实现 Eclipse 的中文化。

1.5.2.2　Eclipse 下载与安装

(1) 到 Eclipse 官方网站 http://www.eclipse.org,单击 Download 按钮进入下载页面,单击 Download Packages 下载 Eclipse IDE for Java EE Developers 最新版本 Eclipse 包文件,如图 1-25 所示。

图 1-25　Eclipse 下载界面

(2) 根据自身操作系统情况选择相应的版本,下载 Eclipse IDE for Java EE Developers,此版本除包括标准版 Eclipse 外,还包含用于 Web 开发的插件。可分别下载 Windows、Linux、Mac OS X(Cocoa)系列的版本,如果是 Windows 系列,根据系统是 32 位还是 64 位分别下载相应版本。如果是 32 位 Windows 系统则单击 32bit 下载 eclipse-jee-2018-09-win32.zip 压缩包,如果是 64 位 Windows 系统则单击 64bit 下载 eclipse-jee-2018-09-win32-x86_64.zip 压缩包。本章以 64 位系统为例,下载 64 位压缩文件 eclipse-jee-2018-09-win32-x86_64.zip。

(3) Eclipse 是一个开放源代码的、基于 Java 的可扩展开发平台。Eclipse 安装程序是一个压缩包,只需要解压缩就可以运行 Eclipse 了(如可以解压到 D:\eclipse)。

(4) D:\eclipse 文件夹中可以找到 eclipse.exe 如图 1-26 所示。

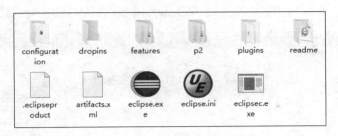

图 1-26　Eclipse 文件夹内容

（5）双击可执行文件 eclipse.exe，运行 Eclipse。第一次启动 Eclipse 会弹出如图 1-27 所示的对话框，提示设置工作空间（所写的项目文件、程序代码都会保存在这个 Workspace 中），我们可以单击 Browse 按钮自定义一个目录，也可以选择默认目录，本例选择 D:\eclipse\workspace 目录，并勾选相应复选框，设置此目录为默认 workspace 目录，无须每次启动时再设置。设置完后，单击 OK 按钮进入 Eclipse 开发环境的 Welcome 界面，如图 1-28 所示。

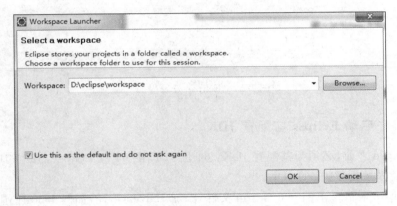

图 1-27　配置 workspace 目录

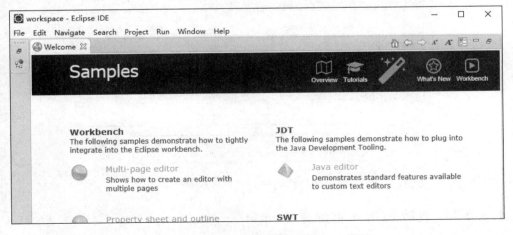

图 1-28　Eclipse 开发环境的 Welcome 界面

(6) 在图 1-28 单击"关闭"按钮关闭 Welcome 界面,进入开发界面,如图 1-29 所示。

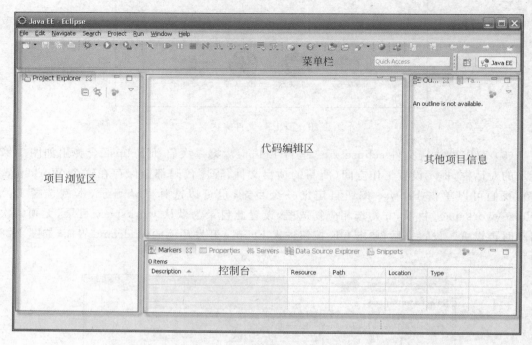

图 1-29　Eclipse 开发界面

1.5.2.3　启动 Eclipse 前配置 JDK

启动 Eclipse 之前,必须为其配置 JDK:64 位 JDK 配 64 位 Eclipse,32 位 JDK 配 32 位 Eclipse。64 位系统需 64 位的 JDK。

打开 Eclipse 根目录下的 eclipse.ini 文件,添加 JDK 的路径,如图 1-30 所示。

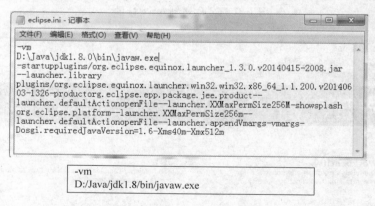

图 1-30　启动 Eclipse 前配置 JDK

1.5.2.4　启动 Eclipse 前配置 Tomcat

(1) 依次选择 Window→Preferences 选项,展开 Server 中的 Runtime Environments,单击 Add 按钮,如图 1-31 所示。

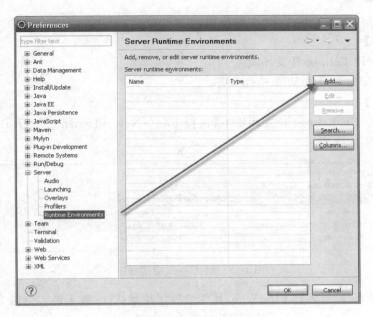

图 1-31　Eclipse 启动前配置 Tomcat

（2）把之前安装的 Tomcat 8 配置进去，如图 1-32 所示。

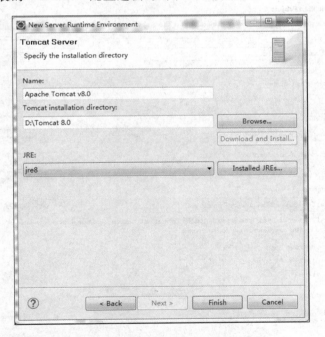

图 1-32　Eclipse 启动前配置 Tomcat 8

实训 1　用 Eclipse 创建 Web 项目

【实训目的】
（1）掌握下载和安装 Eclipse 的方法。

(2) 掌握集成开发工具 Eclipse 的使用。

【实训要求】

(1) 学会使用 Eclipse 开发环境。

(2) 应用 Eclipse 开发 Web 应用程序。

【实训步骤】

(1) 在 Java EE-Eclipse 开发环境下,选择 File→New→Dynamic Web Project(一般是动态网页),如图 1-33 所示。

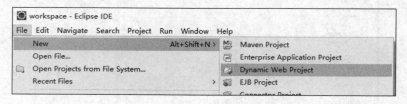

图 1-33　创建 Web 应用程序

(2) 填写 Web 项目名称 FirstWeb,其他选项保持默认(一般来说),单击 Finsh 按钮,如图 1-34 所示。

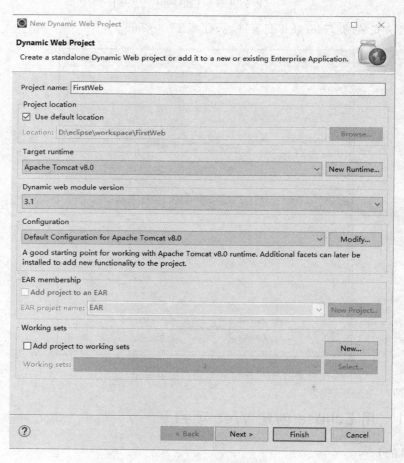

图 1-34　创建 FirstWeb

（3）展开项目，右击 WebContent，选择 New→JSP File，在 WebContent 下新建一个 hello.jsp，如图 1-35 所示。

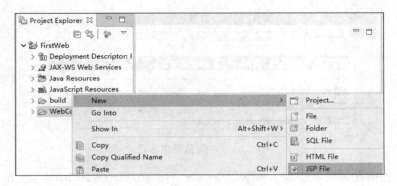

图 1-35　创建 JSP 页面

（4）在 hello.jsp < body >和</body>中加入一句< h3 > Hello World!!! </h3 >，如图 1-36 所示。

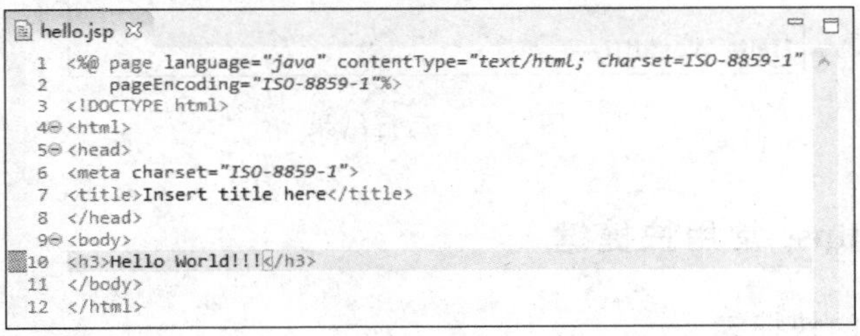

```
1  <%@ page language="java" contentType="text/html; charset=ISO-8859-1"
2      pageEncoding="ISO-8859-1"%>
3  <!DOCTYPE html>
4  <html>
5  <head>
6  <meta charset="ISO-8859-1">
7  <title>Insert title here</title>
8  </head>
9  <body>
10 <h3>Hello World!!!</h3>
11 </body>
12 </html>
```

图 1-36　hello.jsp 页面

（5）保存后，选中 FirstWeb 项目，右击，选择 Run As→Run on Server，如图 1-37 所示。

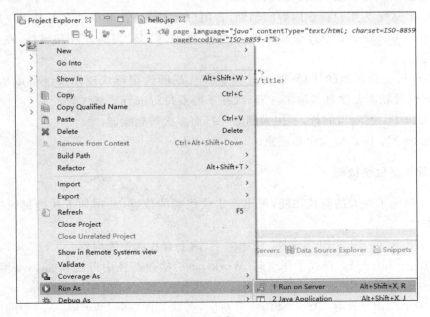

图 1-37　运行 Server

（6）出现如图1-38所示的页面时，不要慌，在http://localhost:8080/FirstWeb/后面加上hello.jsp，再按Enter键。

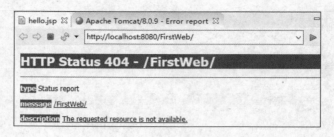

图1-38　在浏览器中运行

（7）或者直接在浏览器中输入http://localhost:8080/FirstWeb/hello.jsp，出现下图1-39所示的界面。

图1-39　运行结果

1.5.2.5　Eclipse常用快捷键

1．和编辑相关的快捷键

Eclipse的编辑功能非常强大，掌握了Eclipse的快捷键功能，能够大大提高开发效率。Eclipse中有如下一些和编辑相关的快捷键。

（1）ALT＋/：为用户提供内容的辅助，若用户记不全方法和属性名可对用户提示。

（2）Ctrl＋O：显示类中方法和属性的大纲，能快速定位类的方法和属性，在查找Bug时非常有用。

（3）Ctrl＋/：快速添加注释，能为光标所在行或所选定行快速添加注释或取消注释。在调试的时候可能需要注释或取消注释，现在不需要每行进行重复注释。

（4）Ctrl＋D：删除当前行，不用为删除一行而多次按删除键。

（5）Ctrl＋M：窗口最大化和还原。

2．查看和定位快捷键

Eclipse提供了强大的查找功能，可迅速定位代码的位置，利用如下快捷键可完成查找定位的工作。

（1）Ctrl＋K、Ctrl＋＋Shift＋K：快速向下、向上查找选定的内容。

（2）Ctrl＋Shift＋T：查找工作空间（Workspace）构建路径中可找到的Java类文件，容易找到类，而且可以使用"＊""?"等通配符。

（3）Ctrl＋Shift＋R和Ctrl＋Shift＋T对应，查找工作空间（Workspace）中的所有文件

(包括 Java 文件),也可以使用通配符。

(4) Ctrl+Shift+G:查找类、方法和属性的引用。例如要修改引用某个方法的代码,可以通过 Ctrl+Shift+G 快捷键迅速定位所有引用此方法的位置。

(5) Ctrl+Shift+O:快速生成导入,当输入一段程序后,可快速导入进所调用的类。

(6) Ctrl+Shift+F:格式化代码,选定某段代码按 Ctrl+Shift+F 快捷键可以格式化这段代码,如果不选定代码则默认格式化当前文件(Java 文件)。

(7) ALT+Shift+W:查找当前文件所在项目中的路径,可以快速定位浏览器视图的位置,如果想查找某个文件所在的包时,此快捷键非常有用(特别在比较大的项目中)。

(8) Ctrl+L:定位到当前编辑器的某一行,对非 Java 文件也有效。

(9) Alt+←、Alt+→:后退历史记录、前进历史记录,在跟踪代码时非常有用。用户可能查找了几个有关联的地方,但可能记不清楚了,可以通过这两个快捷键定位查找的顺序。

(10) F3:快速定位光标位置的某个类、方法和属性。

(11) F4:显示类的继承关系,并打开类继承视图。

3. 调试快捷键

Eclipse 中有如下一些和运行调试相关的快捷键。

(1) Ctrl+Shift+B:在当前行设置断点或取消设置的断点。

(2) F11:调试最后一次执行的程序。

(3) Ctrl+F11:运行最后一次执行的程序。

(4) F5:跟踪到方法中。当程序执行到某方法时,可以按 F5 键跟踪到方法中。

(5) F6:单步执行程序。

(6) F7:执行完方法,返回到调用此方法的后一条语句。

(7) F8:继续执行,到下一个断点或程序结束。

4. 常用编辑器快捷键

通常文本编辑器都提供了一些和编辑相关的快捷键,在 Eclipse 中也可以通过这些快捷键进行文本编辑。

(1) Ctrl+C:复制。

(2) Ctrl+X:剪切。

(3) Ctrl+V:粘贴。

(4) Ctrl+S:保存。

(5) Ctrl+Z:撤销。

(6) Ctrl+Y:重复。

(7) Ctrl+F:查找。

5. 其他快捷键

Eclipse 中还有很多快捷键,这里不一一列举,用户可以通过帮助文档找到它们的使用方式,另外还有几个常用的快捷键如下。

(1) Ctrl+F6:切换到下一个编辑器。

(2) Ctrl+Shift+F6:切换到上一个编辑器。

(3) Ctrl+F7：切换到下一个视图。
(4) Ctrl+Shift+F7：切换到上一个视图。
(5) Ctrl+F8：切换到下一个透视图。
(6) Ctrl+Shift+F8：切换到上一个透视图。

Eclipse 中快捷键比较多，可以通过帮助文档找到所有快捷键的使用，但没必要掌握所有快捷键的使用，不过如果能花点时间熟悉本节列举的快捷键，必将会事半功倍。

1.5.3 MyEclipse 的安装与配置

1.5.3.1 MyEclipse 简介

MyEclipse 企业级工作平台（MyEclipse Enterprise Workbench，简称 MyEclipse）是对 EclipseIDE 的扩展，利用它可以在数据库和 JavaEE 的开发、发布以及应用程序服务器的整合方面极大地提高工作效率。它是功能丰富的 JavaEE 集成开发环境，包括完备的编码、调试、测试和发布功能，完整支持 HTML、Struts、JSP、CSS、JavaScript、Spring、SQL、Hibernate。

MyEclipse 是一个十分优秀的用于开发 Java、J2EE 的 Eclipse 插件集合，功能非常强大，支持也十分广泛，尤其是对各种开源产品的支持。MyEclipse 目前支持 Java Servlet、AJAX、JSP、JSF、Struts、Spring、Hibernate、EJB3、JDBC 数据库链接工具等多项功能。可以说 MyEclipse 几乎囊括了目前所有主流开源产品的专属 Eclipse 开发工具。

1.5.3.2 MyEclipse 2018 的安装

（1）在 MyEclipse 官方网站 http://www.myeclipseide.com 上下载并安装软件。注意其安装的系统要求，有 Windows 版本的，有 Linux 版本的，有 MAC OS 版本的。本章下载 Windows 版本。

（2）双击 MyEclipse 安装文件。安装界面如图 1-40 所示。

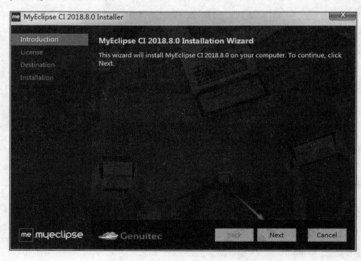

图 1-40 MyEclipse 安装界面

（3）单击图1-40中的Next按钮，弹出如图1-41所示的对话框，勾选I Accept the terms of the licents agrument 复选框。

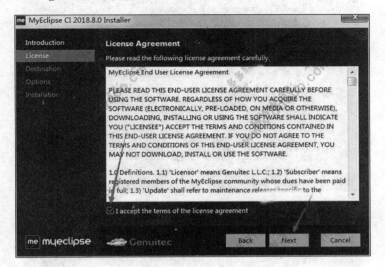

图1-41　MyEclipse许可协议

（4）单击图1-41中的Next按钮，弹出如图1-42所示的对话框。

（5）选择MyEclipse的安装路径，例如D:\Program Files\MyEclipse。单击图1-42中的Next按钮，弹出如图1-43所示的对话框，显示安装进度。

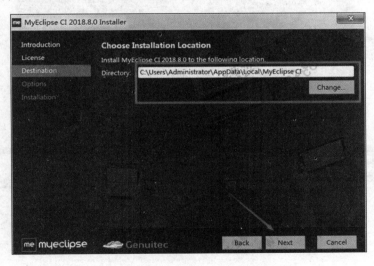

图1-42　选择MyEclipse的安装路径

（6）完成安装后如图1-44所示，单击Finish按钮。

1.5.3.3　MyEclipse界面

MyEclipse界面如图1-45所示。

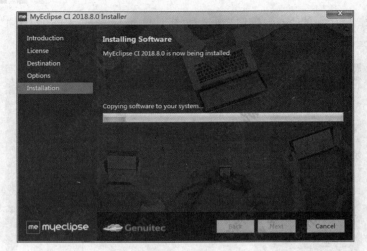

图 1-43　开始安装

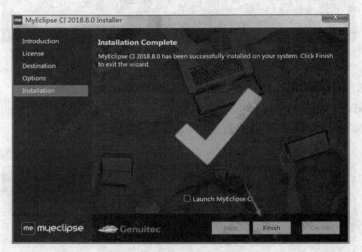

图 1-44　完成安装

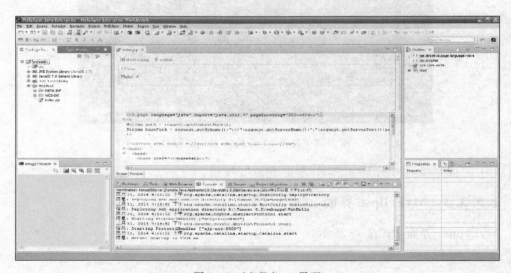

图 1-45　MyEclipse 界面

依次选择 Window→Show View→Console 选项,如图 1-46 所示。

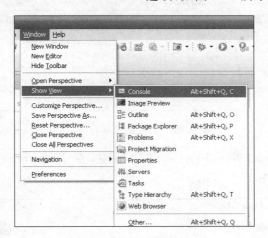

图 1-46　显示视图

实训 2　用 MyEclipse 创建 Web 项目

【实训目的】
(1) 掌握安装 MyEclipse 的方法。
(2) 掌握集成开发工具 MyEclipse 的使用。
(3) 利用 MyEclipse 搭建 JSP 开发平台。

【实训要求】
(1) 学会使用 MyEclipse 集成开发环境。
(2) 应用 MyEclipse 开发 Web 应用程序。

【实训步骤】
(1) 启动程序后,首先选择 MyEclipse 的工作区,如图 1-47 所示。

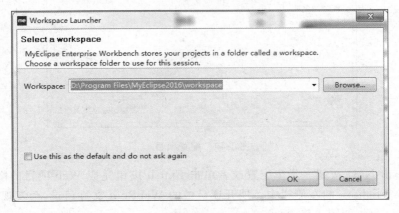

图 1-47　选择 MyEclipse 的工作区

(2) 依次选择 File→New→Web Project 选项,如图 1-48 所示,将弹出 New Web Project 对话框。

图 1-48　新建项目

（3）在弹出的 New Web Project 对话框中，在 Project name 中输入项目名称 WebHello，其他选项如图 1-49 所示。

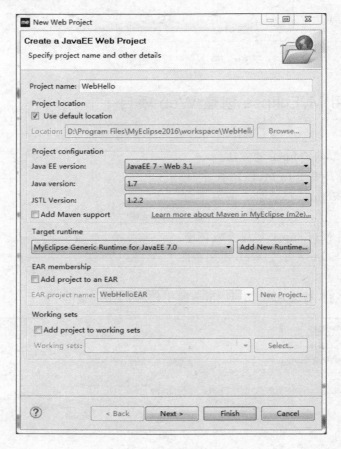

图 1-49　配置项目

（4）可单击 Next 按钮一步步配置或者单击 Finish 按钮完成 Web 项目的默认创建，项目会显示在 MyEclipse 的左侧栏中。展开项目中的 WebRoot 文件目录，会发现默认创建的 JSP 文件 index.jsp，如图 1-50 所示。

（5）当然可创建多个 JSP 文件，方法为：右击 WebRoot 文件目录，选择 New→JSP（Advanced Templates）选项，如图 1-51 所示。

（6）双击 index.jsp 文件，MyEclipse 会自动在中间的编辑窗口打开该文件，如图 1-52

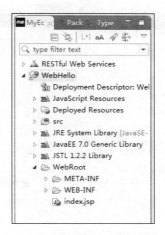

图 1-50　创建的 Web 项目

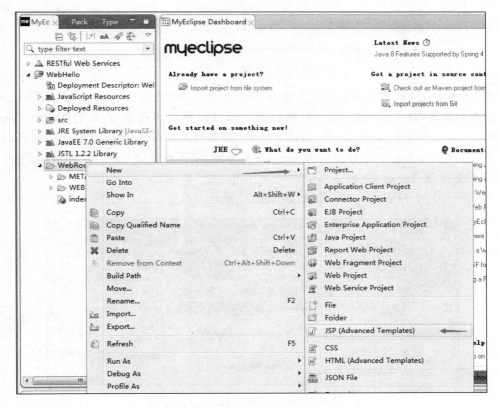

图 1-51　创建 JSP 文件

所示。可以编辑窗口中的代码，把<body></body>中间的内容改为 Hello!

（7）将编辑好的 JSP 页面保存，至此完成了一个简单的 JSP 程序的创建。

完成 JSP 程序的开发后，下面来配置服务器以运行此 Web 应用程序。

使用 MyEclipse 运行 Web 程序有以下两种方法。

第一种方法：直接通过 MyEclipse 在服务器上进行部署或者通过外接服务器的方式运

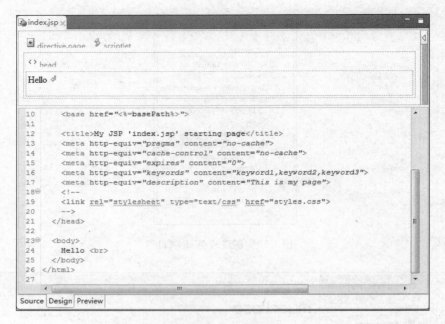

图 1-52　编辑 JSP 代码

行程序,此方法只需修改服务器的配置文件即可,推荐大家使用。直接通过 MyEclipse 在服务器上进行部署,首先配置好服务器,然后通过项目部署对话框把 Web 项目发布 Tomcat 下,即 webapps 目录下,这样就可以启动 Tomcat 服务器来运行(启动时既可以在 MyEclipse 中启动 Tomcat 服务器也可直接启动 Tomcat 服务器)。下面是第一种方法的具体步骤。

① 配置外部 Tomcat 8 服务器。

选择 Window→Preferences 选项,如图 1-53 所示。

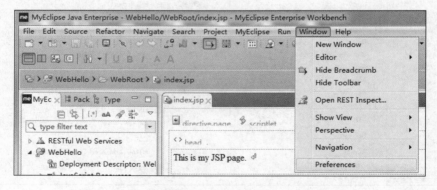

图 1-53　选择 Window→Preferences 选项

在弹出的 Preferences 窗口中,依次展开 MyEclipse → Servers → Runtime Environments,可以删掉本身自带的 MyEclipse Tomcat v7.0,配置已经单独安装好的 Tomcat 8。单击 Add 按钮,添加 Apache Tomcat v8.0,选择 Tomcat 8 的安装路径配置 Tomcat 服务器,如图 1-54 所示。

展开左侧的 Java→Installed JREs,默认自带的 JDk 文件,也可单击 Add 按钮,添加外

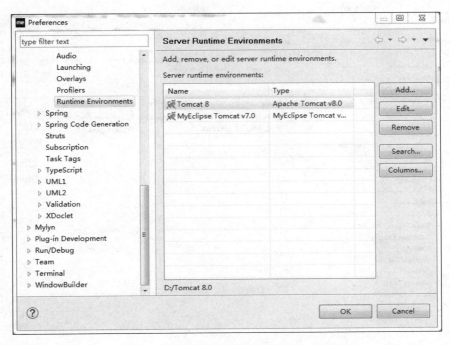

图 1-54　配置 MyEclipse 外带 Tomcat 8 服务器

部已经安装好的 JDK 文件。选中 JDK 选项，配置 JDK，单击 Finish 按钮，如图 1-55 所示。

图 1-55　配置 JDK

勾选配好的 JDK 即可，如图 1-56 所示。

单击 OK 按钮回到首选项窗口，单击 OK 按钮完成服务器的配置。

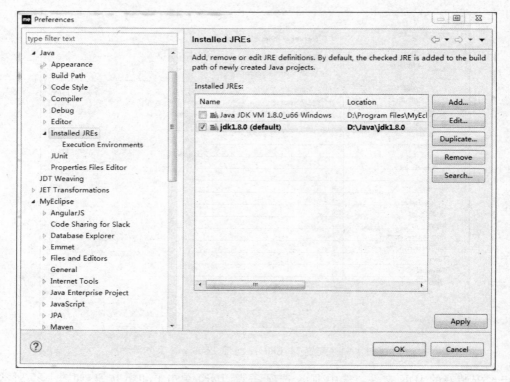

图 1-56　选择 JDK 安装路径

② 将项目发布到 Tomcat。

单击 MyEclipse 菜单栏中的 按钮，弹出 Manage Deployments 对话框，在该对话框中从 Module 下拉列表中选择要发布的 WebHello 项目，如图 1-57 所示。

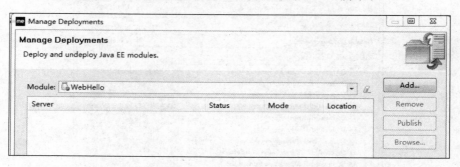

图 1-57　选择要发布的项目

单击图 1-57 中的 Add 按钮，在弹出的 Deploy modules 对话框的 Select the sener type 下拉列表中选择之前已配置好的 Tomcat v8.0 Server 选项，如图 1-58 所示。

单击 Finish 按钮完成项目的发布。

③ 启动运行。

单击 MyEclipse 菜单栏中的 按钮启动 Tomcat 服务器，如图 1-59 所示。

打开 IE 浏览器，在地址栏中输入地址 http://localhost:8080/WebHello，最终的运行

图 1-58　选择应用的服务器

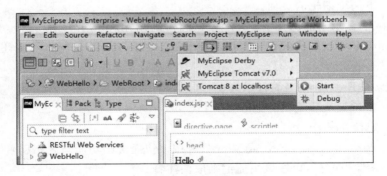

图 1-59　启动 Tomcat 服务器

结果如图 1-60 所示。同时在 D:\Tomcat 8.0\webapps 中生成了运行后的文件夹 WebHello。

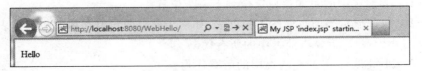

图 1-60　运行结果

第二种方法：通过外接服务器的方式运行程序，只需修改服务器的配置文件 conf/server.xml。下面是具体步骤。

① 找到 Tomcat 安装目录下的 conf/server.xml 文件，用记事本或其他编辑器打开。

② 到代码的最低部，在</Host>的上一行添加以下代码：

```
<Context path = "/testEclipse"
docBase = "D:\Program Files\MyEclipse\workspace\WebHello\WebRoot"
reloadable = "true"/>
```

保存文件并退出，不要修改文件名。

其中 docBase=" D:\Program Files\MyEclipse\workspace\WebHello\WebRoot"表示 web 应用程序在硬盘上的绝对路径。

修改完后重新启动 Tomcat 服务器，这样重新读取 server.xml 文件。

③ 启动 Tomcat，在 IE 中运行 http://localhost:8080/WebHello/index.jsp 查看是否成功。

1.5.3.4 MyEclipse 快捷键

Ctrl+1：快速修复。

Ctrl+D：删除当前行。

Ctrl+Alt+↓：复制当前行到下一行（复制增加）。

Ctrl+Alt+↑：复制当前行到上一行（复制增加）。

Alt+↓：当前行和下面一行交换位置。

Alt+↑：当前行和上面一行交换位置。

Alt+←：前一个编辑的页面。

Alt+→：下一个编辑的页面。

Alt+Enter：显示当前选择资源（工程或文件）的属性。

Shift+Enter：在当前行的下一行插入空行（这时鼠标可以在当前行的任一位置，不一定是最后）。

Shift+Ctrl+Enter：在当前行插入空行（原理同上条）。

Ctrl+Q：定位到最后编辑的地方。

Ctrl+L：定位在某行。

Ctrl+M：最大化当前的 Edit 或 View（再按该快捷键则功能与之相反）。

Ctrl+/：注释当前行，再按该快捷键则取消注释。

Ctrl+O：快速显示大纲视图。

Ctrl+T：快速显示当前类的继承结构。

Ctrl+W：关闭当前显示的项。

Ctrl+K：参照选中的单词快速定位到下一个位置。

Ctrl+E：快速显示当前页面的下拉列表（如果当前页面没有显示的用黑体表示）。

Ctrl+/（小键盘）：折叠当前类中的所有代码。

Ctrl+×（小键盘）：展开当前类中的所有代码。

Ctrl+Space：代码助手，完成一些代码的插入（但一般和输入法有冲突，可以修改输入法的热键,也可以暂用 Alt+/来代替)。

Ctrl+Shift+E:显示管理当前打开的所有 View 的管理器(可以选择关闭、激活等操作)。

Ctrl+J:正向增量查找(按 Ctrl+J 快捷键后,对所输入的每个字母编辑器都提供快速匹配定位到某个单词)。

Ctrl+Shift+J:反向增量查找(和上条相同,只不过是从后往前查找)。

Ctrl+Shift+F4:关闭所有打开的页面。

Ctrl+Shift+X:把当前选中的文本全部变为小写。

Ctrl+Shift+Y:把当前选中的文本全部变为小写。

Ctrl+Shift+F:格式化当前代码。

Ctrl+Shift+P:定位匹配符(譬如{},从前面定位到后面时,光标要在匹配符里面,从后面定位到前面则反之)。

下面的快捷键是重构里面常用的(一般重构的快捷键都是以 Alt+Shift 开头)。

Alt+Shift+R:重命名(尤其是变量和类的重命名,比手工方法能减少工作量)。

Alt+Shift+M:抽取方法(这是重构里面最常用的方法之一,尤其是对一大堆代码有用)。

Alt+Shift+C:修改函数结构(比较实用,有 N 个函数调用了这个方法,修改一次即可)。

Alt+Shift+L:抽取本地变量(可以直接把一些魔法数字和字符串抽取成一个变量,尤其是多处调用的时候)。

Alt+Shift+F:把 Class 中的 local 变量变为 field 变量(比较实用的功能)。

Alt+Shift+I:合并变量。

Alt+Shift+V:移动函数和变量(不常用)。

Alt+Shift+Z:重构的回退(Undo)。

1."编辑"快捷键(见表 1-2)

表 1-2 "编辑"快捷键

作 用 域	功 能	快 捷 键
全局	查找并替换	Ctrl+F
文本编辑器	查找上一个	Ctrl+Shift+K
文本编辑器	查找下一个	Ctrl+K
全局	撤销	Ctrl+Z
全局	复制	Ctrl+C
全局	恢复上一个选择	Alt+Shift+↓
全局	剪切	Ctrl+X
全局	快速修正	Ctrl1+1
全局	内容辅助	Alt+/
全局	全部选中	Ctrl+A
全局	删除	Delete
全局	上下文信息	Alt+/ Alt+Shift+?
Java 编辑器	显示工具提示描述	F2
Java 编辑器	选择封装元素	Alt+Shift+↑

续表

作用域	功能	快捷键
Java 编辑器	选择上一个元素	Alt+Shift+←
Java 编辑器	选择下一个元素	Alt+Shift+→
文本编辑器	增量查找	Ctrl+J
文本编辑器	增量逆向查找	Ctrl+Shift+J
全局	粘贴	Ctrl+V
全局	重做	Ctrl+Y

2．"查看"快捷键(见表 1-3)

表 1-3 "查看"快捷键

作用域	功能	快捷键
全局	放大	Ctrl+=
全局	缩小	Ctrl+-

3．"窗口"快捷键(见表 1-4)

表 1-4 "窗口"快捷键

作用域	功能	快捷键
全局	激活编辑器	F12
全局	切换编辑器	Ctrl+Shift+W
全局	上一个编辑器	Ctrl+Shift+F6
全局	上一个视图	Ctrl+Shift+F7
全局	上一个透视图	Ctrl+Shift+F8
全局	下一个编辑器	Ctrl+F6
全局	下一个视图	Ctrl+F7
全局	下一个透视图	Ctrl+F8
文本编辑器	显示标尺上下文菜单	Ctrl+W
全局	显示视图菜单	Ctrl+F10
全局	显示系统菜单	Alt+-

4．"导航"快捷键(见表 1-5)

表 1-5 "导航"快捷键

作用域	功能	快捷键
Java 编辑器	打开结构	Ctrl+F3
全局	打开类型	Ctrl+Shift+T
全局	打开类型层次结构	F4
全局	打开声明	F3

续表

作用域	功能	快捷键
全局	打开外部 Javadoc	Shift+F2
全局	打开资源	Ctrl+Shift+R
全局	后退历史记录	Alt+←
全局	前进历史记录	Alt+→
全局	上一个	Ctrl+，
全局	下一个	Ctrl+.
Java 编辑器	显示大纲	Ctrl+O
全局	在层次结构中打开类型	Ctrl+Shift+H
全局	转至匹配的括号	Ctrl+Shift+P
全局	转至上一个编辑位置	Ctrl+Q
Java 编辑器	转至上一个成员	Ctrl+Shift+↑
Java 编辑器	转至下一个成员	Ctrl+Shift+↓
文本编辑器	转至行	Ctrl+L

5. "搜索"快捷键（见表 1-6）

表 1-6 "搜索"快捷键

作用域	功能	快捷键
全局	出现在文件中	Ctrl+Shift+U
全局	打开搜索对话框	Ctrl+H
全局	工作区中的声明	Ctrl+G
全局	工作区中的引用	Ctrl+Shift+G

6. "文本编辑"快捷键（见表 1-7）

表 1-7 "文本编辑"快捷键

作用域	功能	快捷键
文本编辑器	改写切换	Insert
文本编辑器	上滚行	Ctrl+↑
文本编辑器	下滚行	Ctrl+↓

7. "文件"快捷键（见表 1-8）

表 1-8 "文件"快捷键

作用域	功能	快捷键
全局	保存	Ctrl+S
全局	打印	Ctrl+P
全局	关闭	Ctrl+F4

续表

作 用 域	功 能	快 捷 键
全局	全部保存	Ctrl+Shift+S
全局	全部关闭	Ctrl+Shift+F4
全局	属性	Alt+Enter
全局	新建	Ctrl+N

8. "项目"快捷键(见表 1-9)

表 1-9 "项目"快捷键

作 用 域	功 能	快 捷 键
全局	全部构建	Ctrl+B

9. "源代码"快捷键(见表 1-10)

表 1-10 "源代码"快捷键

作 用 域	功 能	快 捷 键
Java 编辑器	格式化	Ctrl+Shift+F
Java 编辑器	取消注释	Ctrl+\
Java 编辑器	注释	Ctrl+/
Java 编辑器	添加导入	Ctrl+Shift+M
Java 编辑器	组织导入	Ctrl+Shift+O
Java 编辑器	使用 try/catch 块来包围	自己设置。也可以使用 Ctrl+1 自动修正

10. "运行"快捷键(见表 1-11)

表 1-11 "运行"快捷键

作 用 域	功 能	快 捷 键
全局	单步返回	F7
全局	单步跳过	F6
全局	单步跳入	F5
全局	单步跳入选择	Ctrl+F5
全局	调试上次启动	F11
全局	继续	F8
全局	使用过滤器单步执行	Shift+F5
全局	添加/去除断点	Ctrl+Shift+B
全局	显示	Ctrl+D
全局	运行上次启动	Ctrl+F11
全局	运行至行	Ctrl+R
全局	执行	Ctrl+U

11. "重构"快捷键(见表1-12)

表1-12 "重构"快捷键

作 用 域	功 能	快 捷 键
全局	撤销重构	Alt+Shift+Z
全局	抽取方法	Alt+Shift+M
全局	抽取局部变量	Alt+Shift+L
全局	内联	Alt+Shift+I
全局	移动	Alt+Shift+V
全局	重命名	Alt+Shift+R
全局	重做	Alt+Shift+Y

1.5.3.5 MyEclipse 中 debug 模式调试

1. 怎样启动 debug 模式

(1) 首先在程序中设置断点。

(2) 在运行 J2SE 程序时,使用 debug 模式运行,程序执行到断点时会自动启动 debug 模式。

(3) 在运行 J2EE 项目时,需要在 My Eclipse 内部启动服务器,并在程序中设置断点,在执行到断点时会自动启动 debug 模式。

2. debug 模式中的操作

- F5 快捷键与 F6 快捷键均为单步调试。F5 快捷键是 step into,也就是进入本行代码中执行。F6 快捷:step over,也就是执行本行代码,跳到下一行。
- F7 快捷键:跳出函数。
- F8 快捷键:将代码执行到下一个断点,若没有断点则执行到最后。
- resume:重新开始执行 debug,一直运行直到遇到断点。
- hit count:设置执行次数,适合程序中的 for 循环(在 breakpoint view 中右击设置 hit count)。
- inspect:检查运算。执行一个表达式,显示执行值。
- watch:实时地监测变量的变化。
- variables:视图里的变量可以改变变量值,在 variables 视图选择变量,右击,选择 change value 来进行快速调试。
- debug:过程中修改了某些代码后,选择 save&build→resume,重新暂挂于断点。

1.6 小结

本章主要介绍了学习 JSP 需要掌握和了解的一些技术和概念,介绍了 JSP 开发环境的搭建,读者需要掌握 JDK 和 Tomcat 的安装和配置,掌握如何安装 Eclipse 和 MyEclipse 开发工具及其使用，并且能够应用它们开发一个简单的JSP程序，同时掌握调试JSP程序的方法。

习题

1-1　JSP的全称是什么？JSP与ASP、ASP.NET和PHP的区别是什么？
1-2　JSP的工作原理是什么？
1-3　开发JSP程序需要具备哪些开发环境？
1-4　安装JDK后，如何配置环境变量？
1-5　如何配置Tomcat？
1-6　Tomcat的默认端口、用户名和密码分别是什么？
1-7　用MyEclipse集成开发工具开发JSP程序的优点是什么？

第2章 JSP开发基础

JSP 页面是由 HTML 代码和嵌入到其中的 Java 代码组成。JSP 基于 Java 语言,是 Java 语言的网络应用,因此,在学习 JSP 时,需要熟悉 Java 语言和 HTML。而 JavaScript 是一种比较流行的制作网页的特效脚本语言,它由客户端浏览器解释执行,在 JSP 程序中适当地使用 JavaScript,不仅能提高程序的开发速度,而且能减轻服务器负荷。通过本章的学习,读者能掌握 JSP 开发中涉及的各种基础语言,为进一步学习 JSP 技术做好准备。

2.1 HTML

目前,Web 的超文本是使用 HTML 来编写的。当用户使用 Web 客户浏览器通过 Internet 阅读这些超文本时,浏览器负责解释嵌入其中的 HTML,并按照 HTML 标记将文本中的信息显示给用户。

HTML 是一种标记语言,通过在普通文本中嵌入各种标签,使普通文本具有超文本功能。HTML 和其他标记语言的不同点在于:它可以和相关内容建立超链接,并且可以通过表单产生互动的页面,而且在浏览器中还加入了 JavaScript、VBScript 等新技术。

2.1.1 HTML 概述

HTML 是 Hyper Text Markup Language 的缩写,通常译为超文本标记语言。HTML 是一种处理文字的语言,它包含的指令(标签)可以插入到未定格式的文件里,用来控制打印或执行浏览器显示时的网页外观。

HTML 是标签的集合,这些标签由"< >"括在一起,有些标签还是成对出现的,例如< P >是一个开始标签,而在前面加上反斜杠后</p>构成了结束标签。HTML 网页就是由内容及标签组成的页面,一般的 HTMIL 页面具有如下结构。

例 2-1 ch2-01. html

```
< html >
    < head >
        < title > this is title </title >
    </head >
    < body >
        HTML 正文部分
    </body >
```

```
</html>
```

head 标签(＜head＞＜/head＞)内是 HTML 网页的一般信息。例如网页标题、网页地址或其他 Web 服务器端用的相关信息。一般来说，这些信息并不在浏览器主窗口中显示出来。正文一般包含在＜body＞和＜/body＞之间，展示的内容及展示内容的标签格式都放在这里。

HTML 网页是扩展名为.html 或.htm 的纯文本文件,因而可以使用能够编辑文本的编辑器对其进行编辑处理。然而随着网页编辑工作量的增多,程序员会用更多功能强大的软件工具来编辑 HTML 网页。利用 Dreamweaver 软件就可以所见即所得的方式来编辑网页。

2.1.2 简单格式标签

格式标签是嵌套在＜body＞＜/body＞之内的。下面简单介绍如下几个标签,更多内容可参考 HTML 方面的书籍。

(1)＜br＞功能类于 Enter 键表示强制性的换行,是单独标签。

(2)＜nobr＞＜/nobr＞：不换行,表示在标签内不换行,用于防止浏览器将标签对中的内容自动换行。如所写的代码或其他不能分开的内容。

(3)＜p＞＜/p＞：标签显示内容的段落,可以使文字更加美观,特别是段落前后都有空行时。可以使用 align 属性来设置对齐方式。

语法是：＜p align＝"属性值"＞文本内容＜/p＞

其属性值可以为：Left、Center、Rgiht,分别表示左对齐、居中、右对齐。

(4) 标题文字从＜H1＞到＜H6＞共有 6 个标题标签来标识标题文字。

(5) 实际样式。

＜b＞＜/b＞：显示粗体字。

＜i＞＜/i＞：显示斜体字。

＜u＞＜/u＞：显示加下画线文字。

(6)＜hr＞：分隔线标签,用来分隔文本部分的内容,通常是一条水平线。

2.1.3 超链接与图片标签

超链接是一对标签＜a＞＜/a＞之间的关系。这两个标签分别叫作超链接的头和尾。超链接地址就是一个统一资源识别符(Uniform Resource Identifier,URI),其后面可以带一个以#开始的段落识别符。例如：

```
http://lmc.bcu.edu.cn/online/Project1.html
http://lmc.bcu.edu.cn/online/Project1.html#z3
```

在一个超链接中,URI 指向一个资料。在下面这些标签中也有超链接存在。

- 带有 href 参数的＜a＞标签。
- ＜link＞标签。
- ＜img＞标签。

- 带有 src 参数的 <input> 标签。
- <isindex> 标签。
- 带有 action 参数的 <form> 标签。

这些标签使用一个绝对或相对 URI、一个段落识别符 #，或者同时使用这两者。在相对 URI 的情况下，绝对 URI 是结合相对 URI 和基准 URI 的结果。基准 URI 定义于 <base> 标签中。例如，基准 URI 为 <base href="http://host/x/y.htm">，并且文件 y.htm 包含链接：

```
<img src="../icons/back.gif">
```

则浏览器将使用 http://host/icons/back.gif 存取资源。

浏览器让用户可以浏览文件内容并激活由 <a> 标签指示的超链接。当单击一个超链接后，浏览器将分析超链接的内容，并向 Web 服务器提出请求并下载这个文件，然后从这个新文件重新开始浏览。

图片标签 <img> 通过超链接指向图片或图像。HTML 浏览器可以处理参数指向的图片资料，还可以选择处理参数值。<img> 标签的参数如下。

align：调整图形的位置，其取值如下。
- left：将图形置左。
- right：将图形置右。
- top：指定图形的顶端与含有图形行的最高项排成一行。
- middle：指定图形的中心与含有图形行的基线排成一行。
- bottom：指定图形的底部与含有图形行的基线排成一行。

alt：为图形加注释。
ismap：指出图片（Map）。
src：指明图片出处的 URI 以插入图片。

2.1.4 表格设计

表格用来精确定义文本和图片的排版格式，它包含了如下标签。
<table></table>：定义一个表格。
<caption></caption>：定义一个表格标题。
<tr></tr>：定义一个表格行。
<th></th>：在一个列中定义一个行或列的标题文字。
<td [colspan=x][rowspan=x]></td>：定义一个表格单元。
下面请看一个表格应用实例。

例 2-2　ch2-02.html

```
<html>
    <head>
    </head>
    <body>
        <table frame="border">
```

```
            <caption>学生记录</caption>
            <tr><th><p>姓名</th><th>性别</th></tr>
            <tr><td align = "left">小云</td><td align = "right">女</td></tr>
            <tr><td align = "left">王涛</td><td align = "right">男</td></tr>
        </table>
    </body>
</html>
```

运行程序,浏览器中的显示结果如图 2-1 所示。

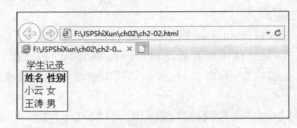

图 2-1　例程 2-2 在浏览器中的显示结果

2.1.5　表单设计

1. 表单的概念

HTML 表单接口的作用在于给文件创建者提供便利,使文件创建者可以定义含有让用户填写表单的 HTML 文件。在用户填写完表单后,单击"提交表单"按钮,表单中的信息将被发送到服务器进行处理。服务器将处理过的 HTML 文件返回到客户端进行显示。

表单包含以下 5 个标签。

- < form ></ form >。
- < input >。
- < select ></ select >。
- < option >。
- < textarea ></ textarea >。

要注意的是,后 4 个标签只能在< form ></ form >标签中使用。一个文件中可以含有多个< form >标签,但< form >标签却不可以嵌套使用。另外在< form >标签中也可以使用非表单标签。< form >标签在包含文件结构性标签的同时,还有一系列输入标签。< form >标签中的参数包含如下几种。

- action:用于设置互动式表单的处理方式,通常指明一个处理表单的 URL。
- method:用于设置互动式表单的资料传输方式,如 POST 或者 GET 方式。
- enctype:用于设置传送表单资料的编码方式。

2. 输入域

< input >标签用来定义一个用户可在表单上输入信息的输入域。每一个输入域分配一个值给特定名称及资料类型的变量。< input >标签有许多参数,这些参数可以按照 type 参

数的值分为不同的参数组。< input >标签的基本形式如下：

```
< input name = "myname" types = "mytype">
```

下面按照 type 参数的值分别简单介绍。

1）type＝text

type 参数的默认值是 text。该参数主要用于单行文本输入域。在处理多行文本域时，则使用< textarea >标签。

2）type＝password

带有 type＝password 的< input >标签也是一个文本域，但是在其中输入字体时它的值是隐藏的。

3）type＝checkbox

带有 type＝checkbox 的< input >标签用来表示一个逻辑选择。这样，一组同名参数可表示一个多选择域。

4）type＝radio

带有 type＝radio 的< input >标签用来表示一个逻辑选择。这样，一组同名参数表示一个单选择域。同 checkbox 一样，参数 name 和 value 是必需的。可选参数 checked 指示初始状态为已选择。

在一组里始终有一个 Radio Button 被选中。如果一组 Radio Button 中没有任何一个标签指示为 checked，则浏览器将会选中该组的第一个 Radio Button。

5）type＝image

带有 type＝image 的< input >标签指明显示图片的来源并允许输入两个表单域：从图片中提取像素的 x 和 Y 坐标。域名称是附加 x 和 Y 的域名称。当选择了一个像素后，表单作为一个整体就被提交了。参数 name 和 src 是必需的，而 align 参数是可选择的。

6）type＝hidden

带有 type＝hidden 的< input >标签表示一个隐藏域。用户并不与这个域进行交互作用。取而代之的是 value 参数值指明域值，name 和 value 参数是必需的。

7）type＝submit

带有 type＝submit 的< input >标签指示浏览器提交表单的输入选择，通常是一个按钮，单击这个按钮将提交当前表单输入的数据给 Web 服务器。

8）type＝reset

带有 type＝reset 的< input >标签指示浏览器把表单域重新设置为初始状态时的值，通常是一个按钮。value 参数表示按钮文字。当完成表单后，便可以提交该请求。

3. 文本框

< textarea >标签表示一个多行文本域。

参数说明如下。

- cols：用字符数表示显示文本区域的可视宽度。
- name：指明表单域的名称。
- rows：用字符数表示显示文本区域的可视高度。

4. 下拉框

<select></select>标签在表单中用来定义列表栏。<select>标签把表单域限制到一个值的列表内,而值却是在<option>标签中给出的。

参数说明如下。

- multiple:可同时选择多项的列表栏。
- name:指明表单域的名称。
- size:指明可视项目的数目。

除非 selected 参数在任一<option>标签中存在,否则初始状态将选定第一个选择项。

5. 选项

<option>标签定义表单中列表栏的项目。<option>标签仅能出现在<select>标签中,它表示一种选择。

参数说明如下。

selected:指明该选项在初始时便被选择。
value:指明该选项被选定时应返回的值。

2.1.6 框架结构

框架允许我们把浏览器分隔成多个不同的显示区域,各个区域显示不同的文档。含有框架结构的网页其 HTML 的形式和一般的 HTML 文件相似,只是用<frameset>标签代替<body>标签。框架有开始、结束标签,框架所有的内容都应该在<frameset></frameset>之间。在<frameset>标签内使用<frameset>标签指向具体的文档。

具体的框架结构为:

```
<html>
    <head>
        <title>框架结构</title>
    </head>
    <frameset cols = "150, * ">
        <frame name = "contents" src = "page_1.html">
        <frame name = "main" src = "page_2.html">
    </frameset>
</html>
```

浏览器中的显示结果如图 2-2 所示。

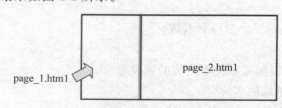

图 2-2 浏览器中的显示结果

实训 3 HTML 简单网页设计

【实训目的】

(1) 熟练掌握 HTML 文档中的常用标签。
(2) 熟练应用框架进行网页布局。
(3) 掌握使用记事本或者 Ultra Edit 进行网页代码的编写。
(4) 掌握 Windows 环境下 IIS 的安装、配置和使用方法。
(5) 掌握该环境下调试运行网页代码的方法。

【实训要求】

(1) 应用 HTML 文档中的常用标签制作一个在线音乐网主页，要求主页应用框架实现。

(2) 在各个子页中应用 HTML 文档中的表格标签、段落标签、文字标签、列表标签和图像标签等显示网站的 LOGO、图像、音乐歌词等相关信息。

(3) 单击主页歌名超链接时，显示相应歌词信息，并将歌词显示在指定的框架页中。

(4) 在线音乐网主页页面简洁大方，以不同大小、不同颜色、不同样式和不同格式的网页信息展现给读者。最终效果如图 2-3 所示。

图 2-3 应用 HTML 文档中的常用标签实现的在线音乐网主页

【实训步骤】

(1) 应用记事本或 Ultra Edit 进行网页代码的编写，在 index.html 中应用框架标签实现在线旅游网主页的基本框架结构。框架页分别保存为 top.html、left.html、main.html 和 bottom.html，效果如图 2-4 所示。

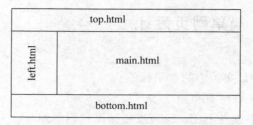

图 2-4 构建的基本框架效果图

(2) 在 index.html 中实现框架的完整代码如下。

```html
<html>
<head>
<meta http-equiv="Content-Type" content="text/html; charset=gb2312" />
<title>在线音乐网</title>
</head>
<frameset rows="220,*" frameborder="no" border="0" framespacing="0">
  <frame src="top.html" name="topFrame" scrolling="No" noresize="noresize" id="topFrame" />
    <frameset rows="*,159" cols="*" framespacing="0" frameborder="no" border="0">
        <frameset rows="*" cols="430,*" framespacing="0" frameborder="no" border="0">
            <frame src="left.html" name="leftFrame" scrolling="No" noresize="noresize" id="leftFrame" />
            <frame src="main.html" name="mainFrame" id="mainFrame" />
        </frameset>
      <frame src="bottom.html" name="bottomFrame" scrolling="No" noresize="noresize" id="bottomFrame" />
    </frameset>
</frameset>
<noframes>
<body bgcolor="#CCFF33">
</body>
</noframes>
</html>
```

(3) 在 top.html 中应用图像标签 <img> 调用在线音乐网的 LOGO,代码如下。

```html
<table width="800" border="0" align="center" cellpadding="0" cellspacing="0">
  <tr>
    <td align="center"><img src="images/bg.gif" width="768" height="220" /></td>
  </tr>
</table>
```

(4) 在 bottom.html 中应用表格标签 <table>、换行标签
 输出版权信息,代码如下。

```html
<table width="800" border="0" align="center" cellpadding="0" cellspacing="0">
```

```
    <tr>
        <td height="70" align="center" bgcolor="#FFCC33">在线音乐网   <br/>
        <br/>
        本站请使用 IE 6.0 或以上版本 1024*768 为最佳分辨率</td>
    </tr>
</table>
```

(5) 在 left.html 中应用标题标签、列表标签和超链接标签等实现歌曲名称超链接。

```
<table width="180" border="0" align="right" cellpadding="0" cellspacing="0">
    <tr>
        <td width="206" height="507" valign="top" bgcolor="#FFFFCC">
        <br><br>
        <h4>  最新主打歌</h4>
        <ul type="circle">
            <li><a href="music.html" target="mainFrame">听海</a></li>
            <li><a href="music.html" target="mainFrame">我在草原等你来</a></li>
            <li><a href="music.html" target="mainFrame">等不到的爱</a></li>
            <li><a href="music.html" target="mainFrame">传奇</a></li>
            <li><a href="music.html" target="mainFrame">心中的花园</a></li>
            <li><a href="music.html" target="mainFrame">拯救世界</a></li>
            <li><a href="music.html" target="mainFrame">兰若词</a></li>
        </ul>
        <br><br>
        <h4>  经典老歌</h4>
        <ol type="A" start="1">
            <li><a href="music.html" target="mainFrame">愚人码头</a></li>
            <li><a href="music.html" target="mainFrame">把悲伤留给自己</a></li>
            <li><a href="music.html" target="mainFrame">我最摇摆</a></li>
            <li><a href="music.html" target="mainFrame">一生情</a></li>
            <li><a href="music.html" target="mainFrame">爱没完没了</a></li>
            <li><a href="music.html" target="mainFrame">我是最幸福的人</a></li>
            <li><a href="music.html" target="mainFrame">我的爱天作证</a></li>
            <li><a href="music.html" target="mainFrame">你是我永远的爱人</a></li>
        </ol>
        </td>
    </tr>
</table>
```

为歌曲名称添加文字超链接，单击歌曲名称，打开歌词链接文件 music.html，并将 music.html 中的内容显示在名称为 mainFrame 的框架内。在歌曲信息页 music.html 中，应用图像标签显示音乐图标，应用表格标签、段落标签、换行标签等显示歌词信息，完整代码如下。

```
<table width="600" border="0" align="left" cellpadding="0" cellspacing="0">
```

```
    <tr>
      <td height="89" align="center" valign="top" bgcolor="#FFFFFF"><br />
        <br />
      <h2><img src="images/music.gif" width="93" height="70" /><br />
        <br />
      </h2>
      </td>
    </tr>
    <tr>
      <td height="249" align="center" valign="top" bgcolor="#FFFFFF"><p class="STYLE1">写信告诉我今天海是什么颜色<br />
        夜夜陪着你的海心情又如何<br />
        ……
        为何你明明动了情却又不靠近</p>
        <p class="STYLE1">听海哭的声音<br />
        叹息着谁又被伤了心却还不清醒<br />
        ……
        说你在离开我的时候是怎样的心情
      </td>
    </tr>
</table>
```

（6）在信息主显示页 main.html 中,应用表格标签、段落标签、换行标签、标题标签等显示歌词信息。

```
<table width="600" border="0" align="left" cellpadding="0" cellspacing="0">
  <tr>
    <td height="89" align="center" valign="top" bgcolor="#EFFBA5"><br />
      <br />
    <h2>  ====  音乐欣赏   ==== </h2>
    </td>
  </tr>
  <tr>
    <td height="249" align="center" valign="top" bgcolor="#EFFBA5">
<p class="STYLE1">写信告诉我今天海是什么颜色<br/>
      夜夜陪着你的海心情又如何<br />
      ……
      为何你明明动了情却又不靠近</p>
      <p class="STYLE1">听海哭的声音<br />
      叹息着谁又被伤了心却还不清醒<br />
      ……
      说你在离开我的时候是怎样的心情<br />
    </td>
  </tr>
</table>
```

（7）网页设计完毕，下面建立 Web 服务器。首先创建 IIS 服务器，下面是具体步骤。

① 右击"计算机"，在弹出的快捷菜单中选择"管理"选项，在服务器管理器左侧界面单击"角色"选项，单击"添加角色"按钮，如图 2-5 所示。

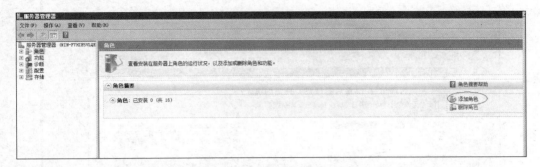

图 2-5 服务器管理角色

② 单击"添加角色"按钮后，弹出如图 2-6 所示的界面。

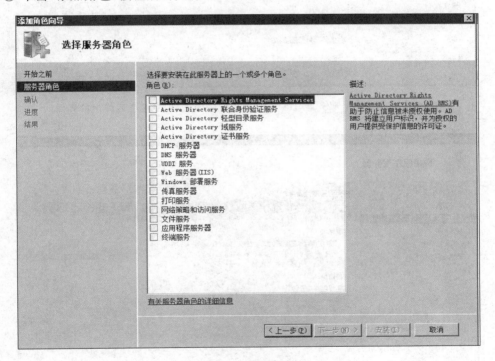

图 2-6 添加角色

③ 勾选"角色"列表中的"Web 服务器(IIS)"和"应用程序服务器"复选框，单击"下一步"按钮弹出如图 2-7 所示界面。

④ 单击图 2-7 中的"添加必需的功能"按钮后，进行下一步操作，如图 2-8 所示。

⑤ 单击"下一步"按钮，进入如图 2-9 所示的"选择角色服务"界面。

⑥ 单击"下一步"按钮，进入如图 2-10 所示的安装界面。

⑦ 安装完成后，单击图 2-11 中的"关闭"按钮完成 Web 服务器的安装。

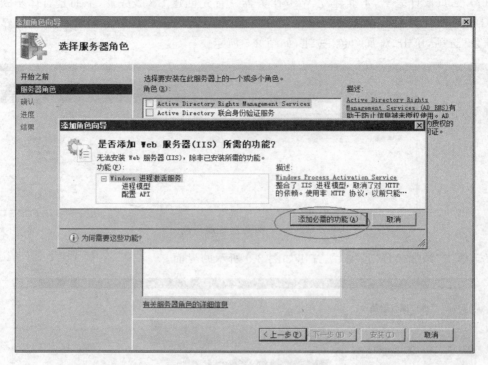

图 2-7 勾选"Web 服务器(IIS)"和"应用程序服务器"复选框后弹出的界面

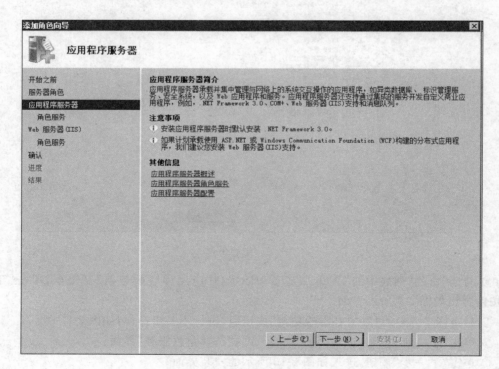

图 2-8 "应用程序服务器"

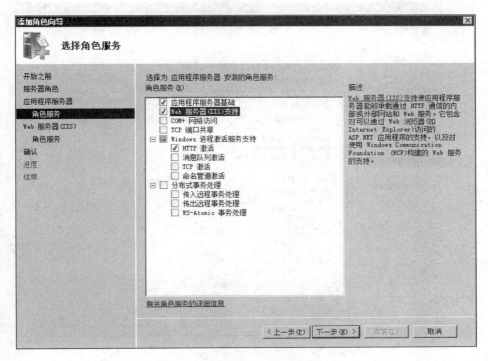

图 2-9 "选择角色服务"界面

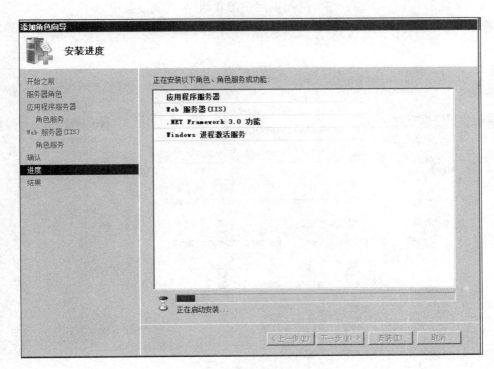

图 2-10 进入安装界面

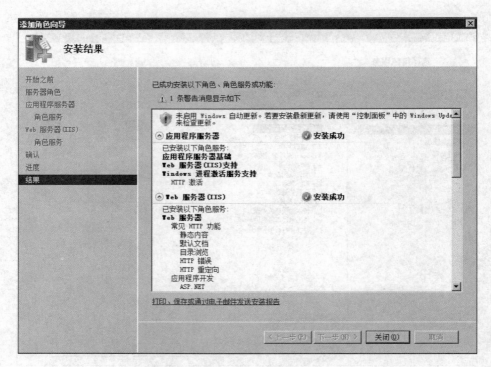

图 2-11　安装完毕

(8) 安装完 IIS 后，下面介绍如何把本网站配置到 Web 服务器中。

在"管理工具"中找到刚才安装好的"Internet 信息服务(IIS)管理器"并打开，如图 2-12 所示。

图 2-12　Internet 信息服务(IIS)管理器

假设本机的 IP 地址为 192.168.0.1，之前做好的网站放在 F:\JSPShiXun\ch02\onlinemusic 目录下，网页的首页文件名为 index.html，根据这些建立自己的 Web 服务器。在 IIS 控制台里面找到"网站"，右击并选择"添加网站"选项，在弹出的对话框中输入各配置信息。在"网站名称"文本框中输入 online，"物理路径"则选择网页文件的物理路径 F:\JSPShiXun\ch02\onlinemusic，然后在下面的"绑定"栏中，选择本服务器的 IP 地址为 192.168.0.1，最后单击"确定"按钮，如图 2-13 所示。online 站点建立好后，如果发生 online 这个站点无法使用时，没关系，将这个站点重新启动一下就可以了（选中这个站点，右键，选择"管理网站"选项，重新启动站点）。

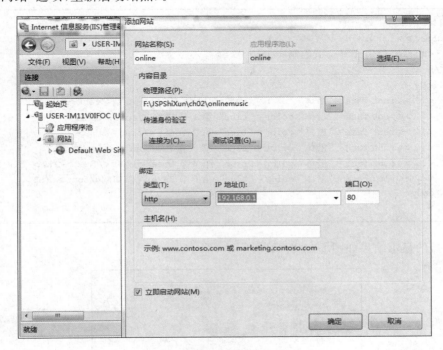

图 2-13　添加网站

（9）在浏览器中输入 http://192.168.0.1 预览在线音乐网站，在主页单击歌曲名称超链接，在 mainFrame 框架内显示歌词内容。

2.2　CSS

由于得到浏览器的很好支持，CSS 技术已经成为 Web 页面的一个重要技术支撑。CSS 的应用就是为使 HTML 更好地适应页面的美工设计，它以 HTML 为基础，提供了非常丰富的外观控制功能，如字体、颜色、背景、排版等。CSS 帮助网站开发人员实现功能和外观设计的分离，提高开发效率和代码的可重用性。最近几年流行的 DIV＋CSS 布局模式和 Ajax 技术，将 CSS 应用推向了一个新的高潮。

本节主要介绍 CSS 的定义与使用方法，以及 CSS 样式的常见属性及模型。

2.2.1 CSS 概述

CSS 全称是 Cascading Style Sheet，译为层叠样式表。它是一种标记性语言，配合 HTML 进行页面外观控制。CSS 允许在 HTML 文档中加入样式，如字体类型、颜色、大小等，是一个非常灵活的工具，可以帮助开发人员实现网页内容与外观控制的分离。

HTML 标签也可以进行页面样式的控制，在本节范例 html_style.html 中，将<font></font>标签内嵌在<h1></h1>标签中，实现了字体和颜色的控制，代码如下：

```html
<html>
    <head>
        <title>使用 HTML 方式控制样式</title>
    </head>
    <body>
        <h1><font face = "楷体" color = "red">第 2 章 JSP 开发基础</font></h1>
        <h2><font face = "楷体" color = "blue">第 1 节 HTML</font></h2>
        <h2><font face = "楷体" color = "blue">第 2 节 CSS</font></h2>
        <h2><font face = "楷体" color = "blue">第 3 节 JavaScript</font></h2>
        <h2><font face = "楷体" color = "blue">第 4 节 Dreamweaver</font></h2>
        <h2><font face = "楷体" color = "blue">第 5 节 Java 语言基础</font></h2>
    </body>
</html>
```

浏览器的显示结果如图 2-14 所示。

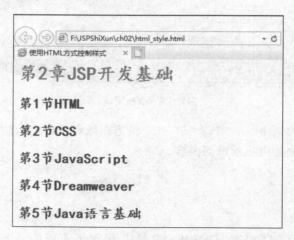

图 2-14 使用 HTML 方式控制样式

在上述代码中，通过设计<font>标签的 face 与 color 两个属性，实现了对文字的字体与颜色控制。但这种在 HTML 标签中内嵌代码的控制样式的方法明显存在缺陷，当需要控制的样式非常多时，工作量非常大，而且一旦需求发生改变，例如将页面中所有的<h2>标签由蓝色改成黑色，必须在每个页面中重新修改代码。

在如下范例 css_style.html 中，对上述代码进行了改进，代码如下：

```html
<html>
  <head>
    <title>CSS方式控制样式</title>
    <style type="text/css">
    h1{ font-family:"楷体"; color:red;}
    h2{ font-family:"楷体"; color:blue;}
    </style>
  </head>
  <body>
    <h1>第2章 JSP开发基础</h1>
    <h2>第1节 HTML</h2>
    <h2>第2节 CSS</h2>
    <h2>第3节 JavaScript</h2>
    <h2>第4节 Dreamweaver</h2>
    <h2>第5节 Java语言基础</h2>
  </body>
</html>
```

上述代码中，<h1></h1>标签与<h2></h2>标签内部的文字样式已经不再使用内嵌的<font></font>来控制，而是使用样式表h1{}与h2{}控制，页面效果如图2-15所示。

图2-15 使用CSS方式控制样式

当要改变<h2></h2>颜色时，只需要修改h2{}样式表color属性对应的颜色名，页面中所有的<h2></h2>样式都会发生改变。样式表还可以单独保存在文件中，供网站中的所有文件调用，这样既能提高开发效率，又可保证网站中页面的风格统一。

归纳起来，使用样式表控制页面外观有如下一些优势。

(1) CSS使样式代码独立于网页HTML代码，简化网页格式设计，增强网页的可维护性。

(2) 样式与内容分离，可使用程序控制样式，增强网页的表现能力。

(3) CSS文件可被浏览器缓存，加载和刷新网页时，只需要传送页面内容，就可以节省带宽，提高访问速度。

(4) 内容与样式设计分离，有利于开发团队分工合作，提高代码重用性，提高开发效率。

(5) 网页内容与外观代码分离，提高了页面的兼容性，不同的浏览器与设备可根据实际情况对同一站点的页面样式进行选择和处理。

2.2.2 CSS 定义与编辑

1. CSS 定义

CSS 由样式规则组成，以告诉浏览器怎样去显示一个文档。

样式规则如下：

```
样式选择器{
属性1:属性值;
属性2:属性值;
…
属性n:属性值;
}
```

例如在 2.2.1 节用来控制< h2 ></h2 >标签的外观，使用了如下样式规则：

```
h2{ font-family:"楷体"; color:blue;}
```

在这段代码中，h2 为样式选择器，font-family 和 color 为该样式的两个属性，分别表示字体名和颜色，对应的值为"楷体"和 blue，该样式表示将页面中的< h2 ></h2 >标签的字体设置为楷体，颜色设置为蓝色。

2. CSS 编辑

很多网页制作工具都支持样式表的编辑，例如 Dreamweaver 和 ASP.NET 开发环境。Dreamweaver 支持可视化与代码两种方式进行样式表的编辑。

如图 2-16 所示，使用 Dreamweaver 编辑网页时，当选择页面中某个 HTML 标签时，通过"属性"对话框，可以可视化样式编辑工作，这是一种所见即所得的工作模式，即使开发人员不太熟悉 CSS 语言，也可以由 Dreamweaver 生成相应的 CSS 代码。

图 2-16　Dreamweaver 样式的"属性"对话框

2.2.3 网页中应用样式表方法

网页中可通过在 HTML 标签内嵌、页面内嵌入和外联样式表文件等几种方法使用样式表。

1. HTML 标签内嵌 style 属性

具体语法是在 HTML 标签中加入一个 style=""的属性,两个引号之间定义该标签的样式,样式定义的语法遵循样式定义规则,样式如下:

```
<p style = " text - indent: 1cm; background: yellow; font - family: courier ">
    这是一个直接书写样式的段落
</p>
```

上述代码为段落标签<p></p>声明了样式,指定了段落缩进 1cm,背景色为黄色,字体为 courier。

HTML 标签内嵌样式属性的方式只适合对某个特定的 HTML 标签设置样式,定义好的样式不能被其他标签共用,不适合大范围的样式定义。

2. 页面内嵌入样式表

页面内嵌入方式是将样式表写在页面< head ></head >标签内部,并且用< style ></style >标签进行声明,样式如下:

```
< style type = "text/css">
    <! --
    样式表定义
    -->
</style >
```

< style ></style >标签表示声明样式表内容,type="text/css"用来指定标签中的文本属性。<!--和-->是一对组合的注释标签,在样式表中使用注释标签的作用是当某个浏览器不支持样式表时,不至于将样式表的文字直接显示在网页中,不过目前主流浏览器都对 CSS 有很好的支持,因此,也可省略这对注释标签。

3. 外联样式表文件使用样式表

当定义样式内容较多,且需要多个页面共享样式时,可使用外联样式表文件来使用样式表。

首先需要定义一个样式表文件,样式表文件的扩展名为.css,在样式表文件中,不需要再使用< style ></style >标签,直接定义样式即可。例如,本节范例文件 style.css 中定义了段落标签< p >和< h1 >标签的样式,代码如下:

```
h1{ color: green; font - size: 37px; font - family: impact }
P { text - indent: 1cm; background: yellow; font - family: courier }
```

要调用 style.css 文件,可以在< head ></head >标签中加入一条< link >标签,语法如下：

```
<link href="样式表路径(地址)" rel="stylesheet" type="text/css" />
```

本节范例文件 out_style.html 演示了如何调用外部样式表文件，代码如下：

```
<html>
<head>
<meta http-equiv="Content-Type" content="text/html; charset=gb2312" />
 <link href="style.css" rel="stylesheet" type="text/css" />
<title>外部样式表</title>
</head>
<body>
<h1>外部 CSS </h1>
<p>通过<link>标签使用外部样式表文件 style.css </p>
</body>
</html>
```

上述代码调用了 CSS 文件夹下面的样式表文件 style.css，样式表功能与前面两种的使用方法完全一致。

实训 4 CSS 应用

【实训目的】
(1) 掌握 CSS 应用的几种方式。
(2) 学习如何控制字号、样式及加入特殊效果。
(3) 掌握 CSS 对超链接的作用。
(4) 掌握应用 CSS 样式。

【实训要求】
按照实验步骤完成实验内容，并浏览效果。

【实训步骤】
(1) 应用记事本或 Ultra Edit 编写网页代码文件 css_exp.html，代码如下：

```
<!DOCTYPE HTML PUBLIC "-//W3C//DTD HTML 4.01 Transitional//EN"
 "http://www.w3.org/TR/html4/loose.dtd">
<html>
<head>
        <title>欢迎进入学习 CSS 频道 </title>
        <link rel="stylesheet" type="text/css" href="cs.css" />
    </head>
    <body>
        <h1>欢迎学习 CSS </h1>
        <p>这是 CSS 第一个网页,在这里
            <a href="http://www.css.com/css/">
                尽情学习 CSS 吧!
            </a>
```

```
        </p>
    </body>
</html>
```

(2) 创建样式表文件 cs.css,代码如下:

```
/* 段落样式 */
p
{
    color: purple;
    font-size: 12px;
}

/* 标题样式 */
h1
{
    color: olive;
    text-decoration: underline;
}

/* 链接样式 */
a:link
{
    color: #006486;
}
a:visited
{
    color: #464646;
}
a:hover
{
    color: #fff;
    background: #3080CB;
}
a:active
{
    color:white;
    background: #3080CB ;
}
```

(3) css_exp.html 预览效果如图 2-17 所示。

图 2-17　预览效果

2.3　JavaScript

2.3.1　JavaScript 概述

JavaScript 是一种基于对象（Object）和事件驱动（Event Driven）并且安全性能较强的脚本语言，是一种解释性语言。JavaScript 是一种扩展到 HTML 的脚本设计语言，它使网页开发者可以更有效地控制页面，并能对用户触发事件做出即时响应，如单击鼠标、表单操作等，而且这些都不需要客户机与服务器的交互通信，这样同时就为最终用户提供了更快速的操作，减小了服务器端的负担。

JavaScript 不能脱离 HTML 而独立存在，只有在支持 JavaScript 的浏览器中才能作为 HTML 页面的一部分起作用，但它增强了网页的表现力，并提供了比基本 HTML 标签更强的交互性。随着互联网的发展和网络应用的丰富，开发者开始用 JavaScript 创建各种诱人的页面效果，如各种页面渐变、图片特效、文字特效等；当然也有许多实用的页面功能扩展，如页面的用户访问控制、动态导航、表单数据校验等。

JavaScript 现在开始日益重要起来，而且成为了广泛应用于 Web 开发的脚本语言。JavaScript 的复苏使大家开始重新审视这种编程语言。

JavaScript 具有以下几个基本特点。

1．一种脚本编写语言

JavaScript 是一种容易学习的脚本语言，也是一种解释性语言，它提供了一个比较容易的开发过程，同时它不需要先编译，而是在程序运行过程中被逐行地解释。它与 HTML 标识结合在一起，从而方便用户的使用操作。

2．基于对象的语言

JavaScript 是一种基于对象的语言，可以看作一种面向对象的语言。这意味着它能运用已经创建的对象。因此，许多功能可以来自脚本环境中对象的方法与脚本的相互作用。

3．简单性

JavaScript 是一种基于 Java 基本语句和控制流之上的简单而紧凑的设计，对于学习 Java 是一种非常好的过渡；另外它的变量类型是采用弱类型，并未使用严格的数据类型。

4．安全性

JavaScript 是一种安全性语言，它不允许访问本地硬盘，并且不能将数据存入服务器上，不允许对网络文档进行修改和删除，只能通过浏览器实现信息浏览或动态交互，从而有效地防止数据的丢失。

5. 动态性

JavaScript 是动态的,它可以直接对用户或客户的输入做出响应,无须经过 Web 服务程序。它对用户的响应,是采用事件驱动的方式进行的。所谓事件,就是指在主页(Home Page)中执行了某种操作所产生的动作,如按下鼠标、移动窗口、选择菜单等都可以视为事件。当事件发生后,可能会引起相应的事件响应。

6. 跨平台性

JavaScript 依赖于浏览器本身,与操作环境无关,只要是能运行浏览器的计算机,并且该浏览器支持 JavaScript 就可正确执行 JavaScript。

2.3.2 在 JSP 中引入 JavaScript

JavaScript 作为一种脚本语言,可以嵌入到 JSP 文件中。在 JSP 中嵌入 JavaScript 脚本的方法是使用<script>标签。

语法:

```
<script language = "JavaScript">
    ...
</script>
```

(1) 应用<script>标签是直接执行 JavaScript 脚本最常用的方法,大部分含有 JavaScript 的网页都采用这种方法,其中,通过 language 属性可以设置脚本语言的名称和版本。

注意:如果在<script>标签中未设置 language 属性,IE 浏览器和 Netscape 浏览器将默认使用 JavaScript 脚本语言。

例 2-3 将实现在 JSP 中嵌入 JavaScript 脚本,这里直接在<script>和</script>标签中间写入 JavaScript 代码,用于弹出一个提示对话框。

例 2-3　ch2-03.html

```
<html>
    <head>
        <title>在 HTML 中嵌入 JavaScript 脚本</title>
    </head>
    <body>
        <script language = "JavaScript">
            alert("好好学习 JSP 语言!");
        </script>
    </body>
</html>
```

例程 2-3 在浏览器中的显示结果如图 2-18 所示。

图 2-18 例 2-3 在浏览器中的显示结果

（2）在 HTML 中通过"javascript:"可以调用 JavaScript 的方法。例如，在页面中插入一个按钮，在该按钮的 onClick 事件中应用"javascript:"调用 window 对象的 alert()方法，弹出一个警告提示框，代码如下：

```
< input type = "submit" name = "Submit" value = "单击这里"
onClick = "javascript:alert('您单击了这个按钮！')">
```

（3）另外一种插入 JavaScript 的方法就是把 JavaScript 代码写到另一个文件(该文件通常以.js 作扩展名)中，然后用格式为< script src＝"exam.js"></script>的标签把它嵌入到文档中。

2.3.3 JavaScript 的数据类型与运算符

1．JavaScript 的数据类型

JavaScript 中的数据类型分为两种：基本数据类型和对象类型，其中对象类型包含对象、数组、以及函数。

1）基本数据类型

在 JavaScript 中，包含三种基本数据类型：字符串（String）、数值（Number）、布尔值（Boolean）。下面是一些简单的例子：

```
var str = "Hello, world";          //字符串
var i = 10;                        //整型数
var f = 2.3;                       //浮点数
var b = true;                      //布尔值
```

在 JavaScript 中，所有的数字，不论是整型数还是浮点数，都属于基本"数值"类型。typeof 是一个一元的操作符。

2）对象类型

这里提到的对象不是对象本身，而是指一种类型，此处的对象包括对象(属性的集合，即键值的散列表)、数组(有序的列表)和函数(包含可执行的代码)。

对象类型是一种复合的数据类型，其基本元素由基本数据类型组成，当然不限于基本类型，如对象类型中的值可以是其他的对象类型实例，下面通过例子来说明。

```
var str = "Hello, world";
var obj = new Object();
obj.str = str;
obj.num = 2.3;
var array = new Array("foo", "bar", "zoo");
var func = function () {
print("I am a function here");
}
```

3）两者之间的转换

类似于 Java 中基本数据类型的自动装箱、拆箱，JavaScript 也有类似的动作，基本数据类型在做一些运算时，会临时包装一个对象，做完运算后，又自动释放该对象。可以通过几个例子来说明。

```
var str = "JavaScript Kernal";
print(str.length);                          //打印 17
```

str 为一个字符串，通过 typeof 运算符可知其 type 为 String，而：

```
var str2 = new String("JavaScript Kernal");
print(typeof str2);
```

可知，str2 的 type 为"object"，即这两者并不相同，那么为什么可以使用 str.length 来得到 str 的长度呢？事实上，当使用 str.length 时，JavaScript 会自动包装一个临时的 String 对象，内容为 str 的内容，然后获取该对象的 length 属性，最后，这个临时的对象将被释放。

而将对象转换为基本类型则是通过这样的方式：通过调用对象的 valueOf( ) 方法来取得对象的值，如果和上下文的类型匹配，则使用该值。如果 valueOf 取不到值的话，则需要调用对象的 toString( ) 方法，而如果上下文为数值型，则又需要将此字符串转换为数值。由于 JavaScript 是弱类型的，所以 JavaScript 引擎需要根据上下文来"猜测"对象的类型，这就使得 JavaScript 的效率比编译型的语言要差一些。

valueOf( ) 的作用是，将一个对象的值转换成一种合乎上下文需求的基本类型。toString( ) 则名副其实，可以打印出对象对应的字符串，当然前提是已经"重载"了 Object 的 toString( ) 方法。

2. JavaScript 运算符

运算符指完成操作的一系列符号。在 JavaScript 中有算术运算符、赋值运算符、比较运算符、逻辑运算符、条件运算符等。与其他语言一样，这些运算符当然也是有优先顺序的，当一个表达式中有超过一个的运算符时，运算符按照事先被定义的顺序执行。假如想改变运算符的执行顺序，则可以通过括号来指明运算符执行的先后。

需要说明的是，即使在括号里的运算符仍将会按照下面的顺序执行运算：首先是算术运算符，其次为比较运算符，最后才是逻辑运算符。

1）算术运算符

算术运算符等同于算术计算，即在程序中进行加、减、乘、除等运算。

给定 y＝5，表 2-1 解释了算术运算符的用法。

表 2-1 算术运算符用法示例

运算符	描述	例子	结果
＋	加	x＝y＋2	x＝7
－	减	x＝y－2	x＝3
＊	乘	x＝y＊2	x＝10
／	除	x＝y/2	x＝2.5
％	求余数（保留整数）	x＝y％2	x＝1
＋＋	自增运算符	x＝＋＋y	x＝6
－－	自减运算符	x＝－－y	x＝4

2）赋值运算符

赋值运算符用于给 JavaScript 变量赋值。

给定 x＝10 和 y＝5,表 2-2 解释了赋值运算符的用法。

表 2-2 赋值运算符用法示例

运算符	例子	等价于	结果
＝	x＝y		x＝5
＋＝	x＋＝y	x＝x＋y	x＝15
－＝	x－＝y	x＝x－y	x＝5
＊＝	x＊＝y	x＝x＊y	x＝50
/＝	x/＝y	x＝x/y	x＝2
％＝	x％＝y	x＝x％y	x＝0

3）比较运算符

比较和逻辑运算符用于测试结果为 true 或 false。

比较运算符在逻辑语句中使用,以测定变量或值是否相等。

给定 x＝5,表 2-3 解释了比较运算符的用法。

表 2-3 比较运算符用法示例

运算符	描述	例子
＝＝	等于	x＝＝8 为 false
＝＝＝	全等（值和类型）	x＝＝＝5 为 true；x＝＝＝"5" 为 false
！＝	不等于	x！＝8 为 true
＞	大于	x＞8 为 false
＜	小于	x＜8 为 true
＞＝	大于或等于	x＞＝8 为 false
＜＝	小于或等于	x＜＝8 为 true

4）逻辑运算符

逻辑运算符用于测定变量或值之间的逻辑。

给定 x＝6 以及 y＝3,表 2-4 解释了逻辑运算符的用法。

表 2-4 逻辑运算符用法示例

运算符	描述	例子
&&	and	(x<10 && y>1)为 true
||	or	(x==5 || y==5)为 false
!	not	!(x==y)为 true

5）条件运算符

JavaScript 还包含了基于某些条件对变量进行赋值的条件运算符。

语法：

值 = 操作数?结果 1:结果 2

如果"操作数"的值为 true，则整个表达式的结果为"结果 1"，否则为"结果 2"。

2.3.4 JavaScript 的流程控制语句

1. if 条件判断语句

如果希望条件成立时执行一段代码，而条件不成立时执行另一段代码，那么可以使用 if-else 语句。

语法：

```
if (条件){
条件成立时执行此代码
} else {
条件不成立时执行此代码
}
```

在编写代码时，常常希望反复执行同一段代码。可以使用循环来完成这个功能，这样就不用重复写若干行代码。

JavaScript 有以下两种不同的循环。

for 循环：将一段代码循环执行指定的次数。

while 循环：当指定的条件为 true 时循环执行代码。

2. for 循环

在脚本的运行次数已确定的情况下使用 for 循环。

语法：

```
for(变量 = 开始值;变量<= 结束值;变量 = 变量 + 步进值)
{
需执行的代码
}
```

3. while 循环

while 循环用于在指定条件为 true 时循环执行代码。

语法：

```
while(变量<=结束值)
{
需执行的代码
}
```

注意：除了＜＝，还可以使用其他的比较运算符。

4. do-while 循环

do-while 循环是 while 循环的变种。该循环在程序初次运行时会首先执行一遍其中的代码，然后当指定的条件为 true 时，它会继续这个循环。所以可以这么说，do-while 循环至少执行一遍其中的代码，即使条件为 false，因为其中的代码执行后才会进行条件验证。

语法：

```
do
{
需执行的代码
}
while (变量<=结束值)
```

5. switch 语句

如果希望选择执行若干代码块中的一个，可以使用 switch 语句：

语法：

```
switch(n) {
    case 1:
        执行代码块 1
        break
    case 2:
        执行代码块 2
        break
    default:
        如果 n 即不是 1 也不是 2,则执行此代码
}
```

工作原理：switch 后面的(n)可以是表达式，也可以(并通常)是变量。然后表达式中的值会与 case 中的数字进行比较，如果与某个 case 值相匹配，那么其后的代码就会被执行。break 的作用是防止代码自动执行到下一行。

2.3.5 函数的定义和调用

将脚本编写为函数，就可以避免页面载入时执行该脚本。

函数包含着一些代码，这些代码只能被事件激活，或者在函数被调用时才会执行。

可以在页面中的任何位置调用脚本(如果函数嵌入一个外部的.js 文件，那么可以调本脚本，甚至可以从其他的页面中调用脚本)。

函数在页面起始位置定义,即< head >部分。

1. 函数的定义

创建函数的语法:

```
function 函数名(var1,var2,...,varX)
{
    ...
    [return expression]
}
```

var1,var2 等指的是传入函数的变量或值。{ }定义了函数的开始和结束。

注意:无参数的函数必须在其函数名后加括号;别忘记 JavaScript 中大小写字母的重要性。function 这个词必须是小写的,否则 JavaScript 就会出错。另外,必须使用大小写完全相同的函数名来调用函数。

2. 函数的调用

函数的调用比较简单,如果要调用不带参数的函数,则在函数名后加括号即可;如果要调用的函数带参数,则在括号中加上需要传递的参数。如果函数有返回值,则可使用赋值语句将函数值赋给一个变量。

2.3.6 事件

JavaScript 是基于对象(Object-Based)的语言。这与 Java 不同,Java 是面向对象的语言。而基于对象的基本特征,就是采用事件驱动。它是在图形界面的环境下,使得一切输入变得简单化。通常鼠标或热键的动作,称为事件(Event),而由鼠标或热键引发的一连串程序的动作,称为事件驱动(Event Driven)。而对事件进行处理的程序或函数,称为事件处理(Event Handler)程序。

在 JavaScript 中对象事件的处理通常由函数(Function)担任。其基本格式与函数全部一样,可以将前面所介绍的所有函数作为事件处理程序。格式如下:

```
function 事件处理名(参数表){
    事件处理语句集;
}
```

JavaScript 事件驱动中的事件是通过鼠标或热键的动作引发的,主要有以下几种。

1. 单击事件 onClick

当用户单击鼠标按钮时,产生 onClick 事件。同时 onClick 指定的事件处理程序或代码将被调用执行。

2. 改变事件 onChange

当利用 text 或 textarea 对象输入字符值改变时引发该事件,选项状态改变后也会引发该事件。同时当在 select 表格项中一个选项的状态改变后也会引发该事件。

3. 选中事件 onSelect

当 text 或 textarea 对象中的文字被加亮后,引发该事件。

4. 获得焦点事件 onFocus

当用户单击 text、textarea 以及 select 对象时,产生该事件。此时该对象成为前台对象。

5. 失去焦点 onBlur

当 text、textarea 以及 select 对象不再拥有焦点而退到后台时,引发该事件,它与 onFocus 事件是一个对应的关系。

6. 载入文件事件 onLoad

当文档载入时,产生该事件。onLoad 的一个作用就是在首次载入一个文档时检测 cookie 的值,并用一个变量为其赋值,使它可以被源代码使用。

7. 卸载文件事件 onUnload

当 Web 页面退出时引发 onUnload 事件,并可更新 cookie 的状态。

2.3.7 JavaScript 常用对象的应用

JavaScript 是基于对象的语言,但它还具有一些面向对象的基本特征。它可以根据需要创建自己的对象,从而进一步扩大 JavaScript 的应用范围,编写功能强大的 Web 文件。

1. 对象的基本概念

JavaScript 中的对象是由属性(Properties)和方法(Methods)两个基本元素构成的。前者是对象在实施其所需要行为的过程中,实现信息的装载单位,从而与变量相关联;后者是指对象能够按照设计者的意图被执行,从而与特定的函数相关联。

2. 常用对象的属性和方法

JavaScript 提供了一些非常有用的常用内部对象和方法。用户不需要用脚本来实现这些功能。这正是基于对象编程的真正目的。

JavaScript 提供了 String(字符串)、Math(数值计算)和 Date(日期)3 种对象和其他一些相关的方法。从而为编程人员快速开发强大的脚本程序提供了非常有利的条件。

实训 5 JavaScript 综合应用

【实训目的】

(1)了解 JavaScript 的运行环境。
(2)熟悉 JavaScript 的编辑工具。
(3)了解 JavaScript 的事件处理功能。

(4) 熟悉 JavaScript 在 HTML 中的应用。

【实训要求】

(1) 创建 JavaScript.txt 和 JavaScript.html 显示具体日期和时间。

(2) 创建 JavaScript1.txt 和 JavaScript1.html 实现按时间显示问候语。

(3) 创建 JavaScript2.txt 和 JavaScript2.html 客户端验证程序。

【实训步骤】

【操作一】 JavaScript 中显示具体日期和时间实训。

(1) 打开记事本或者 Ultra Edit 软件。

(2) 输入以下内容：

```html
<html>
<title>时间和日期显示</title>
<body>
<script language="JavaScript">
today = new Date();
function initArray(){
    this.length = initArray.arguments.length;
    for(var i=0;i<this.length;i++)
    this[i+1] = initArray.arguments[i]}
    var d = new initArray(
      "星期日",
      "星期一",
      "星期二",
      "星期三",
      "星期四",
      "星期五",
      "星期六");
    document.write (
      "<font color=#000000 style='font-size:18pt;font-family:黑体'>",
      today.getYear(),"年",
      today.getMonth()+1,"月",
      today.getDate(),"日",
      d[today.getDay()+1],
      "</font>" );                         //显示当前的日期和时间
</script>
</body>
</html>
```

(3) 将文件保存在 F:\JSPShiXun\ch02\JavaScript.txt 中（编辑修改时用）。

(4) 将文件保存在 F:\JSPShiXun\ch02\JavaScript.html 中（运行时用）。

(5) 运行 JavaScript.html 文件后即可得到结果。

【操作二】 JavaScript 中按时间显示问候语实训。

(1) 打开记事本软件。

(2) 输入以下内容：

```
<html>
<title>按时间显示问候语</title>
<body>
<script language = "JavaScript">
now = new Date(),hour = now.getHours()        //获取当前系统的时间
if(hour < 8){document.write("您早!")}
else if(hour < 12){document.write("早上好!")}
else if(hour < 14){document.write("午安!")}
else if(hour < 17){document.write("下午好!")}
else if(hour < 22){document.write("晚上好!")}
else if(hour < 24){document.write("晚安!")}
//通过系统的时间判断,显示不同的问候语
</script>
</body>
</html>
```

(3) 将文件保存在 F:\JSPShiXun\ch02\JavaScript1.txt 中。

(4) 将文件保存在 F:\JSPShiXun\ch02\JavaScript1.html 中。

(5) 运行 JavaScript1.html 文件后即可得到结果。

【操作三】 JavaScript 客户端验证程序实训。

(1) 打开记事本软件。

(2) 输入以下内容:

```
<html>
<head>
<title>数据验证</title>
<script Language = "JavaScript">
    function CheckForm(){
    if (document.regform.username.value.length == 0) {
        alert("请输入你的用户名");
        document.regform.username.focus();
        return false;}
    if (document.regform.password.value.length == 0) {
        alert("请输入你的密码.");
        document.regform.password.focus();
        return false;}
    if (document.regform.password.value.length < 6) {
        alert("你输入的密码位数小于6位,可能不安全,请增加密码的长度");
        document.regform.password.focus();
        return false;}
    if (document.regform.password.value !=
        document.regform.password2.value) {
        alert("两次输入的密码不相同.");
        document.regform.password.focus();
        return false;}
    }
</script>
    </head>
```

```
        < form name = "regform" method = get action = "reg.asp"
            onSubmit = "return CheckForm()">
            请填写注册信息:
            < p >
                昵  称:
                < input name = "username" type = "text" size = "12">
                < br >
                密  码:
                < input name = "password" type = "password" size = "12">
                最好 6 位或以上
                < br >
                确  认:
                < input name = "password2" type = "password" size = "12">
                重新输入你刚才输入的密码
                < br >
                < input type = "submit" name = "Submit" value = "提交">
                < input type = "reset" name = "Submit2" value = "重置">
        </ form >
</html>
```

（3）将文件保存在 F:\JSPShiXun\ch02\JavaScript2.txt 中。

（4）将文件保存在 F:\JSPShiXun\ch02\JavaScript2.html 中。

（5）运行 JavaScript2.html 文件后即可得到结果。

JavaScript 是一种易学易用的脚本语言，它面向与用户交互的脚本开发，它所需要完成的大多是扩展 Web 页面的功能。通过以上实训，读者应了解 JavaScript 语言的运行环境，熟悉 JavaScript 的编辑工具，了解 JavaScript 的事件处理功能，熟悉 JavaScript 在 HTML 中的应用，能够在熟悉语法的基础上应用 JavaScript 的功能进行脚本开发。

2.4 Dreamweaver

Dreamweaver 是一款集网站设计与管理于一身，功能强大、使用简便的网页编辑工具软件。无论是直接编写 HTML 代码还是在可视化编辑环境中工作，Dreamweaver 都会提供很多工具，可快速地创建页面。

下面介绍 Dreamweaver CS5 的启动和工作区。

2.4.1 操作界面

1. 启动 Dreamweaver CS5

选择"开始"→"程序"→Adobe→Adobe Dreamweaver CS5 命令，启动 Dreamweaver CS5。Dreamweaver CS5 进行一系列初始化后界面如图 2-19 所示。

2. Dreamweaver CS5 的工作区

Dreamweaver CS5 的工作区由"插入"工具栏、"文档"工具栏、"文档"窗口、"属性"检查器和面板组等部分组成，如图 2-20 所示。

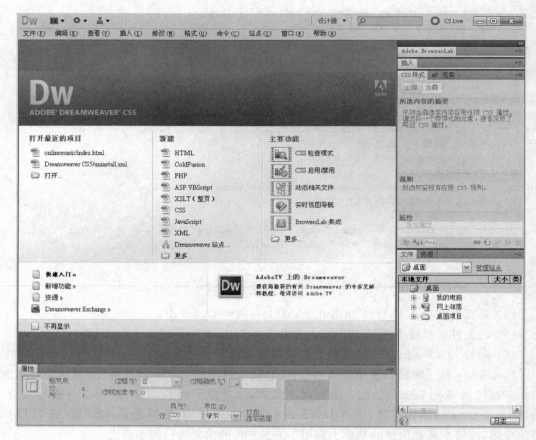

图 2-19 Dreamweaver CS5 进行一系列初始化后的界面

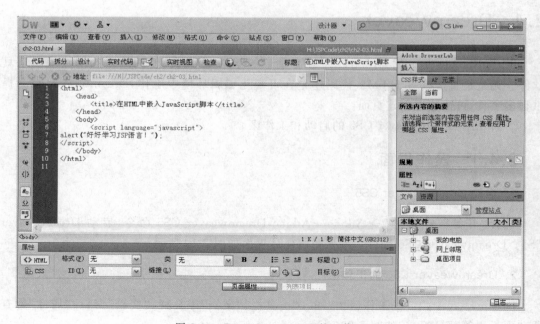

图 2-20 Dreamweaver CS5 的工作区

2.4.2 用 Dreamweaver 建立 JSP 站点

JSP 也是在服务器端运行的程序,因此在调试 JSP 程序的时候,必须有服务器支持,要有 Tomcat 和 Java 开发环境。采用 Dreamweaver 可以获得一种可视化的编程环境,有利于网页的设计和编辑。

在一段 JSP 程序编制完成以后,必须将该段 JSP 程序上传到设置的服务器中,访问的时候,也必须输入相应的域名和 IP 地址访问。

下面给出具体的步骤。

(1) 在硬盘新建一个 JSPShiXun 的目录。

(2) 打开 Dreamweaver,选择"站点"→"管理站点"→"新建站点",在新建站点向导中输入站点名称 JSPShiXun。

(3) 单击"下一步"按钮,在下一个对话框中选择"是,我想使用服务器技术",在下面的"哪种服务器技术"中选择 JSP。

(4) 单击"下一步"按钮,选择"在本地进行编辑,然后上传到远程测试服务器",在下面选择刚才新建的 JSPShiXun 目录。

(5) 单击"下一步"按钮,在下一个对话框的"你如何连接到测试服务器"中选择"本地/网络",在"您将把文件复制到什么位置以便进行测试"中选择 D:\Tomcat 8.0\webapps\JSPShiXun\,即将文件放在 Tomcat 的 webapps\JSPShiXun 目录。

注意,此时要启动 Tomcat 服务。

(6) 单击"下一步"按钮,在下一个对话框的"您应该使用什么 URL 来浏览站点的根目录"中输入 http://localhost:8080/JSPShiXun。

(7) 单击两次 Next 按钮,在最后一个对话框中,核对新站点的设置情况,最后单击"完成"按钮完成站点的新建。

(8) 选择"文件"→"新建",在弹出的对话框左边选择"动态页",然后在右边选择 JSP。

(9) 单击"代码"按钮,可以切换到源代码窗口,在标签符< body >与</body >之间输入下列代码:

<% = "JSP 语言!" %>

(10) 保存文件 temp.jsp,选择"站点"→"上传",可以将文件上传到服务器。

(11) 打开浏览器,输入 http://localhost:8080/JSPShiXun/temp.jsp,浏览一下效果。

实训 6 Dreamweaver 简单网站设计

【实训目的】

(1) 熟练掌握 Dreamweaver 的工作界面。

(2) 能够自定义工作环境。

(3) 熟练设置文本和图片超链接。

(4) 掌握将外部文件导入 Dreamweaver 的方法。

(5) 掌握表格的创建、结构调整和美化。

(6) 掌握利用表格进行网页布局的方法。

【实训要求】

利用 Dreamweaver 创建简单网站。

【实训步骤】

(1) 网站规划。在网站制作之前,首先要对网站的内容进行分类和规划。为了合理地规划各个模块,整个网站分为以下 8 大模块:政策法规、新闻动态、教育研究、科研之窗、培训信息、在线资源、专家风采和交流论坛。网站规划图如图 2-21 所示。

规划完网站后,就可以启动 Dreamweaver 来制作网站了。

(2) 定义站点。在制作网站之前,先对站点进行定义。具体步骤如下:

图 2-21 网站规划图

① 选择"站点"→"管理站点"→"新建站点",弹出站点设置对话框。设置"站点名称"为 education,设置"本地站点"文件夹,如图 2-22 所示。

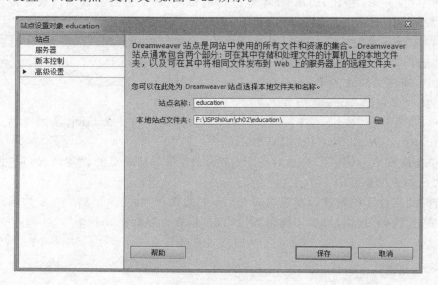

图 2-22 站点设置

② 添加服务器。单击服务器中的"+",添加服务器,如图 2-23 所示。

③ 单击"高级"选项卡,设置测试服务器,选择"服务器模型"为 JSP,单击"保存"按钮,如图 2-24 所示。

④ 单击"高级设置",选择"本地信息",设置默认图像文件夹,并设置链接相对于"站点根目录",如图 2-25 所示。最后单击"保存"按钮,设置结束。

(3) 网站主页面制作,按如下步骤进行。

① 新建页面,设置页面属性。设置字体大小为 12px,链接颜色为#000099,已访问链接颜色为#FF6699,变换图像链接颜色为#98C10D,活动链接颜色为#E8641B,页面标题为"欢迎来到教育在线!"。

② 在页面中插入 3 行 1 列的表格,设定表格的宽度为 800px。

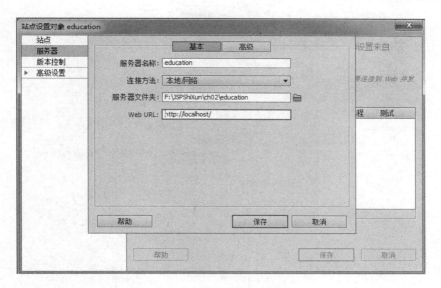

图 2-23　设置服务器

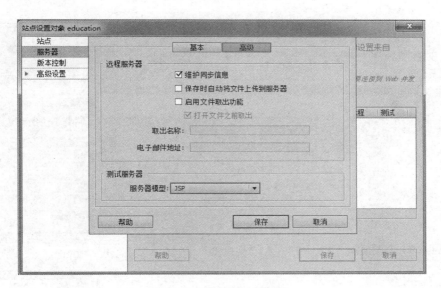

图 2-24　设置服务器模型

③ 在第一行单元格中插入 LOGO 图片，在第二行单元格中插入直线，并设置第二行单元格高度为 5px。

④ 将第 3 行分为 9 个小单元格，第一个单元格宽度为 240px，其余单元格宽度均为 70px，高度均设置为 16px。在第一个单元格中设置背景图片。

⑤ 将后面 8 个单元格设置成鼠标经过图像，如在第二个单元格中，选择鼠标经过图像，其余单元格的设置都相同，设置后效果如图 2-26 所示。

⑥ 新增一行，插入一副水平条图片，设置其宽度为 800px。再插入一行两列的表格，设置量总宽度为 800px、左边的表格宽度为 218px，右边的表格宽度为 582px，填充、间距和边框均设置为 0。在左边的单元格中插入 6 行 1 列的表格，并填充相应的内容，如图 2-27 所示。

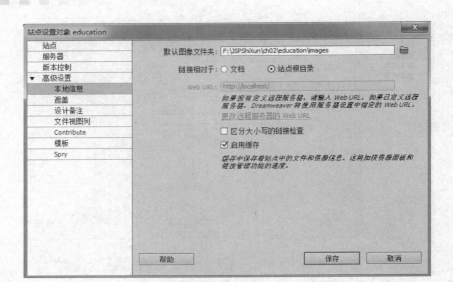

图 2-25 设置本地信息

图 2-26 设置鼠标经过图像

⑦ 用相同的方法,设置右单元格中的内容。

⑧ 设置版权信息。在页面下方插入一行一列表格,宽度为 800px,高度为 48px,设置背景图案。

图 2-27　框架界面

⑨ 插入版权信息内容。

至此首页面制作完成。另外分页面制作方法与此类似,这里不再赘述。

2.5　Java 语言基础

学习 JSP 技术离不开 Java 语言,如果对 Java 语言已经很熟悉,可以跳过本节直接进入讨论 JSP 的章节；如果对 Java 语言所知甚少,最好先学习 Java 语言的入门书籍再来阅读本节。

Java 语言是由 Sun 公司推出的新一代编程语言,现已成为在 Internet 应用中被广泛使用的网络编程语言。它具有简单、面向对象、可移植、分布性、解释器通用性、稳健、多线程、安全及高性能等语言特性。

通过本节的学习,读者应熟练掌握面向对象程序设计中的类、对象和包的使用方法；了解 Java 的数据类型及类型间的转换；掌握 Java 运算符、流程控制语句的应用；了解数组的创建与应用、字符串处理；了解 Java 集合类的应用；掌握 Java 的异常处理的方法。

2.5.1　面向对象程序设计

面向对象的程序设计(简称 OOP)在程序逻辑的思考和设计上直接对应于真实世界中

的问题解决方法。换句话说,面向对象的程序设计是利用人类在真实世界的经验,解决软件开发中系统分析及设计的问题。

从面向对象的程序设计来看,一个对象就等于属性(Attribute)加上可改变其属性状态的方法(Method),即

对象 = 属性 + 方法

用面向对象的程序设计观点来看问题,将会发现内部数据已经是对象内部的核心,外界无法改变被对象所封装的数据,除非通过对象本身所提供的方法,以此达到数据隐藏的效果。在面向对象的程序设计的世界里,程序是由对象所构成的,由于每个对象的属性都被封装隐藏起来,因此,对象之间的相互依赖关系自然就降低了很多,同时也达到了模块独立的效果。

1. 类和对象基本概念

类(Class)是一种复杂的数据类型,它是将数据和与数据相关的操作封装在一起的集合体。类是普通数据类型的扩展,它不但包含数据,还包含了对数据进行操作的方法(Method)。方法反映的是数据的行为而不是数据本身。

对象(Object)是类的实例,它是类的变量。当程序运行时,对象占用内存单元。对象与类的关系就像变量与类型的关系。类与对象是密切相关的,没有脱离对象的类,也没有不依赖于类的对象。

例如,如果把"人"看成是一个抽象的类,每一个具体的人就是"人"类中的一个实例,即一个对象,每个人的姓名、年龄、身高、体重等特征可作为"人"类中的数据,吃饭、学习、工作等行为可作为类的方法。

Java 中的所有数据类型都是用类来实现的,Java 语言是建立在类这个逻辑结构之上,所以 Java 是一种完全面向对象的程序设计语言,类是 Java 的核心。

类中的数据称为成员变量。有时也称为属性、数据、域。对成员变量的操作实际上就是改变对象的状态,使之能满足程序的需要。成员变量也有很多修饰符,用来控制对成员变量的访问。

2. 类的创建

Java 类的定义格式分为两部分:类声明和类主体。其格式如下:

<类声明>
{
  <类主体>
}

1) 类的声明

类声明中包括关键字 Class、类名及类的属性。类声明的格式如下:

[<修饰符>]class <类名>[extends <超类>][implements <接口名>]

2) 类主体

类主体是 Java 类的主体部分,完成变量的说明以及方法的定义与实现。

在类中,用变量来说明类的状态,而用方法来实现类的行为。包含类主体的类结构如下:

```
<类声明>
{
        <成员变量的声明>
        <成员方法的声明及实现>
}
```

(1) 声明成员变量。

Java 类的状态用成员变量来表示。声明成员变量必须给出变量名及其所属的类型,同时还可以指定其他特性。声明格式如下:

[<修饰符>][static][final][transient]<变量类型><变量名>

其中,方括号中的项是可选的。含义如下:
- static 指明变量是一个成员变量。
- final 指明变量是常量。
- transient 指明变量是临时变量。

(2) 声明成员方法。

类的行为由它的方法实现,其他对象可以调用对象的方法来得到该对象的服务。方法的声明与实现也可分为两部分:方法声明和方法体。声明成员方法的格式如下:

```
[<修饰符>]<返回值类型><方法名>([参数列表])[throws<异常类>]
{
        <方法体>
}
```

(3) 方法体。

方法的主体称为方法体,它是成员方法的现实部分。

在方法体中也可以声明变量,但方法体中声明的变量只是属于方法的局部变量,而不是类的成员变量。

(4) 变量的作用范围。

Java 允许在任何一个程序块中声明变量,所以变量的作用范围(又称为作用域)就是声明该变量的程序块,在作用域之外,不能访问该变量。这种变量称为局部变量。局部变量的好处就是不能被非法访问或修改,增加了安全性。Java 不支持传统意义上的全局变量。

3. 对象的创建和使用

1) 对象的创建

通过 new 操作符创建一个对象实例。例如:

```
Car   demoCar;
demoCar = new Car();
```

对象的构造过程如下。

(1) 为对象开辟空间,并对对象的成员变量进行默认的初始化。

(2) 对成员变量进行指定的初始化。
(3) 调用构造方法。

2) 对象的使用

对象的使用是通过一个引用类型的变量来实现,包括引用对象的成员变量和方法,通过运算符"."可以实现对变量的访问和方法的调用。例如:

```
MyDate date = new MyData();
int day;
day = date.day;                        //引用 date 的成员变量 day
date.tomorrow();                       //调用 date 的方法 tomorrow()
```

3) 对象的初始化

(1) 系统对变量的初始化。

变量在声明时,如果没有赋初值,使用时就没有值,将产生编译错误。

(2) 构造方法。

每次创建一个实例都需要初始化所有变量,Java 允许对象在创建时就初始化。而这种自动初始化是通过使用构造方法来实现的。

构造方法的名字与包含它的类相同,在语法上类似于一个方法。构造方法没有返回值,甚至连 void 修饰符都没有,因为一个类的构造方法返回值应是该类本身。

构造方法在对象建立时为该对象的成员变量赋初值。

4) 对象的销毁

Java 的垃圾回收机制自动判断对象是否在使用,并能够自动销毁不再使用的对象,收回对象所占用的资源。

程序中也可以使用析构方法 finalze() 随时销毁一个对象。Java 的每个类都有一个析构方法,用于将资源返回给系统。方法 finalze() 没有参数,也没有返回值。一个类只能有一个 finalze() 方法,且方法 finalze() 不允许重载。

4. 类的封装

Java 中通过设置类的访问权限和类中成员的访问权限,来实现封装的特性。

Java 定义了 4 种访问权限:公有的(Public)、保护的(Protected)、默认的(Default)和私有的(Private)。

- Public:类中限定为 public 的成员,可以被所有的类访问。
- Protected:类中限定为 protected 的成员,可以被这个类本身、它的子类(包括同一个包中以及不同包中的子类)和同一个包中的所有其他的类访问。
- Default:类中不加任何访问权限限定的成员属于 default 的访问状态,可以被这个类本身和同一个包中的类所访问。
- Private:类中限定为 private 的成员,只能被这个类本身访问。如果一个类的构造方法声明为 private,则其他类不能生成该类的一个实例。

5. 类的继承

新类从现有的类中产生,继承了现有类的属性和方法并根据需要加以修改。当建立一个新类时,不必写出全部成员变量和成员方法,只要简单地声明这个类是从一个已定义的类继承下来的,就可以使用被继承类的全部成员。被继承的类称为父类或超类,这个新类就是子类。

在 Java 中,每个类都有父类,如果没有显式地标明类的父类,则隐含地假设父类为 java.long.Object。

显式地指明类的父类的方法是使用关键字 extends 和超类名组成的子句。声明格式如下:

[<修饰符>]**class** <子类名> **extends** <父类名>

子类可以继承父类的成员变量,也可以在子类中重新定义父类中的成员变量。子类执行自己的方法时执行的是子类的变量,子类执行父类的方法时执行的是父类的变量。

成员方法的覆盖,为子类提供了修改父类成员方法的能力。

6. 类的多态

所谓多态,是指一个名字可具有多种语义。在面向对象语言中,多态是指一个方法可能有多种版本,一次单独的方法调用这些版本中的任何一种,即实现"一个接口,多个方法"。

1) 方法的重载
- 参数必须不同,即参数个数不同,类型也可以不同。
- 返回值可以相同,也可以不同。

2) 方法的覆盖

子类继承超类中所有可被子类访问的成员方法,如果子类方法与超类方法同名,则不能继承,此时子类的方法称为覆盖了超类中的那个方法。

在进行覆盖进,应注意以下三点。
- 子类不能覆盖超类中声明为 final 或 static 的方法。
- 子类必须覆盖超类中声明为 abstract 的方法,或者子类也声明为 abstract。
- 子类覆盖超类中同名方法时,子类方法声明必须与超类被覆盖方法的声明一样。

2.5.2 标识符、关键字和分隔符

1. 标识符

Java 对各种变量、方法和类等要素命名时使用的字符序列称为标识符。

凡是自己可命名的地方都叫标识符,都遵守标识符的规则。

Java 标识符命名规则如下。
- 标识符由字母、下画线"_"、美元符"$"或数字组成。
- 标识符应以字母、下画线、美元符开头。
- Java 标识符对大小写敏感,长度无限制。

约定俗成:Java 标识符的选取应注意"见名知意"且不能与 Java 语言的关键字重名。

2. 关键字

Java 中一些赋以特定的含义,用作专门用途的字符串称为关键字(Keyword)。

- 大多数编辑器会将关键字用特殊方式标出。
- 所有 Java 关键字都是小写英文。

goto 和 const 虽然从未使用,但也被作为 Java 关键字保留。

Java 关键字有:

abstract	else	interface	super
Boolean	extends	long	switch
break	false	native	synchronized
byte	final	new	this
case	finally	null	throw
catch	float	package	throws
char	for	private	transient
class	if	protected	true
countinue	implements	public	try
default	import	return	void
do	instanceof	short	while
double	int	static	

3. 分隔符

分隔符是用来区分源程序中的基本成分,可使编译器确认代码在何处分隔。分隔符有注释、空白符和普通分隔符三种。

,(逗号):分隔变量声明中连续的标识符,或在 for 语句中连接语句。

;(分号):语句(Statement)结束符。

。(句号):用于分隔包、子包和类或分隔引用变量中的变量和方法。

()(括号):用于在方法定义和访问中将参数表括起来,或在表达式中定义运算的先后顺序,或在控制语句中将表达式和类型转换括起来。

[](方括号):用于声明数据类型,及引用数组的元素值。

{}(花括号):它将若干语句序列括起来作为一个程序代码块,或为数组初始化赋值。

共有以下三种注释方式。

(1) //:单行注释符。

(2) /* …… */:块注释符。

(3) /** …… */:文档注释。

2.5.3 基本数据类型及之间转换

1. 基本数据类型

Java 数据类型的划分如图 2-28 所示,其中定义了 4 类共 8 种基本数据类型。

1) 布尔型(boolean)

boolean 型适于逻辑运算,一般用于程序流程控制。

boolean 型数据只允许取值 true 或 false,不可以 0 或非 0 的整数替代 true 和 faIse,这

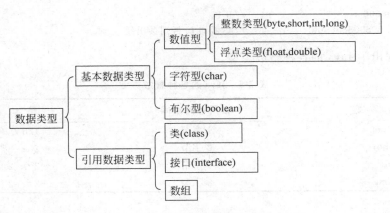

图 2-28　Java 数据类型

点和 C 语言不同。

用法举例：

boolean flag;
flag = **true**;
if(flag) {
//do something
}

2）字符型（char）

char 型数据用来表示通常意义上的"字符"。

字符常量为用单引号括起来的单个字符，例如：

char eChar = 'a'; char cChar = '中';

Java 字符采用 Unicode 编码，每个字符占 2 字节，因而可用十六进制编码形式表示，例如：

char c1 = '\u0061';

注：Unicode 是全球语言统一编码。

Java 语言中还允许使用转义字符'\'来将其后的字符转变为其他的含义，例如：

char c2 = '\n';   //'\n'代表换行符

3）整数类型

Java 各整数类型有固定的表数范围和字段长度，其不受具体操作系统的影响，以保证 Java 程序的可移植性。

Java 语言整型常量的三种表示形式如下。

- 十进制整数，如：12、-314、0。
- 八进制整数，要求以 0 开头，如 012。
- 十六进制数，要求 0x 或 0X 开头，如 0X12。

Java 语言的整型常量默认为 int 型，声明 long 型常量可以后加 l 或 L，如：

```
int   i1 = 600 ;              //正确
long  l1 = 88888888888L ;     //必须加 L,否则会出错
```

表 2-5 列出了 Java 的各种整数类型。

表 2-5 Java 的各种整数类型

类 型	占用存储空间	范 围
byte	1 字节	$-128 \sim 127$
short	2 字节	$-2^{15} \sim 2^{15}-1$
int	4 字节	$-2^{31} \sim 2^{31}-1$
long	8 字节	$-2^{63} \sim 2^{63}-1$

4) 浮点类型

与整数类型类似,Java 浮点类型有固定的表数范围和字段长度,不受平台影响。

Java 浮点类型常量有如下两种表示形式。

- 十进制数形式,如 3.14、317.0、.314。
- 科学记数法形式,如 3.14e2、3.14E2、100E-2。

Java 浮点类型常量默认为 double 型,如要声明一个常量为 float 型,则需在数字后面加 f 或 F,如:

```
double d = 12345.6;           //正确
float f = 12.3f ;             //必须加 f,否则会出错
```

表 2-6 列出 Java 的各种浮点类型。

表 2-6 Java 的各种浮点类型

类 型	占用存储空间	范 围
float	4 字节	$-3.403E38 \sim 3.403E38$
double	8 字节	$-1.798E308 \sim 1.798E308$

2. 基本数据类型转换

boolean 型不可以转换为其他的数据类型。

整数类型、字符型、浮点类型的数据在混合运算中相互转换,转换时遵循以下原则:

- 容量小的类型自动转换为容量大的数据类型。数据类型按容量大小排序为:
  byte,short,char→int→long→float→double
  byte,short,char 之间不会互相转换,它们三者在计算时首先会转换为 int 型。
- 容量大的数据类型转换为容量小的数据类型时,要加上强制转换符,但可能造成精度降低或溢出,使用时要格外注意。
- 有多种类型的数据混合运算时,系统首先自动地将所有数据转换成容量最大的那一种数据类型,然后再进行计算。
- 实数常量(如 1.2)默认为 double 型。
- 整数常量(如 123)默认为 int 型。

2.5.4 常量与变量

1. Java 常量

Java 的常量值用字符串表示,区分为不同的数据类型,如下所示。

- 整型常量:如 23。
- 实型常量:如 3.14。
- 字符常量:如'a'。
- 逻辑常量:为 true、false。
- 字符串常量:如"helloworld"。

应注意区分字符常量和字符串常量。

2. Java 变量

Java 变量是程序中最基本的存储单元,其要素包括变量名、变量类型和作用域。

Java 程序中每一个变量都属于特定的数据类型,在使用前必须对其声明,声明格式为:

type varName [= value] [{,varName [= value]}]

例如:

```
int i = 100;
float f = 12.3f;
double d1, d2, d3 = 0.123;
String s = "hello";
```

从本质上讲,变量其实是内存中的一小块区域,使用变量名来访问这块区域,因此,每一个变量使用前必须要先申请(声明),然后必须进行赋值(填充内容)才能使用。

结合程序执行过程中如图 2-29 所示,可看出常量和变量在内存的不同区域。

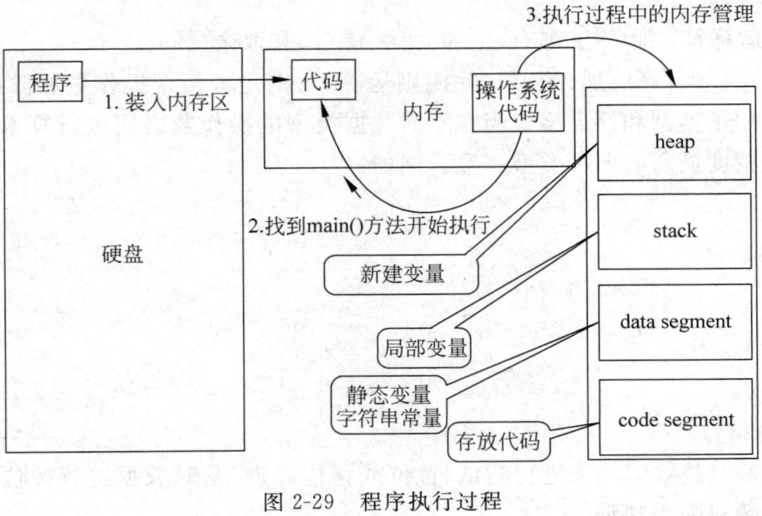

图 2-29 程序执行过程

3. Java 变量的分类

按被声明的位置划分，Java 变量可分为局部变量和成员变量
- 局部变量：方法或语句块内部定义的变量。
- 成员变量：方法外部、类的内部定义的变量。

注意：类外面（与类对应的大括号外面）不能有变量的声明。

按所属的数据类型划分，Java 变量可分为基本数据类型变量和引用数据类型变量。

2.5.5 运算符与表达式

1. 运算符

Java 的运算符代表着特定的运算指令，程序运行时将对运算符连接的操作数进行相应的运算。Java 的运算符主要分为 4 类：算术运算符、位运算符、关系运算符和布尔运算符。

1）算术运算符

Java 的算术运算符分为一元运算符和二元运算符。

（1）二元运算符：一元正（＋）、一元负（－）、加 1（＋＋）和减 1（－－）。

例如：

```
int i = 10,j,k,m,n;
j = + i;
k = - i;
m = i++;
m = ++i;
n = -- i;
n = i -- ;
```

一元运算符与操作数之前不允许空格。加 1 和减 1 运算符不能用于表达式，只能用于简单变量。

（2）二元运算符：加（＋）、减（－）、乘（＊）、除（/）和取余（％）。

其中，＋、－、＊、/完成加、减、乘、除四则运算，％则是求两个操作数相除的余数。这 5 种运算符均适用于整型和浮点型。当在不同数据类型的操作数之间进行算术运算时，所得结果的类型与精度最高的那种类型一致。例如：

```
7/2 = 3
7.0/2 = 3.5
7 % 2 = 1
7.0 % 2 = 1.0
-7 % 2 = -1
7 % -2 = 1
```

2）位运算符

位运算符是对整数中的位进行测试、置位或移位处理，是对数据进行按位操作的手段。Java 的位操作数只限于整型。

Java 的位运算符有非（～）、与（＆）、或（|）、异或（＾）、右移（＞＞）左移（＜＜）、0 填充的

右移(>>>)。位运算符的真值表如表2-7所示。

表 2-7 位运算符的真值表

A	B	A&B	A|B	A^B	~A
0	0	0	0	0	1
1	0	0	1	1	0
0	1	0	1	1	1
1	1	1	1	0	0

例如，

~4=-5　　　　　等价于二进制　　　~00000100=11111011
6|2=6　　　　　等价于二进制　　　0110|0010=0110
4&2=0　　　　　等价于二进制　　　0100&0010=0000
6^2=4　　　　　等价于二进制　　　0110^0010=0100
9>>2=1　　　　　1001 右移 2 位为 0001
1<<2=4　　　　　0001 左移 2 位为 0100

3) 关系运算符

关系运算符用于比较两个值之间的大小，结果返回布尔值。关系运算符有 6 种：等于、不等于、大于、大于或等于、小于、小于或等于。

4) 布尔运算符

布尔运算符只处理布尔值，所得结果都是布尔值。

Java 的布尔运算符有逻辑与(&)、逻辑或(|)逻辑非(!)、逻辑异或(^)、条件与(&&)和条件或(||)。布尔运算符的真值表如表 2-8 所示。

表 2-8 布尔运算符的真值表

A	B	A&B	A|B	A^B	~A
F	F	F	F	F	T
T	F	F	T	T	F
F	T	F	T	T	T
T	T	T	T	F	F

5) 其他运算符

(1) 赋值运算符与其他运算符的简捷使用方式。

赋值运算符可以与二元、布尔和位运算符组合成简捷使用方式，简化一些常用的表达式。

(2) 运算符[]与()。

[]是数组运算符，()用于改变表达式中运算符的优先级。

(3) 字符串合并运算符。

Java 用"+"运算符来合并两个字符串。当"+"合并一个字符串与一个操作数时，Java 自动将操作数转换为字符串。

(4) 三元条件运算符(?:)。

该运算符的格式如下：

<表达式1>?<表达式2>: <表达式3>

该运算符的作用是：先计算表达式1的值，当值为真时，则将表达式2的值作为整个表达式的值，反之则将表达式3的值作为整个表达式的值。

(5) 对象运算符 instanceof。

对象运算符 instanceof 用来测试一个指定对象是是否指定类（或它的子类）的实例，若是则返回 true，否则返回 false。

(6) 强制类型转换符。

Java 强制类型转换符能将一个表达式的类型强制转换为某一指定类型，格式如下：

(<类型>)<表达式>

(7) 点运算符。

点运算符"."的作用有两个：一个是引用类中成员，二是分隔包(Package)的各个域。

6) 运算符的优先级

运算符的优先级如表2-9所示。

表 2-9 运算符的优先级

优先级	运 算 符	结合性
1	. [] ; ,	
2	++ -- += ~ ! +(一元) -(一元)	右→左
3	* / %	左→右
4	+ -(二元)	左→右
5	<< >> >>>	左→右
6	< > <= >= instanceof	左→右
7	== !=	左→右
8	&	左→右
9	^	左→右
10	|	左→右
11	&&	左→右
12	||	左→右
13	?:	右→左
14	= *= /= %= += -= <<= >>= >>>= &= ^= |=	右→左

2. 表达式

表达式是算法语言的基本组成部分，它表示一种求值规则，通常由操作数、运算符和圆括号组成。操作数是参加运算的数据，可以是常量、变量或成员方法的引用。表达式中出现的变量名必须已经被初始化。

表达式按照运算符的优先级进行计算，求得一个表达式的值。Java 规定了表达式的运算规则,对操作数类型、运算符性质、运算结果类型及运算次序都做了严格的规定,程序员使用时必须严格遵循系统的规定,不能自定义。

2.5.6 流程控制语句

按程序的执行流程,程序的控制结构可分为 3 种:顺序结构、分支结构和循环结构。

1. 顺序结构

一般情况下,程序按语句的书写次序依次顺序执行,顺序结构是最简单的一种基本结构。

2. 分支结构

Java 有两种分支语句实现分支结构:if 语句实现二路分支;swicth 语句实现多路分支。

1) if 语句

if 语句的定义形式为:

```
if (<布尔表达式>)
    <语句 1>;
[else  <语句 2>; ]
```

例 2-4 找出 3 个整数中的最大值和最小值

本例使用了两个并列的 if 语句,其中第二个 if 语句没有 else 子句。

除此之外,本例还使用了另一种方法(三元条件运算符?:)实现同样的问题。程序如下:

```java
public class Maxif
{
    public static void main(String args[])
    {
        int a = 1,b = 2,c = 3,max,min;
        if(a > b)
            max = a;
        else
            max = b;
        if(c > max)   max = c;
        System.out.println("max = " + max);
        min = a < b ? a : b;
        min = c < min ? c : min;
        System.out.println("min = " + min);
    }
}
```

程序运行结果:

```
max = 3
min = 1
```

2) switch 语句

switch 语句的定义形式为：

```
switch(<表达式>)
{
case <常量 1>:<语句 1>;
    break;
case <常量 2>:<语句 2>;
    break;
…
[default:<语句>;]
}
```

例 2-5　显示星期几对应的英文字符串

用 week 表示星期几，可用 switch 语句将 week 转换成对应英文字符串。程序如下：

```java
public class Week
{
    public static void main(String args[])
    {
        int week = 1;
        System.out.print("week = " + week + "    ");
        switch(week)
        {
            case 0: System.out.println("Sunday");    break;
            case 1: System.out.println("Monday");    break;
            case 2: System.out.println("Tuesday");   break;
            case 3: System.out.println("Wednesday");break;
            case 4: System.out.println("Thursday");  break;
            case 5: System.out.println("Friday");    break;
            case 6: System.out.println("Saturday");  break;
            default: System.out.println("Data Error!");
        }
    }
}
```

程序运行结果：

week = 1   Monday

switch 语句使用过程中需注意：
- 小心 case"穿透"，推荐使用 break 语句。
- 多个 case 可以合并到一起。
- default 可以省略，但不推荐省略。
- Java 中 switch 语句只能检测 int 类型值。

3. 循环结构

1) for 循环语句

for 语句为如下形式：

```
for(表达式 1;表达式 2;表达式 3)
 {语句;
    …
 }
```

执行过程:首先计算表达式 1,接着执行表达式 2,若表达式 2 的值为 true,则执行语句,接着计算表达式 3,再判断表达式 2 的值;依次重复下去,直到表达式 2 的值为 false。

例 2-6   计算 result＝1!＋2!＋…＋10!

```
Public class TestFor {
    public static void main(String args[ ]) {
        long result = 0;
        long f = 1;
        for(int   i = 1;i <= 10;i++)  {
            f = f * i;
            resut += f;
        }
        System.out.println("result = " + result);
    }
}
```

2) while 循环语句

while 语句为如下形式:

```
while(逻辑表达式)
    {语句;… ;}
```

执行过程:先判断逻辑表达式的值,若其值为 true 则执行其后面的语句,然后再次判断条件并反复执行,直到条件不成立为止。

3) do-while 循环语句

do-while 语句为如下形式:

```
do {语句;… ;}
while(逻辑表达式);
```

执行过程:先执行语句,再判断逻辑表达式的值,若为 true,再执行语句,否则结束循环。

2.5.7　数组的创建与应用

1. 数组概述

数组可以看成是多个相同类型数据的组合,对这些数据统一管理。

数组变量属引用数据类型,数组也可以看成是对象,数组中的每个元素相当于该对象的成员变量。

数组中的元素可以是任何数据类型,包括基本类型和引用数据类型。

1) 一维数组

一维数组的声明方式为:

```
type  var[ ];
```

或

```
type[ ]  var;
```

例如：

```
int a1[ ];
int[ ]a2;
double b[ ];
Person[ ]  p1;
String s1[ ];
```

2) 二维数组

二维数组可以看成以数组为元素的数组。例如：

```
int   a[][] = {{1,2},{3,4,5,6},{7,8,9}};
```

Java 中多维数组的声明和初始化应按从高维到低维的顺序进行（从左到右），例如：

```
int a[][] = new int[3][];
a[0] = new int[2];
a[1] = new int[4];
a[2] = new int[3];
int t1[][]  =  new int[][4];              //error
```

Java 语言中声明数组时不能指定其长度（数组中元素的个数），例如：

```
int a[5];                              //非法,C 和 C++
分配在栈里
```

Java 中使用关键字 new 创建数组对象，格式为：

数组名= new 数组元素的类型[数组元素的个数]

例如：

```
Public class TestSZ {
    public static void main(String args[ ]) {
        int[] s;
        s = new int[5];
        for(int   i = 0;i<5;i++)   {
            s[i] = 2 * i + 1;
        }
    }
}
```

若元素为引用数据类型的数组，则数组中的每一个元素都需要实例化。

2. 数组初始化

动态初始化：数组定义与为数组元素分配空间和赋值的操作分开进行。即先分配空间再赋值。

静态初始化：定义数组的同时就为数组元素分配空间并赋值。

3. 数组元素的引用

定义并用运算符 new 为之分配空间后，才可以引用数组中的每个元素。数组元素的引用方式为：

arrayName [index]

其中，index 为数组元素下标，可以是整型常量或整型表达式。如：

a[3]，b[i]，c[6*i]

数组元素下标从 0 开始；长度为 n 的数组的合法下标取值范围为 $0\sim n-1$。

每个数组都有一个属性 length 指明它的长度，例如：a.length 的值为数组 a 的长度（元素个数）。

2.5.8　字符串处理

1. String 对象

Java 中将字符串作为 String 类型对象来处理。当创建一个 String 对象时，被创建的字符串是不能被改变的。每次需要改变字符串时都要创建一个新的 String 对象来保存新的内容，原始的字符串不变。之所以采用这种方法是因为实现固定的、不可变的字符串比实现可变的字符串更高效。对于那些想得到改变的字符串的情况，有一个叫作 StringBuffer 的 String 类的友类，它的对象包含了在创建之后可以改变的字符串。

String 类和 StringBuffer 类都在 java.lang 中定义，因此它们可以自动地被所有程序使用。两者均被说明为 final，这意味着两者均不含子类。

2. String 构造函数

（1）String()，默认构造函数，无参数。

String s1 = new String();

（2）String(char chars[])，传入字符数组。

char[] myChars = {'a', 'b', 'c'};
String s2 = new String(myChars)   //使用字符串"abc"初始化 s2

（3）String(char chars[], int startIndex, int numChars)，传入一个字符数组，从指定下标位置开始获取指定个数的字符，用这些字符来初始化字符串变量。

char[] myChars = {'h', 'e', 'l', 'l', 'o'};
String s3 = new String(myChars,1,3);   //使用字符串"ell"初始化 s3

（4）String(String strObj)，传入另一个字符串对象，用该字符串对象的内容初始化。

String s4= new String(s3);   //这时 s4 也是"ell"了

(5) String(byte asciiChars[ ])。

String(byte asciiChars[ ], int startIndex, int numChars)

尽管 Java 的 char 类型使用 16 位(b)表示 Unicode 编码字符集,在 Internet 中,字符串的典型格式使用由 ASCII 字符集构成的 8 位数组,因为 8 位 ASCII 字符串是共同的,当给定一字节(B)数组时,String 类提供了上面两个初始化字符串的构造函数。例如:

```
package Examples;
class SubStringConv{
    public static void main(String[] args){
        byte ascii[ ] = {65,66,67,68,69,70};
        String s1 = new String(ascii);
        System.out.println(s1);
        String s2 = new String(ascii,2,3);
        System.out.println(s2);
    }
}
```

编译和运行后输出:

ABCDEF
CDE

3. String 类的常用方法

1) 字符截取

(1) char charAt(int where):返回一个字符,例如:

```
char a ;
a = "abcde".charAt(2);                //将索引为 2,即第 3 个字符赋给 a
```

(2) void getChars(int sourceStart, int sourceEnd, char target[ ], int targetStart):这是无返回值方法,指定要截取的子字符串的开始和结束下标,再指定要储存子字符串内字符的数组和存放这些字符的起始位置。注意,子字符串并不包括位于结束下标的字符。

(3) byte[ ] getBytes():这是 getBytes()方法最简单的形式,它实现将字符存放于字节数组中。

(4) char[ ] toCharArray():这是将字符串中所有的字符转换到一个字符数组的最简单方法,也可以使用 getChars()方法实现。

2) 字符串比较

boolean equals(Object str):比较两个字符串对象是否相等。

boolean equalsIgnoreCaseJ(String str):比较两个字符串对象,且忽略字符的大小写。

(1) int compareTo(String str):比较两个字符串的大小。

(2) 搜索字符串。

int indexOf(int ch)

```
int    lastIndexOf(int ch)
int    indexOf(String str)
int    lastIndexOf(String str)
```

指定搜索的起始点:

```
int    indexOf(int ch, int startIndex)
int    lastIndexOf(int ch , int startIndex)
int    indexOf(String str , int startIndex)
int    lastIndexOf(String str, int startIndex)
```

(3) 使用 substring() 截取子字符串。

String substring(int startIndex): 注意 substring 中 string 没有大写,截取指定位置后的子字符串。

String substring(int startIndex,int endIndex): 截取指定起始位置和结束位置的子字符串。注意截取的子字符串不包括结束位置的字符。

(4) concat(): 连接 2 个字符串,与＋运算符执行相同的功能。

```
String concat(String str)
```

(5) replace(): 用另一个字符取代指定字符串中指定字符。

```
String replace(char original, char replacement)
```

例如:

```
String s = "Hello".replace('l','w');    //执行后 s = "Hewwo";
```

(6) trim() 返回一个字符串,该字符串是删除调用字符串前后的空白符所得的字符串。
(7) 改变字符串内字符的大小写。

String toLowerCase(): 返回一个所有字母都是小写的字符串。
String toUpperCase(): 返回一个所有字母都是大写的字符串。

(8) 使用 valueOf() 方法实现数据转换。

例如,将 int 类型转换成字符串类型,其他基本数据类型和任何类的对象也可作为参数。

```
String str = String.valueOf(3);
```

4. StringBuffer 类

StringBuffer 定义了下面 3 个构造函数。
(1) StringBuffer(): 默认构造函数,预留 16 个字符的空间,该空间不需要再分配空间。
(2) StringBuffer(int size): 设置指定缓冲区大小。
(3) StringBuffer(String str): 设置 StringBuffer 对象初始化的内容并预留 16 个字符的空间,且不需要再分配空间。

5. StringBuffer 类的常用方法

(1) int length(): 调用 length() 方法可以得到 StringBuffer 对象的长度。

（2）char charAt(int where)与 void setCharAt(int where, char ch)。

使用 charAt()方法可以得到 StringBuffer 对象中指定位置上的字符，而 setCharAt()可以设置指定位置上的字符。

对于这两种方法，where 值必须是非负的，同时不能超过或等于 StringBuffer 对象的长度。

（3）getChars(int suorceStart, int sourceEnd, char target[], int targetStart)：得到 StringBuffer 对象中起止位置的几个字符。

（4）append()：将任一其他类型数据的字符串形式连接到调用 StringBuffer 对象的后面，对所有内置的类型和对象，它都有重载形式。

（5）insert()：将一个字符串插入另一个字符串中。下面是它的几种形式：

```
StringBuffer insert(int index, String str)
StringBuffer insert(int index, char ch)
StringBuffer insert(int index, Object obj)
```

（6）reverse()：反转字符串顺序。

```
StringBuffer strbf = new StringBuffer("ABCDEFG");
strbf.reverse();
System.out.println(strbf);              //输出 GFEDCBA
```

（7）StringBuffer delete(int startIndex, int endIndex)和 StringBuffer deleteCharAt(int loc)：删除指定位置的字符串和指定位置的字符。例如删除第一个字符后的所有字符：

```
strbf.delete(1, strbf.length());
```

（8）replace()：完成在 StringBuffer 内部用一个字符串代替另一个指定起始位置和结束位置的字符串的功能。应注意的是，被代替的字符不包括结束位置上的字符。它的一般形式是：

```
StringBuffer replace(int startIndex, int endIndex, String str)
```

（9）substring()：返回 StringBuffer 的一部分值。它的一般格式是：

```
String substring(int startIndex)
String substring(int startIndex, int endIndex)
```

2.5.9 集合类

在未接触集合之前，当存储一组相似的数据时，首先想到的是数组，但是数组有太多弊端限制了开发的扩展。如在创建 Java 数组时，数组的长度必须要指定。数组一旦创建好之后，长度不能改变。在同一个数组中只能存放同一种类型的数据（基本数据类型和引用数据类型）。为了使程序能方便地存储和操作数目不固定的一组数据，JDK 类库提供了 Java 集合。所有的 Java 集合都在 java.util 包中。在集合中，只能存放对象的引用，而不能存放基本数据类型。

下面介绍 Java 集合类。

Collection 接口是 Java 集合类的根接口,Collection 是任何对象组,元素各自独立,通常拥有相同的套用规则。Set List 由它派生。

基本操作如下。

增加元素 add(Object obj); addAll(Collection c);

删除元素 remove(Object obj); removeAll(Collection c);

求交集 retainAll(Collection c);

访问/遍历集合元素的好办法是使用 Iterator 接口(迭代器用于取代 Enumeration)。如:

```
Public interface Iterator{
    Public Boolean hasNext();
    Public Object next();
    Public void remove();
}
```

下面来了解一下 Java 的集合类,以下是 Java 集合的 3 种类型,如图 2-30 所示。

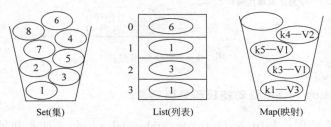

图 2-30 Java 集合的 3 种类型

1. Set(集)

集合中的对象无排列顺序,并且没有重复的对象。它的有些实现类能对集合中的对象按照特定的方式进行排序。

2. List(队列)

集合中的对象按照索引的顺序排列,可以有重复的对象,也可以按照对象在集合中的索引位置检索对象。List 与数组有些相似。

3. Map(映射)

集合中的每一个元素都是一对一对的,包括一个 Key 对象和一个 Value 对象(一个 Key 指向一个 Value)。集合中没有重复的 Key 对象,但是 Value 对象可以重复。它的有些实现类能对集合中的键对象进行排序。

2.5.10 异常处理

1. 异常的概念

Java 异常是 Java 提供的用于处理程序中错误的一种机制。所谓错误是指在程序运行的过程中发生的一些异常事件(如除 0 溢出、数组下标越界、所要读取的文件不存在)。

设计良好的程序应该在异常发生时提供处理这些异常的方法，使得程序不会因为异常的发生而阻断或产生不可预见的结果。

Java 程序的运行过程中如出现异常事件，可以生成一个异常类对象，该异常对象封装了异常事件的信息并提交给 Java 运行时系统，这个过程称为抛出（Throw）异常。

当 Java 运行时系统接收到异常对象时，会寻找能处理这一异常的代码并把当前异常对象交给其处理，这一过程称为捕获（Catch）异常，如图 2-31 所示。

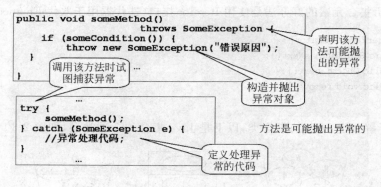

图 2-31　捕获异常过程

2. 使用 try-catch-finally 语句捕获和处理异常

在 Java 的异常处理机制中，提供了 try-catch-finally 语句来捕获和处理一个或多个异常。语法格式如下：

```
try
{
    <语句 1>                    //可能产生的异常
}
catch(ExceptionType1 e)
{
    <语句 2>
}
finally
{
    <语句 3>
}
```

例 2-7　异常的捕获和处理

本例使用 try-catch-finally 语句，对产生的异常进行捕获和处理。程序如下：

```java
public class Try2{
    public static void main(String args[]){
        int i = 0;
        int a[] = {5,6,7,8};
        for(i = 0;i < 5;i++){
            try{
                System.out.print("a[" + i + "]/" + i + " = " + (a[i]/i));
```

```
            }
            catch(ArrayIndexOutOfBoundsException e){
                System.out.print("捕获数组下标越界异常!");
            }
            catch(ArithmeticException e){
                System.out.print("捕获算术异常!");
            }
            catch(Exception e){
                System.out.print("捕获" + e.getMessage() + "异常!");
            }//显示异常信息
            finally{
                System.out.println("   finally  i = " + i);
            }
        }
        System.out.println("继续!");
    }
}
```

程序运行结果如下：

```
捕获算术异常!   finally   i = 0
a[1]/1 = 6     finally   i = 1
a[2]/2 = 3     finally   i = 2
a[3]/3 = 2     finally   i = 3
捕获数组下标越界异常!   finally   i = 4
继续!
```

1) try

捕获异常的第一步是用 try{…}选定捕获异常的范围,由 try 所限定的代码块中的语句在执行过程中可能会生成异常对象并抛弃异常对象。

2) catch

每个 try 代码块可以伴随一个或多个 catch 语句,用于处理 try 代码块中所生成的异常事件。catch 语句只需要一个形式参数指明它所能捕获的异常类型,这个类必须是 Throwable 的子类,运行时系统通过参数值把被抛弃的异常对象传递给 catch 块,在 catch 块中是对异常对象进行处理的代码,与访问其他对象一样,可以访问一个异常对象的变量或调用它的方法。getMessage()是类 Throwable 所提供的方法,用来得到有关异常事件的信息。类 Throwable 还提供了方法 printStackTrace()用来跟踪异常事件发生时执行堆栈的内容。

3) finally

捕获异常的最后一步是通过 finally 语句为异常处理提供一个统一的出口,使得在控制流转到程序的其他部分以前,能够对程序的状态进行统一的管理。不论在 try 代码块中是否发生了异常事件,finally 块中的语句都会被执行。

3. 自定义异常类

虽然 Java 已经预定了很多异常类,但有的情况下,程序员不仅需要自己抛出异常,还要创建自己的异常类，这时可以通过创建 Exception 的子类来定义自己的异常类。

例 2-8 自定义异常类

本例首先声明了一个自定义的异常类 OverflowException，它是 Exception 的子类，在其 printMsg() 方法中报告异常错误信息。应用程序 Try7 中使用自定义的异常类 OverflowException 及其中的 printMsg() 方法。程序如下：

```java
class OverflowException extends Exception{           //自定义异常类
    public void printMsg(){
        System.out.println("exception: " + this.getMessage());
        this.printStackTrace();
        System.exit(0);
    }
}
public class Try7{
    public void calc(byte k) throws OverflowException{    //抛出异常
        byte  y = 1, i = 1;
        System.out.print(k + "!= ");
        for(i = 1; i <= k; i++){
            if(y > Byte.MAX_VALUE/i)
                throw new OverflowException();
            else
                y = (byte)(y * i);
        }
        System.out.println(y);
    }
    public void run(byte k){                              //捕获并处理异常
        try{
            calc(k);
        }catch(OverflowException e){
            e.printMsg();
        }
    }
    public static void main (String args[]){              //主程序
        Try7 a = new Try7();
        for(byte i = 1; i < 10; i++)
            a.run(i);
    }
}
```

程序运行结果如下：

```
1!= 1
2!= 2
3!= 6
4!= 24
5!= 120
6!= exception: null
OverflowException
```

```
        at Try7.calc(Try7.java:19)
        at Try7.run(Try7.java:29)
        at Try7.main(Try7.java:40)
```

实训 7　Java 综合应用

【实训目的】
（1）了解流式输入输出的基本原理。
（2）掌握类 File、FileInputStream、FileOutputStream、RandomAccessFile 的使用方法。

【实训要求】
了解 Java 的流式输入输出的基本原理。

【实训步骤】
（1）设计一个图形界面的文本文件查阅工具，在窗体中安排一个文本域和一个按钮，文本域用来显示文件的内容，单击"打开"按钮将弹出文件选择对话框，从而可以选择要查看的文件。
（2）在 MyEclipse 中创建 Java Project，项目名称为 ReadFile。
（3）新建类 FileViewer.java，程序代码如下：

```java
import java.awt.*;
import java.awt.event.*;
import java.io.*;
public class FileViewer extends Frame implements ActionListener {
    //文件选择对话框的默认目录
    String directory;
    //显示文件内容的文本域
    TextArea textarea;
    public FileViewer() {
        this(null, null);
    }
    public FileViewer(String filename) {
        this(null, filename);
    }
    public FileViewer(String directory, String filename) {
        addWindowListener(new WindowAdapter() {
            public void windowClosing(WindowEvent e) {
                dispose();
            }
        });
        textarea = new TextArea("", 24, 80);
        textarea.setFont(new Font("宋体", Font.PLAIN, 12));
        textarea.setEditable(false);
        this.add("Center", textarea);
        Panel p = new Panel();
        p.setLayout(new FlowLayout(FlowLayout.RIGHT, 10, 5));
        this.add(p, "South");
        Button openfile = new Button("Open File");
        openfile.addActionListener(this);
        openfile.setActionCommand("open");
```

```java
        openfile.setFont(new Font("SansSerif", Font.BOLD, 14));
        p.add(openfile);
        this.pack();
        //根据文件名路径得到目录,否则为系统当前目录
        if(directory == null) {
            File f;
            if((filename != null) && (f = new File(filename)).isAbsolute())
            {
                //若文件名中给出了绝对路径,则根据创建的File对象可得到文件目录路径和文件名
                directory = f.getParent();
                filename = f.getName();
            } else
                //系统当前目录
                directory = System.getProperty("user.dir");
        }
        //记住文件打开对话框的默认目录
        this.directory = directory;
        //装载显示文件
        setFile(directory, filename);
    }
    /* 从特定目录装载文件 */
    public void setFile(String directory, String filename) {
        if((filename == null) || (filename.length() == 0))
            return;
        File f;
        FileReader in = null;
        try {
            //创建文件对象
            f = new File(directory, filename);
            in = new FileReader(f);
            //每次读4KB字符
            char[] buffer = new char[4096];
            int len;                                     //每次读到的字符数
            textarea.setText("");
            while((len = in.read(buffer)) != -1) {
                String s = new String(buffer, 0, len);
                //读到的字符串添加到文本域
                textarea.append(s);
            }
            //设置窗体标题
            this.setTitle("FileViewer: " + filename);
            //将光标定到文本域的开头
            textarea.setCaretPosition(0);
        } catch(IOException e) {
            textarea.setText(e.getClass().getName() + ": " + e.getMessage());
            this.setTitle("FileViewer: " + filename + ": I/O Exception");
        }
        //任何情况下均要记住关闭流
        finally {
            try {
                if(in != null)
                    in.close();
            } catch(IOException e) {
            }
```

```java
        }
    }
    public void actionPerformed(ActionEvent e) {
        String cmd = e.getActionCommand();
        if(cmd.equals("open")) {
            FileDialog f = new FileDialog(this, "Open File", FileDialog.LOAD);
            //设置文件打开对话框的默认目录
            f.setDirectory(directory);
            f.show();
            //记住新的默认目录
            directory = f.getDirectory();
            //装载显示文件
            setFile(directory, f.getFile());
            //得到文件后自动关闭对话框
            f.dispose();
        }
    }
    public static void main(String[] args) throws IOException {
        Frame f = new FileViewer((args.length == 1) ? args[0] : null);
        f.addWindowListener(new WindowAdapter() {
            public void windowClosed(WindowEvent e) {
                System.exit(0);
            }
        });
        f.setVisible(true);
    }
}
```

(4) 项目名称上右击,选择 Run As→Java Application,进行编译运行,如图 2-32 所示。

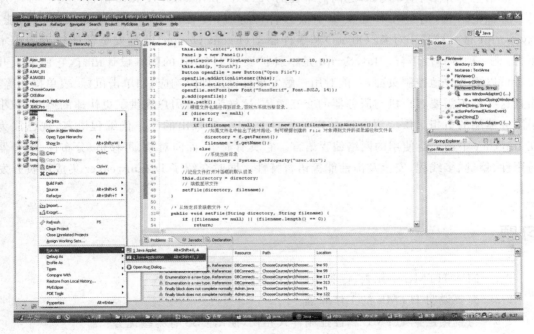

图 2-32　在 MyEclipse 中进行编译运行

（5）编译运行后的结果如图 2-33 所示，单击 Open File 按钮，选择硬盘上已经存在的"新建文本文档.txt"文件，则显示此文件内容。

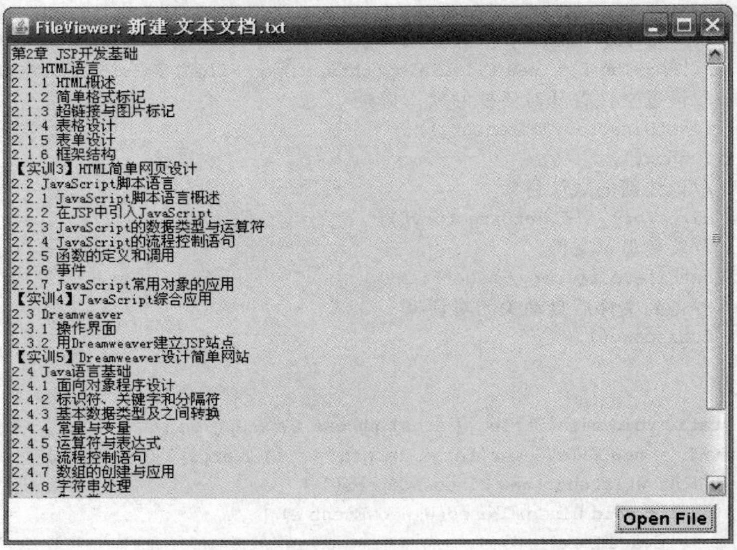

图 2-33 运行结果

2.6 小结

本章主要介绍了学习 JSP 之前需掌握的 HTML、Javascript 及 Java 语言。其中 HTML 是一种标记语言，通过在普通文本中嵌入各种标签，使普通文本具有了超文本的功能。JavaScript 是一种基于对象（Object）和事件驱动（Event Driven）并且安全性能较强的脚本语言，是一种解释性语言。JavaScript 是一种扩展到 HTML 的脚本设计语言，它使网页开发者可以更有效地控制页面，并能对用户触发事件做出即时响应，如单击鼠标、表单操作等，而且这些都不需要客户机与服务器的交互通信，这样为最终用户提供了更快速的操作，减小了服务器端的负担。Java 语言是由 Sun 公司于 1995 年推出的新一代编程语言，现已成为在 Internet 中被广泛使用的网络编程语言。它具有简单、面向对象、可移植、分布性、解释器通用性、稳健、多线程、安全及高性能等语言特性。同时介绍了 Dreamweaver 集成网页开发工具。

习题

2-1 简述 HTML 中元素、标签和属性的区别。

2-2 简要说明 HTML 的工作原理。

2-3 与直接设置 HTML 属性控制样式相比，使用 CSS 有哪些优势？

2-4 简要说明 JavaScript 语言对象的引用方法。

2-5　用 Dreamweaver CS5 设计简单网站。
2-6　简述 Java 程序开发步骤。
2-7　简述 Java 程序基本结构。
2-8　什么是对象、类和实体？它们之间的关系如何？
2-9　编写一个 Java 类，该类用于实现计算圆形的面积和周长。

第 3 章 JSP语法

本章介绍 JSP 技术的语法，主要包括 JSP 的注释、JSP 的脚本标识、JSP 的指令标识以及 JSP 的动作标识。通过本章的学习，读者应该掌握 JSP 页面的构成，并掌握 JSP 中注释、脚本标识、指令标识以及动作标识的使用，重点理解 include 动作与 include 指令在包含文件时的区别，以及 JSP 脚本标识的作用。

3.1 JSP 的基本构成

一个 JSP 页面由两部分构成，分别是 HTML 语句和嵌入标记。请看下面 BasicJsp.jsp 的代码：

```jsp
<!-- JSP 中的指令标识 -->
<%@ page language="Java" contentType="text/html;charset=gb2312" %>
<!-- HTML 标记语言 -->
<html>
<head><title>JSP 页面的基本构成</title></head>
<body>
<center>
<!-- 嵌入的 Java 代码 -->
    <%
        String str;
        str = "了解 JSP 的基本构成";
    %>
    <h3>
        <% out.println(str); %>
    </h3>
</center>
</body>
</html>
```

上面的代码就是一个动态的 JSP 程序，访问包含该代码的 JSP 网页后，将显示如图 3-1 所示的运行结果。

一个 JSP 页面可由以下 4 种元素组成。

图 3-1 动态 JSP 程序运行结果

（1）JSP 标记，如指令标识、动作标识等。
（2）普通的 HTML 标记。
（3）嵌入的 Java 代码片段。
（4）JSP 表达式。
下面将介绍该页面的主要组成要素。

3.1.1 JSP 中的指令标识

JSP 提供了指令元素，用于提供与整个 JSP 网页相关的信息和设置 JSP 页面的相关属性。例如，上述代码中的第一个 page 指令指定了在该页面中编写 JSP 脚本所使用的语言为 Java，并且还指定了页面响应的 MIME 类型和 JSP 字符的编码。

JSP 指令元素包括 3 种，分别是 page 指令、include 指令、taglib 指令。这些指令将在 3.4 节详细介绍。

3.1.2 HTML 标记

HTML 标记在 JSP 页面中属于静态的内容，浏览器会识别这些 HTML 标记并执行。在 JSP 程序开发中，这些 HTML 标记主要负责页面的布局、设计和美观，属于网页的框架。

3.1.3 嵌入的 Java 代码片段

可以在"<%"和"%>"之间嵌入 Java 代码片段。一个 JSP 页面可以有许多代码片段，这些片段在客户端浏览器中是不可见的，它们将被 JSP 引擎按顺序执行，然后由服务器将执行结果与 HTML 一同发送给客户端进行显示。通过在 JSP 页面中嵌入 Java 代码，可以实现页面动态的内容。

3.1.4 JSP 表达式

JSP 表达式主要用于数据的输出，可以在"<%="和"%>"之间插入一个表达式（注意，不可以插入 Java 代码），这个表达式必须能求值。表达式的值由服务器负责计算，并将计算结果以字符串形式发送到客户端显示。

以上介绍的元素只是构成 JSP 页面组成的一部分,其他的元素如动作标识和注释等都是构成 JSP 的重要组成元素,在下面的章节中将逐一向读者介绍 JSP 中的各个元素和它们的语法规则。

3.2 JSP 的注释

注释可以增强 JSP 文件的可读性,并易于 JSP 文件的维护。由于 JSP 允许用户将 Java、JSP、HTML 混合在一个页面中,所以在 JSP 页面中可以应用多种注释,如 HTML 中的注释、带有 JSP 表达式的注释、隐藏注释以及脚本程序中的注释。

下面向读者介绍 JSP 中的各种注释。

3.2.1 HTML 中的注释

JSP 页面中的 HTML 注释是使用"<!--"和"-->"创建的,它的具体形式如下:

```
<!-- 注释内容 -->
```

当它出现在 JSP 页面中时,将被原样地加入 JSP 响应中,而且将出现在生成的 HTML 代码中,此代码将发送给浏览器,然后由浏览器负责忽略此注释。

例 3-1　HTML 注释的应用

参看如下 ZhuShi.jsp 的代码。

```
<!-- 欢迎访问 XX 网上购物商城 -->
<table>
    <tr>
        <td>欢迎访问!</td>
    </tr>
</table>
```

访问该页面后,将会在客户端浏览器中输出如图 3-2 所示的内容。

其中注释<!--欢迎访问 XX 网上购物商城-->的内容将不会在客户端显示。

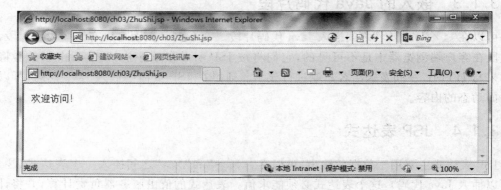

图 3-2　HTML 注释的应用

3.2.2 带有 JSP 表达式的注释

在 HTML 注释中可以嵌入 JSP 表达式,注释格式如下:

```
<!-- comment <%= expression %> -->
```

由于 HTML 注释不是简单地被 JSP 忽略,因此它们可以包含内嵌的动态内容。HTML 注释内的 JSP 表达式将被计算和执行,并送给浏览器的响应。当服务器将执行结果返回给客户端后,客户端浏览器会识别该注释语句,所以被注释的内容不会显示在浏览器中。

例 3-2 带有 JSP 表达式注释的应用

参看如下 ZhuShiJ.jsp 的代码。

```jsp
<% String str = "JSP 表达式注释"; %>
<!-- 当前内容:<%= str %> -->
<table>
    <tr>
        <td>欢迎学习:<%= str %></td>
    </tr>
</table>
```

访问该页面后,将会在客户端浏览器中输出如图 3-3 所示的内容。

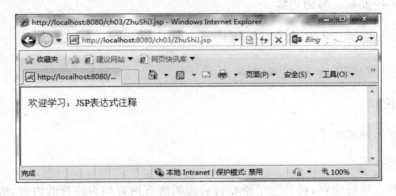

图 3-3 JSP 表达式注释的应用

其中,<!--当前内容:<%=str%>-->中注释的内容将不会在客户端显示。

3.2.3 隐藏注释

JSP 语句中的隐藏注释嵌入在 JSP 程序的源代码中。使用隐藏注释可以达到以下两个目的。

(1) 方便程序设计和开发人员阅读程序,增强程序的可读性。一个程序员的良好注释风格对于整个项目开发组以及长远使用来说都是非常重要的。

(2) 在增强程序可读性的同时还顾及到程序系统的安全性,用户如果通过 Web 浏览器查看该JSP页面,是看不到隐藏注释中注释的内容的。

例3-3 隐藏注释的应用

具体注释格式参看如下ZhuShiY.jsp的代码。

```
<%@ page language = "java" contentType = "text/html; charset = gb2312" %>
<%-- 获取当前时间 --%>
<table>
    <tr>
        <td>当前时间为:<% = (new java.util.Date()).toLocaleString() %></td>
    </tr>
</table>
```

在浏览器中输入http://localhost:8080/ch03/ZhuShiY.jsp,将会在浏览器中输出如图3-4所示的内容。

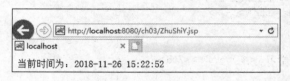

图3-4 JSP隐藏注释的应用

其中,<%--获取当前时间--%>中注释的内容将不会在客户端显示。即使查看源文件,也看不到代码中隐藏注释的内容。

3.2.4 脚本程序中的注释

脚本程序中包括下面3种注释方法。

1. 单行注释

单行注释的格式如下:

//注释内容

该方法进行单行注释,符号"//"所在行后面的所有内容均为注释的内容,服务器对被注释的内容不进行任何操作。

例3-4 单行注释的应用

参看如下ZhuShiS.jsp的代码。

```
<html>
<body>
    <center>
        <%
            int count = 1;                    //定义一个计数变量
        %>
        计数变量count的当前值为:<% = count %>
```

```
        </center>
    </body>
</html>
```

访问该页面后,将会在客户端浏览器中输出如图3-5所示的内容。

图 3-5　JSP 脚本中的单行注释的应用

通过查看 HTML 源代码将会看到如图 3-6 所示的内容。

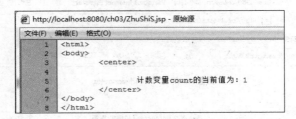

图 3-6　HTML 源代码

2. 多行注释

多行注释可以通过"/ *"和" * /"符号进行标记,它们必须成对出现,在它们中间输入的注释内容可以包括多行。注释格式如下:

```
/ *
    注释内容 1
    注释内容 2
    …
 * /
```

与单行注释一样,在"/ *"和" * /"之间被注释的所有内容,即使是 JSP 表达式或其他的脚本程序,服务器都不会做任何处理,并且多行注释的开始标记和结束标记可以不在同一个脚本程序中出现。

例 3-5　多行注释的应用

参看如下 ZhuShiM.jsp 的代码。

```
< html >
< body >
    < center >
```

```
        <%
            String state = "Administrator";
            /*if(state.equals("Administrator")){
                state = "超级用户";
        %>
            将变量 state 赋值为"用户"。<br>
        <%
            }
            */
        %>
            变量 state 的值为：<%=state%>
    </center>
</body>
</html>
```

上述 JSP 代码被执行后，将输出如图 3-7 所示的结果。

图 3-7　JSP 脚本中的多行注释的应用

若去掉代码中的多行注释标记，则输出如图 3-8 所示的结果。

图 3-8　JSP 脚本中去掉多行注释的结果

3. 提示文档注释

提示文档注释会被 Javadoc 文档工具生成文档时获取，该文档是对代码结构和功能的描述。

提示文档注释格式如下：

/**

提示信息 1
提示信息 2
...
*/
```

**例 3-6** 提示文档注释的应用

参看如下 ZhuShiT.jsp 的代码。

```jsp
<%!
    int i = 0;
    /**
        @author:GXZY
        @function:该方法用来实现一个简单的计数器
    */
    synchronized void add(){
        i++;
    }
%>
<% add(); %>
    当前访问次数：<% = i %>
```

将鼠标指针移动到<% add(); %>代码上，将出现如图 3-9 所示的提示信息。

图 3-9　JSP 提示文档注释的应用

3.3　JSP 的脚本标识

在 JSP 页面中，脚本标识使用得最为频繁。它们能够很方便、灵活地生成页面中的动态内容，特别是 Scriptlet 脚本程序。目前 JSP 中只支持 Java 语言，因此在 JSP 中使用 Java 的脚本标识包括以下 3 个元素：声明标识（Declaration）、JSP 表达式（Expression）和脚本程序（Scriptlet）。通过这些元素，就可以在 JSP 页面中以编写 Java 程序的方式声明变量、定义函数或进行各种表达式的运算。

在 JSP 页面中需要特定的标识来表示这些元素，并且这些元素对客户端是不可见的，它们由服务器执行。

3.3.1　JSP 表达式

JSP 表达式用于向页面中输出信息，其定义格式为：
```

```
<% = 变量或有返回值的方法或Java表达式 %>
```

特别要注意,表达式中不可插入 Java 语句,"<%="是一个完整的符号,"<%"和"="之间不要有空格。

JSP 表达式在页面中被转换为 Servlet 后,转换为 out.print()方法。所以 JSP 表达式与 JSP 页面中嵌入到小脚本程序中的 out.print()方法实现的功能相同。如果通过 JSP 表达式输出一个对象,则该对象的 toString()方法会被自动调用,表达式将输出 toString()方法返回的内容。

JSP 表达式应用的范围如下。

(1) 向页面输出内容,例如下面 Expressout.jsp 的代码。

```
<% String str = "GXZY"; %>
用户名:<% = str %>
```

上述代码将生成如图 3-10 所示的结果。

图 3-10　JSP 表达式的应用

(2) 生成动态的链接地址,例如下面的代码:

```
<% String path = "Hello.jsp"; %>
<a href = "<% = path %>">链接到 Hello.jsp</a>
```

上述代码将生成如下 HTML 代码:

```
<a href = "Hello.jsp">链接到 Hello.jsp</a>
```

(3) 动态指定表单(Form)处理页面,例如下面的代码:

```
<% String path = "Hello.jsp"; %>
<form action = "<% = path %>"></form>
```

上述代码将生成如下 HTML 代码:

```
<form action = "Hello.jsp"></form>
```

3.3.2　声明标识

在 JSP 中定义 Java 变量和方法有两种方式:一种包含在脚本里面;另一种包含在声明标识中。这里主要介绍后一种,其声明格式为:

```
<%! 声明变量和方法的代码 %>
```

特别要注意，在"<%"与"!"之间不要有空格。声明的语法与在 Java 语言中声明变量和方法时是一样的。

"<%!"和"%>"之间声明的变量在整个 JSP 页面内都有效，与标记符号"<%!"和"%>"所在的位置无关，但是习惯上将标记符号"<%!"和"%>"写在 Java 程序片段的前面。JSP 引擎将 JSP 页面转换成 Java 文件时，将"<%!"和"%>"之间声明的变量作为类的成员变量，这些变量的内存空间直到服务器关闭时才被释放。当多个用户请求一个 JSP 页面时，JSP 引擎为每个用户启动一个线程，这些线程由 JSP 引擎服务器来管理。这些线程共享 JSP 页面的成员变量，因此任何一个用户对 JSP 页面成员变量操作的结果，都会影响到其他用户。

例 3-7 一个简单的网站计数器

创建 count.jsp 页面，在该页面中编写代码来实现网站计数器。当用户访问该页面后，实现计数的 add()方法被调用，将访问次数累加，然后向用户显示当前的访问量。具体代码如下：

```
<%@ page contentType = "text/html;charset = gb2312" %>
<html>
<body bgcolor = cyan>
<font size = 4>
<%!
    int i = 0;
%>
<% i++; %>
<p>您是第<% = i%>位访问本站的用户!
</font>
</body>
</html>
```

由于成员变量的有效范围与标记符号"<%!"和"%>"所在的位置无关，因此上述 count.jsp 等价于下面的 JSP 页面：

```
<%@ page contentType = "text/html;charset = gb2312" %>
<html>
<body bgcolor = cyan>
<font size = 4>
<% i++; %>
<p>您是第<% = i%>位访问本站的用户!
<%! int i = 0; %>
</font>
</body>
</html>
```

上述代码将生成如图 3-11 所示的结果。

图 3-11 JSP 声明标识的应用

3.3.3 脚本程序

脚本程序指的是在 JSP 页面中使用"<％"和"％>"标记的一段 Java 代码，其中 Java 代码要符合 Java 语言的规范。在脚本程序中可以定义变量、调用方法以及进行各种表达式的运算，且每行语句后面要加入分号。在脚本程序中定义的变量在当前的整个页面内都有效，但不会被其他线程共享，当前用户对该变量的操作不会影响其他用户；当变量所在的页面关闭后会被释放。

在下面的例子中，通过 synchronized 修饰的方法操作一个成员变量来实现一个简单的计数器。

例 3-8 脚本程序的应用

创建 3-8.jsp 页面，通过 synchronized 修饰的方法操作一个成员变量来实现一个简单的计数器。具体代码如下：

```jsp
<%@ page contentType = "text/html;charset = gb2312" %>
<html><body>
<%!
    int count = 0;                          //被用户共享的 count
    //synchronized 修饰的方法
    synchronized void setCount(){
        count ++;
    }
%>
<%
    //调用实现访问次数累加的方法
    setCount ();
    out.println("您是第" + count + "位访问本站的用户");
%>
</body>
</html>
```

实训 8　灵活使用 JSP 脚本等元素进行 JSP 编程

该实训内容是使用 JSP 脚本等元素实现输入的 E-mail 地址格式的正确性验证。在

图 3-12 中的文本框中输入 E-mail 地址,单击"送出"按钮,由 JSP 脚本代码进行地址格式的有效性验证。如果其中包括@,进一步检查地址中是否包含空格,如果不包含则提示输入的格式正确,并显示相应的 E-mail 地址;如果包含@或空格字符,则提示输入的格式不正确,具体参见图 3-13～图 3-15。

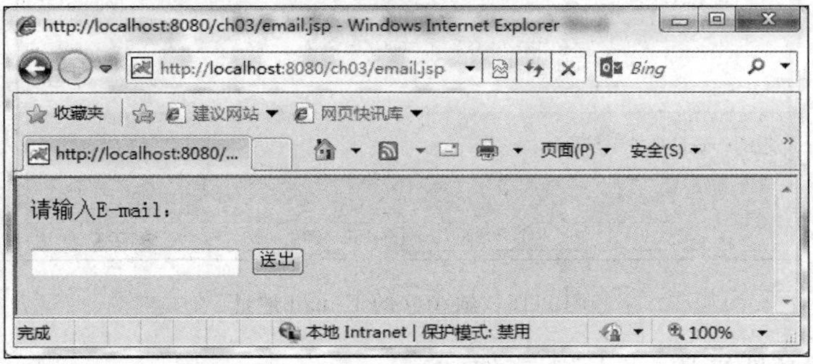

图 3-12 输入 E-mail 地址

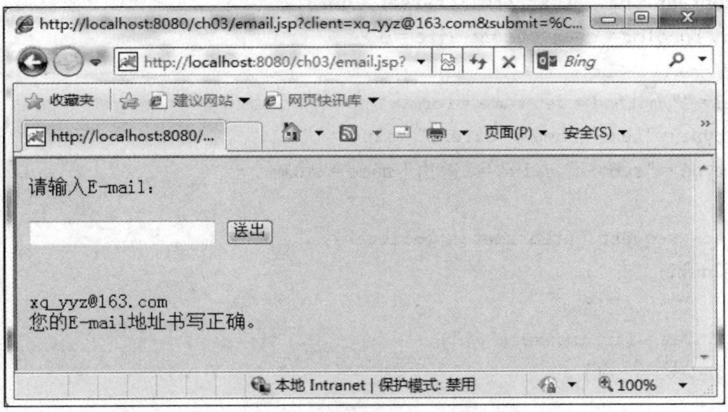

图 3-13 正确的 E-mail 地址

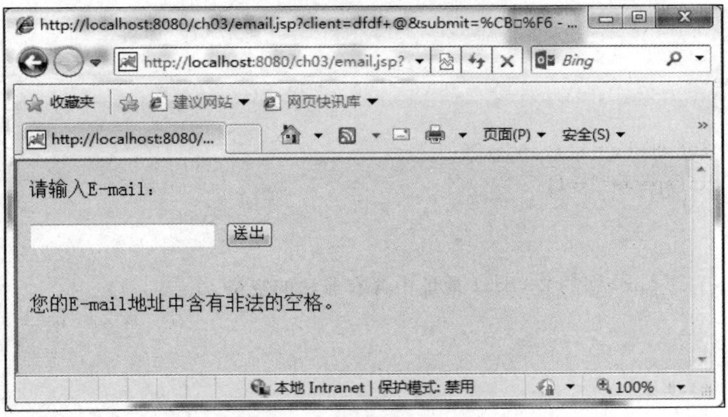

图 3-14 非法有空格的 E-mail 地址

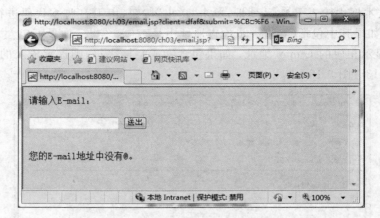

图 3-15　缺少@的 E-mail 地址

具体代码请参见如下 email.jsp 文件。

```jsp
<%@ page contentType="text/html;charset=gb2312" %>
<html><body bgcolor=cyan><font size=3>
<p>请输入 E-mail:<br>
<form action="" method=get name=form>
    <input type="text" name="client" value="">
    <input type="submit" value="送出" name=submit>
</form>
<% String str = request.getParameter("client");
    if(str!=null)
    {
        int index = str.indexOf("@");
        if(index == -1)
        {
%>
            <br>您的 E-mail 地址中没有@。
<%
        }
        else
        {
            int space = str.indexOf(" ");
            if(space!=-1)
            {
%>
                <br>您的 E-mail 地址中含有非法的空格。
<%
            }
            else
            {
                int start = str.indexOf("@");
                int end = str.lastIndexOf("@");
```

```
                    if(start!= end)
                    {
%>
                        <br>E-mail 中有两个以上的符号：@。
<%
                    }
                    else
                    {
                        out.print("<br>" + str);
%>
                        <br>您的 E-mail 地址书写正确。
<%
                    }
                }
            }
%>
        </font>
    </body>
</html>
```

3.4 JSP 的指令标识

JSP 中的指令元素，用于提供与整个 JSP 网页相关的信息和设置 JSP 页面的相关属性。指令标识是由服务器解释并执行的，通过指令标识可以使服务器按照指令的设置来执行相应的动作。在一个指令中可以设置多个属性，这些属性的设置可以影响到整个页面。

JSP 指令元素包括 3 种，分别是 page 指令、include 指令、taglib 指令。

指令通常以"<%@"标记开始，以"%>"标记结束，指令的通用格式如下：

<%@ 指令类型 属性1="属性值1" 属性2="属性值2" … %>

3.4.1 page 指令

page 指令也即页面指令，用于定义整个 JSP 页面中的全局属性及其值，其使用格式如下：

<%@ page attribute1="属性值1" attribute2="属性值2" … %>

属性值需用单引号或双引号括起来。例如：

<%@ page contentType="text/html;charset=gb2312" import="java.util.*" %>

page 指令可以放在 JSP 页面中的任意行，但是为了程序代码的可读性，习惯上将其放在文件的开始部分。page 指令具有多种属性，通过对这些属性的设置可以影响到当前的 JSP 页面。具体的属性及说明如表 3-1 所示。

表 3-1 page 指令属性及说明

属　性	说　明
language	指定 JSP 使用的脚本语言,默认为 Java
import	定义 JSP 页面可以使用哪些 API。如果是多个,则使用逗号隔开。JSP 自动包含以下几个包:java.lang.*、java.servlet.*、java.servlet.jsp.*、java.servlet.http.*
pageEncoding	指定 JSP 页面的编码方式,默认情况下为 ISO 8859-1。若在页面上显示中文,则必须修改为 gb2312 或 gbk
contentType	设置 MIME 类型和字符集,格式为<%@ page contentType="MIME,charset=字符集"。默认情况下 MIME 类型为 text/html,字符集为 ISO 8859-1,若需要显示中文,则必须设置为 gb2312 或 gbk
session	设置用户是否需要 HTTP Session,其取值有 true 和 false,默认情况下为 true。true 为使用 Session 对象,false 则不能使用 Session 对象
IsELIgnored	有两个取值,分别是 true 和 false。true 代表忽略 JSP 2.0 表达式语言(EL),false 代表正常的求值,默认为 false
buffer	该属性是指定输出变量使用的缓冲区大小,取值有 none 和 nkb,默认值为 8KB
autoFlush	若该属性为 true,则说明用于控制缓冲区充满之后,应该自动清空输出缓冲区;若为 false,则说明缓冲区溢出后抛出异常
info	用于定义一个可以在 Servlet 中通过 getServletInfo()方法获得的字符串
errorPage	指定一个 JSP 页面,让此页面来处理当前页中抛出但未被捕获的任何异常
isErrorPage	表示当前页是否可以作为其他 JSP 页面的错误页面
isThreadPage	有两个取值,默认为 true,表示由 JSP 生成的 Servlet 是允许并行访问的,false 则表示同一时间不允许多个请求访问单个 Servlet 实例
extends	指定 JSP 页面所生成的 Servlet 的超类

page 指令中除了 import 属性外,其他属性只能在指令中出现一次。

例 3-9　在 JSP 页面中显示中文,并显示当前的时间

编写 time.jsp 文件,具体代码如下:

```jsp
<%@ page contentType = "text/html;charset = gb2312" %>
<%@ page import = "java.util.*,java.text.*" %>
<html>
<body>
<%
    SimpleDateFormat format = new SimpleDateFormat("yyyy-mm-dd HH:mm:ss");
%>
<h3>
    当前时间是:<% = format.format(new Date()) %>
</h3>
</body>
</html>
```

例 3-9 中使用 contentType 属性指定当前页的类型和字符集,其中 text/html 指定该页面的 MIME 类型,charset=gb2312 指定本页的字符集为 gb2312,用于显示中文字符。使用 import 属性导入 Java 类需要的包,使用 Java 脚本显示当前时间。

3.4.2　include 指令

如果需要在 JSP 页面内某处整体嵌入一个文件，就可以考虑使用这个指令。该指令的使用格式如下：

`<%@ include file = "文件的绝对路径或相对路径" %>`

该指令的作用是在 JSP 页面出现该指令的位置处，静态插入一个文件。被插入的文件必须是可访问和可使用的，如果该文件和当前 JSP 页面在同一 Web 服务目录中，那么文件的 URL 就是文件的名字；如果该文件在 JSP 页面所在的 Web 服务目录的一个子目录中，如 fileDir 子目录中，那么文件的 URL 就是 fileDir/文件的名字。所谓静态插入，就是指当前 JSP 页面和插入的文件合并为一个新的 JSP 页面，然后 JSP 引擎再将这个新的 JSP 页面转译成 Java 文件。因此，插入文件后，必须保证新合并成的 JSP 页面符合 JSP 语法规则，即能够成为一个 JSP 页面文件。如 JSP 页面 A.jsp 已经使用 page 指令为 contentType 属性设置的值为：

`<%@ page contentType = "text/html; charset = gb2312" %>`

如果 A.jsp 使用 include 指令插入一个 JSP 页面 B.jsp，则 B.jsp 页面使用 page 指令为 contentType 属性设置的值为：

`<%@ page contentType = "application/msword" %>`

那么，合并后的 JSP 页面就两次使用 page 指令为 contentType 属性设置了不同的属性值，导致出现语法错误，因为 JSP 页面中的 page 指令只能为 contentType 指定一个值。

例 3-10　在 JSP 页面中插入一个静态网页

编写 static_1.jsp 文件的内容如下：

```
<%@ page contentType = "text/html;charset = gb2312" %>
<html>
<body bgcolor = cyan>
    <h3><%@ include file = "static_2.jsp" %></h3>
</body>
</html>
```

static_2.jsp 文件的内容如下：

```
<%@ page contentType = "text/html;charset = gb2312" %>
<html>
<body>
    <h3>你们好,很高兴认识你们!</h3>
</body>
</html>
```

static_1.jsp 和 static_2.jsp 保存在同一 Web 服务目录中。运行结果如图 3-16 所示。

图 3-16 JSP 页面中插入静态网页

3.4.3 taglib 指令

在 JSP 页面中，可以直接使用 JSP 提供的一些动作元素标识来完成特定功能，如使用<jsp:include>包含一个文件。通过使用 taglib 指令，开发者就可以在页面中使用这些基本标识或自定义的标识来完成特殊的功能。

taglib 指令的使用格式如下：

<%@ taglib uri = "tagURI" prefix = "tagPrefix" %>

uri 属性：指定了标签描述符，该描述符是一个对标签描述文件(*.tld)的映射。在 tld 标签描述文件中定义了该标签库中的各个标签名称，并为每个标签指定一个标签处理类。

prefix 属性：指定一个在页面中使用由 uri 属性指定的标签库的前缀。前缀不能命名为 jsp、jspx、java、javax、sun、servlet 和 sunw。

开发者可通过前缀来引用标签库中的标签。以下为一个简单的使用 JSTL 的代码：

<%@ taglib uri = http://java.sun.com/jsp/jstl/core prefix = "c" %>
<c:set var = "name" value = "hello" />

上述代码通过<c:set>标签将 hello 值赋给了变量 name。

实训 9　通过 include 指令实现网页模板

假设有两个 JSP 页面都需要使用如图 3-17 所示的网页模板进行布局。

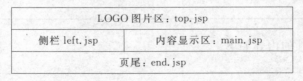

图 3-17　网页模板布局

其中，这两个页面中的 LOGO 图片区、侧栏和页尾的内容都不会发生变化。如果通过基本 JSP 语句来编写这两个页面，会导致编写的 JSP 文件出现大量的冗余代码，不仅减慢了开发进程，而且会给程序的维护带来很大的困难。

为了降低代码的冗余，可以将这个复杂的页面分成若干个独立的部分，将相同的部分在单独的 JSP 文件中进行编写。这样在多个页面中应用上述的页面模板时就可以通过

include 指令在相应的位置上引入这些文件,从而只需对内容显示区进行编码即可。类似的页面代码如下:

```
<%@ page contentType = "text/html;charset = gb2312" %>
    <table>
        <tr><td colspan = "2"><%@ include file = "top.jsp" %></td></tr>
        <tr>
            <td><%@ include file = "side.jsp" %></td>
            <td>在这里对内容显示区进行编码</td>
        </tr>
    </table>
```

3.5 JSP 的动作标识

在 JSP 中提供了一系列的使用 XML 语法写成的动作标识,这些标识可用来实现特殊的功能,例如可以重定向页面、包含页面,使用 JavaBean、applet 小程序,并且可以使用<jsp:param>传递参数。

动作标识是在请求处理阶段按照在页面中出现的顺序被执行的,只有它们被执行的时候才会去实现自己所具有的功能。这与指令标识是不同的,因为在 JSP 页面被执行时首先进入转译阶段,程序会先查找页面中的指令标识并将它们转换为 Servlet,所以这些指令标识会首先被执行,从而设置了整个 JSP 页面。

动作标识通用的格式如下:

<动作标识名称 属性 1 = "属性值 1" 属性 2 = "属性值 2" … />

或

<动作标识名称 属性 1 = "属性值 1" 属性 2 = "属性值 2" …>
    <子动作属性 1 = "属性值 1" 属性 2 = "属性值 2" … />
</动作标识名称>

下面针对具体的动作标识逐一介绍它们的使用。

3.5.1 <jsp:include>

JSP 有两种包含方式,分别是 include 指令和<jsp:include>动作标识。include 指令只包含静态页面,而<jsp:include>动作标识用于包含静态页面和动态页面。include 指令是把页面当作静态对象,在转换的时候把页面包含进来,而<jsp:include>动作标识把页面当作动态对象,当页面运行的时候进行包含。该标识的使用格式如下:

<jsp:include page = "被包含文件的路径" flush = "true|false" />

或者向被包含的动态页面中传递参数:

<jsp:include page = "被包含文件的路径" flush = "true|false">
    <jsp:param name = "参数名称" value = "参数值" />
</jsp:include>

page 属性:指定了被包含文件的路径,其值可以是一个代表了相对路径的表达式。如果路径以"/"开头,则按照当前应用的路径查找这个文件;如果路径以文件名或目录名称开头,那么将按照当前的路径来查找被包含的文件。

flush 属性:表示当输出缓冲区满时,是否清空缓冲区。该属性值为 boolean 型,默认值为 false,通常情况下设为 true。

<jsp:param>子标识可以向被包含的动态页面中传递参数。

<jsp:include>动作标识对包含的动态文件和静态文件的处理方式是不同的。如果被包含的是静态文件,则页面执行后,在使用了该标识的位置处将会输出这个文件的内容。如果<jsp:include>动作标识包含的是一个动态文件,则 JSP 编译器将编译并执行这个文件。不能通过文件的名称来判断该文件是静态的还是动态的,<jsp:include>动作标识会识别出文件的类型。

<jsp:include>动作标识与 include 指令都可用来包含文件,下面将具体介绍它们之间的差异。

1. 属性

include 指令通过 file 属性来指定被包含的页面,include 指令将 file 属性值看作一个实际存在的文件的路径,所以该属性不支持任何表达式。若在 file 属性值中应用 JSP 表达式,则会抛出异常,如下面的代码:

```
<% String path = "login.jsp"; %>
<%@ include file = "<% = path %>" %>
```

该用法将抛出下面的异常:

```
File "/<% = path %>" not found
```

<jsp:include>动作标识通过 page 属性来指定被包含的页面,该属性支持 JSP 表达式。

2. 处理方法

使用 include 指令被包含的文件内容会原封不动地插入到包含页中使用该指令的位置,然后 JSP 编译器再对这个合成的文件进行编译。所以在一个 JSP 页面中使用 include 指令来包含另外一个 JSP 页面,最终编译后的文件只有一个。

使用<jsp:include>动作标识包含文件时,当该标识被执行时,程序会将请求转发到被包含的页面,并将执行结果输出到浏览器中,然后返回包含页面,继续执行后面的代码。因为服务器执行的是两个文件,所以 JSP 编译器会分别对这两个文件进行编译。

3. 包含方式

使用 include 指令包含文件,最终服务器执行的是将两个文件合成后由 JSP 编译器编译成的一个 class 文件,所以被包含文件的内容应是固定不变的,若改变了被包含的文件,则主文件的代码就发生了改变,因此服务器会重新编译主文件。include 指令的这种包含过程称为静态包含。

使用<jsp:include>动作标识通常是包含那些经常需要改动的文件。此时服务器执行的是两个文件,被包含文件的改动不会影响到主文件,因此服务器不会对主文件重新编译,而只需要重新编译被包含的文件即可。而对被包含文件的编译是在执行时才进行的,也就是说,只有当<jsp:include>动作标识被执行时,使用该标识包含的目标文件才会被编译,否则被包含的文件不会被编译,所以这种包含过程称为动态包含。

4. 对被包含文件的约定

使用 include 指令包含文件时,对被包含文件有约定。如约定两个文件 page 指令的 contentType 属性的两个值应该相同,否则抛出异常。使用<jsp:include>动作标识时,就无须遵循这样的约定。

3.5.2 <jsp:forward>

<jsp:forward>动作标识用来将请求转发到另外一个 JSP、HTML 或相关的资源文件中。当该标识被执行后,将不再执行当前页面,而是去执行该标识指定的目标页面。

该标识使用的格式如下:

<jsp:forward page = "文件路径|表示路径的表达式" />

如果转发的目标是一个动态文件,还可以向该文件中传递参数,使用格式如下:

```
<jsp:forward page = "文件路径|表示路径的表达式">
    <jsp:param name = "参数名 1" value = "值 1" />
    <jsp:param name = "参数名 2" value = "值 2" />
</jsp:forward>
```

page 属性:指定了目标文件的路径。如果该值是以"/"开头,表示在当前应用的根目录下查找文件,否则就在当前路径下查找目标文件。请求被转发到的目标文件必须是内部的资源,即当前应用中的资源。

若当前应用为 App1,在根目录下的 index.jsp 页面中存在下面的代码用来将请求转发到应用 App2 中的 login.jsp 页面:

<jsp:forward page = http://localhost:8080/App2/login.jsp />

那么将出现下面的错误提示:

The requested resource(/http://localhost:8080/App2/login.jsp) is not available

因为 index.jsp 页面在应用 App1 的根目录下,当 forward 标识被执行时,会在该目录下查找 page 属性指定的目标文件,所以会提示资源不存在的信息。

<jsp:param>子标识用来向动态的目标文件中传递参数。

3.5.3 <jsp:useBean>

通过应用<jsp:useBean>动作标识可以在 JSP 页面中创建一个 Bean 实例,并且通过属性的设置可以将该实例存储到 JSP 中的指定范围内。如果在指定的范围内已经存在了指定的 Bean 实例,那么将使用这个实例,而不会重新创建。通过<jsp:useBean>动作标识创建的 Bean 实例可以在 Scriptlet 中应用。

该标识的使用格式如下：

```
<jsp:useBean
    id="变量名"
    scope="page|request|session|application"
    {
        class="package.className"|
        type="数据类型"|
        class="package.className" type="数据类型"|
        beanName="package.className" type="数据类型"
    }
/>
<jsp:setProperty name="变量名" property="*" />
```

也可以在标识体内嵌入子标识或其他内容：

```
<jsp:useBean id="变量名" scope="page|request|session|application" …>
    <jsp:setProperty name="变量名" property="*" />
</jsp:useBean>
```

<jsp:useBean>动作标识的属性及说明如表 3-2 所示。

表 3-2 <jsp:useBean>动作标识的属性及说明

属 性	说 明
id	定义一个变量名，程序中将使用该变量名对所创建的 Bean 实例进行引用
type	指定了 id 属性所定义变量的类型
scope	定位 Bean 实例的范围，默认值为 page，其他可选值为 request、session 和 application
class	指定一个完整的类名，与 beanName 属性不能同时存在，若没有设置 type 属性，那么必须设置 class 属性
beanName	指定一个完整的类名，与 class 属性不能同时存在，设置该属性时必须设置 type 属性，其属性值可以是一个表示完整类名的表达式

下面对表 3-2 中属性的用法进行详细的介绍。

1．id 属性

该属性指定一个变量，在所定义的范围内或 Scriptlet 中将使用该变量来对所创建的 Bean 实例进行引用。该变量必须符合 Java 中变量的命名规则。

2．type 属性

type 属性用于设置由 id 属性指定的变量的类型。type 属性可以指定要创建实例的类的本身、类的父类或者是一个接口。

使用 type 属性来设置变量类型的使用格式如下：

```
<jsp:useBean id="us" type="com.Bean.UserInfo" scope="session" />
```

如果在 session 范围内，已经存在了名为 us 的实例，则将该实例转换为 type 属性指定的 UserInfo 类型（必须是合法的类型转换）并赋值给 id 属性指定的变量；若指定的实例不存在，则将抛出 bean us not found within scope 异常。

3. scope 属性

该属性指定了所创建 Bean 实例的存取范围，省略该属性时的值为 page。<jsp：useBean>动作标识被执行时，首先会在 scope 属性指定的范围内查找指定的 Bean 实例，如果该实例已经存在，则引用这个 Bean，否则重新创建，并将其存储在 scope 属性指定的范围内。scope 属性具有的可选值如下。

page：指定了所创建的 Bean 实例只能够在当前的 JSP 文件中使用，包括在通过 include 指令静态包含的页面中有效。

request：指定了所创建的 Bean 实例可以在请求范围内进行存取。在请求被转发到的目标页面中可通过 request 对象的 getArribute("id 属性值")方法获取创建的 Bean 实例。一个请求的生命周期是从客户端向服务器端发出一个请求，到服务器响应请求并将结果传送给用户后结束，所以请求结束后，存储在其中的 Bean 实例也就失效了。

session：指定了所创建的 Bean 实例的有效范围为 session。session 是用户访问 Web 应用时服务器为用户创建的一个对象，服务器通过 session 的 id 值来区分其他的用户。针对某一个用户而言，在该范围中的对象可被多个页面共享。

application：该值指定了所创建的 Bean 实例的有效范围从服务器启动开始，到服务器关闭结束。application 对象是在服务器启动时创建的，它被多个用户共享。所以访问该 application 对象的所有用户共享存储于该对象中的 Bean 实例。

4. class 属性

1）class="package.className"

class 属性指定了一个完整的类名，其中 package 表示类名包的名字，className 表示类的 class 文件名称。通过 class 属性指定的类不能是抽象的，它必须具有公共的、没有参数的构造方法。在没有设置 type 属性时，必须设置 class 属性。

使用 class 属性定位一个类的使用格式如下：

<jsp:useBean id="us" class="com.Bean.UserInfo" scope="session" />

程序首先会在 session 范围中查找是否存在名为"us"的 UserInfo 类的实例，如果不存在，那么会通过 new 操作符实例化 UserInfo 类来获取一个实例，并以"us"为实例名称存储到 session 范围内。

2）class="package.className" type="数据类型"

class 属性与 type 属性可以指定同一个类，在<jsp:useBean>动作标识中 class 属性和 type 属性一起使用时的格式如下：

<jsp:useBean id="us" class="com.Bean.UserInfo" type="com.Bean.UserBase" scope="session" />

这里假设 UserBase 类为 UserInfo 类的父类。该标识被执行时，程序首先创建了一个以 type 属性的值为类型、以 id 属性值为名称的变量 us，并赋值为 null；然后在 session 范围内来查找这个名为"us"的 Bean 实例，如果存在，则将其转换为 type 属性指定的 UserBase

类型并赋值给变量 us；如果实例不存在,那么将通过 new 操作符来实例化一个 UserInfo 类的实例并赋值给变量 us,最后将 us 变量存储在 session 范围内。

5．beanName＝"package.className" type＝"数据类型"

beanName 属性与 type 属性可以指定同一个类,在<jsp:useBean>动作标识中 class 属性与 type 属性一起使用的格式如下：

<jsp:useBean id＝"ib" beanName＝"com.Bean.UserInfo" type＝"com.Bean.UserBase" />

这里也假设 UserBase 类为 UserInfo 类的父类。该标识被执行时,程序首先创建了一个以 type 属性的值为类型、以 id 属性值为名称的变量 ib,并赋值为 null；然后在 session 范围内来查找这个名为"ib"的 Bean 实例,如果存在,则将其转换为 type 属性指定的 UserBase 类型并赋值给变量 ib；如果不存在,那么将通过 instantiate()方法从 UserInfo 类中实例化一个类,并将其转换为 UserBase 类型后赋值给变量 ib,最后将 ib 变量存储在 session 范围内。

3.5.4 <jsp:setProperty>

<jsp:setProperty>和<jsp:useBean>是联系在一起的,同时它们使用的 Bean 实例的名字也应当匹配,即在<jsp:setProperty>中的 name 的值应和<jsp:useBean>中 id 的值相同。<jsp:setProperty>使用 Bean 给定的 setXXX()方法,在 Bean 中设置一个或多个属性值。利用<jsp:setProperty>来设置属性值有以下几种方法。

(1) 通过用户输入的所有值来匹配 Bean 中的属性。
(2) 通过用户输入的指定的值来匹配 Bean 中指定的属性。
(3) 在运行时使用一个表达式来匹配 Bean 的属性。

该标识的使用格式如下：

```
<jsp:setProperty   name＝"beanName"
    {
    property＝"*"|
    property＝"propertyName"|
    property＝"propertyName" param＝"parameterName"|
    property＝"propertyName" value＝"propertyValue"
    }
/>
```

<jsp:setProperty>动作标识的属性及说明如表 3-3 所示。

表 3-3 <jsp:setProperty>动作标识的属性及说明

属性	说明
name	该属性是必须存在的属性,用来指定一个 Bean 实例
property	该属性是必须存在的属性,可选值为 * 或指定 Bean 中的属性。这个属性表明了想设置的属性值,但有一个特殊情况, * 表示与 Bean 的 name 属性相匹配的所有请求参量名的属性都会传给适当的设置方法

续表

属性	说明
param	该属性用于指定请求中的参数,这个可选属性规定了属性的具体值。不能同时应用 value 和 param 两个属性,但允许两个同时不用,有关具体的 param 请看后文的介绍
value	该属性用来指定一个值,这个可选属性指明了此请求参量引自哪个属性,如果当前请求没有此参量,就什么也不做:系统不会把 null 值传给属性的设置方法。因此,可以让 Bean 提供默认值,而在请求参量有值的情况下覆盖即可。如果忽略 param 及 value 两个属性,就相当于提供了一个与属性名相匹配的参量名

下面对表 3-3 中属性的用法进行详细介绍。

1. name 属性

name 属性值是其属性将被设置的 Bean 实例的名称。jsp:useBean 必须出现在 jsp:setProperty 之前,否则将抛出一个异常。

2. property = " * "

在 Bean 中,属性的名字、类型必须和 request 对象中的参数名称、类型相一致。该属性用来存储用户在 JSP 中输入的所有值,用于匹配 Bean 中的属性。

从客户端传到服务器上的参数值一般都是字符类型,这些字符串为了能够在 Bean 中匹配就必须转换成其他的类型,表 3-4 列出了 Bean 属性的类型及其转换方法。

表 3-4 Bean 属性的类型及其转换方法

类型	转换方法
boolean	java.lang.Boolean.valueOf(String).booleanValue()
Boolean	java.lang.Boolean.valueOf(String)
byte	java.lang.Byte.valueOf(String).byteValue()
Byte	java.lang.Byte.valueOf(String)
double	java.lang.Double.valueOf(String).doubleValue()
Double	java.lang.Double.valueOf(String)
int	java.lang.Integer.valueOf(String).intValue()
Integer	java.lang.Integer.valueOf(String)
float	java.lang.Float.valueOf(String).floatValue()
Float	java.lang.Float.valueOf(String)
long	java.lang.Long.valueOf(String).longValue()
Long	java.lang.Long.valueOf(String)

如果 request 对象的参数值中有空值,那么对应的 Bean 属性将不会设置任何值。同样,如果 Bean 中有一个属性没有与之对应的 request 参数值,那么这个属性同样也不会设置。

如果使用了 property=" * ",那么 Bean 的属性没有必要按 HTML 表单中的顺序排序。

3. property = "propertyName"

上面使用 request 中的一个参数值来指定 Bean 中的一个属性值。在这个语法中指定

Bean 的属性名,而且 Bean 属性和 request 参数的名字应相同,否则需要用另一种语法,即指定 param。

如果 request 对象的参数值中有空值,那么对应的 Bean 属性将不会设定任何值。

4. property = "propertyName" param = "parameterName"

property 属性在前面已经描述,这里只重点讲述 param。

param 指定 request 中的参数名。其中需要注意的是,当 Bean 属性和 request 参数的名字不同时,就必须指定 property 和 param。如果它们同名,那么只需要指定 property 即可。

如果 param 属性指定参数值中有空值,那么由 property 属性指定的 Bean 属性会保留原来或默认的值而不会被赋为 null 值。

5. property = "propertyName" value = "propertyValue"

value 是一个可选属性,使用指定的值来设定 Bean 属性。这个值可以是字符串,也可以是表达式。如果是字符串,则字符串的值通过相应的对象或包的标准的 valueOf() 方法将自动地转换为 Bean 属性的类型。

如果是一个表达式,那么它的类型就必须和它将要设定的属性值的类型一致。如果参数值为空,那么对应的属性值也不会被设定。

注意:不能在一个<jsp:setProperty>动作标识中同时使用 param 和 value。

3.5.5 <jsp:getProperty>

<jsp:getProperty>动作标识获取 Bean 的属性值并将其转换为一个字符串,然后将其插入到输出的页面中。该 Bean 必须具有 getXXX() 方法。

<jsp:getProperty>动作标识的使用格式如下:

<jsp:getProperty name = "BeanName" property = "propertyName" />

需要注意的是,在使用<<jsp:getProperty>之前,必须用<jsp:useBean>创建它。

<jsp:getProperty>动作标识有如下限制。

- 不能使用<jsp:getProperty>来检索一个已经被索引了的属性。
- 能够和 JavaBeans 组件一起使用<jsp:getProperty>,但是不能和 Enterprise Java Bean 一起使用。

1. name 属性

这是一个必选属性。其值为 Bean 的名字,在这之前是用 jsp:useBean 引入的名称。

2. property = "propertyName"

这是一个必选属性。其值为所指定的 Bean 的属性名。
例如:

<jsp:useBean id = "user" scope = "session" class = "company.user" />
    <jsp:getProperty name = "user" property = "propertyName" />

3.5.6 <jsp:fallback>

<jsp:fallback>是<jsp:plugin>的子标识,当使用<jsp:plugin>动作标识加载 Java 小程序或 JavaBean 失败时,可通过<jsp:fallback>动作标识向用户输出提示信息。该标识的使用格式如下:

```
<jsp:plugin type = "applet" code = "com.source.MyApplet.class" codebase = ".">
    …
    <jsp:fallback>加载 Java Applet 小程序失败!</jsp:fallback>
    …
</jsp:plugin>
```

3.5.7 <jsp:plugin>

使用<jsp:plugin>动作标识可以在页面中插入 Java Applet 小程序或 JavaBean,它们能够在客户端运行。该动作标识会根据客户端浏览器的版本转换成<object>或<embed> HTML 元素。

该动作标识的使用格式如下:

```
<jsp:plugin
    type = "bean | applet"
    code = "classFileName"
    codebase = "classFileDirectoryName"
    [name = "instanceName"]
    [archive = "URIToArchive, …"]
    [align = "bottom | top | middle | left | right"]
    [height = "displayPixels"]
    [width = "displayPixels"]
    [hspace = "leftRightPixels"]
    [vspace = "topBottomPixels"]
    [jreversion = "JREVersionNumber | 1.1"]
    [nspluginurl = "URLToPlugin"]
    [iepluginurl = "URLToPlugin"]>
    [<jsp:params>
    <jsp:param name = "parameterName" value = "{parameterValue |<% = expression %>}" />
    </jsp:params>]
    [<jsp:fallback> text message for user </jsp:fallbaclc>]
</jsp:plugin>
```

<jsp:plugin>动作标识的属性和说明如表 3-5 所示。

表 3-5 <jsp:plugin>动作标识的属性和说明

属 性	说 明
type	该属性指定了所要加载的插件对象的类型,可选值为 bean 和 applet
code	指定了要加载的 Java 类文件的名称
codebase	默认值为当前访问的 JSP 页面的路径

续表

属　性	说　　明
name	指定了加载的 Applet 或 Bean 的名称
archive	指定预先加载的存档文件的路径,多个路径可用逗号分隔
align	加载的插件对象在页面中显示的对齐方式
height 和 width	加载的插件对象在页面中显示时的高度和宽度,单位为像素
hspace 和 vspace	加载的插件对象在屏幕或单元格中所留出的空间大小
jreversion	在浏览器中执行插件对象时所需的 Java Runtime Environment 版本,默认值为 1.1
nspluginurl 和 iepluginurl	分别指定了 Netspace Navigator 用户和 Internet Explorer(IE)用户能够使用的 JRE 的下载地址
<jsp:params>	用来向 Applet 或 Bean 中传递参数
<jsp:fallback>	加载 Java 类文件失败时,用来显示给用户的提示信息

下面对表 3-5 中重要属性的用法进行详细的介绍。

1. type = "bean | applet"

该属性指明将被执行的插件对象的类型。必须在 Bean 或 Applet 中指定一个,因为这个属性没有默认值。

2. code = "classFileName"

该属性指明插件将执行的 Java 类文件的名称。在名称中必须包含扩展名,且此文件必须在用 codebase 属性指明的目录下。

3. codebase = "classFileDirectoryName"

该属性包含插件将运行的 Java 类的目录或指向这个目录的路径,默认为此 JSP 文件的路径。

4. name = "instanceName"

该属性表示 Bean 或 Applet 的实例的名称。使得被同一个 JSP 文件调用的 Bean 或 Applet 之间的通信成为可能。

5. archive = "URIToArchive,…"

该属性中以逗号分隔路径名列表,路径名是那些用以 codebase 指定的目录下的类装载器预装载的存档文件所在的路径名。

6. align = "bottom | top | middle | left | right"

该属性表示图形、对象、Applet 的位置,其值为 bottom、top、middle、left、right。

7. height = "displayPixels" width = "displayPixels"

该属性表示 Applet 或 Bean 将要显示的长宽的值,此值为数字,单位为像素。

8．hspace＝"leftRightPixels" vspace＝"topBottomPixels"

该属性表示 Applet 或 Bean 显示时在屏幕左右、上下需要留下的空间大小，单位为像素。

9．jreversion＝"JREVersionNumber｜1.1"

该属性表示 Applet 或 Bean 运行所需要的 Java Runtime Environment（JRE）的版本。默认值是 1.1。

10．nspluginurl＝"URLToPlugin"

该属性表示 Netscape Navigator 用户能够使用的 JRE 的下载地址，此值为一个标准的 URL，如 http://www.sun.com。

11．iepluginurl＝"URLToPlugin"

该属性表示 Internet Explorer 用户能够使用的 JRE 的下载地址，此值为一个标准的 URL，如 http://www.sun.com。

12．＜jsp：params＞

该属性表示需要向 Applet 或 Bean 传送的参数或参数值。相关代码如下：

```
＜jsp:params＞
    ＜jsp:param name＝"parameterName" value＝"{parameterValue |＜％＝expression％＞}" /＞
＜/jsp:params＞
```

13．＜jsp：fallback＞

用于 Java 插件不能启动时显示给用户的一段文字，如果插件能够启动而 Applet 或 Bean 不能，那么浏览器会有一个出错信息弹出。

实训 10　动作标识综合应用

【实训目的】

（1）熟练使用各种动作标识。

（2）掌握在 JSP 页面中使用 include 标记动态加载文件，使用 forward 实现页面的转向。

【实训要求】

编写 3 个 JSP 页面：giveFileName.jsp、readFile.jsp 和 error.jsp。

（1）giveFileName.jsp 页面使用＜jsp：include＞动作标识动态加载 readFile.jsp 页面，并将一个文件的名字如 as.txt 传递给被加载的 readFile.jsp 页面。

（2）readFile.jsp 负责根据 giveFileName.jsp 页面传递过来的文件名字进行文件的读取操作，如果该文件不存在则使用＜jsp：forward＞动作标识将用户转向 error.jsp 页面。

(3) error.jsp 显示错误信息。

【实训步骤】

(1) giveFileName.jsp 代码如下：

```jsp
<%@ page contentType="text/html;charset=GB2312" %>
<HTML>
<BODY bgcolor=yellow>
    读取名字是 as.txt 的文件：
    <jsp:include page="readFile.jsp">
        <jsp:param name="file"
            value="F:/JSPShiXun/ch03/as.txt" />
    </jsp:include>
</BODY>
</HTML>
```

(2) readFile.jsp 代码如下：

```jsp
<%@ page contentType="text/html;charset=GB2312" %>
<%@ page import="java.io.*" %>
<HTML>
<BODY bgcolor=cyan>
    <P>
        <Font size=2 color=blue>This is readFile.jsp.</Font><Font size=4>
        <%
            String s = request.getParameter("file");
            File f = new File(s);
            if(f.exists()) {
                out.println("<BR>文件" + s + "的内容：");
                FileReader in = new FileReader(f);
                BufferedReader bIn = new BufferedReader(in);
                String line = null;
                while((line = bIn.readLine()) != null) {
                    out.println("<br>" + line);
                }
            } else {
        %><jsp:forward page="error.jsp">
            <jsp:param name="mess" value="File Not Found" />
        </jsp:forward><%
            }
        %>
        </FONT>
</BODY>
</HTML>
```

(3) error.jsp 代码如下：

```jsp
<%@ page contentType="text/html;charset=GB2312" %>
```

```
<HTML>
<BODY bgcolor=yellow>
    读取名字是 as.txt 的文件：
    <jsp:include page="readFile.jsp">
        <jsp:param name="file"
            value="F:/JSPShiXun/ch03/as.txt" />
    </jsp:include>
</BODY>
</HTML>
```

(4) 在 MyEclipse 中启动 Tomcat 8 运行工程，在 IE 中输入 http://localhost:8080/ch03/giveFileName.jsp，得到如图 3-18 所示的结果。

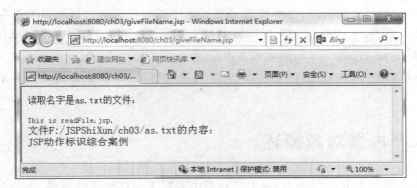

图 3-18　运行结果

3.6　小结

本章主要介绍了 JSP 语法，包括 JSP 的注释、脚本标识、指令标识和动作标识。指令标识在编译阶段就被执行，通过指令标识可以向服务器发出指令，要求服务器根据指令进行一些操作，这些操作相当于数据的初始化。动作标识时在请求处理阶段执行，也就是说，在编译阶段不实现它的功能，只有真正执行时才实现。

习题

3-1　JSP 页面的基本构成元素有哪些？简要说明每个元素的含义。

3-2　JSP 页面中有哪些注释方式？它们的语法格式是什么？

3-3　JSP 页面中的脚本标识包含哪些元素？它们的作用和语法格式是什么？

3-4　JSP 页面中主要包含哪些指令标识？试举例说明其使用方法。

第 4 章 JSP内置对象

本章主要介绍JSP内置对象。内置对象具有简化页面的作用，不需要由JSP开发人员进行实例化，由容器实现管理，在所有的JSP页面中都能使用内置对象。本章介绍JSP内置对象的基本概念，重点介绍JSP的内置对象request、response、session、application、out、pageContext、config、page、exception的基本应用。

通过本章的学习，读者应该了解JSP内置对象的概况，掌握JSP的内置对象在开发中的应用。

4.1 JSP内置对象概述

为了简化Web应用程序开发，在JSP页面中内置了一些默认的对象，这些对象不需要预先声明就可以在脚本代码和表达式中随意使用。JSP的内置对象有以下9种：request、response、session、application、out、pageContext、config、page 和 exception。

1. request

与 request 相联系的是 HttpServletRequest 类。通过 getParameter( )方法可以得到 request 的参数，通过 GET( )、POST( )、HEAD( )等方法可以得到 request 的类型，通过 cookies、Referer 等可以得到引入的 HTTP 头。

严格来说，request 是 类 javax.servlet.ServletRequest 的 一个子类，而不是 HttpServletRequest 类。

2. response

与 response 相联系的是 HttpServletResponse 类。因为输出流是放入缓冲的，所以可以设置 HTTP 状态码和 response 头。

3. session

与 session 相联系的是 HttpSession 类。session 是自动创建的，即使没有一个引入的 session，这种变量仍可绑定。

特别注意的是，如果用 page 指令关闭 session，而再试图使用 session 时将导致错误，因此不要轻易地关闭 session。

4. application

与 application 相联系的是 ServeletContext 类,通过使用 getServletConfig()、getContext() 方法得到。

application 是一个很重要的对象。一旦创建了 application 对象,application 对象将会一直保持下去,直到服务器关闭为止。

5. out

使用 PrintWriter 类来向客户端发送输出。然而,为了使 response 对象有效,可使用一个 PrintWriter 类的使用缓冲的版本 JspWriter。

使用 session 的属性 page directive,可以自己定义缓冲的大小,甚至可以在使用了 buffer 属性后关闭缓冲。

6. pageContext

这是 JSP 中的一个新的类 pageContext,pageContext 对象的主要功能是管理对属于 JSP 中特殊可见部分中已命名对象的访问。

pageContext 对象的创建与初始化,通常对 JSP 程序员是透明的,JSP 程序员可以从 JSP 中获取到用来代表 pageContext 对象的句柄,因此也可以使用 pageContext 对象的各种 API。

7. config

config 是一个 ServletConfig 类的对象。
JSP 配置处理程序的句柄,只有在 JSP 页面范围之内才是合法的。

8. page

page 在 Java 中不很常用,它仅仅是用来保存在脚本语言不是 Java 时的时间。JSP 实现类对象的一个句柄,只有在 JSP 页面的范围之内才是合法的。

当使用 Java 作为脚本编程语言时,对象名 this 也可以用来引用这个对象。

9. exception

该对象含有只能由指定的 JSP"错误处理页面"访问的异常数据,它属于 java.lang.Throwable 的子类。

4.2 request 对象

request 对象是从客户端向服务器发出请求,包括用户提交的信息以及客户端的一些信息。客户端可通过 HTML 表单或在网页地址后面提供参数的方法提交数据,然后通过 request 对象的相关方法来获取这些数据。request 的各种方法主要用来处理客户端浏览器提交的请求中的各项参数和选项。

4.2.1 访问请求参数

request 对象封装了客户端请求时客户端的表单信息,表单的内容可以由 request 对象的 getParameter()方法获得。

访问请求参数的方法如下:

```
String userName = request.getParameter("name");
```

参数 name 与 HTML 标记 name 的属性对应,如果参数值不存在,则返回一个 null 值,该方法的返回值为 String 类型。

例 4-1　访问请求参数示例

在 login.jsp 页面中通过表单向 login_deal.jsp 页面提交数据,在 login_deal.jsp 页面中获取提交的数据并输出。

(1) login.jsp 页面,在该页面中添加相关的表单及表单元素,代码如下:

```
<%@ page contentType="text/html; charset=gb2312" language="Java"
    errorPage="" %>
<html>
    <head>
        <title>用户登录</title>
    </head>
    <body>
        <form id="form1" name="form1" method="post" action="login_deal.jsp">
            用户名:
            <input name="username" type="text" id="username" />
            <br />
            <br />
            密  码:
            <input name="pwd" type="text" id="pwd" />
            <br />
            <br />
            <input type="submit" name="Submit" value="提交" />
            <input type="reset" name="Submit2" value="重置" />
        </form>
    </body>
</html>
```

(2) login_deal.jsp,在该页面中获取提交的数据,代码如下:

```
<%@ page contentType="text/html; charset=gb2312" language="Java"
    errorPage="" %>
<html>
    <head>
        <title>处理结果</title>
    </head>
    <body>
```

```
        <%
            request.setCharacterEncoding("gb2312");
            String username = request.getParameter("username");
            String pwd = request.getParameter("pwd");
            out.println("用户名为: " + username);
            out.println("密码为: " + pwd);
        %>
    </body>
</html>
```

运行程序，login.jsp 页面的运行结果如图 4-1 所示，login_deal.jsp 页面的运行结果如图 4-2 所示。

图 4-1　login.jsp 页面的运行结果

图 4-2　login_deal.jsp 页面的运行结果

4.2.2　管理属性

利用 request 对象除了可以封装表单信息外，还能使用 request 对象的 setAttribute() 方法设置相关属性的值，传递给服务器页面，服务器页面通过 getAttribute() 方法获得传递过来的属性值。

setAttribute() 方法用于存储请求时的某属性的值，getAttribute() 方法用于获得客户端请求的指定属性值，具体使用如下：

```
request.setAttribute("key", object);
```

其中,参数 key 是键,为 String 类型。在转发后的页面中获取数据时,就通过这个键。参数 object 是键值,为 Object 类型,它代表需要保存在 request 范围内的数据。

```
request.getAttribute(String name);
```

其中,参数 name 表示键名。

在页面使用 request 对象的 setAttribute("name",obj)方法,可以把数据 obj 设定在 request 范围内。请求转发后的页面使用"getAttribute("name");"就可以取得数据 obj。

例 4-2 管理属性

(1) setAttribute.jsp 页面,在该页面中通过 request 对象的 setAttribute()方法设置数据,代码如下:

```
<%@ page contentType = "text/html; charset = gb2312" language = "Java"
    errorPage = "" %>
<html>
    <head>
        <title>处理结果</title>
    </head>
    <body>
        <%
        request.setAttribute("error", "请重新检查您所输入的用户名和密码!");
        %>
        <jsp:forward page = "error.jsp" />
    </body>
</html>
```

(2) error.jsp 页面,在该页面中通过 request 对象的 getAttribute()方法获取数据,代码如下:

```
<%@ page contentType = "text/html; charset = gb2312" language = "Java"
    errorPage = "" %>
<html>
    <head>
        <title>处理结果</title>
    </head>
    <body>
        <%
        out.println("错误提示信息为: " + request.getAttribute("error"));
        %>
    </body>
</html>
```

运行程序,将显示如图 4-3 所示的运行结果。

图 4-3　管理属性运行结果

4.2.3　获取客户端 Cookie 信息

Cookie 是一种 Web 服务器通过浏览器在访问者的硬盘上存储信息的手段。它是一小段文本信息，伴随着用户请求和页面在 Web 服务器和浏览器之间传递。

Cookie 给网站和用户带来的好处非常多，具体如下。

（1）Cookie 能使站点跟踪特定访问者的访问次数、最后访问时间和访问者进入站点的路径。

（2）Cookie 能告诉在线广告商广告被单击的次数，从而可以更精确地投放广告。

（3）Cookie 有效期限未到时，Cookie 能使用户在不输入密码和用户名的情况下进入曾经浏览过的一些站点。

（4）Cookie 能帮助站点统计用户个人资料以实现各种各样的个性化服务。

在 JSP 中，可以通过 request 对象中的 getCookies()方法获取 Cookie 中的数据。获取 Cookie 的方法如下：

```
Cookie[] cookie = request.getCookies();
```

request 对象的 getCookies()方法返回的是 Cookie[]数组。

例 4-3　获取客户端 Cookie 信息文件 getCookies.jsp

```jsp
<%@ page contentType="text/html; charset=gb2312" language="Java"
    errorPage="" %>
<html>
    <head>
    </head>
    <body>
    <%
        Cookie[] cookies = request.getCookies();
        Cookie cookie_response = null;
        if(cookies != null) {
            cookie_response = cookies[0];
        }
        out.println("本次访问时间：" + new java.util.Date() + "<br>");
        if(cookie_response != null) {
            out.println("上一次访问时间：" + cookie_response.getValue());
```

```
                cookie_response.setValue(new java.util.Date().toString());
            }
            if(cookies == null) {
                cookie_response = new Cookie("AccessTime", "");
                cookie_response.setValue(new java.util.Date().toString());
                response.addCookie(cookie_response);
            }
        %>
    </body>
</html>
```

运行结果如图 4-4 所示。

图 4-4 客户端 Cookie 信息

4.2.4 获取客户信息的方法

request 对象提供了一些用来获取客户信息的方法,如表 4-1 所示。

表 4-1 获取客户信息的方法

方法	说明
getHeader(String name)	获取 HTTP 定义的文件头信息
getHeaders(String name)	返回指定名字的 request Header 的所有值,其结果是一个枚举的实例
getHeadersNames()	返回所有 request Header 的名字,其结果是一个枚举的实例
getMethod()	获取客户端向服务器端传送数据的方法
getProtocol()	获取客户端向服务器端传送数据所依据的协议名称
getRequestURI()	获取发出请求字符串的客户端地址
getRealPath()	返回当前请求文件的绝对路径
getRemoteAddr()	获取客户端的 IP 地址
getRemoteHost()	获取客户端的机器名称
getServerName()	获取服务器的名字
getServerPath()	获取客户端所请求的脚本文件的文件路径
getServerPort()	获取服务器的端口号

实训 11 使用 request 对象实现页面信息的提取

request 对象提供多种方法以获得页面信息,GetRequest.jsp 具体代码如下:

```
<%@ page contentType = "text/html; charset = gb2312" language = "Java"
errorPage = "" %>
<html>
<head>
<title>获取客户信息</title>
</head>
<body>
客户提交信息的方式:<% = request.getMethod() %>
<br>使用的协议:<% = request.getProtocol() %>
<br>获取发出请求字符串的客户端地址:<% = request.getRequestURI() %>
<br>获取提交数据的客户端 IP 地址:<% = request.getRemoteAddr() %>
<br>获取服务器端口号:<% = request.getServerPort() %>
<br>获取服务器的名称:<% = request.getServerName() %>
<br>获取客户端的机器名称:<% = request.getRemoteHost() %>
<br>获取客户端所请求的脚本文件的文件路径:<% = request.getServletPath() %>
<br>获取 HTTP 定义的文件头信息 Host 的值:<% = request.getHeader("host") %>
<br>获取 HTTP 定义的文件头信息 User-Agent 的值:<% = request.getHeader("user-agent") %>
</body>
</html>
```

4.3 response 对象

response 对象用于响应服务器端提交的信息,即把服务器端口信息发送给客户端,这些信息包括页面的跳转、设置头信息、Cookie 信息、设置传送的字体编码方式等。

response 对象是 javax.servlet.http.HttpServletResponse 接口类的对象,它封装了 JSP 产生的响应,并发送到客户端以响应客户端的请求。请求的数据可以是各种数据类型,甚至是文件。

response 对象指 Web 服务端的所有响应信息,它包括了状态行、一个或多个响应报头、一个空行和相关的文档,其中响应报头必须有 contentType。

response 提供了若干个方法来操作 HTTP 的响应头信息,其中 setHeader()方法可以设置所有的响应头信息,除了这个方法外,还提供了一些特殊的方法来操作 HTTP 响应头信息,下面分别介绍。

4.3.1 重定向网页

sendRedirect()方法用于重新定位 URL 地址。例如,将客户请求转发到 login_ok.jsp 页面的代码如下:

```
response.sendRedirect("login_ok.jsp");
```

这和 JSP 的动作元素<jsp:forward page=""/>跳转有区别,具体如表 4-2 所示。

表 4-2 JSP 两种跳转的区别

SendRedirect()	<jsp:forward page=""/>
地址栏改变跳转	地址栏不改变跳转
客户端跳转	服务器端跳转
所有代码执行完毕之后跳转	执行到跳转语句后无条件跳转,之后的代码不再执行
不能保存 request 属性	可以保存 request 属性
通过对 URL 地址的重写传递参数	通过<jsp:param name="" value=""/>传递参数

在 JSP 页面中,还可以使用 response 对象中的 sendError()方法指明一个错误状态。该方法接收一个错误以及一条可选的错误消息,该消息将在内容主体上返回给客户。例如,代码"response.sendError(500,'," 请求页面存在错误")"将客户请求重定向到一个在内容主体上包含了出错消息的出错页面。

实训 12　使用 response 对象实现重定向网页

使用 request 对象的相关方法重定向网页。

(1) 编写 login_submit.jsp 页面,在该页面中添加相关的表单及表单元素,具体代码如下:

```
<%@ page contentType="text/html; charset=gb2312" language="Java" errorPage="" %>
<html>
<head>
<title>用户登录</title>
</head>
<body>
<form id="form1" name="form1" method="post" action="login_dealsubmit.jsp">
用户名:
<input name="username" type="text" id="username"/>
<br/>
<br/>
密  码:
<input name="pwd" type="text" id="pwd"/>
<br/>
<br/>
<input type="submit" name="Submit" value="提交"/>
<input type="reset" name="Submit2" value="重置"/>
</form>
</body>
</html>
```

(2) 编写 login_dealsubmit.jsp,在该页面中获取提交的数据,并根据获取的结果是否为空重定向网页,具体代码如下:

```
<%@ page contentType="text/html; charset=gb2312" language="Java"
    errorPage="" %>
```

```
<html>
    <head>
        <title>处理结果</title>
    </head>
    <body>
        <%
            request.setCharacterEncoding("gb2312");
            String username = request.getParameter("username");
            String pwd = request.getParameter("pwd");
            if(!username.equals("") && !pwd.equals("")) {
              response.sendRedirect("login_ok.jsp");
            } else {
              response.sendError(500, "请输入登录验证信息");
            }
        %>
    </body>
</html>
```

(3) 编写 login_ok.jsp，具体代码如下：

```
<%@ page contentType="text/html; charset=gb2312" language="Java"
    errorPage="" %>
<html>
    <head>
        <title>成功登录</title>
    </head>
    <body>
        <h2>
            成功登录
    </body>
</html>
```

如果输入的用户名和密码均不为空，则将页面重定向到 login_ok.jsp，显示"登录成功"的提示信息，否则将显示如图 4-5 所示的错误页面。

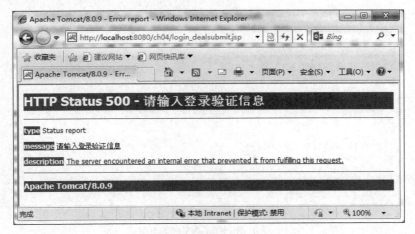

图 4-5　错误提示页面

4.3.2 设置HTTP响应报头

response对象提供了一系列设置HTTP响应报头的方法,如表4-3所示。

表4-3 response对象中设置HTTP响应报头的方法

方 法	说 明
setDateHeader(String name, long date)	使用给定的名称和日期值设置一个响应报头,如果指定的名称已经设置,则新值会覆盖旧值
setHeader(String name, String value)	使用给定的名称和值设置一个响应报头,如果指定的名称已经设置,则新值会覆盖旧值
setHeader(String name, int value)	使用给定的名称和整数值设置一个响应报头,如果指定的名称已经设置,则新值会覆盖旧值
addHeader(String name, long date)	使用给定的名称和值设置一个响应报头
addDateHeader(String name, long date)	使用给定的名称和日期值设置一个响应报头
containHeader(String name)	返回一个布尔值,它表示是否设置了已命名的响应报头
addIntHeader(String name, int value)	使用给定的名称和整数值设置一个响应报头
setContentType(String type)	为响应设置内容类型,其参数值可以为text/html、text/pain、application/x_msexcel或application/msword
setContentLength(int len)	为响应设置内容长度
setLocale(java.util.Locale loc)	为响应设置区域信息

例4-4 定时刷新文件refresh.jsp

```jsp
<%@ page contentType = "text/html; charset = gb2312" language = "Java"
    errorPage = "" %>
<%@ page import = "java.util.Date" %>
<html>
    <head>
        <title>定时刷新页面</title>
    </head>
    <body>
        <b><font color = "Black">本页用来说明response对象</font>
        </b>
        <br>
        <b>当前时间为:</b>
        <%
            response.setHeader("refresh", "10");
        %>
        <%
            out.println(new Date());
        %>
    </body>
</html>
```

运行结果如图4-6所示。该网页上的时间会定时刷新。

图 4-6　定时刷新

4.3.3　缓冲区配置

缓冲可以更加有效地在服务器与客户之间传输内容。HttpServletResponse 对象为支持 jspWriter 对象而启用了缓冲区配置。response 对象提供了配置缓冲区的方法，如表 4-4 所示。

表 4-4　response 对象提供的配置缓冲区的方法

方　法	说　明
flushBuffer()	强制把缓冲区中内容发送给客户
gettBufferSize()	返回响应所使用的实际缓冲区大小，如果没使用缓冲区，则该方法返回 0
setBufferSize(int size)	为响应的主体设置首选的缓冲区大小
isCommitted()	返回一个布尔值，表示响应是否已经提交。提交的响应已经写入状态码和报头
reset()	清除缓冲区存在的任何数据，同时清除状态码和报头

例 4-5　缓冲区配置文件 buffer.jsp

```
<%@ page contentType = "text/html; charset = gb2312" language = "Java"
errorPage = "" %>
<html><body>
<%
    out.print("缓冲区大小: " + response.getBufferSize() + "<br>");
    out.print("缓冲区内容强制提交前<br>");
    out.print("输出内容是否提交: " + response.isCommitted() + "<br>");
    response.flushBuffer();
    out.print("缓冲区内容强制提交后<br>");
    out.print("输出内容是否提交: " + response.isCommitted() + "<br>");
%>
</body>
</html>
```

运行结果如图 4-7 所示。

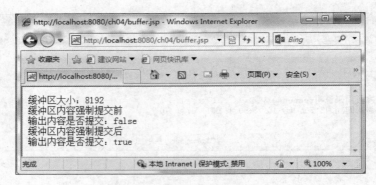

图 4-7 缓冲区配置信息

4.4 session 对象

　　session 对象是用来分别保存每一个用户信息的对象，以便跟踪用户的操作状态。session 的信息保存在服务器端，session 的 id 保存在客户机的 Cookie 中。事实上，在许多服务器上，如果浏览器支持 Cookie 则直接使用 Cookie。但是如果不支持或废除了 Cookies 就自动转化为 URL-rewriting。session 自动为每个流程都提供了方便地存储信息的方法。

　　不同的用户对应的 session 对象一般是不相同的。例如当用户登录站点时，系统就会为其建立一个与其他不相同的 session 对象，以便于区别其他用户。这个 session 对象记录该用户的个人信息，而当该用户退出网站时，该 session 对象就会随之消失。

　　session 对象的主要方法如下。

1. getAttribute(Siring name)

　　该方法获取与指定名字 name 相联系的信息。

2. getAttributeNames()

　　该方法返回 session 对象中存储的每一个属性对象，其结果为一个枚举类（Enumeration）的实例。

3. getCreationTime()

　　该方法返回 session 被创建的时间。最小单位为千分之一秒。

　　为得到一个对打印输出很有用的值，可将此值传给 Date constructor 或者 GregorianCalendar 的方法 setTimeInMillis()。

4. getId()

　　该方法返回唯一的标识，这些标识为每个 session 而产生。当只有一个单一的值与一个 session 联合时，或当日志信息与先前的 sessions 有关时，它被当作键名用。

5. GetLastAccessedTime()

该方法返回当前 session 对象最后被客户发送的时间。最小单位为千分之一秒。

6. GetMaxInactiveInterval()

该方法返回总时间(秒),负值表示 session 永远不会超时。该时间为该 session 对象的生存时间。

7. removeAttribute(String name)

该方法删除与指定名字 name 相联系的信息。

8. setAttribute(String name,java.lang.Object value)

该方法设置指定名字 name 的属性值 value,并将其存储在 session 对象中。

实训 13 使用 session 对象实现保持会话信息

调用 setAttribute()方法将数据保存在 session 中,并调用 getAttribute()方法取得数据的值。

(1)编写 index.jsp 页面,在该页面中通过 session 对象中的 setAttribute()方法保存数据,代码如下:

```
<%@ page contentType = "text/html; charset = gb2312" language = "Java" errorPage = "" %>
<%
    session.setAttribute("information","向 session 中保存数据");
    response.sendRedirect("forward.jsp");
%>
```

(2)编写 forward.jsp 页面,在该页面中,通过调用 session 对象中的 getAttribute()方法读取数据,代码如下:

```
<%@ page language = "Java" pageEncoding = "gb2312" %>
<% out.print(session.getAttribute("information")); %>
```

运行结果如图 4-8 所示。

图 4-8 保持会话信息

4.5 application 对象

application 对象用来在多个程序中保存信息,每个用户的 application 对象都是相同的,每一个用户都共用同一个 application 对象。这跟前面讲述的 session 对象是不同的。session 对象和用户会话相关,不同用户的 session 是完全不同的对象,而用户的 application 对象都是相同的一个对象,即共享这个内置的 application 对象。

服务器启动后,一旦创建了 application 对象,那么这个 application 对象将会永远保持下去,直到服务器关闭为止。

4.5.1 访问应用程序初始化参数

通过 application 对象调用的 ServletContext 对象提供了对应用程序环境属性的访问。对于将安装信息与给定的应用程序关联起来而言,这是非常有用的。例如,通过初始化信息为数据库提供了一个主机名,每一个 Servlet 程序客户和 JSP 页面都可以使用它连接到该数据库并检索应用程序数据。为了实现这个目的,Tomcat 使用了 web.xml 文件,它位于应用程序环境目录下的 WEB-INF 子目录中。

application 对象访问应用程序初始化参数的方法如表 4-5 所示。

表 4-5 application 对象访问应用程序初始化参数的方法

方　法	说　明
getInitParameter(String name)	返回一个已命名的初始化参数的值
getlnitParameterNames()	返回所有已定义的应用程序初始化参数名称的枚举

4.5.2 管理应用程序环境属性

与 session 对象相同,也可以在 application 对象中设置属性。在 session 中设置的属性只是在当前客户的会话范围内容有效,客户超过保存时间不发送请求时,session 对象将被回收,而在 application 对象中设置的属性在整个应用程序范围内都是有效的,即使所有的用户都不发送请求,只要不关闭应用服务器,在其中设置的属性仍然是有效的。

application 对象管理应用程序环境属性的方法如表 4-6 所示。

表 4-6 application 对象管理应用程序环境属性的方法

方　法	说　明
removeAttribute(String name)	从 ServletContext 的对象中去掉指定名称的属性
setAttribute(String name,Object object)	使用指定名称和指定对象在 ServletContext 的对象中进行关联
getAttribute(String name)	从 ServletContext 的对象中获取一个指定对象
getAttributeNames()	返回存储在 ServletContext 对象中属性名称的枚举数据

实训 14 使用 application 对象实现简单聊天室

【实训目的】

(1) 熟练掌握 application 对象的用法。

(2) 使用 application 对象创建简单聊天室。

【实训要求】

创建如下 3 个文件。

(1) chatframeset.html：使用窗口分隔，将两个网页显示在同一个窗口中。

(2) messgae.jsp：上面的网页，显示聊天信息，聊天信息从 application 对象中获取。

(3) talk.jsp：下面的网页，提供表单，用于发送信息。当用户提交信息后，将对用户提交的信息进行验证，然后写到 application 对象中。

【实训步骤】

(1) chatframeset.html 代码如下：

```html
<html lang='zh'>
<head>
<meta http-equiv="Content-Type" content="text/html; charset=utf-8">
<title></title>
</head>
<frameset rows="*,150">
    <frame src="message.jsp" />
    <frame src="talk.jsp" />
</frameset>
</html>
```

(2) talk.jsp 代码如下：

```jsp
<%@ page contentType="text/html; charset=gb2312" language="Java" errorPage="" %>
<%
    request.setCharacterEncoding("gb2312");
    String words = request.getParameter("msg");
    int flag = 1;
    if(words != null) {
        for(int i = 0; i < words.length(); i++) {
            if(words.charAt(i) == '<')
                flag = 0;
        }
    }
    if(flag == 1 && words != null) {
        String old = (String) application.getAttribute("chatwords");
        if(old != null) {
            old = old + request.getRemoteAddr() + ">>" + words + "<br>";
        } else {
            old = request.getRemoteAddr() + ">>" + words + "<br>";
        }
        application.setAttribute("chatwords", old);
```

```
        }
%>
<form action = "talk.jsp" method = "post">
    <textarea name = "msg" rows = "10" cols = "60"></textarea>
    <br/><input type = "submit" value = "提交"/>
</form>
```

(3) message.jsp 代码如下:

```
<%@ page contentType = "text/html; charset = gb2312" language = "Java" errorPage = "" %>
<meta http-equiv = "refresh" content = "3">
<%
    request.setCharacterEncoding("gb2312");
    String chatwords = (String) application.getAttribute("chatwords");
    if(chatwords != null)
        out.print(chatwords);
%>
```

(4) 在 MyEclipse 中启动 Tomcat 8,然后在 IE 中输入网址 http://localhost:8080/ch04/chatframeset.html,如图 4-9 所示。

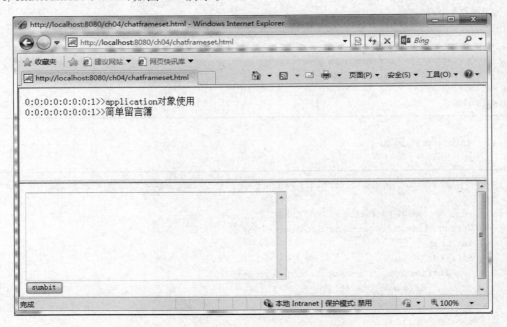

图 4-9 使用 application 对象实现简单聊天室

4.6 out 对象

out 对象主要用来向客户端输出各种数据类型的内容,并且管理应用服务器上的输出缓冲区,缓冲区默认值一般是 8KB,可以通过页面指令 page 来改变默认值。在使用 out 对象输出数据时,可以对数据缓冲区进行操作,及时清除缓冲区中的残余数据,为其他的输出让出缓冲空间。待数据输出完毕后,要及时关闭输出流。out 对象被封装为 javax.servlet.jsp.JspWriter 类的对象,在实际应用中 out 对象会通过 JSP 容器变换为 java.io.PrintWriter 类的对象。

out 对象提供的主要方法如表 4-7 所示。

表 4-7　out 对象提供的主要方法

方　　法	说　　明
out.print(boolean),out.println(boolean)	输出 boolean 类型的数据
out.print(char),out.println(char)	输出 char 类型的数据
out.print(char[]), out.println(char[])	输出 char[]类型的数据
out.print(double),out.prinln(double)	输出 double 类型的数据
out.print(float),out.println(float)	输出 float 类型的数据
out.print(int),out.println(int)	输出 int 类型的数据
out.print(long),out.println(long)	输出 long 类型的数据
out.print(Object),out.println(Object)	输出 Object 类型的数据
out.print(String),out.println(String)	输出 String 类型的数据
out.newLine()	输出一个换行字符
out.flush()	输出缓冲区里的数据
out.close()	关闭流
out.clearBuffer()	清除缓冲区里的数据,并把数据输出到客户端
out.clear()	清除缓冲区里的数据,但不会把数据输出到客户端
out.getBufferSize()	获得缓冲区的大小
out.getRemaining()	获得缓冲区中没有被占用的空间的大小
qut.isAutoFlush()	返回布尔值。如果 auto flush 为真,则返回 true;反之,返回 false

实训 15　使用 out 对象实现向客户端输出数据

out 对象主要用来向客户端输出各种数据类型的内容,调用 out 对象的 println()方法实现数据向客户端的输出。out.jsp 文件代码如下:

```
<%@ page contentType = "text/html; charset = gb2312" language = "Java" errorPage = "" %>
<html>
<head>
<title>工作汇报系统</title>
</head>
<body>
<%
    out.println("工作汇报系统");
    out.println("<hr>");
    out.println("版权所有: Admin");
%>
</body>
</html>
```

运行结果如图 4-10 所示。

图 4-10 out 对象的使用

4.7 其他内置对象

在 JSP 内置对象中,还有一些不经常使用的内置对象,如 pageContext、config、page 及 exception,下面分别介绍这些对象的使用。

4.7.1 获取会话范围的 pageContext 对象

pageContext 继承于 JspContext 类,它为在 Servlet 环境下使用 JSP 技术提供完整的上下文信息。它相当于页面中所有其他对象功能的最大集成者,使用它可以访问本页中所有其他对象。pageContext 对象被封装成 javax.servlet.jsp.pageContext 接口,主要用于管理对属于 JSP 中特殊可见部分中已经命名对象的访问,它的创建和初始化都是由容器来完成的,JSP 页面里可以直接使用 pageContext 对象的句柄,pageContext 对象的 getXXX()、setXXX()和 findXXX()方法可以用来根据不同的对象范围实现对这些对象的管理。pageContext 对象的常用方法如表 4-8 所示。

表 4-8 pageContext 对象的常用方法

方　　法	说　　明
forward(java.lang.String relativeUtlpath)	把页面转发到另一个页面或者 Servlet 组件上
getAttribute(java.lang.String name[,int scope])	scope 参数是可选的,该方法用来检索一个特定的已经命名的对象的范围,并且还可以通过调用 getAttributeNameInScope()方法,检索对某个特定范围的每个属性 S 字符串名称的枚举
getException()	返回当前的 exception 对象
getRequest()	返回当前的 request 对象
getResponse()	返回当前的 response 对象
getServletConfig()	返回当前页面的 servletConfig 对象
invalidate()	返回 servletContext 对象,全部销毁此对象
setAttribute()	设置默认页面范围或特定对象范围之中的已命名对象
removeAttribute()	删除默认页面范围或特定对象范围之中的已命名对象

4.7.2 读取 web.xml 配置信息的 config 对象

config 对象被封装成 javax.servlet.ServletConfig 接口,它表示 Servlet 的配置,当一个 Servlet 初始化时,容器把某些信息通过此对象传递给这个 Servlet。开发者可以在 web.xml 文件中为应用程序环境中的 Servlet 程序和 JSP 页面提供初始化参数。config 对象主要用来配置处理 JSP 程序的句柄,而且只有在 JSP 页面范围之内才是合法的。

config 对象的常用方法如表 4-9 所示。

表 4-9 config 对象的常用方法

方法	说明
getServletContext()	返回执行者的 Servlet 上下文
getServletName()	返回 Servlet 的名字
getInitParameter()	返回名字为 name 的初始参数的值
getInitParameterNames()	返回这个 JSP 的所有的初始参数的名字

4.7.3 应答或请求的 page 对象

page 对象在 Java 中不是很有用,它仅仅是用来保存脚本的语言不是 Java 时的时间。JSP 实现类对象的一个句柄,只有在 JSP 页面的范围之内才是合法的。当使用 Java 作为脚本编程语言时,对象名 this 也可以用来引用这个对象。

page 对象的常用方法如表 4-10 所示。

表 4-10 page 对象的常用方法

方法	说明
getClass()	返回当前 Object 的类
hashCode()	返回此 Object 的哈希代码
toString()	将此 Object 类转换成字符串
equals(Object o)	比较此对象和指定的对象是否相等
copy(Object o)	把此对象复制到指定的对象中去
clone()	对此对象进行克隆

4.7.4 获取异常信息的 exception 对象

exception 内置对象用来处理 JSP 文件执行时发生的所有错误和异常。exception 对象和 Java 的所有对象一样,都具有系统的继承结构,exception 对象几乎定义了所有异常情况,这样的 exception 对象和常见的错误有所不同。所谓错误,指的是可以预见的,并且知道如何解决的情况,一般在编译时可以发现。

与错误不同,异常是指在程序执行过程中不可预料的情况,由潜在的错误概率导致,如果不对异常进行处理,程序就会崩溃。在 Java 中,利用名为 try/catch 的关键字来处理异常情况,如果在 JSP 页面中出现没有捕捉到的异常,就会生成 exception 对象,并把这个 exception 对象传送到在 page 指令中设定的错误页面中,然后在错误提示页面中处理相应的 exception 对象。exception 对象只有在错误页面（在页面指令里有 isErrorPage=true 的页面）才可以使用。

exception 对象的常用方法如表 4-11 所示。

表 4-11 exception 对象的常用方法

方法	说明
getMessage()	该方法返回异常消息字符串
getLocalizedMessage()	该方法返回本地化语言的异常错误
printStackTrace()	显示异常的栈跟踪轨迹
toString()	返回关于异常错误的简单信息描述
fillInStackTrace()	重写异常错误的栈执行轨迹

4.8 小结

本章介绍了 JSP 中所使用的内置对象。JSP 的内置对象是 JSP 页面设计中重要的内容。通过这些对象可以实现很多常用的页面处理功能。本章中结合实例详细介绍了 request 对象、response 对象、session 对象、application 对象、out 对象等的实际应用。通过本章的学习，读者完全可以开发出简易留言簿、网站计数器以及购物车等程序。

习题

4-1 JSP 提供了哪些内置对象？请分别举例说明其作用。

4-2 application 对象有什么特点？它与 session 对象有什么区别？

4-3 如何使用 JSP 的内置对象实现重定向操作？

4-4 请举例说明 session 对象是如何实现客户会话的创建和获取。

第 5 章 JavaBean 技术

本章介绍 JSP 程序开发中的 JavaBean 技术，JavaBean 是一种可重用的组件技术，它可以将内部动作封装起来，用户不需要了解其如何运行，只需要知道如何调用及处理对应的结果即可。在动态网站开发应用中，使用 JavaBean 可以简化 JSP 页面的设计与开发，提高代码可读性，从而提高网站应用的可靠性和可维护性。

本章主要包括 JavaBean 的相关概念、JavaBean 的属性、JavaBean 的创建以及 JavaBean 的应用。通过本章的学习，读者应该了解 JavaBean 的基本概念，掌握 JavaBean 中各种属性的应用，掌握创建 JavaBean 的方法以及如何在 JSP 页面中应用 JavaBean，从而能够应用 JavaBean 开发程序。

5.1 JavaBean 的基本概念

JavaBean 是用 Java 语言描述的、易用的、与平台无关的软件组件模型，用于设计可重用的组件，类似于 Microsoft 的 COM 组件概念。在 Java 模型中，通过 JavaBean 可以无限扩充 Java 程序的功能，通过 JavaBean 的组合可以快速地生成新的应用程序。对于程序员来说，最好的一点就是 JavaBean 可以实现代码的重用，另外对于程序的易维护性等也有重大意义。

JavaBean 是使用一种符合某些命名方法和设计规范的 Java 类。创建 JavaBean 并不是一件困难的事情，要注意的一点就是在非可视化 JavaBean 中，常用 getXXX() 和 setXXX() 这样的成员方法来处理 JavaBean 的属性。

JavaBean 具有以下特性。
(1) 可以实现代码的重复利用。
(2) 易维护性、易使用性、易编写性。
(3) 可以在支持 Java 的任何平台上工作，而不需要重新编译。
(4) 可以在内部、网内或者是网络之间进行传输。
(5) 可以以其他部件的模式进行工作。

下面是关于用户登录窗口的 JavaBean，这是一个典型的 JavaBean。
LoginUser.java 程序代码如下：

```
public class LoginUser{
    public LoginUser(){}
```

```
        private String user = "";
        private String password = "";
        public String getPassword(){
            return password;
        }
        public void setPassword(String password){
            this.password = password;
        }
        public String getUser(){
            return user;
        }
        public void setUser(String user){
            this.user = user;
        }
}
```

5.1.1 JavaBean 的属性

JavaBean 的属性与一般 Java 程序中所指的属性，或者说与所有面向对象的程序设计语言中对象的属性是一个概念，在程序中的具体体现就是类中的变量。

属性是 Bean 组件内部状态的抽象表示。JavaBean 的属性可以分为以下 4 类。

(1) 简单属性(Simple)。
(2) 索引属性(Indexed)。
(3) 绑定属性(Bound)。
(4) 约束属性(Constrained)。

简单属性依赖于标准命名约定来定义 getXXX()方法和 setXXX()方法。索引属性则允许读取和设置整个数组，也允许使用数组索引单独地读取和设置数组元素。绑定属性则是其值发生变化时要广播给属性变化监听器的属性。约束属性则是那些值发生改变及起作用之前，必须由约束属性变化给监听器生效的属性。

绑定属性和约束属性通常在 JavaBean 的图形编程中使用，所以在这里不进行介绍，下面主要介绍 JavaBean 中的简单属性和索引属性。

1. 简单属性

简单属性就是在 JavaBean 中对应了简单的 setXXX()和 getXXX()方法的变量。在创建 JavaBean 时，简单属性最为常用。

在 JavaBean 中，简单属性的 getXXX()与 setXXX()方法如下：

```
public void setXXX(type value);
public type getXXX();
```

其中，type 表示属性的数据类型，若属性为布尔类型，则可使用 isXXX()方法代替 getXXX()方法。

例 5-1　简单属性

定义 formInput.java 文件,其代码如下:

```java
public class formInput{
    //类型为 String,属性名为 sr
    String str = new String("NewYork  Trade  Center");
    public formInput (){}
    //set 属性
      public void setlnput(String str){
          this.str = str;
     }
    //get 属性
      public String getInput(){
          return str ;
     }
}
```

2. 索引属性

需要通过索引访问的属性通常称为索引属性。如存在一个大小为 3 的字符串数组,若要获取该字符串数组中指定位置中的元素,需要得知该元素的索引,则该字符串数组就被称为索引属性。一个索引属性表示一个数组值。同上所述的简单属性一样,可以使用 getXXX() 与 setXXX() 方法取得数组中的值。

在 JavaBean 中,索引属性的 getXXX() 与 setXXX() 方法如下:

```java
public void setXXX(type[] value);
public type[] getXXX();
public void setXXX(int index,type value);
public type getXXX(int index);
```

其中,type 表示属性类型,第一个 setXXX() 方法为简单的 setXXX() 方法,用来为类型为数组的属性赋值,第二个 setXXX() 方法增加了一个表示索引的参数,用来为数组中索引为 index 的元素赋值为 value 指定的值;第一个 getXXX() 方法为简单 getXXX() 方法,用来返回一个数组,第二个 getXXX() 方法增加了一个表示索引的参数,用来返回数组中索引为 index 的元素值。

例 5-2　索引属性

定义 formInputl.java 文件,其代码如下:

```java
public class formInputl{
    //b 是一个索引属性
    String b[] = new String[]{"5","2","3","4"};
    public formInputl (){ }
```

```java
        //取得整个数组的值
        public String[] getInput(){
            return b;
        }
        //设置整个数组
        public void setInput(String []b){
            this.b = b;
        }
    }
```

5.1.2　JavaBean 的方法

方法是处理事件的手段,而事件处理则是 JavaBean 体系结构的核心之一。

JavaBean 容器环境可以接收 JavaBean 组件的事件通知,并且,如果 JavaBeans 组件符合一些简单规则,就可以在设计时选择 JavaBean 组件可以响应的事件。在 JavaBean 组件上加入和删除方法必须以标准方式定义,以便分别加入和删除事件监听器。JavaBean 容器能够加入或删除对事件监听器的引用,它使用允许容器与组件事件交互的 JavaBean 组件。

JavaBean 组件上的事件可以用 Bean 进行注册——如果它实现了一个 addXXXListener (XXXListener)形式的方法,其中 XXX 是事件类型的名字。同样,Bean 如果实现了一个 removeXXXListener(XXXListene)形式的方法,事件就可以被注销。

最后说明一点,如果 JavaBean 组件在一个时刻只允许一个监听器,addXXXListener (XXXListener)方法应声明其产生 java.util.TooManyListenersException。

实训 16　创建简单属性的 JavaBean

【实训目的】

(1) 熟练掌握 JavaBean 的用法。
(2) 学会创建简单属性的 JavaBean。

【实训要求】

定义一个具有简单属性的 JavaBean,并定义相应的 setXXX()和 getXXX()方法进行属性的访问。

【实训步骤】

具体代码如下:

```java
public class WordSingle {
    private String author;              //存储留言者
    private String title;               //存储留言标题
    private String content;             //存储留言内容
    public String getAuthor() {
        return author;
```

```
    }
    public void setAuthor(String author) {
        this.author = author;
    }
    public String getContent() {
        return content;
    }
    public void setContent(String content) {
        this.content = content;
    }
    public String getTitle() {
        return title;
    }
    public void setTitle(String title) {
        this.title = title;
    }
}
```

5.2 在 JSP 中使用 JavaBean

5.2.1 创建 JavaBean

JavaBean 是 Java 程序的一种,所使用的语法与其他类似的 Java 程序一致。JavaBean 代码可以被其他程序引用。当一个项目很大的时候,可以建立没有用户界面的程序时,如计算、数据库引用等,就可以建立 JavaBean 了。

下面介绍如何在 MyEclipse 中创建一个 JavaBean。

例 5-3 在 MyEclipse 下创建 JavaBean

(1) 新建一个名为 SimpleBean 的 Web 项目。

(2) 右击项目中的 src 目录,并依次选择 New→Class 选项,在 Package 文本框中输入 com.ycl.bean,在 Name 文本框中输入要创建的 JavaBean 名,如 Hello,其他保持默认值,如图 5-1 所示。

(3) 单击 Finish 按钮,完成 JavaBean 的初步创建。

(4) MyEclipse 会自动以默认的与 Java 文件关联的编辑器打开创建的 Hello.java 文件,如图 5-2 所示。

(5) 在源代码中定义变量 hello,代码为:

```
String hello = "";
```

(6) 在图 5-2 所示的代码位置后面右击,并依次选择快捷菜单中的 Source→Goenerate Getters and Setters 选项。

(7) 在弹出的 Generate Getters and Setters 对话框中,单击 Select All 按钮,并保留其他选项的默认值,如图 5-3 所示。

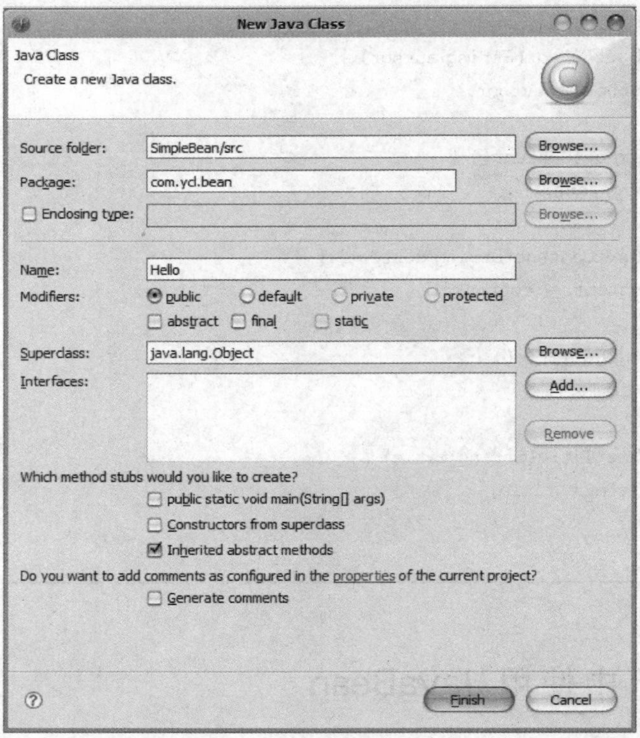

图 5-1 创建 JavaBean

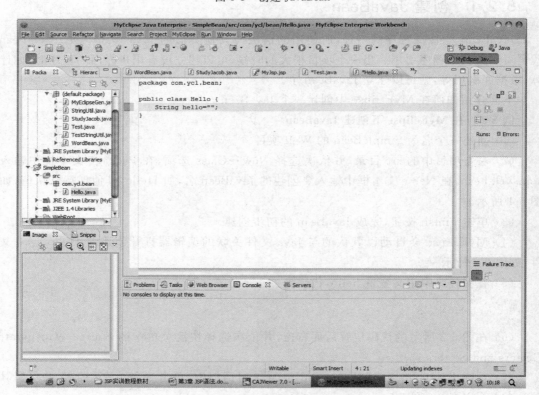

图 5-2 JavaBean 开发界面

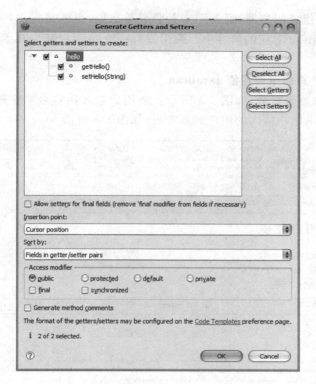

图 5-3　Generate Getters and Setters 对话框

（8）设置完成后，生成代码如下：

```
package com.ycl.bean;
public class Hello {
    String hello = "";
    public String getHello() {
        return hello;
    }
    public void setHello(String hello) {
        this.hello = hello;
    }
}
```

5.2.2　在 JSP 页面中应用 JavaBean

JavaBean 能被应用在众多场合，特别是在 Servlet 和 JSP 这样的 Web 服务器端程序上。在 JSP 上使用 JavaBeans 不仅可以实现前台程序和业务逻辑的分离，还可以提高 JSP 程序的运行效率和代码重用的程度，并且可以实现并行开发。在 JSP 中可以通过动作标识＜jsp：usebean＞、＜jsp：setproperty＞、＜jsp：getproperty＞来应用 JavaBean。

无论哪一种 JavaBean，当它们被编译成 class 文件后，都需要放在项目中的 WEB-INF\classes 目录下，才可以在 JSP 页面中被调用。

JavaBean 作为信息的容器,通常用来封装表单数据,也就是将用户向表单字段中输入的数据存储到 JavaBean 对应的属性中。调用值 JavaBean 可以减少在 JSP 页面中嵌入大量的 Java 代码。

例 5-4 在 JSP 页面中调用值 JavaBean

例如,存在一个登录页面,如图 5-4 所示。当用户输入用户名和密码进行登录后,要求在另一个页面中输出用户输入的用户名和密码,如图 5-5 所示。

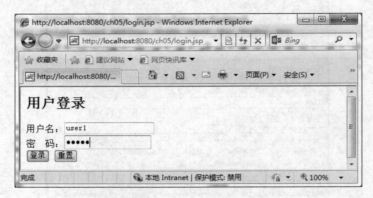

图 5-4 登录页面

图 5-5 JavaBean 运行结果

(1) 先创建登录页面 login.jsp,代码如下:

```jsp
<%@ page contentType="text/html;charset=gb2312"%>
<form action="login_ok.jsp">
    <h2>用户登录</h2>
        用户名:<input type="text" name="userName">
        <br>
        密  码:<input type="password" name="userPass">
        <br>
        <input type="submit" value="登录">
        <input type="reset" value="重置">
</form>
```

(2) 创建名为 Users 的值 JavaBean，该 Bean 中的属性要与登录页面 login.jsp 中表单的字段一一对应。Users 类的代码如下：

```java
package com.ycl.bean;
public class Users {
    private String userName;                              //对应表单中的 userName 字段
    private String userPass;                              //对应表单中的 userPass 字段
    public String getUserName() {
        return userName;
    }
    public void setUserName(String userName) {
        this.userName = userName;
    }
    public String getUserPass() {
        return userPass;
    }
    public void setUserPass(String userPass) {
        this.userPass = userPass;
    }
}
```

(3) 创建表单处理页面 login_ok.jsp，在该页面中通过调用值 JavaBean 来获取表单数据。login_ok.jsp 页面的代码如下：

```jsp
<%@ page contentType="text/html;charset=gb2312" %>
<jsp:useBean id="user" class="com.ycl.bean.Users">
    <jsp:setProperty name="user" property="*"/>
</jsp:useBean>
<center>
    <b>用户名：</b><jsp:getProperty name="user" property="userName"/>
    <b>密码：</b><jsp:getProperty name="user" property="userPass"/>
</center>
```

(4) 访问 login.jsp 页面，输入用户和密码后，单击"登录"按钮，将出现如图 5-5 所示的运行结果。

读者可以在代码中看到 JavaBean 中应用到了<jsp:useBean>、<jsp:setProperty>和<jsp:getProperty>动作标识。关于<jsp:useBean>、<jsp:setProperty>和<jsp:getProperty>动作标识的详细介绍，可查看本书 3.5 节中的内容。

JavaBean 也可以用于封装业务逻辑、数据操作等，例如连接数据库，对数据库进行增、删、改、查和解决中文乱码等操作。使用 JavaBean 可以实现业务逻辑与前台程序的分离，提高了代码的可读性与易维护性。

例 5-5 在 JSP 页面中应用 JavaBean 实现字符转换

例如，在实现用户留言功能时，要将用户输入的留言标题和留言内容输出到页面中，如图 5-6 所示。若用户输入的信息中存在诸如"<"和">"HTML 标识，如输入<input type="text">，则将该内容输出到页面后，会显示一个文本框，如图 5-7 所示，而不是所输入的文本。解决该问题的方法是在输出内容之前,将内容中的"<"和">"等 HTML 中的特殊字符进行转换,如将"<"转换为"<",将">"转换为">",这样当浏览器遇到"<"时,就会输出"<"字符,如图 5-8 所示。

(1) 先创建填写留言信息的 leave_words.jsp 页面,代码如下:

```jsp
<%@ page contentType="text/html;charset=gb2312" %>
<form action="doWord.jsp" method="post">
    <h2>用户留言</h2>
    标题:<input type="text" name="title" size="26">
    <br>
    内容:<textarea name="content" rows="5" cols="25"></textarea>
    <br><br>
    <input type="submit" value="留言">
    <input type="reset" value="重置">
</form>
```

(2) 创建名为 Convert 的 JavaBean,在该 JavaBean 中创建一个方法,该方法存在一个 String 型参数,在方法体内编码实现对该参数进行字符转换的操作。Convert 类的代码如下:

```java
package com.ycl.bean;
public class Convert {
    public static String change(String str){
        str = str.replace("<","&lt;");
        str = str.replace(">","&gt;");
        return str;
    }
}
```

(3) 创建表单处理页 doWord.jsp,在该页面中首先通过 page 指令导入 Convert 类,然后获取表单数据,接着调用 Convert 类中的 change() 方法转换表单数据。doWord.jsp 页面的代码如下:

```jsp
<%@ page contentType="text/html;charset=gb2312" %>
<%@ page import="com.ycl.bean.Convert" %>
<%
    String title = request.getParameter("title");        //获取留言标题
    String content = request.getParameter("content");    //获取留言内容
    if(title == null) title = "";
    if(content == null) content = "";
    title = Convert.change(title);                       //调用 change()方法转换标题中的"<"和">"字符
    content = Convert.change(content);                   //调用 change()方法转换内容中的"<"和">"字符
%>
标题:<%= title %>
<br>
内容:<%= content %>
```

（4）访问 leave_words.jsp 页面，如图 5-6 所示，输入标题，如"< input type＝"text">"，单击"留言"按钮，将出现如图 5-8 所示的运行结果。如果在 doWord.jsp 页面中没有使用 Convert 类中的 change()方法转换表单数据，将会出现如图 5-7 所示的运行结果。

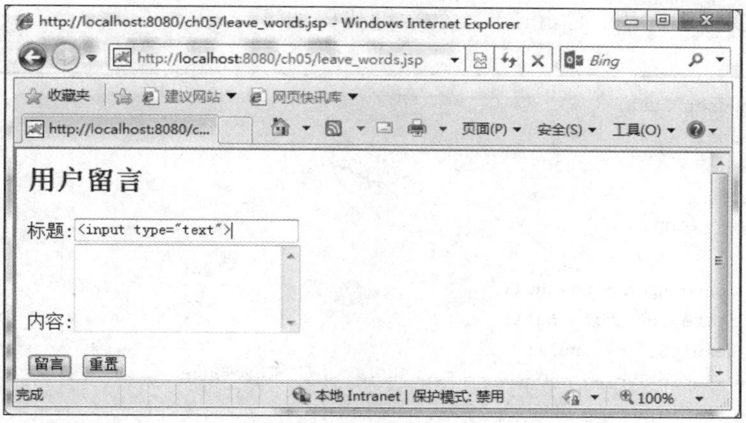

图 5-6　用户留言界面

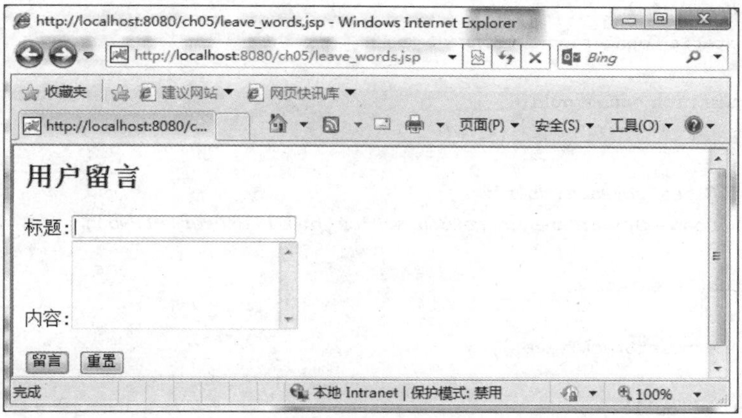

图 5-7　没有字符转换的结果

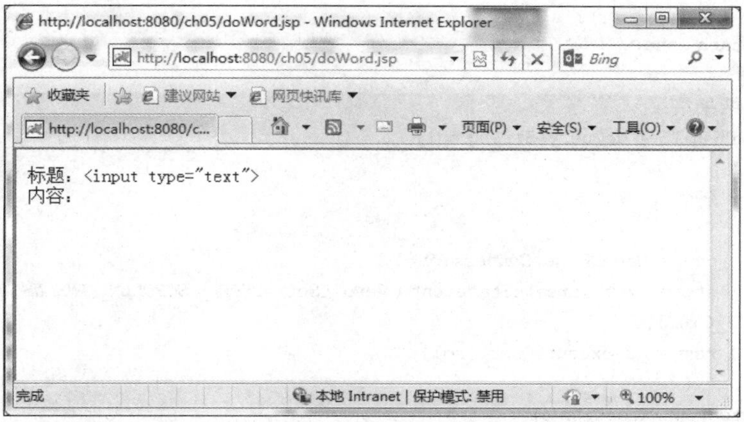

图 5-8　字符转换后的结果

实训 17　应用 JavaBean 封装数据库访问操作（需配置数据库）

（1）创建封装数据库访问操作的 JavaBean——ConnDB。在该 JavaBean 中定义了用来连接数据库的属性和方法。ConnDB 类的关键代码如下：

```java
package com.user.bean;
import java.sql.*;
import java.io.*;
import java.util.*;
public class ConnDB
{
    public Connection conn = null;
    public Statement stmt = null;
    public ResultSet rs = null;
    private static String dbDriver = "sun.jdbc.odbc.JdbcOdbcDriver";
    private static String dbUrl = "jdbc:odbc:shopData";
    private static String dbUser = "sa";
    private static String dbPwd = "";
    //打开数据库连接
    public static Connection getConnection()
    {
        Connection conn = null;
        try
        {
            Class.forName(dbDriver);
            conn = DriverManager.getConnection(dbUrl,dbUser,dbPwd);
        }
        catch(Exception e)
        {
            e.printStackTrace();
        }
        if(conn == null)
        {
            System.err.println("警告:数据库连接失败!");
        }
        return conn;
    }
    //读取结果集
    public ResultSet doQuery(String sql)
    {
        try
        {
            conn = ConnDB.getConnection();
            stmt = conn.createStatement(ResultSet.TYPE_SCROLL_INSENSITIVE,ResultSet.CONCUR_READ_ONLY);
            rs = stmt.executeQuery(sql);
        }
        catch(SQLException e)
        {
```

```java
            e.printStackTrace();
        }
        return rs;
    }
    //更新数据
    public int doUpdate(String sql)
    {
        int result = 0;
        try
        {
            conn = ConnDB.getConnection();
            stmt = conn.createStatement(ResultSet.TYPE_SCROLL_INSENSITIVE, ResultSet.CONCUR_READ_ONLY);
            result = stmt.executeUpdate(sql);
        }
        catch(SQLException e)
        {
            result = 0;
        }
        return result;
    }
    //关闭数据库连接
    public void closeConnection()
    {
        try
        {
            if(rs!= null)
                rs.close();
        }
        catch(Exception e)
        {
            e.printStackTrace();
        }
        try
        {
            if(stmt!= null)
                stmt.close();
        }
        catch(Exception e)
        {
            e.printStackTrace();
        }
        try
        {
            if(conn!= null)
                conn.close();
        }
        catch(Exception e)
        {
            e.printStackTrace();
        }
```

    }
}

(2) 编写实现用户登录信息验证的 JSP 文件 login_success.jsp,具体代码如下:

```jsp
<%@ page contentType="text/html;charset=gb2312" %>
<%@ page import="com.user.bean.ConnDB" %>
<%@ page import="java.sql.*" %>
<%
    String c_name = (String)request.getParameter("c_name");
    String c_pass = (String)request.getParameter("c_pass");
    String cname = (String) session.getAttribute("c_name");
    String header = "";
    String name = "", pass = "";
    ConnDB conn = new ConnDB();
    if(c_name!=null || c_name!="")
    {
        try
        {
            String strSql = "select c_name,c_pass,c_header from customer where c_name='" + c_name + "' and c_pass='" + c_pass + "'";
            ResultSet rsLogin = conn.doQuery(strSql);
            while(rsLogin.next())
            {
                name = rsLogin.getString("c_name");
                pass = rsLogin.getString("c_pass");
                header = rsLogin.getString("c_header");
            }
        }
        catch(Exception e)    {}
        if(name.equals(c_name) && pass.equals(c_pass))
        {
            session.setAttribute("c_name",c_name);
            session.setAttribute("c_header",header);
            %>
                <jsp:forward page="login.jsp"/>
            <%
        }
        else
        {
            out.println("<script language='JavaScript'>alert('用户名或者密码错误,请重新登录');window.location.href='login.jsp';</script>");
        }
    }
%>
```

login_success.jsp 文件通过调用 ConnDB 的 doQuery 方法实现数据库的连接,根据所输入的用户名和密码执行查询,以实现用户名和密码的验证。

（3）编写登录页面 login.jsp，即可完成用户登录的数据库验证。

5.3 小结

本章介绍了 JavaBean 的相关概念，以及 JavaBean 在 JSP 中的应用。在介绍 JavaBean 的应用时，首先介绍了如何在 MyEclipse 中创建 JavaBean，然后介绍了如何在 JSP 页面中应用 JavaBean，最后本章给出了应用 JavaBean 开发的一个综合实例。通过学习本章，读者可以熟悉 JavaBean 的基本概念，并且掌握 JavaBean 的实际应用，为以后更深入地学习打好基础。

习题

5-1　一个标准的 JavaBean 具有哪些特征？

5-2　怎样实现 JavaBean 的一个属性与输入参数关联？怎样实现 JavaBean 中的所有属性与请求参数关联？

第 6 章 Servlet 技术

本章介绍 Servlet 的相关知识,包括 Servlet 基础、Servlet 的生命周期、Servlet API 编程常用接口和类以及 Servlet 开发。通过本章的学习,读者应该了解 Servlet 的基础知识,并掌握如何创建 Servlet 以及 Servlet 在系统中的应用。

6.1 Servlet 基础

6.1.1 Servlet 技术简介

Servlet 是一种运行在服务器端的 Java 程序,从某种意义上说,它也是服务器端的 Applet(小应用程序)。所以 Servlet 可以像 Applet 一样作为一种插件嵌入到 Web Server 中去,它是在 Web 服务器上驻留着的可以通过"请求-响应"编程模型来访问的应用程序,被用来扩展 Web 服务器的性能。

Servlet 与 JSP 一样运行在服务器端,当浏览器有请求时将其结果传递给浏览器。实际上,执行 JSP 文件的时候,JSP Container 会将其转译为 Servlet(*.java)文件,并自动编译、解释、执行。JSP 中所使用到的所有对象都被转换为 Servlet 或者非 Servlet 的 Java 对象,然后被执行,所以执行 JSP 与执行 Servlet 一样。从 JSP 的角度来看,Servlet 实际上是 JSP 被解释、执行的中间过程,也可以说,JSP 是为了让 Servlet 的开发显得相对容易而采取的脚本语言形式。因此,Servlet 就是运行在服务器端的应用程序,接收来自客户端的请求,并将执行结果返回给客户端。

6.1.2 Servlet 技术功能

Servlet 的功能涉及范围很广,主要功能如下。

(1) 基于客户端的响应,给客户端生成并返回一个包含动态内容的完整的 HTML 页面。

(2) 可生成一个 HTML 片段,并将其嵌入到现有的 HTML 页面中。

(3) 能够在其内部调用其他的 Java 资源并与多种数据库进行交互。

(4) 可同时与多个客户端进行连接,包括接收多个客户端的输入信息并将结果返回给多个客户端。

(5) 在不同的情况下,可将服务器与 Applet 的连接保持在不同的状态。

(6) 将定制的处理提供给所有服务器的标准例行程序。例如，Servlet 可以修改如何认证用户。

6.1.3　Servlet 技术特点

与传统的 CGI（计算机图形接口）和类 CGI 技术相比，Servlet 具有比较突出的特点，主要特点如下。

(1) 执行效率高。与传统的 CGI 相比，Servlet 中的每个请求由一个轻量级的 Java 线程处理，如果处理请求的是 N 个线程，只需加载一次 Servlet 类代码，因此执行效率更高。

(2) 功能强大。许多使用传统 CGI 程序很难完成的任务都可以在 Servlet 中轻松完成。如传统的 CGI 不能实现和 Web 服务器的交互，而 Servlet 能够很轻松地直接和 Web 服务器交互。Servlet 还能够在各个程序之间共享数据，使数据库的连接池等功能容易实现。

(3) 易于开发。Servlet 提供了大量的使用工具程序，如自动地解析和解码 HTML 表单数据、读取和设置 HTTP 头、处理 Cookie、跟踪会话状态等，开发者利用这些功能完备的实例程序很容易开发出功能复杂的 Web 应用程序。

(4) 可移植性好。Servlet 是用 Java 编写的，很好地继承了 Java 的跨平台特点。Servlet API 具有完善的标准，因此，编写的 Servlet 无须任何实质上的改动即可移植到 Apache、Microsoft IIS 或者是其他 Web 服务器上。

6.1.4　Servlet 的生命周期

Servlet 的生命周期定义了一个 Servlet 如何被加载、初始化、接收请求、响应请求以及提供服务。Servlet 部署在容器里，它的生命周期由容器管理。Servlet 的生命周期概括为以下几个阶段。

(1) 当 Web 客户端请求 Servlet 服务或当 Web 服务启动时，容器环境加载一个 Java Servlet 类。

(2) 容器环境也将根据客户端请求创建一个 Servlet 对象实例，或者创建多个 Servlet 对象实例，并把这些实例加入到 Servlet 实例池中。

(3) 容器环境调用 Servlet 的初始化方法 init() 进行初始化。这需要给 init() 方法传入一个 ServletConfig 对象，ServletConfig 对象包含了初始化参数和容器环境的信息，并负责向 Servlet 传递数据，如果传递失败，则会发生 ServletException 异常，Servlet 将不能正常工作。

(4) 容器环境利用一个 HttpServletRequest 和 HttpServletResponse 对象，封装从 Web 客户端接收到的 HTTP 请求和由 Servlet 生成的响应。

(5) 容器环境把 HttpServletRequest 和 HttpServletResponse 对象传递给 HttpServlet.service() 方法。这样，一个定制的 Java Servlet 就可以访问这种 HTTP 请求和响应接口。service() 方法可被多次调用，各调用过程都运行在不同的线程中，互不干扰。

(6) 定制的 Java Servlet 从 HttpServletRequest 对象读取 HTTP 请求数据，访问来自 HttpSession 或 Cookie 对象的状态信息，进行特定应用的处理，并且用 HttpServletResponse 对象生成 HTTP 响应数据。

（7）当 Web 服务器和容器关闭时，会自动调用 HttpServlet.destroy()方法关闭所有打开的资源，并进行一些关闭前的处理。

在 Servlet 的整个生命周期中 Servlet 的处理过程如图 6-1 所示。

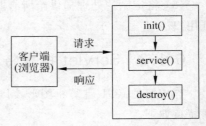

图 6-1　在 Servlet 的生命周期中 Servlet 的处理过程

从图 6-1 中可以看出，在 Servlet 生命周期中，Servlet 容器完成加载 Servlet 类和实例化一个 Servlet 类，并通过下面 3 个方法来完成生命周期中的其他阶段。

（1）init()方法：负责 Servlet 的初始化工作，该方法由 Servlet 容器调用完成。

（2）service()方法：处理客户端请求，并返回响应结果。

（3）destroy()方法：在 Servlet 容器卸载 Servlet 之前被调用的方法，释放系统资源。

6.1.5　Servlet 与 JSP 的区别

Servlet 是一种在服务器端运行的 Java 程序，它可以作为一种插件嵌入到 Web 服务器中去，提供如 HTTP、FTP 等协议服务甚至用户自己定制的协议服务。而 JSP 是继 Servlet 后 Sun 公司推出的新技术，它是以 Servlet 为基础开发的。Servlet 与 JSP 相比有以下几点区别。

（1）编程方式不同。

（2）Servlet 必须在编译以后才能执行。

（3）运行速度不同。

6.1.6　Servlet 的代码结构

下面的代码显示了一个简单 Servlet 的基本结构。该 Servlet 处理的是 get 请求，如果读者不理解 HTTP，可以把它看成是当用户在浏览器地址栏输入 URL、单击 Web 页面中的链接、提交没有指定 method 的表单时浏览器所发出的请求。Servlet 也可以很方便地处理 post 请求。post 请求是提交那些指定了 method＝"post"的表单时所发出的请求。

```java
import java.io.IOException;
import java.io.PrintWriter;
import javax.servlet.ServletException;
import javax.servlet.http.HttpServlet;
import javax.servlet.http.HttpServletRequest;
import javax.servlet.http.HttpServletResponse;
public class MingriServlet extends HttpServlet{
public void doGet(HttpServletRequest request, HttpServletResponse response)
        throws ServletException,IOException{
            //可编写使用 request 读取与请求有关的信息和表单数据的代码
            //可编写使用 response 指定 HTTP 应答状态代码和应答头的代码
            PrintWriter out = response.getWriter();
```

```
            //可编写使用 out 对象向页面中输出信息的代码
      }
}
```

若要创建一个 Servlet,则应使创建的类继承 HttpServlet 类,并覆盖 doGet()、doPost() 方法之一或全部。doGet()和 doPost()方法都有两个参数,分别为 HttpServletRequest 类型和 HttpServletResponse 类型。HttpServletRequest 提供访问有关请求的信息的方法,例如表单数据、HTTP 请求头等。HttpServletResponse 除了提供用于指定 HTTP 应答状态(200,404 等)、应答头(Content-Type,Set-Cookie 等)的方法之外,最重要的是它提供了一个用于向客户端发送数据的 PrintWriter。对于简单的 Servlet 来说,它的大部分工作是通过 println()方法生成向客户端发送的页面。

实训 18 开发简单的 Servlet 程序

一个简单的 Servlet 只需扩展 javax.servlet.http.HttpServlet 即可,HttpServlet 定义了一个简单的、与协议无关的 Servlet,使用 HttpServlet 类可以使编写 Servlet 变得很简单。具体步骤如下:

(1) 创建 Servlet 类文件 MyServlet.java,该类继承了 HttpServlet 类。程序代码如下:

```java
package com.user.bean;
import java.io.IOException;
import java.io.PrintWriter;
import javax.servlet.http.*;
import javax.servlet.*;
public class FirstServlet extends HttpServlet
{
      protected void doGet(HttpServletRequest request,HttpServletResponse response)
throws ServletException,IOException
      {
            response.setCharacterEncoding("GBK");
            PrintWriter out = response.getWriter();
            out.println("<html>");
            out.println("<head>");
            out.println("<title>Servlet 简单例子</title>");
            out.println("</head>");
            out.println("<body>");
            out.println("<center>");
            out.println("<h2>这是一个简单的 Servlet 例子!</h1>");
            out.println("</center>");
            out.println("</body>");
            out.println("</html>");
            out.flush();
      }
}
```

（2）在 web.xml 文件中配置 FirstServlet，代码如下：

```xml
<?xml version="1.0" encoding="UTF-8"?>
<web-app>
    <servlet>
        <servlet-name>First</servlet-name>
        <servlet-class>com.user.bean.FirstServlet</servlet-class>
    </servlet>
    <servlet-mapping>
        <servlet-name>First</servlet-name>
        <url-pattern>/First</url-pattern>
    </servlet-mapping>
</web-app>
```

在上述代码中，首先通过<servlet-name>和<servlet-class>元素声明 Servlet 的名称和类的路径，然后通过<url-pattern>元素声明访问这个 Servlet 的 URL 映射。

（3）打开 IE 浏览器，在地址栏中输入 http://localhost:8080/shixun18/First，则会出现如图 6-2 所示的运行结果。

图 6-2　简单 Servlet 例子运行结果

6.2　Servlet API 编程常用接口和类

Servlet 的相应类与接口放在包 javax.Servlet 和包 javax.Servlet.http 中，其中部分接口与 JSP 内置对象相对应，对应关系如表 6-1 所示。

表 6-1　Servlet 部分接口与 JSP 内置对象对应关系

类 或 接 口	JSP 内置对象
javax.servlet.http.HttpServletRequest	request
javax.servlet.http.HttpServletResponse	response
javax.servlet.ServletContext	application
javax.servlet.http.HttpSession	session
javax.servlet.ServletConfig	config

这些接口的使用方法与内置对象的方法使用类似，这里只对重点类和接口进行介绍。

6.2.1　Servlet 接口

javax.servlet 包中的类与接口封装了一个抽象框架，建立接收请求和产生响应的组件

(Servlet)。其中 Servlet 接口是所有 Java Servlet 的基础接口,它的主要方法如表 6-2 所示。

表 6-2　Servlet 接口的主要方法

方　　法	含　　义
destroy()	当 Servlet 被清除时,Web 容器会调用这个方法,Servlet 可以使用这个方法完成如切断和数据库的连接、保存重要数据等操作
getServletConfig()	该方法返回 ServletConfig 对象,该对象可以使 Servlet 和 Web 容器进行通信,例如传递初始变量
getServletInfo()	返回有关 Servlet 的基本信息,如编程人员姓名和时间等
init()	该方法在 Servlet 初始化时被调用,在 Servlet 生命周期中,这个方法仅会被调用一次,它可以用来设置一些准备工作,例如设置数据库连接、获取 Servlet 设置信息等,它也可以通过 ServletConfig 对象获得 Web 容器的初始化变量
service()	该方法用来处理 Web 请求、产生 Web 响应的主要方法,它可以对 ServletRequest 和 ServletResponse 对象进行操作

6.2.2　HttpServlet 类

HttpServlet 类存放在 javax.servlet.http 包内,是针对使用 HTTP 的 Web 服务器的 Servlet 类。HttpServlet 类通过执行 Servlet 接口,能够提供 HTTP 的功能。HttpServlet 类的主要方法如表 6-3 所示。

表 6-3　HttpServlet 类的主要方法

方　　法	含　　义
doDelete()	对应 HTTP DELETE 请求从服务器删除文件
doGet()	对应 HTTP GET 请求,客户向服务器请求数据,通过 URL 附加发送数据
doHead()	对应 HTTP HEAD 请求从服务器上传数据,和 GET 不同的是它不返回 HTTP 数据体
doOptions()	对应 HTTP OPTION 请求,客户查询服务器支持什么方法
doPost()	对应 HTTP POST 请求,客户向服务器发送数据,请求数据
doPut()	对应 HTTP PUT 请求,客户向服务器上传数据或文件
doTrace()	对应 HTTP TRACE 请求,用来调试 Web 程序
getLastModified()	返回 HttpServletRequest 最后被更改的时间,以 ms 为单位,从 1970/01/01 计起

6.2.3　ServletConfig 接口

ServletConfig 接口存放在 javax.servlet 包内,它是一个由 Servlet 容器使用的 Servlet 配置对象,用于在 Servlet 初始化时向它传递信息。ServletConfig 接口的主要方法如表 6-4 所示。

表 6-4 ServletConfig 接口的主要方法

方法	含义
getInitParameter()	返回 ServletContext 对象，Java 的 getXXX() 方法大多返回原对象，而不是对象副本
getInitParameterNames()	返回 Enumeration 对象，其中包含了所有的初始化参数
getServletContext()	返回 ServletContext 对象，Java 的 getXXX() 方法大多返回原对象，而不是对象副本
getServletName()	返回当前 Servlet 的名称，该名称在 web.xml 里指定

6.2.4 HttpServletRequest 接口

HttpServletRequest 接口存放在 javax.servlet.http 包内，该接口的主要方法如表 6-5 所示。

表 6-5 HttpServletRequest 接口的主要方法

方法	含义
getAuthType()	返回 Servlet 使用的安全机制名称
getContextPath()	返回请求 URI 的 Context 部分
getCookies()	返回客户发过来的 Cookie 对象
getDateHeader()	返回客户请求中的时间属性
getHeader()	根据名称返回客户请求中对应的头信息
getHeaderNames()	返回客户请求中所有的头信息名称
getHeaders()	返回客户请求中特定头信息的值
getIntHeader()	以 int 格式根据名称返回客户请求中对应的头信息(Header)，如果不能转换成 int 格式，生成一个 NumberFormatException 异常
getMethod()	返回客户请求的方法名称，例如 QET、POST 或 PUT
getPathInfo()	返回客户请求 URL 的路径信息
getPathTranslated()	返回 URL 中在 Servlet 名称之后、检索字符串之前的路径信息
getQueryString()	返回 URL 中检索的字符串
getRemoteUser()	返回用户名称，主要应用在 Servlet 安全机制中检查用户是否已经登录
getRequestURI()	返回客户使用的 URL 路径，是 URI 中的 host 名称和端口号之后的部分，例如 URL 为 http://localhost:8080/mingrisoft/index.jsp，这一方法返回的是/index.jsp
getRequestURL()	返回客户 Web 请求的 URL 路径
getServletPath()	返回 URL 中对应 Servlet 名称的部分
getSession()	返回当前会话期间对象
getUserPrincipal()	返回 java.security.Principal 对象，包括当前登录用户名称
isRequestedSessionIdFromCookie()	当前 Session ID 是否来自一个 Cookie
isRequestedSessionIdFromURL()	当前 Session ID 是否来自 URL 的一部分
isRequestedSessionIdValid()	当前用户期间是否有效
isUserInRole()	已经登录的用户是否属于特定角色

6.2.5 HttpServletResponse 接口

HttpServletResponse 接口存放在 javax.servlet.http 包内，它代表了对客户端的 HTTP 响应。HttpServletResponse 接口给出了相应客户端的 Servlet()方法。它允许 Serlvet 设置内容长度和相应的 MIME 类型，并且提供输出流 ServletOutputStream。HttpServletResponse 接口的主用方法如表 6-6 所示。

表 6-6 HttpServletResponse 接口的主要方法

方 法	含 义
addCookie()	在响应中加入 Cookie 对象
addDateHeader()	加入对应名称的日期头信息
addHeader()	加入对应名称的字符串头信息
addIntHeader()	加入对应名称的 int 属性
containsHeader()	对应名称的头信息是否已经被设置
encodeRedirectURL()	对特定的 URL 进行加密，在 sendRedirect()方法中使用
encodeURL()	对特定的 URL 进行加密，如果浏览器不支持 Cookie，同时加入 Session ID
sendError()	使用特定的错误代码向客户传递出错响应
sendError()	使用特定的错误代码向客户传递出错响应，同时清空缓冲器
sendRedirect()	传递临时响应，相应的地址根据 location 指定
setHeader()	设置指定名称的头信息
setIntHeader()	设置指定名称头信息，其值为 int 类型数据
setStatus()	设置响应的状态编码

6.2.6 GenericServlet 类

GenericServlet 类存放在 javax.servlet 包中，它提供了对 Servlet 接口的基本实现。GenericServlet 类是一个抽象类，它的 service()方法是一个抽象方法。该类的主要方法如表 6-7 所示。

表 6-7 GenericServlet 类的主要方法

方 法	含 义
destroy()	Servlet 容器使用这个方法结束 Servlet 服务
getInitParameter()	根据变量名称查找并返回初始变量值
getInitParameterNames()	返回初始变量的枚举对象
getServletConfig()	返回 ServletConfig 对象
getServletContext()	返回 ServletContext 对象
getServletInfo()	返回关于 Servlet 的信息，如作者、版本、版权等
getServletName()	返回 Servlet 的名称
init()	Servlet 容器使用这个指示 Servlet 已经被初始化为服务状态
log()	这个方法用来向 Web 容器的 log 目录输出运行记录
service()	由 Servlet 容器调用，使 Servlet 对请求进行响应

6.3 Servlet 开发

6.3.1 Servlet 的创建

创建一个 Servlet,通常涉及下列 4 个步骤。

(1) 继承 HttpServlet 抽象类。
(2) 重载适当的方法,如覆盖(或称为重写)doGet()方法或 doPost()方法。
(3) 如果有 HTTP 请求信息,则获取该信息。可通过调用 HttpServletRequest 类对象的以下 3 个方法获取。

- getParameterNames():获取请求中所有参数的名字。
- getParameter():获取请求中指定参数的值。
- getParameterValues():获取请求中所有参数的值。

(4) 生成 HTTP 响应。HttpServletResponse 类对象生成响应,并将它返回到发出请求的客户机上。它的方法允许设置"请求"标题和"响应"主体。"响应"对象还含有 getWriter()方法以返回一个 PrintWriter 类对象。使用 PrintWriter 的 print()方法和 println()方法可以编写 Servlet 响应来返回给客户机,或者直接使用 out 对象输出有关 HTML 文档内容。

6.3.2 Servlet 的配置

要正常运行 Servlet 程序还需要在 web.xml 文件中进行配置。下面将详细介绍如在 web.xml 文件中对 Servlet 进行配置。

1. Servlet 的名称、类和其他选项的配置

在 web.xml 文件中配置 Servlet 时,必须指定 Servlet 的名称、Servlet 的类的路径,可选择性地给 Servlet 添加描述信息和指定在发布时显示的名称。具体代码如下:

```
<servlet>
    <description>First</description>
    <display-name>Servlet</display-name>
    <servlet-name>First</servlet-name>
    <servlet-class>com.user.bean.FirstServlet</servlet-class>
</servlet>
```

在上述代码中,<description>和</description>元素之间的内容是 Serlvet 的描述信息,<display-name>和</display-name>元素之间的内容是发布时 Serlvet 的名称,<servlet-name>和</servlet-name>元素之间的内容是 Servlet 的名称,<servlet-class>和</servlet-class>元素之间的内容是 Servlet 类的路径。

如果要对一个 JSP 页面文件进行配置,则可通过下面的代码进行指定:

```
<servlet>
    <description>Simple Servlet</description>
```

```xml
    <display-name>Servlet</display-name>
    <servlet-name>Login</servlet-name>
    <jsp-file>login.jsp</jsp-file>
</servlet>
```

在上述代码中，<jsp-file>和</jsp-file>元素之间的内容是要访问的 JSP 文件名称。

2. 初始化参数

Servlet 可以配置一些初始化参数，例如下面的代码：

```xml
<servlet>
    <init-param>
        <param-name>number</param-name>
        <param-value>1000</param-value>
    </init-param>
</servlet>
```

在上述代码中，指定 number 的参数值为 1000。在 Servlet 中可以在 init()方法体中通过 getInitParameter()方法访问这些初始化参数。

3. 启动装入优先权

启动装入优先权通过<<load-on-startup>元素指定，例如下面的代码：

```xml
<servlet>
    <servlet-name>ServletONE</servlet-name>
    <servlet-class>com.user.bean.ServletONE</servlet-class>
    <load-on-startup>10</load-on-startup>
</servlet>
<servlet>
    <servlet-name>ServletTWO</servlet-name>
    <servlet-class>com.user.bean.ServletTWO</servlet-class>
    <load-on-startup>20</load-on-startup>
</servlet>
<servlet>
    <servlet-name>ServletTHREE</servlet-name>
    <servlet-class>com.user.bean.ServletTHREE</servlet-class>
    <load-on-startup>AnyTime</load-on-startup>
</servlet>
```

在上述代码中，ServletONE 类先被载入，ServletTWO 类则后被载入，而 ServletTHREE 类可在任何时间内被载入。

4. Servlet 的映射

在 web.xml 配置文件中可以给一个 Servlet 做多个映射，因此，可以通过不同的方法访问这个 Servlet，例如下面的代码：

```xml
<servlet-mapping>
    <servlet-name>OneServlet</servlet-name>
    <url-pattern>/One</url-pattern>
```

```
      </servlet-mapping>
```

通过上述代码的配置,若请求的路径中包含/One,则会访问逻辑名为 OneServlet 的 Servlet。

实训 19 应用 Servlet 获取所有 HTML 表单数据

使用 HttpServletResponse 和 getParameterNames()方法获取所有表单数据,使用 Enumeration 对象保存所有表单数据,对保存所有表单数据的 Enumeration 对象遍历后以表格形式输出。

(1)编写用户注册界面文件 register.html,关键代码如下:

```html
<html>
<head>
<title>用户注册</title>
</head>
<body>
<form name="form1" onsubmit="return check()" method="post" action="Register">
  <table width="100%" border="0" align="center">
    <tr>
      <th colspan="3" scope="col"> 用户注册</th>
    </tr>
    <tr>
      <th width="36%" rowspan="7" scope="row"></th>
      <th width="18%" height="46" scope="row"><div align="left">
        <span style="font-weight: 400"><font size="2">用户名:</font></span></div></th>
      <td width="46%"><input name="NAME" type="text" id="NAME">
        <span class="style2">*</span></td>
    </tr>
    <tr>
      <th height="39" scope="row"><div align="left">
        <span style="font-weight: 400"><font size="2">密码:</font></span></div></th>
      <td><input name="PWD" type="password" id="PWD">
        <span class="style2">*</span></td>
    </tr>
    <tr>
      <th height="39" scope="row"><div align="left">
        <span style="font-weight: 400"><font size="2">确认密码:</font></span></div></th>
      <td><input type="password" name="PWD1">
        <span class="style2">*</span></td>
    </tr>
    <tr>
      <th height="39" scope="row"><div align="left">
        <span style="font-weight: 400"><font size="2">电子邮箱:</font></span></div></th>
      <td><input name="EMAIL" type="text">
        <span class="style2">*</span></td>
    </tr>
    <tr>
      <th height="39" scope="row"><div align="left"
```

```html
        <span style="font-weight:400"><font size="2">性别:</font></span></div></th>
      <td><input name="GENDER" type="radio" value="male" checked>男
    <input name="GENDER" type="radio" value="female">女
        </td>
    </tr>
    <tr>
      <th height="39" scope="row"><div align="left">
        <span style="font-weight:400"><font size="2">教育程度:</font></span></div></th>
      <td><select name="EDUCATION" size=1>
    <option value="">请选择</option>
    <option value="high">研究生</option>
    <option value="middle1">本科</option>
    <option value="middle2">专科</option>
    <option value="low1">中专</option>
    <option value="low2">高中</option>
        </select>
      </td>
    </tr>
    <tr>
      <th height="37" scope="row"> </th>
      <td><input type="submit" name="Submit" value="submit">
    <input type="reset" name="Reset" value="reset"></td>
    </tr>
  </table>
</form>
</body>
</html>
```

(2) 编写读取 register.html 表单中的所有数据的 Servlet 文件 RegisterServlet.java,具体代码如下:

```java
package com.user.bean;
import java.io.*;
import javax.servlet.*;
import javax.servlet.http.*;
import java.sql.*;
import java.util.*;
public class RegisterServlet extends HttpServlet
{
    Connection conn;
    public void doPost(HttpServletRequest req,HttpServletResponse res) throws ServletException,IOException
    {
        res.setContentType("text/html");
        PrintWriter out = res.getWriter();
        out.println("<html>");
        out.println("<head><title>Read all Parameters</title></head>");
        out.println("<body>\n");
```

```java
            out.println("<h3>All Parameters From Request</h3>");
            out.println("<table border=1 align=left>\n");
            out.println("<tr bgcolor=\"#FFFFFF\">\n");
            out.println("<th>Parameter Name<th>Parameter Value");
            Enumeration enuNames = req.getParameterNames();
            while(enuNames.hasMoreElements())
            {
                String strParam = (String)enuNames.nextElement();
                out.println("<tr><td>" + strParam + "\n<td>");
                String[] paramValues = req.getParameterValues(strParam);
                if(paramValues.length == 1)
                {
                    String paramValue = paramValues[0];
                    if(paramValues.length == 0)
                      out.print("<i>Empty</i>");
                    else
                        out.print(paramValue);
                }
                else
                {
                    out.println("<ul>");
                    for(int i = 0;i < paramValues.length;i++)
                    {
                        out.println("<li>" + paramValues[i]);
                    }
                    out.println("</ul>");
                }
            }
            out.println("</table>\n</body></html>");
    }
}
```

(3) 在 web.xml 文件中配置 Servlet,具体代码如下:

```xml
<?xml version = "1.0" encoding = "UTF-8"?>
<web-app>
    <servlet>
        <servlet-name>Register</servlet-name>
        <servlet-class>com.user.bean.RegisterServlet</servlet-class>
    </servlet>
    <servlet-mapping>
        <servlet-name>Register</servlet-name>
        <url-pattern>/Register</url-pattern>
    </servlet-mapping>
</web-app>
```

(4) 启动服务器,在 IE 地址栏中输入 http://localhost:8080/shixun19/registe.html,填写用户注册信息,如图 6-3 所示。

图 6-3 注册界面

在 register.html 文件中通过下列语句指定了由名称为 Register 的 Servlet 进行表单处理：

`< form name = "form1" onsubmit = "return check()" method = "post" action = "Register">`

用户在注册界面中单击 Submit 按钮后，运行结果如图 6-4 所示。

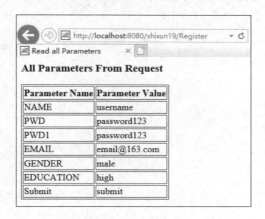

图 6-4 RegisterServlet 运行结果

6.4 小结

本章首先介绍了 Servlet 的基础，其中包括 Servlet 技术简介、技术功能、技术特点、Servlet 的生命周期等知识点；接着介绍了 Servlet 编程常用接口和类，并对这些接口和类中的主要方法通过表格的形式列出并解释；然后介绍了 Servlet 的开发，包括 Servlet 的创建和 Servlet 的配置；最后应用 Servlet 获取 HTML 表单数据。通过本章的学习，读者可以熟悉 Servlet 并且掌握 Servlet 的使用，为以后更深入地学习打好基础。

习题

6-1 Servlet 有哪些特点？它与 JSP 有什么区别？

6-2 Servlet 具有哪些主要功能？

6-3 运行 Servlet 时需要在 web.xml 文件中进行哪些配置？

6-4 使用 Servlet 制作一个用户登录实例。当请求 Servlet 时，出现一个包含文本框、密码框和"提交"按钮的界面，当输入用户名和密码，单击"提交"按钮后，将用户的信息放入 HttpSession 中，并输出欢迎当前用户登录的信息。

第7章 JSP实用组件

很多公司开发了许多实用的组件,这大大扩展了JSP的功能。本章将介绍在用JSP开发程序时,比较常用的对文件进行操作的组件、发送E-mail的组件、生成动态图表的组件、生成JSP报表的组件和在线编辑组件。通过本章的学习,读者应该掌握文件上传与下载的方法,掌握发送E-mail的方法,掌握利用JFreeChart生成动态图表的方法,掌握应用iText组件生成JSP报表的方法及利用在线编辑CKEditor组件实现在线编辑。

7.1 jspSmartUpload 组件

在JSP中,常用的文件上传与下载组件是jspSmartUpload,该组件是一个可免费使用的全功能的文件上传与下载组件,适合嵌入执行上传与下载操作的JSP文件中。通过该组件可以很方便地实现文件的上传与下载。

该组件有以下几个特点。

(1) 使用简单。在JSP文件中仅仅书写三五行Java代码就可以完成文件的上传与下载。

(2) 能全程控制上传。利用jspSmartUpload组件提供的对象及其操作方法,可以获得全部上传文件的信息(包括文件名、大小、类型、扩展名、文件数据等),方便存取。

(3) 能对上传的文件在大小、类型等方面做出限制。这样可以滤掉不符合要求的文件。

(4) 下载灵活。仅写两行代码,就能把Web服务器变成文件服务器。不管文件在Web服务器的目录下或在其他任何目录下,都可以利用jspSmartUpload进行下载。

(5) 能将文件上传到数据库中,也能将数据库中的数据下载下来。

7.1.1 jspSmartUpload 组件的安装与配置

jspSmartUpload组件可以通过网络搜索找到相关网站进行下载。下载的文件名为jspSmartUpload.zip,解压后得到的是一个Web应用程序,若想运行该Web应用,首先将Web-inf目录名更改为WEB-INF,然后将jspSmartUpload整个文件夹复制到Tomcat安装目录下的webapps目录下,最后访问地址http://localhost:8080/jspsmartupload/default.htm即可进入Web应用的首页面。

可以通过如下方法将Web-inf\classes目录下的文件打包成自己的JAR文件,以便在以后的程序开发时,直接通过将该文件复制到应用的WEB-INF\lib目录下来应用

jspSmartUpload 组件实现文件的上传与下载。

(1) 确认安装 JDK，并配置好环境变量。

```
JAVA_HOME = JDK 安装目录
PATH = %JAVA_HOME%\bin
```

(2) 打开"命令提示符"窗口，进入到 jspSmartUpload.zip 文件解压后的目录的 classes 子目录下，输入以下命令行进行文件打包：

```
jar cvf jspSmartUpload.jar com servletUpload.class servletUpload.java
```

其中，com 为 classes 目录下的 com 文件夹，jspSmartUpload.jsp 文件即为打包后的文件。

7.1.2 jspSmartUpload 组件中的常用类

1. File 类

这个类包装了一个上传文件的所有信息。通过它，可以得到上传文件的文件名、文件大小、扩展名、文件数据等信息。

File 类主要提供以下方法。

(1) saveAs()：将文件换名另存。

(2) isMissing()：用于判断用户是否选择了文件，也即对应的表单项是否有值。若选择了文件，则返回 false；若未选择文件，则返回 true。

(3) getFieldName()：取 HTML 表单中对应于此上传文件的表单项的名字。

(4) getFileName()：取文件名(不含目录信息)。

(5) getFilePathName()：取文件全名(带目录)。

(6) getFileExt()：取文件扩展名。

(7) getSize()：取文件长度(以字节计)。

(8) getBinaryData()：取文件数据中指定位移处的一个字节，用于检测文件等处理。

2. Files 类

这个类表示所有上传文件的集合，通过它可以得到上传文件的数目、大小等信息。Files 类有以下方法。

(1) getCount()：取得上传文件的数目。

(2) getFile()：取得指定位移处的文件对象 File(这是 com.jspsmart.upload.File，不是 java.io.File，注意区分)。

(3) getSize()：取得上传文件的总长度，可用于限制一次性上传的数据量大小。

(4) getCollection()：将所有上传文件对象以 Collection 的形式返回，以便其他应用程序引用，浏览上传文件信息。

(5) getEnumeration()：将所有上传文件对象以 Enumeration(枚举)的形式返回，以便其他应用程序浏览上传文件信息。

3. Request 类

这个类的功能等同于 JSP 内置的对象 request。之所以提供这个类，是因为对于文件上传表单,通过 request 对象无法获得表单项的值,必须通过 jspSmartUpload 组件提供的 request 对象来获取。该类提供如下方法。

(1) getParameter():获取指定参数的值。当参数不存在时,返回值为 null。

(2) getParameterValues():当一个参数可以有多个值时,用此方法来取其值。它返回的是一个字符串数组。当参数不存在时,返回值为 null。

(3) getParameterNames():取得 request 对象中所有参数的名字,用于遍历所有参数。它返回的是一个枚举型的对象。

4. SmartUpload 类

SmartUpload 类用于实现文件的上传与下载工作。该类提供的方法如下。
1) 上传与下载共用的方法
该方法只有一个:initialize()。
作用:执行上传与下载的初始化工作,必须第一个执行。
原型:有多个,主要使用的原型如下所示。

```
public final void initialize(javax.servlet.jsp.PageContext pageContext)
```

其中,pageContext 为 JSP 页面内置对象(页面上下文)。
2) 上传文件使用的方法

(1) upload():上传文件数据。对于上传操作,第一步执行 initialize()方法,第二步就要执行 upload()方法。

原型:`public void upload()`

(2) save():将全部上传文件保存到指定目录下,并返回保存的文件个数。

原型:`public int save(String destPathName)` 和 `public int save(String destPathName, int option)`

其中,destPathName 为文件保存目录;option 为保存选项,它有 3 个值,分别是 SAVE_PHYSICAL、SAVE_VIRTUAL 和 SAVE_AUTO(同 File 类的 saveAs()方法的选项之值类似)。SAVE_PHYSICAL 指示组件将文件保存到以操作系统根目录为文件根目录的目录下,SAVE_VIRTUAL 指示组件将文件保存到以 Web 应用程序根目录为文件根目录的目录下,而 SAVE_AUTO 则表示由组件自动选择。

注:save(destPathName)作用等同于 save(destPathName,SAVE_AUTO)。

(3) getSize():取上传文件数据的总长度。

(4) getFiles():取全部上传文件,以 Files 对象形式返回,可以利用 Files 类的操作方法获得上传文件的数目等信息。

(5) getRequest():取得 request 对象,以便由此对象获得上传表单参数的值。

(6) setAllowedFilesList():设定允许上传带有指定扩展名的文件,当上传过程中有文件名不允许时,组件将抛出异常。

原型:`public void setAllowedFilesList(String allowedFilesList)`

其中,allowedFilesList 为允许上传的文件扩展名列表,各个扩展名之间以逗号分隔。如果想允许上传那些没有扩展名的文件,可以用两个逗号表示。例如:setAllowedFilesList("doc,txt,,")将允许上传带 doc 和 txt 扩展名的文件以及没有扩展名的文件。

(7) setDeniedFilesList()：用于限制上传那些带有指定扩展名的文件。若有文件扩展名被限制，则上传时组件将抛出异常。

原型：public void setDeniedFilesList(String deniedFilesList)

其中，deniedFilesList 为禁止上传的文件扩展名列表，各个扩展名之间以逗号分隔。如果想禁止上传那些没有扩展名的文件，可以用两个逗号来表示。例如：setDeniedFilesList("exe,bat,,")将禁止上传带 exe 和 bat 扩展名的文件以及没有扩展名的文件。

(8) setMaxFileSize()：设定每个文件允许上传的最大长度。

原型：public void setMaxFileSize(long maxFileSize)

其中，maxFileSize 为每个文件允许上传的最大长度，当文件超出此长度时，将不被上传。

(9) setTotalMaxFileSize()：设定允许上传的文件的总长度，用于限制一次性上传的数据量大小。

原型：public void setTotalMaxFileSize(long totalMaxFileSize)

其中，totalMaxFileSize 为允许上传的文件的总长度。

3) 下载文件常用的方法

(1) setContentDisposition()：将数据追加到 MIME 文件头的 CONTENT-DISPOSITION 域。jspSmartUpload 组件会在返回下载的信息时自动填写 MIME 文件头的 CONTENT-DISPOSITION 域，如果用户需要添加额外信息，请用此方法。

原型：public void setContentDisposition(String contentDisposition)

其中，contentDisposition 为要添加的数据。如果 contentDisposition 为 null，则组件将自动添加"attachment;"，以表明将下载的文件作为附件，结果是 IE 浏览器将会提示另存文件，而不是自动打开这个文件(IE 浏览器一般根据下载的文件扩展名决定执行什么操作，扩展名为 doc 的将用 Word 程序打开，扩展名为 pdf 的将用 Acrobat 程序打开等)。

(2) downloadFile()：下载文件。

原型：共有以下 3 个原型可用，第一个最常用，后两个用于特殊情况下的文件下载(如更改内容类型、更改另存的文件名)。

① public void downloadFile(String sourceFilePathName)

其中，sourceFilePathName 为要下载的文件名(带目录的文件全名)

② public void downloadFile(String sourceFilePathName, String contentType)

其中，sourceFilePathName 为要下载的文件名(带目录的文件全名)，contentType 为内容类型(MIME 格式的文件类型信息，可被浏览器识别)。

③ public void downloadFile(String sourceFilePathName, String contentType, String destFileName)

其中，sourceFilePathName 为要下载的文件名(带目录的文件全名)，contentType 为内容类型(MIME 格式的文件类型信息，可被浏览器识别)，destFileName 为下载后默认的另存文件名。

实训20　利用 jspSmartUpload 组件实现文件的上传与下载

【实训目的】

(1) 掌握利用第三方组件(jspSmartUpload)实现 JSP 文件上传和下载。

(2) 掌握 jspSmartUpload 提供的 API。

【实训要求】

编写 3 个 jsp 文件：upload.jsp、upload_ok.jsp 和 Download.jsp。其中，upload.jsp 和 upload_ok.jsp 实现文件的上传，Download.jsp 实现文件的下载。

【实训步骤】

(1) 通过网络搜索下载 jspSmartUpload 组件，文件为 jspSmartUpload.zip。解压该文件。

(2) 打开"命令提示符"窗口，进入 jspSmartUpload.zip 文件解压后的目录的 classes 子目录下，输入以下命令行进行文件打包：

```
jar cvf jspSmartUpload.jar com servletUpload.class servletUpload.java
```

其中，com 为 classes 目录下的 com 文件夹，jspSmartUpload.jsp 文件即为打包后的文件。打包文件为 jspSmartUpload.jar。

(3) 新建一个名为 jspSmartUpload 的 Web 项目。

(4) 粘贴 jspSmartUpload.jar 包到工程中。

(5) 右击 jspSmartUpload.jar，选择 Build Path→Add to Build Path。

(6) 创建 3 个 jsp 文件。其中 upload.jsp 和 upload_ok.jsp 实现文件的上传，Download.jsp 实现文件的下载。下面分别来看其源代码。

① upload.jsp，该页面添加要上传的文件的表单。代码如下：

```
<%@ page contentType = "text/html; charset = gb2312" language = "Java" %>
<html><head><title>文件上传</title>
<meta http-equiv = "Content-Type" content = "text/html; charset = gb2312">
</head>
<body>
<form name = "form1" enctype = "multipart/form-data" method = "post" action = "upload_ok.jsp">
    <table>
        <tr>
            <td>请选择上传的文件：<br>
                <input name = "file" type = "file" size = "35">
                <br>注：文件大小请控制在 2MB 以内。
            </td>
        </tr>
    </table>
</form></body>
</html>
```

② upload_ok.jsp，该页面是实现文件上传功能的处理页面。代码如下：

```
<%@ page contentType = "text/html; charset = gb2312" language = "Java" %>
<jsp:useBean id = "upFile" scope = "page"
    class = "com.jspsmart.upload.SmartUpload" />
<%
    upFile.initialize(pageContext);
    upFile.upload();
```

```
        long size = upFile.getFiles().getSize();
        System.out.println("文件大小:" + size);
        if(size > 2000000) {
            out.println("<script>alert('您上传的文件太大,不能完成上传!');history.back(-1);
</script>");
        } else {
            String getFileName = upFile.getFiles().getFile(0).getFileName();
            out.println("<script>alert('文件上传成功!');window.close();</script>");
            try {
                upFile.save("/upload");
            } catch(Exception e) {
                System.out.println("上传文件出现错误:" + e.getMessage());
            }
        }
%>
```

③ Download.jsp,该页面是实现文件下载功能的处理页面。代码如下:

```
<%
    java.io.BufferedInputStream bis = null;
    java.io.BufferedOutputStream bos = null;
    try {
        String filename = request.getParameter("filename");
        filename = new String(filename.getBytes("iso8859-1"), "gb2312");
        response.setContentType("application/x-msdownload");
        response.setHeader("Content-disposition",
                "attachment; filename="
                    + new String(filename.getBytes("gb2312"),
                        "iso8859-1"));
        bis = new java.io.BufferedInputStream(
                new java.io.FileInputStream(config.getServletContext()
                    .getRealPath("upload/" + filename)));
        bos = new java.io.BufferedOutputStream(response
                .getOutputStream());
        byte[] buff = new byte[2048];
        int bytesRead;
        while(-1 != (bytesRead = bis.read(buff, 0, buff.length))) {
            bos.write(buff, 0, bytesRead);
        }
    } catch(Exception e) {
        e.printStackTrace();
    } finally {
        if(bis != null)
            bis.close();
        if(bos != null)
            bos.close();
    }
%>
```

在 IE 中输入网址 http://localhost:8080/jspSmartUpload/Download.jsp?filename=新建BMP图像.bmp,结果如图 7-1 所示。

注意：新建 BMP 图像.bmp 代表上传的文件名称。

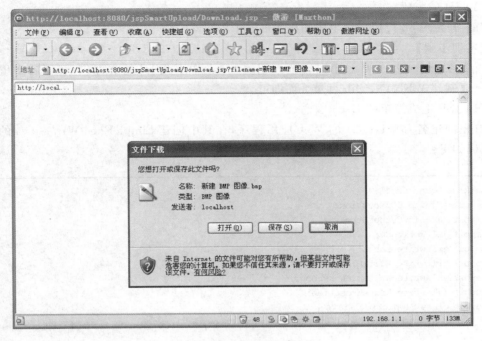

图 7-1 文件下载页面

7.2 jxl 组件

7.2.1 jxl.jar 简介

jxl.jar 是一个开放源码项目，通过它 Java 开发人员可以读取 Excel 文件的内容、创建新的 Excel 文件、更新已经存在的 Excel 文件。使用 API 非 Windows 操作系统也可以通过纯 Java 应用来处理 Excel 数据表。因为它是使用 Java 编写的，所以在 Web 应用中可以通过 JSP、Servlet 来调用 API 实现对 Excel 数据表的访问。

7.2.2 jxl 组件的安装与配置

在官方网站 http://www.andykhan.com/jexcelapi/下载最新版本(本章下载的版本为 jexcelapi_2_6_12.zip)，解压后将里面的 jxl.jar 复制到 WEB-INF/lib 目录下面即可。

实训 21 利用 jxl 组件实现生成和操作 Excel 文件

【实训目的】
(1) 掌握下载 jxl 的方法。
(2) 掌握 jxl 组件的配置方法。
(3) 学会利用 jxl 组件实现生成和操作 Excel 文件。

【实训要求】

(1) jxl 的配置。

(2) 开发 Web 应用程序生成和操作 Excel 文件。

【实训步骤】

首先在 http://www.andykhan.com/jexcelapi/中下载 jxl 的文件包,解压后将里面的 jxl.jar 复制到 WEB-INF/lib 目录下面即可。

(1) JSP 生成简单的 Excel 文件。

首先创建名为 shixun21 的 Web 应用程序,在其中创建 SimpleExcelWrite.java 的类文件,代码如下:

```java
package beans.excel;
import java.io.IOException;
import java.io.OutputStream;
import jxl.Workbook;
import jxl.write.Label;
import jxl.write.WritableSheet;
import jxl.write.WritableWorkbook;
import jxl.write.WriteException;
public class SimpleExcelWrite {
    public void createExcel(OutputStream os) throws WriteException, IOException {
        //创建工作簿
        WritableWorkbook workbook = Workbook.createWorkbook(os);
        //创建新的一页
        WritableSheet sheet = workbook.createSheet("First Sheet", 0);
        //创建要显示的内容,创建一个单元格,第一个参数为列坐标,第二个参数为行坐标,
        //第三个参数为内容
        Label xuexiao = new Label(0, 0, "姓名");
        sheet.addCell(xuexiao);
        Label zhuanye = new Label(1, 0, "性别");
        sheet.addCell(zhuanye);
        Label jingzhengli = new Label(2, 0, "专业");
        sheet.addCell(jingzhengli);
        Label qinghua = new Label(0, 1, "李翔");
        sheet.addCell(qinghua);
        Label jisuanji = new Label(1, 1, "女");
        sheet.addCell(jisuanji);
        Label gao = new Label(2, 1, "计算机应用");
        sheet.addCell(gao);
        Label beida = new Label(0, 2, "王一");
        sheet.addCell(beida);
        Label falv = new Label(1, 2, "男");
        sheet.addCell(falv);
        Label zhong = new Label(2, 2, "计算机软件");
        sheet.addCell(zhong);
        Label ligong = new Label(0, 3, "张晓");
        sheet.addCell(ligong);
        Label hangkong = new Label(1, 3, "女");
        sheet.addCell(hangkong);
        Label di = new Label(2, 3, "机械设计");
        sheet.addCell(di);
```

```
        //把创建的内容写入到输出流中,并关闭输出流
        workbook.write();
        workbook.close();
        os.close();
    }
}
```

其次创建 SimpleExcelWrite.jsp 文件,代码如下:

```
<%@ page language="Java" import="java.util.*" pageEncoding="gb2312"%>
<%@ page import="java.io.*"%>
<%@ page import="beans.excel.*"%>
<%
    String fname = "专业统计情况";
    OutputStream os = response.getOutputStream();         //取得输出流
    response.reset();                                      //清空输出流
    //下面是对中文文件名的处理
    response.setCharacterEncoding("UTF-8");                //设置相应内容的编码格式
    fname = java.net.URLEncoder.encode(fname,"UTF-8");
    response.setHeader("Content-Disposition","attachment;filename=" + new String(fname.getBytes("UTF-8"),"GBK") + ".xls");
    response.setContentType("application/msexcel");        //定义输出类型
    SimpleExcelWrite sw = new SimpleExcelWrite();
    sw.createExcel(os);
%>
<html>
<head><title></title></head>
<body></body>
</html>
```

最后在 Tomcat 下运行此 Web 工程,在 IE 浏览器中输入网址 http://localhost:8080/shixun21/SimpleExcelWrite.jsp,会弹出下载 Excel 文件对话框,下载后的 Excel 生成结果如图 7-2 所示。

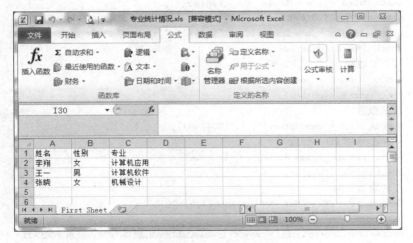

图 7-2　简单 Excel 文件

(2) 生成复杂数据格式 Excel 文件。

首先创建类文件 ComplexDataExcelWrite.java,代码如下:

```java
package beans.excel;
import java.io.IOException;
import java.io.OutputStream;
import java.util.Calendar;
import java.util.Date;
import jxl.Workbook;
import jxl.write.Boolean;
import jxl.write.DateFormats;
import jxl.write.DateTime;
import jxl.write.Label;
import jxl.write.Number;
import jxl.write.WritableCellFormat;
import jxl.write.WritableSheet;
import jxl.write.WritableWorkbook;
import jxl.write.WriteException;
public class ComplexDataExcelWrite {
    public void createExcel(OutputStream os) throws WriteException, IOException {
        //创建工作簿
        WritableWorkbook workbook = Workbook.createWorkbook(os);
        //创建新的一页
        WritableSheet sheet = workbook.createSheet("First Sheet", 0);
        //创建要显示的具体内容
        Label formate = new Label(0, 0, "数据格式");
        sheet.addCell(formate);
        Label floats = new Label(1, 0, "浮点型");
        sheet.addCell(floats);
        Label integers = new Label(2, 0, "整型");
        sheet.addCell(integers);
        Label booleans = new Label(3, 0, "布尔型");
        sheet.addCell(booleans);
        Label dates = new Label(4, 0, "日期格式");
        sheet.addCell(dates);
        Label example = new Label(0, 1, "数据示例");
        sheet.addCell(example);
        //浮点数据
        Number number = new Number(1, 1, 3.1415926535);
        sheet.addCell(number);
        //整型数据
        Number ints = new Number(2, 1, 15042699);
        sheet.addCell(ints);
        Boolean bools = new Boolean(3, 1, true);
        sheet.addCell(bools);
        //日期型数据
        Calendar c = Calendar.getInstance();
        Date date = c.getTime();
        WritableCellFormat cf1 = new WritableCellFormat(DateFormats.FORMAT1);
        DateTime dt = new DateTime(4, 1, date, cf1);
```

```
        sheet.addCell(dt);
        //把创建的内容写入到输出流中,并关闭输出流
        workbook.write();
        workbook.close();
        os.close();
    }
}
```

其次创建 ComplexDataExcelWrite.jsp 文件,代码如下:

```jsp
<%@ page language="Java" import="java.util.*" pageEncoding="gb2312"%>
<%@ page import="java.io.*"%>
<%@ page import="beans.excel.*"%>
<%
    String fname = "专业统计情况";
    OutputStream os = response.getOutputStream();          //取得输出流
    response.reset();                                       //清空输出流
    //下面是对中文文件名的处理
    response.setCharacterEncoding("UTF-8");                 //设置相应内容的编码格式
    fname = java.net.URLEncoder.encode(fname,"UTF-8");
    response.setHeader("Content-Disposition","attachment;filename=" + new String(fname.getBytes("UTF-8"),"GBK") + ".xls");
    response.setContentType("application/msexcel");         //定义输出类型
    ComplexDataExcelWrite cw = new ComplexDataExcelWrite();
    cw.createExcel(os);
%>
<html>
<head><title></title></head>
<body></body>
</html>
```

最后在 Tomcat 中运行此 Web 工程,在 IE 浏览器中输入网址 http://localhost:8080/shixun21/ComplexDataExcelWrite.jsp,会弹出下载 Excel 文件对话框,下载后的 Excel 生成结果如图 7-3 所示。

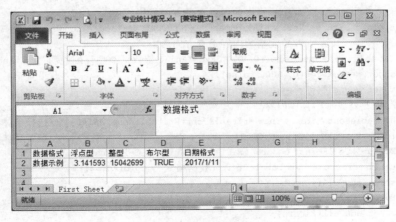

图 7-3 生成复杂数据格式的 Excel 文件

(3) 生成复杂布局和样式的 Excel 文件。

首先创建类文件 MutiStyleExcelWrite.java，代码如下：

```java
package beans.excel;
import java.io.IOException;
import java.io.OutputStream;
import java.util.Calendar;
import java.util.Date;
import jxl.Workbook;
import jxl.format.Colour;
import jxl.format.UnderlineStyle;
import jxl.write.Boolean;
import jxl.write.DateFormats;
import jxl.write.DateTime;
import jxl.write.Label;
import jxl.write.Number;
import jxl.write.WritableCellFormat;
import jxl.write.WritableFont;
import jxl.write.WritableSheet;
import jxl.write.WritableWorkbook;
import jxl.write.WriteException;
public class MutiStyleExcelWrite {
    public void createExcel(OutputStream os) throws WriteException, IOException {
        //创建工作簿
        WritableWorkbook workbook = Workbook.createWorkbook(os);
        //创建新的一页
        WritableSheet sheet = workbook.createSheet("First Sheet", 0);
        //构造表头
        sheet.mergeCells(0, 0, 4, 0);    //添加合并单元格,第一个参数是起始列,第二个参数是
                                         //起始行,第三个参数是终止列,第四个参数是终止行
        WritableFont bold = new WritableFont(WritableFont.ARIAL, 10, WritableFont.BOLD);
                        //设置字体种类和黑体显示,字体为 Arial,字号大小为 10,采用加粗显示
        WritableCellFormat titleFormate = new WritableCellFormat(bold);
                        //生成一个单元格样式控制对象
        titleFormate.setAlignment(jxl.format.Alignment.CENTRE);
                        //单元格中的内容水平方向居中
        titleFormate.setVerticalAlignment(jxl.format.VerticalAlignment.CENTRE);
                        //单元格的内容垂直方向居中
        Label title = new Label(0, 0, "JExcelApi 支持数据类型详细说明", titleFormate);
        sheet.setRowView(0, 600, false);                    //设置第一行的高度
        sheet.addCell(title);
        //创建要显示的具体内容
        WritableFont color = new WritableFont(WritableFont.ARIAL); //选择字体
        color.setColour(Colour.GOLD);                       //设置字体颜色为金黄色
        WritableCellFormat colorFormat = new WritableCellFormat(color);
        Label formate = new Label(0, 1, "数据格式", colorFormat);
        sheet.addCell(formate);
        Label floats = new Label(1, 1, "浮点型");
        sheet.addCell(floats);
        Label integers = new Label(2, 1, "整型");
```

```java
        sheet.addCell(integers);
        Label booleans = new Label(3, 1, "布尔型");
        sheet.addCell(booleans);
        Label dates = new Label(4, 1, "日期格式");
        sheet.addCell(dates);
        Label example = new Label(0, 2, "数据示例", colorFormat);
        sheet.addCell(example);
        //浮点数据
        //设置下画线
        WritableFont underline = new WritableFont(WritableFont.ARIAL, WritableFont.DEFAULT_POINT_SIZE,WritableFont.NO_BOLD, false, UnderlineStyle.SINGLE);
        WritableCellFormat greyBackground = new WritableCellFormat(underline);
        greyBackground.setBackground(Colour.GRAY_25);              //设置背景颜色为灰色
        Number number = new Number(1, 2, 3.1415926535, greyBackground);
        sheet.addCell(number);
        //整型数据
        WritableFont boldNumber = new WritableFont(WritableFont.ARIAL, 10, WritableFont.BOLD);
                                                                   //加粗
        WritableCellFormat boldNumberFormate = new WritableCellFormat(boldNumber);
        Number ints = new Number(2, 2, 15042699, boldNumberFormate);
        sheet.addCell(ints);
        //布尔型数据
        Boolean bools = new Boolean(3, 2, true);
        sheet.addCell(bools);
        //日期型数据
        //设置加粗和下画线
        WritableFont boldDate = new WritableFont(WritableFont.ARIAL, WritableFont.DEFAULT_POINT_SIZE, WritableFont.BOLD,false, UnderlineStyle.SINGLE);
        WritableCellFormat boldDateFormate = new WritableCellFormat(boldDate, DateFormats.FORMAT1);
        Calendar c = Calendar.getInstance();
        Date date = c.getTime();
        DateTime dt = new DateTime(4, 2, date, boldDateFormate);
        sheet.addCell(dt);
        //把创建的内容写入到输出流中,并关闭输出流
        workbook.write();
        workbook.close();
        os.close();
    }
}
```

其次创建 MutiStyleExcelWrite.jsp 文件,代码如下:

```jsp
<%@ page language="Java" import="java.util.*" pageEncoding="gb2312"%>
<%@ page import="java.io.*"%>
<%@ page import="beans.excel.*"%>
<%
    String fname = "专业统计情况";
    OutputStream os = response.getOutputStream();        //取得输出流
    response.reset();                                     //清空输出流
```

```
            //下面是对中文文件名的处理
            response.setCharacterEncoding("UTF-8");           //设置相应内容的编码格式
            fname = java.net.URLEncoder.encode(fname, "UTF-8");
            response.setHeader("Content-Disposition",
                    "attachment;filename=" + new String(fname.getBytes("UTF-8"), "GBK") + ".xls");
            response.setContentType("application/msexcel");   //定义输出类型
            MutiStyleExcelWrite mw = new MutiStyleExcelWrite();
            mw.createExcel(os);
        %>
        <html>
        <head>
        <title></title>
        </head>
        <body></body>
        </html>
```

最后在 Tomcat 下运行此 Web 工程,在 IE 浏览器中输入网址 http://localhost:8080/shixun21/MutiStyleExcelWrite.jsp,会弹出下载 Excel 文件对话框,下载后的 Excel 生成结果如图 7-4 所示。

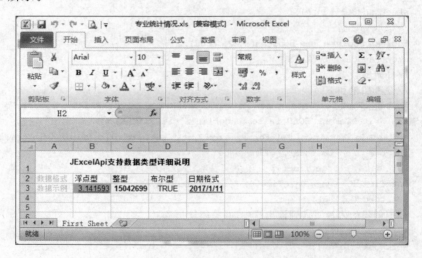

图 7-4　生成复杂布局和样式的 Excel 文件

(4) JSP 读取 Excel 报表。

创建读取保存于 D 盘的"专业统计情况.xls"的 ReadExcel.jsp 文件,代码如下:

```
<%@ page language="Java" import="java.util.*" pageEncoding="gb2312" %>
<%@ page import="java.io.File" %>
<%@ page import="jxl.Cell" %>
<%@ page import="jxl.Sheet" %>
<%@ page import="jxl.Workbook" %>
<html>
  <head>
    <title></title>
```

```
        </head>
        <body>
            <div style = "color:red;">
            <%
                String fileName = "D:/专业统计情况.xls";
                File file = new File(fileName);              //根据文件名创建一个文件对象
                Workbook wb = Workbook.getWorkbook(file);    //从文件流中取得Excel工作区对象
                Sheet sheet = wb.getSheet(0);                //从工作区中取得页,取得这个对象的时候
                                                             //既可以用名称来获得,也可以用序号
                String outPut = "";
                outPut = outPut + "<b>" + fileName + "</b><br>";
                outPut = outPut + "第一个sheet的名称为:" + sheet.getName() + "<br>";
                outPut = outPut + "第一个sheet共有:" + sheet.getRows() + "行" + sheet.getColumns() +
"列<br>";
                outPut = outPut + "具体内容如下:<br>";
                for(int i = 0; i < sheet.getRows(); i++){
                    for(int j = 0; j < sheet.getColumns(); j++){
                        Cell cell = sheet.getCell(j,i);
                        outPut = outPut + cell.getContents() + " ";
                    }
                    outPut = outPut + "<br>";
                }
                out.println(outPut);
            %>
            </div>
        </body>
</html>
```

在 Tomcat 下运行此 Web 工程,在 IE 浏览器中输入网址 http://localhost:8080/shixun21/ReadExcel.jsp,会弹出下载 Excel 文件对话框,下载后的 Excel 生成结果如图 7-5 所示。

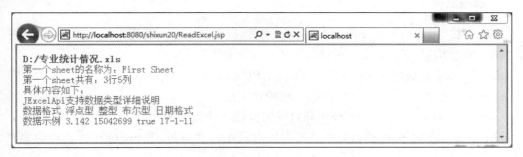

图 7-5 JSP 读取 Excel 报表

7.3 JFreeChart 组件

JSP 动态图表 JFreeChart 是一个 Java 开源项目,是一款优秀的 Java 图表生成组件,它提供了在 Java Application、Servlet 和 JSP 下生成各种图片格式的图表,包括柱状图、饼图、

线图、区域图、时序图和多轴图等。它能够用在 Swing 和 Web 等中制作自定义的图表或报表,并且得到广泛的应用。

7.3.1　JFreeChart 组件简介

JFreeChart 是完全基于 Java 语言的开源项目,因此可以使用在 Java 开发环境中,包括 Java 应用程序,或者是 Java Web 应用都没有任何问题。结合 iText 项目,可将生成的统计图表输出到 PDF 文件中;结合最新的 POI 项目,也可以将生成的统计图表输出到 Excel 文档中。

JFreeChart 可用于生成各式各样的统计图表,只要开发人员提供符合 JFreeChart 所需格式的数据,JFreeChart 即可自动生成相应的统计图表。JFreeChart 可生成饼图(Pie Chart)、柱状图(Bar Chart)、散点图(Scatter Plot)、时序图(Time Serif)、甘特图(Gantt Chart)等多种图表,可直接输出成图片文件,也可被导出为 PDF 或 Excel 文档。

7.3.2　JFreeChart 的下载与安装

为了使用 JFreeChart 生成统计图表,必须下载和安装 JFreeChart 项目。下载和安装 JFreeChart 的步骤如下。

1. JFreeChart 下载

登录 JFreeChart 官方网站 http://www.jfree.org/jfreechart/index.html,下载该插件,该插件有如下两个版本。

(1) jfreechart-1.0.19.zip,该版本适用于 Windows 系统。以下均以 Windows 系统为例,介绍 JFreeChart 组件的使用。

(2) jfreechart-1.0.19.tar.gz,该版本适用于 UNIX/Linux 系统。

2. 解压文件

解压下载得到的 jfreechart-1.0.19.zip 文件,得到如下文件结构。

ant:存放编译 JFreeChart 项目的 build.xml 文件。

checkstyle:存放生成 JFreeChart 项目 API 文档的样式文件。

docfiles:存放 JFreeChart 实例的一些图片文件。

experimental:存放 JFreeChart 项目的实验性新功能的源代码。

lib:存放 JFreeChart 项目的二进制类库以及编译和运行 JFreeChart 所依赖的第三方类库。

source:存放 JFreeChart 的源代码。

swt:存放 JFreeChart 提供的 SWT(Standard Widget Toolkit,标准工具集)支持的源代码。

tests:存放 JFreeChart 项目单元测试的测试用例文件。

jfreechart-1.0.19-demo.jar:JFreeChart 的演示实例,使用 java -jar jfreechart-1.0.19-demo.jar 命令可以运行该实例,但 JFreeChart 没有提供这些演实示例的源代码。

其他还有如 licence-LGPL.txt 和 README.txt 等说明性文档。

注意：JFreeChart 不会提供相关的入门指南、参考手册等文档，因为 JFreeChart 与 JasperReports 项目的策略相似，它们的项目是免费的，但文档是需要收费的。

3. 环境变量设置

将 lib 路径下的所有 JAR 文件都复制到需要使用 JFreeChart 项目应用的 CLASSPATH 路径下。如果是 Web 应用，则需要将这些 JAR 文件复制到 Web 应用的 WEB-INF/lib 路径下。如果在编译和运行过程中需要使用 JFreeChart 项目，则还应将 lib 路径下的 jfreechart-1.0.19.jar 文件添加到系统的环境变量里。如果使用其他 IDE，则无须添加环境变量。

经过以上三个步骤，即可完成 JFreeChart 的安装。

7.3.3 JFreeChart 的核心类

研究 JFreeChart 源代码发现，源代码主要由两个大的包组成：org.jfree.chart 和 org.jfree.data。其中前者主要与图形本身有关，后者与图形显示的数据有关。

核心类主要有以下几种。

org.jfree.chart.JFreeChart：图表对象，任何类型的图表的最终表现形式都是在该对象进行一些属性的定制。JFreeChart 引擎本身提供了一个工厂类用于创建不同类型的图表对象。

org.jfree.data.category.XXXDataSet：数据集对象，用于提供显示图表所用的数据。不同类型的图表对应着很多类型的数据集对象类。

org.jfree.chart.plot.XXXPlot：图表区域对象，基本上这个对象决定着什么样式的图表，创建该对象的时候需要 Axis、Renderer 以及数据集对象的支持。

org.jfree.chart.axis.XXXAxis：用于处理图表的纵轴和横轴。

org.jfree.chart.render.XXXRender：负责如何显示一个图表对象。

org.jfree.chart.urls.XXXURLGenerator：用于生成 Web 图表中每个项目的鼠标单击的链接。

XXXXXToolTipGenerator：用于生成图像的帮助提示，不同类型图表对应不同类型的工具提示类。

实训 22　利用 JFreeChart 生成动态图表

【实训目的】

掌握利用 JFreeChart 生成动态图表。

【实训要求】

编写一个 JSP 页面 index.jsp，用来绘制柱形图。

【实训步骤】

（1）在 JFreeChart 的官方网站（http://www.jfree.org/jfreechart/index.html）下载 JFreeChart 插件，文件为 jfreechart-1.0.19.zip。解压该文件。

(2) 解压缩 jfreechart-1.0.19.zip 后将得到一个名为 jfreechart-1.0.19 的文件夹，只需 lib 子文件夹内的 jfreechart-1.0.19.jar 和 jcommon-1.0.23.jar 两个文件。

(3) 新建一个名为 jfreechart 的 Web 项目。

(4) 粘贴 jfreechart-1.0.19.jar 和 jcommon-1.0.23.jar 包到工程中。

(5) 分别右击 jfreechart-1.0.19.jar 和 jcommon-1.0.23.jar，选择 Build Path→Add to Build Path。

(6) 打开 Web 应用程序的 web.xml 文件，在</web-app>前面添加如下代码：

```xml
<servlet>
    <servlet-name>DisplayChart</servlet-name>
    <servlet-class>org.jfree.chart.servlet.DisplayChart</servlet-class>
</servlet>
<servlet-mapping>
    <servlet-name>DisplayChart</servlet-name>
    <url-pattern>/servlet/DisplayChart</url-pattern>
</servlet-mapping>
```

这样，就可以利用 JFreeChart 组件生成动态统计图表了。利用 JFreeChart 组件生成动态统计图表的基本步骤如下。

① 创建绘图数据集合。
② 创建 JFreeChart 实例。
③ 自定义图表绘制属性，该步可选。
④ 生成指定格式的图片，并返回图片名称。
⑤ 设置图片浏览路径。
⑥ 通过 HTML 中的<img>标记显示图片。
⑦ index.jsp 用来绘制柱状图。index.jsp 代码如下：

```jsp
<%@ page language="Java" import="java.util.*" pageEncoding="GB2312" %>
<%@ page import="org.jfree.chart.ChartFactory" %>
<%@ page import="org.jfree.chart.JFreeChart" %>
<%@ page import="org.jfree.data.category.DefaultCategoryDataset" %>
<%@ page import="org.jfree.chart.plot.PlotOrientation" %>
<%@ page import="org.jfree.chart.entity.StandardEntityCollection" %>
<%@ page import="org.jfree.chart.ChartRenderingInfo" %>
<%@ page import="org.jfree.chart.servlet.ServletUtilities" %>
<%
DefaultCategoryDataset dataset1 = new DefaultCategoryDataset();
dataset1.addValue(200,"北京","苹果");
dataset1.addValue(150,"北京","香蕉");
dataset1.addValue(450,"北京","葡萄");
dataset1.addValue(400,"吉林","苹果");
dataset1.addValue(200,"吉林","香蕉");
dataset1.addValue(150,"吉林","葡萄");
dataset1.addValue(150,"深圳","苹果");
dataset1.addValue(350,"深圳","香蕉");
dataset1.addValue(200,"深圳","葡萄");
```

```
//创建 JFreeChart 组件的图表对象
JFreeChart chart = ChartFactory.createBarChart3D(
    "水果销量图",                                    //图表标题
    "水果",                                         //x 轴的显示标题
    "销量",                                         //y 轴的显示标题
    dataset1,                                       //数据集
    PlotOrientation.VERTICAL,//图表方向(垂直)
    true,                                           //是否包含图例
    false,                                          //是否包含提示
    false                                           //是否包含 URL
);
//设置图表的文件名
//固定用法
ChartRenderingInfo info = new ChartRenderingInfo(new StandardEntityCollection());
String fileName = ServletUtilities.saveChartAsPNG(chart,400,270,info,session);
String url = request.getContextPath() + "/servlet/DisplayChart?filename = " + fileName;
%>
<html>
  <head>
    <title>绘制柱状图</title>
  </head>
  <body topmargin = "0">
<table width = "100%"   border = "0" cellspacing = "0" cellpadding = "0">
  <tr>
    <td> <img src = "<% = url %>"></td>
  </tr>
</table>
  </body>
</html>
```

在 IE 浏览器中输入网址 http://localhost:8080/jfreechart/,结果如图 7-6 所示。

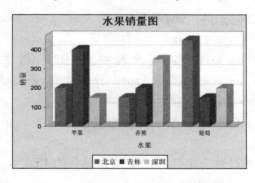

图 7-6　利用 JFreeChart 生成柱状图

7.4　iText 组件

在企业的信息系统中,报表一直处于很重要的位置。在 JSP 中可以通过 iText 组件生成报表。

7.4.1 iText 组件简介

JSP 报表 iText 组件是一个能够快速产生 PDF 文件的 Java 类库,是著名的开放源代码站点 sourceforge 的一个项目。通过 iText 提供的 Java 类不仅可以生成包含文本、表格、图形等内容的只读文档,而且可以将 XML、HTML 文件转换为 PDF 文件。

7.4.2 iText 组件的下载与配置

iText 组件可以到 http://www.lowagie.com/iText/download.html 网站下载。

下载 iText-2.1.3.jar 文件后,需要把 iText-2.1.3.jar 包放入项目目录下的 WEB-INF/lib 路径中,这样在程序中就可以使用 iText 类库了。如果生成的 PDF 文件中需要出现中文、日文、韩文字符,则需要访问 http://prdownloads.sourceforge.net/itext/iTextAsian.jar 下载 iTextAsian.jar 包。当然,如果想真正了解 iText 组件,阅读 iText 文档非常重要,读者在下载类库的同时,也可以下载类库文档。

实训 23 利用 iText 组件生成 PDF 文档

【实训目的】

掌握利用 iText 组件生成 PDF 文档。

【实训要求】

(1) 编写 index.jsp 页面,通过两个组件生成中英文混合的 PDF 文档。

(2) 编写 cell.jsp 页面,生成具有表格的 PDF 文档。

(3) 编写 image.jsp 页面,生成具有表格和图片的 PDF 文档。

【实训步骤】

(1) iText 组件可以到 http://www.lowagie.com/iText/download.html 网站下载。下载最新的 iText 组件 iText-2.1.3.jar。

(2) 如果生成的 PDF 文件中需要出现中文、日文、韩文字符,则访问 http://prdownloads.sourceforge.net/itext/iTextAsian.jar 下载 iTextAsian.jar 包。

(3) 新建一个名为 itext 的 Web 项目。

(4) 把 iText-2.1.3.jar 和 iTextAsian.jar 包复制到 D:\Tomcat 8.0\webapps\itext\WEB-INF\lib 下。

(5) 下面 JSP 页面,通过两个组件生成中英文混合的 PDF 文档。生成中英文混合的 PDF 文档(itext/index.jsp)代码如下:

```jsp
<%@ page language="Java"  pageEncoding="gb2312" %>
<%@ page import="java.io.*,com.lowagie.text.*,com.lowagie.text.pdf.*" %>
<%
    response.reset();
    response.setContentType("application/pdf");          //设置文档格式
    Document document = new Document();                  //创建 Document 实例
                                                         //进行中文输出设置
```

```
BaseFont bfChinese = BaseFont.createFont("STSong-Light",
        "UniGB-UCS2-H", BaseFont.NOT_EMBEDDED);
Paragraph par = new Paragraph("iText组件",new Font(bfChinese, 12, Font.NORMAL));
par.add(new Paragraph("下载与配置",new Font(bfChinese, 12, Font.ITALIC)));
ByteArrayOutputStream buffer = new ByteArrayOutputStream();
PdfWriter.getInstance(document, buffer);
document.open();                                    //打开文档
document.add(new Paragraph("welcome to beijing"));
document.add(par);                                  //添加中文内容
document.close();                                   //关闭文档
//解决抛出 IllegalStateException 异常的问题
out.clear();
out = pageContext.pushBody();
DataOutput output =
        new DataOutputStream(response.getOutputStream());
byte[] bytes = buffer.toByteArray();
response.setContentLength(bytes.length);
for(int i = 0; i < bytes.length; i++) {
    output.writeByte(bytes[i]);
}
%>
```

(6) 下面JSP页面,生成具有表格的PDF文档。生成具有表格的PDF文档(itext/cell.jsp)代码如下:

```
<%@ page language="Java"  pageEncoding="gb2312"%>
<%@ page import="java.io.*,com.lowagie.text.*,com.lowagie.text.pdf.*"%>
<%
    response.reset();
    response.setContentType("application/pdf");     //设置文档格式
    Document document = new Document();             //创建 Document 实例
    //进行表格设置
    Table table = new Table(3);                     //建立列数为 3 的表格
    table.setBorderWidth(2);                        //边框宽度设置为 2
    table.setPadding(3);                            //表格边距为 3
    table.setSpacing(3);
    Cell cell = new Cell("header");                 //创建单元格作为表头
    cell.setHorizontalAlignment(Cell.ALIGN_CENTER);
    cell.setHeader(true);                           //表示该单元格作为表头信息显示
    cell.setColspan(3);                             //合并单元格,使该单元格占用 3 列
    table.addCell(cell);
    table.endHeaders();         //表头添加完毕,必须调用此方法,否则跨页时,表头不会显示
    cell = new Cell("cell1");                       //添加一个 1 行 2 列的单元格
    cell.setRowspan(2);                             //合并单元格,向下占用 2 行
    table.addCell(cell);
    table.addCell("cell2.1.1");
    table.addCell("cell2.2.1");
    table.addCell("cell2.1.2");
    table.addCell("cell2.2.2");
```

```
    ByteArrayOutputStream buffer = new ByteArrayOutputStream();
    PdfWriter.getInstance(document, buffer);
    document.open();                                //打开文档
    document.add(table);                            //添加内容
    document.close();                               //关闭文档
    //解决抛出 IllegalStateException 异常的问题
    out.clear();
    out = pageContext.pushBody();
    DataOutput output =
        new DataOutputStream(response.getOutputStream());
    byte[] bytes = buffer.toByteArray();
    response.setContentLength(bytes.length);
    for(int i = 0; i < bytes.length; i++) {
        output.writeByte(bytes[i]);
    }
%>
```

(7) 下面 JSP 页面,文档内容为一个 2 行 1 列的表格,其中第一行内容为图片(图片放到 D:\Tomcat 8.0\webapps\itext 目录下),第二行内容为居中显示文字 scenery。生成具有表格和图片的 PDF 文档(itext/image.jsp)完整代码如下:

```
<%@ page language = "Java" pageEncoding = "gb2312" %>
<%@ page import = "java.io.*,com.lowagie.text.*,com.lowagie.text.pdf.*" %>
<%
    response.reset();
    response.setContentType("application/pdf");
    Document document = new Document();
    //获取图片的路径
    String filePath = pageContext.getServletContext().getRealPath("scenery.jpg");
    Image jpg = Image.getInstance(filePath);
    jpg.setAlignment(Image.MIDDLE);                 //设置图片居中

    Table table = new Table(1);
    table.setAlignment(Table.ALIGN_MIDDLE);         //设置表格居中
    table.setBorderWidth(0);                        //将边框宽度设为 0
    table.setPadding(3);                            //表格边距为 3
    table.setSpacing(3);
    table.addCell(new Cell(jpg));                   //将图片加载在表格中
    Cell cellword = new Cell("scenery");
    //设置文字水平居中
    cellword.setHorizontalAlignment(Cell.ALIGN_CENTER);
    table.addCell(cellword);                        //添加表格
    ByteArrayOutputStream buffer = new ByteArrayOutputStream();
    PdfWriter.getInstance(document, buffer);
    document.open();
    //通过表格输出图片的内容
    document.add(table);
```

```
    document.close();
    //解决抛出 IllegalStateException 异常的问题
    out.clear();
    out = pageContext.pushBody();
    DataOutput output =
        new DataOutputStream(response.getOutputStream());
    byte[] bytes = buffer.toByteArray();
    response.setContentLength(bytes.length);
    for(int i = 0; i < bytes.length; i++) {
        output.writeByte(bytes[i]);
    }
%>
```

7.5 CKEditor 组件

JSP 在线编辑 CKEditor 是 sourceforge.net 上的一个开源项目，主要作用是实现在线网页编辑器的功能，可以让 Web 程序拥有如 Word 这样强大的编辑功能。

7.5.1 CKEditor 组件简介

CKEditor 是 FCKeditor HTML 编辑器的一个升级版本，是新一代的 FCKeditor，是一个开源的 HTML 文本编辑器。使用过 FCKeditor 的用户都知道，由于打开速度不理想，把 FCKeditor 用于网站作为在线编辑器并不是明智的选择，CKEditor 正好弥补了这一缺陷。CKEditor 是针对网络而开发的在线编辑器，它提供了性能强大、可扩展的 JavaScript API。它使在 Web 上可以使用类似微软 Word 的桌面文本编辑器的许多强大功能。它是轻量级且不必在客户端进行任何方式的安装。在服务器端支持 ASP.NET、ASP、ClodFusion、PHP、Java 等语言，并支持 Firefox、Mozilla、Netscape 和 IE 等。

7.5.2 CKEditor 组件的下载与配置

在 JSP 项目中使用 CKEditor 需要下载主文件（包含源代码、例子以及对 PHP、ASP、JSP 的支持的全部文件）以及 JSP 集成包（CKEditor for Java 的 jar 包），如果是 ASP 则需要下载 ASP 的整合包，但 PHP 不需要。

下载地址：http://ckeditor.com/download。

(1) 下载主文件，如图 7-7 所示。

单击 Download 按钮，下载后解压缩文件 ckeditor_4.6.1_full.zip，得到的文件如图 7-8 所示。

其中包含例子、源代码、适配器、图片、语言包、插件、皮肤、主题等。

(2) 下载 JSP 集成包，如图 7-9 所示。

下载 CKEditor 3.6.6.2.jar，下载后解压缩文件 ckeditor-java-core-3.5.3.zip，得到的文件如图 7-10 所示。

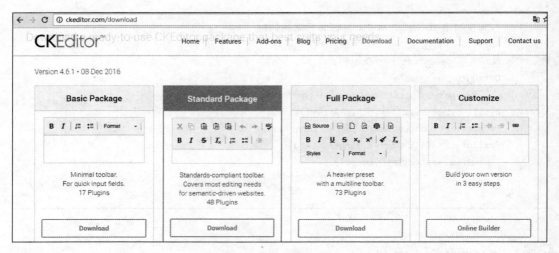

图 7-7 下载主文件

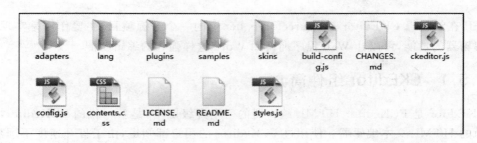

图 7-8 主文件内容

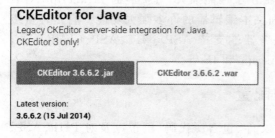

图 7-9 下载 JSP 集成包

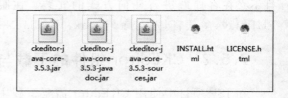

图 7-10 集成包包含文件

打开 INSTALL.html，里边有安装说明。

(3) 安装。

① 主文件的安装。

复制解压得到的 ckeditor 文件夹到 WebRoot 下，如图 7-11 所示。

② 整合包的安装。

复制 ckeditor-java-core-3.5.3.jar 文件到/WEB-INF/lib 目录下。

配置完毕后，参照实训 24 实现 JSP 中在线编辑器。

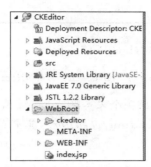

图 7-11　复制主文件目录到 WebRoot 下

实训 24　利用 CKEditor 实现在线编辑

【实训目的】

（1）掌握下载 CKEditor 的方法。

（2）掌握 CKEditor 组件的配置方法。

（3）学会利用 CKEditor 组件实现在线编辑。

【实训要求】

（1）JDK 的安装与配置。

（2）Tomcat 的安装与配置。

（3）开发第一个 Web 应用程序并进行部署。

【实训步骤】

（1）首先在 http://ckeditor.com/download 中下载 CKEditor 主文件和 JSP 集成包（CKEditor for Java 的 jar 包）ckeditor_4.6.1_full.zip 和 ckeditor-java-core-3.5.3.zip，然后分别解压。

（2）在 MyEclipse 下建立一个新项目 CKEditor。即 http://localhost:8080/ CKEditor 现在将 ckeditor_4.6.1_full.zip 解压后，将文件夹中 ckeditor 文件夹复制到当前的项目文件夹 WebRoot 下。将解压后的 ckeditor-java-core-3.5.3.zip 文件夹中的 ckeditor-java-core-3.5.3.jar 复制到当前项目的 WebRoot/WEB-INF/lib 下。

（3）JSP 中使用。

① 标签引用。

注意：不同的版本中，文件的组织是不一样的，所以引用标签也是不一样的。

```
<%@ taglib uri = "http://ckeditor.com" prefix = "ckeditor" %>
```

② 应用 CKEditor。

index.jsp 通过 post() 方法向 output.jsp 页面提交一表单，表单内容为一文本区，给文本区定义 name 属性或者 id 属性。代码如下：

```
< form action = "output.jsp" method = "post">
    < textarea rows = "20" cols = "80" name = "editor"></textarea></br>
    < input type = "submit" value = "提交">
```

```
</form>
```

然后在页面中加入标签(放在</body>前一行)：

```
<ckeditor:replace replace="editor" basePath="/CKEditor/ckeditor/" />
```

注意：<ckeditor:replace>替换某个文本区,replace属性指定文本区的name或者id属性。basePath的写法如上,为/CKEditor/ckeditor/,其中CKEditor为项目名称。

index.jsp文件源代码如下：

```
<%@ page language="Java" import="java.util.*" pageEncoding="GB18030"%>
<%@ taglib uri="http://ckeditor.com" prefix="ckeditor" %>
<html>
  <head>
  </head>
    <body>
    <form action="output.jsp" method="post">
        <textarea rows="20" cols="80" name="editor"></textarea>
        <input type="submit" value="提交">
    </form>
    <ckeditor:replace replace="editor" basePath="/CKEditor/ckeditor/" />  </body>
</html>
```

启动Tomcat,运行此Web工程,在IE浏览器中输入网址http://localhost:8080/CKEditor/index.jsp,结果如图7-12所示。

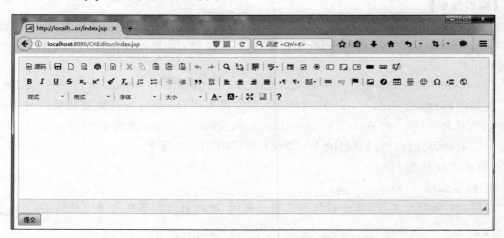

图7-12　富文本编辑器CKEditor效果

output.jsp文件源代码如下：

```
<%
    String s = request.getParameter("editor");
    out.println(s);
%>
```

在图 7-12 中输入文本 CKEditor Test,可进行富文本的编辑,如文本加粗、红色等,然后单击"提交"按钮,所得页面如图 7-13 所示。

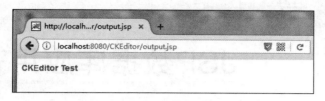

图 7-13　富文本编辑器的文本跳转后效果

7.6　小结

本章首先介绍了文件上传与下载组件 jspSmartUpload,通过该组件可实现将文件上传到服务器,以及从服务器下载文件到本地的功能;然后介绍了 jxl 组件,通过该组件可以读取 Excel 文件的内容、创建新的 Excel 文件、更新已经存在的 Excel 文件;接着介绍动态图表组件 JFreeChart,使用该组件可以很方便地生成柱形图、饼图等动态图标;接着介绍了生成报表组件 iText,使用 iText 组件可以生成 JSP 报表;最后介绍了组件 CKEditor,使用 CKEditor 组件能实现在线编辑。通过本章的学习,读者完全可以开发出文件上传与下载模块、读写 Excel 系统、图表分析模块、PDF 报表模块和在线编辑模块等。

习题

7-1　jspSmartUpload、jxl、JFreeChart、iText 和 CKEditor 组件的作用是什么?

7-2　怎么解决在实现文件下载时抛出 getoutputStream() has already been called for this response 异常的情况?

7-3　在使用 JFreeChart 组件时,需要进行哪些准备工作?

7-4　在使用 iText 组件时,如何将 PDF 文档设定成 A4 页面大小?

7-5　在使用 CKEditor 组件时,如何进行配置实现?

第 8 章 JSP数据库应用开发

数据库应用技术是开发 Web 应用程序的重要技术之一,多数 Web 应用程序都离不开数据库。本章将重点介绍如何利用 JSP 开发数据库。通过本章的学习,读者应了解 JDBC 技术;掌握 JDBC 中常用接口的应用、连接及访问数据库的方法;掌握数据库操作技术以及连接池技术的应用。

8.1 关系数据库

关系数据库是建立在关系模型基础上的数据库,借助于集合等数学概念和方法来处理。结构化查询语言(SQL)就是一种基于关系数据库的语言,这种语言执行对关系数据库中数据的检索和操作。关系模型由关系数据结构、关系操作集合、关系完整性约束 3 部分组成。Web 应用程序一般都需要存取数据库。

目前最常用的是关系数据库,如 Oracle、SQL Server、DB2 和 Sybase 等。在关系数据库中有两个最基本的概念:实体(Entity)和关系(Relationship)。实体就是客观存在并且相互区别的东西,在数据库中就是实际存在的数据资料,而关系是用来描述一组实体间的相互关联性,因此当存在一个关系时,表示至少有一个或一个以上的实体存在,它们之间的关联性被这个关系所描述。

如在一个工程公司中,"工程项目"和"员工"被看作实体,那么"员工甲是工程项目 A 的负责人"或者"员工乙是工程项目 B 的成员"之类就是所谓的关系了。

在关系数据库中用二维表格结构来表示实体类型和关系,如表 8-1~表 8-4 所示。

表 8-1 工程项目表 project

项目代号	项目名称	项目代号	项目名称
P01001	网上图书管理系统	P03003	学校教务管理系统
P02002	实验室选课系统		

表 8-2 员工情况表 employee

员工代号	姓名	性别	年龄
E00003	王军	男	32
E01023	孙毅	女	27
E01002	赵枫	男	36
E01003	杨岚	男	23
E01005	李丽	女	28

表 8-3 项目负责人表 pmanager

项目代号	员工代号	项目代号	员工代号
P01001	E01002	P03003	E01002
P02002	E00003		

表 8-4 项目成员表 pjoiner

项目代号	员工代号	项目代号	员工代号
P01001	E01002	P03003	E01002
P02001	E00003	P03003	E01003
P02002	E01023	P03003	E01005

对一个表格来说,行(Row)是基本元素,一行就是一条完整的记录;一行由很多列(Column)组成,一列就是一个字段,列有时又被称为属性。

上述的 4 张表格,每张表格的内容都有它的用途和意义,如表 8-1 是由一组工程项目数据所组成的表格,表 project 中,每个项目有两个属性,也就是有两列,如:

P03003	学校教务管理系统

就是表 project 中的一条记录。

事实上,当关系数据库进行各种查询工作时,就是在对表格进行关系运算。关系运算有很多种,最常见的有以下几种。

(1) 选择运算(Select):根据指定的逻辑条件,提取表格"行"的数据。
(2) 投影运算(Project):根据指定的属性,提取表格"列"的数据。
(3) 自然连接运算(Natural Join):根据两张表格共有的列,合并成新的表格。

针对这几种运算,用几个实例来说明。

1. 选择运算

要求:找出年龄大于 28 岁的员工数据。
动作:从表 employee 中提取满足年龄大于 28 的行。结果如表 8-5 所示。

表 8-5 选择运算结果

员工代号	姓名	性别	年龄
E00003	王军	男	32
E01002	赵枫	男	36

2. 投影运算

要求:找出所有员工的代号、姓名和性别资料。
动作:从表 employee 中提取所有的"员工代号""姓名"和"性别"列。结果如表 8-6 所示。

表 8-6 投影运算结果

员工代号	姓名	性别
E00003	王军	男
E01023	孙毅	女
E01002	赵枫	男
E01003	杨岚	男
E01005	李丽	女

3. 自然连接运算

要求：找出所有项目代号和项目负责人的资料。

动作：依据共有的"员工代号"的数据，将表 employee 和表 pmanager 合并。结果如表 8-7 所示。

表 8-7 自然连接运算结果

项目代号	员工代号	姓名	性别	年龄
P02002	E00003	王军	男	32
P01001	E01002	赵枫	男	36
P03003	E01002	赵枫	男	36

当表格经过运算后，它的结果仍然是表格。利用投影、选择和自然连接运算可以任意地分割和构造关系。在实际应用中，可以将这几种运算混合使用。如果想知道所有年龄大于 28 的员工姓名，可以先使用选择运算找出表 employee 中年龄大于 28 的行，然后再使用投影运算将找出的行中属于"姓名"的列取出即可。

通常客户端连接数据库系统时，并不会直接使用上述关系运算对数据库进行查询，而是通过 SQL 来存取数据库，并经过解释，将 SQL 的语法转换成实际的关系运算来处理。

8.2 数据库管理系统

数据库管理系统(DataBase Management System，DBMS)是一种操纵和管理数据库的大型软件，用于建立、使用和维护数据库。它对数据库进行统一的管理和控制，以保证数据库的安全性和完整性。用户通过 DBMS 访问数据库中的数据，数据库管理员也通过 DBMS 进行数据库的维护工作。它可使多个应用程序和用户用不同的方法在同一时刻或不同时刻去建立、修改和询问数据库。DBMS 提供数据定义语言(Data Definition Language，DDL)与数据操作语言(Data Manipulation Language，DML)，供用户定义数据库的模式结构与权限约束，实现对数据的增加、删除等操作。JSP 可以访问并操作多种数据库管理系统，如 Oracle、SQL Server、MySQL、Access、DB2 和 Sybase 等。下面介绍几种常用的数据库管理系统。

8.2.1 Oracle

Oracle 是一个以关系型和面向对象为中心管理数据的数据库管理系统，其在管理信息系统、企业数据处理、Internet 及电子商务等领域有非常广泛的应用。因其在数据安全性与数据完整性控制方面的优越性能,以及跨操作系统、跨硬件平台的数据互操作能力,使得越来越多的用户将 Oracle 作为其应用数据的处理系统。

Oracle 数据库是基于"客户端/服务器端"模式结构。客户端应用程序执行与用户进行交互的活动。其接收用户信息,并向服务器端发送请求。服务器端负责管理数据信息和各种操作数据的活动。

8.2.2 SQL Server

SQL Server 是由微软公司发布的一种性能优越的关系型数据库管理系统,具有强大的数据库创建、开发、设计和管理功能。目前,SQL Server 在中小型项目上应用非常广泛。

1. SQL Server 各版本的选择

大多数企业都在 3 个 SQL Server 版本之间选择:SQL Server Enterprise Edition、SQL Server Standard Edition 和 SQL Server Workgroup Edition。大多数企业选择这些版本是因为只有 Enterprise Edition、Standard Edition 和 Workgroup Edition 可以在服务器环境中安装和使用。

2. 安装过程注意事项

选择需要安装的组件,身份验证模式应选择"混合模式",最终完成安装。

8.2.3 MySQL

MySQL 是一个小型关系型数据库管理系统,目前 MySQL 被广泛地应用在 Internet 的中小型网站中。由于其体积小、速度快、总体拥有成本低,尤其是开放源代码这一特点,许多中小型网站为了降低网站总体拥有成本而选择 MySQL 作为网站数据库。

8.2.4 Access

Access(即 Microsoft Office Access)是由微软发布的关联式数据库管理系统。它结合了 Microsoft Jet Database Engine 和图形用户界面两项特点,是 Microsoft Office 的系统程式之一。它也常被用来开发简单的 Web 应用程序。这些应用程序都利用 ASP 技术在 IIS 上运行。比较复杂的 Web 应用程序则使用 MySQL、SQL Server 或者 Oracle。

实训 25 数据库 MySQL 的安装和使用

【实训目的】
(1)巩固数据库的基础知识。
(2)掌握 MySQL 的安装配置过程。
(3)学会 MySQL 的创建及查询的基本方法。

【实训要求】
MySQL 的安装与配置。

【实训步骤】

首先介绍数据库 MySQL 的安装过程。

(1) 登录 MySQL 官方网站(http://www.mysql.com/),可以单击 MySQL Community Edition 下载安装程序,如图 8-1 所示。

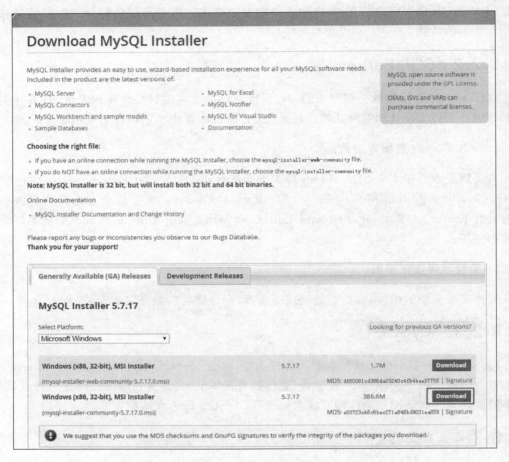

图 8-1 下载安装程序

下载 mysql-installer-community-5.7.17.0.msi,单击 Download 按钮之后会进入另一个页面。但若没有开始下载,需要先登录(单击 login 按钮)。若没有账号,先申请账号(单击 sign up 按钮),登录后开始下载 mysql-installer-community-5.7.17.0.msi。

(2) 双击 mysql-installer-community-5.7.17.0.msi,勾选 I accept the license terms 开始安装程序,如图 8-2 所示。

(3) 弹出安装类型对话框,本例选择 Developer Default(默认开发版),如图 8-3 所示。

(4) 检查计算机当前的安装环境,并根据安装环境选择下面要安装的组件①、②、③。

① Developer Default(开发机器),个人用桌面工作站,占用最少的系统资源。

② Server Machine(服务器),MySQL 服务器可以同其他应用程序一起运行,例如 FTP、Email 和 Web 服务器。MySQL 服务器配置成使用适当比例的系统资源。

③ Dedicated MySQL Server Machine(专用 MySQL 服务器):该选项代表只运行

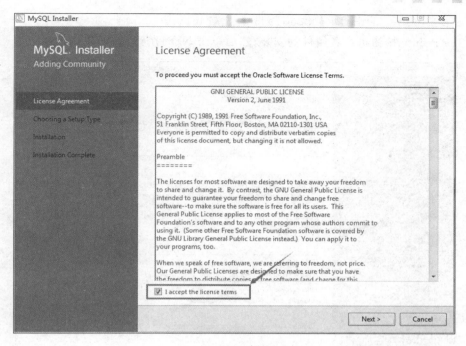

图 8-2 运行安装程序

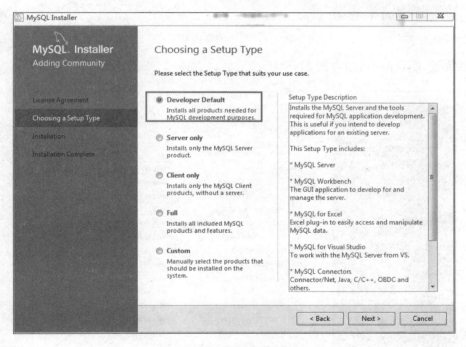

图 8-3 选择安装类型

MySQL 服务的服务器。假定没有运行其他应用程序。MySQL 服务器配置成使用所有可用系统资源。

根据自己情况选择即可，一般 Web 服务器选择第二项，即 Server Machine 即可。个人计算机安装选择第一项,即 Developer Default 比较好。

单击 Execute 按钮进入各组件的安装,然后单击 Next 按钮,如图 8-4 所示。

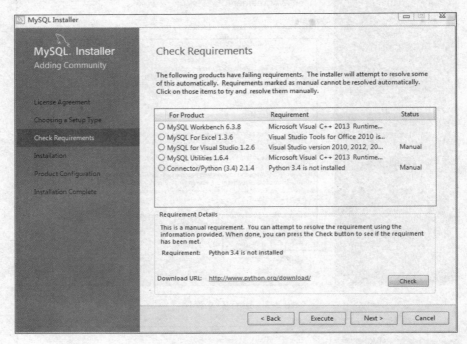

图 8-4　检查安装内容

(5) 单击 Execute 按钮进入 MySQL 的安装,如图 8-5 所示。

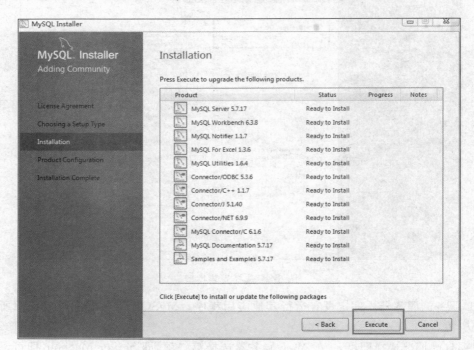

图 8-5　MySQL 安装

(6) 安装完成后，单击 Next 按钮进入如图 8-6 所示的界面。

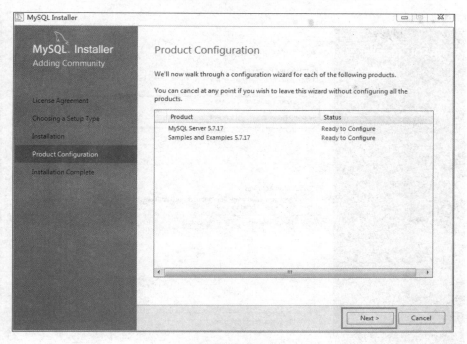

图 8-6　安装完成

(7) 单击 Next 按钮进入服务器配置界面，本例选择 Dedicated Machine（专用 MySQL 服务器），端口号默认，如图 8-7 所示。

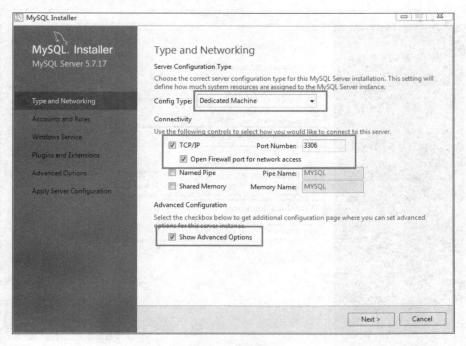

图 8-7　配置服务器

(8) 单击 Next 按钮,配置用户名和密码,如图 8-8 所示。

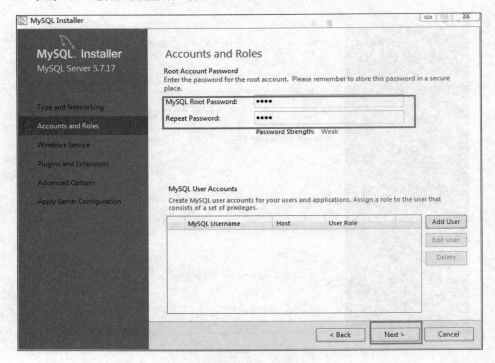

图 8-8　配置用户名和密码

(9) 单击 Next 按钮,配置服务器启动方式和用户验证,如图 8-9 所示。

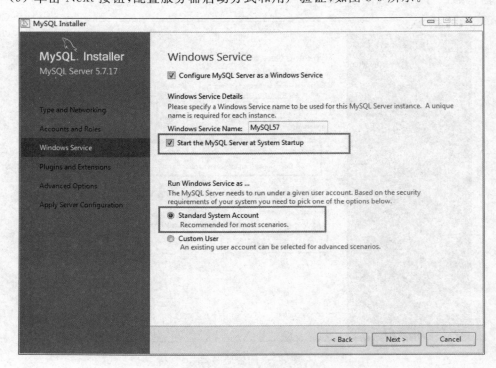

图 8-9　配置服务器启动方式和用户验证

(10) 多次单击 Next 按钮,在图 8-10 中单击 Finish 按钮完成数据库安装。

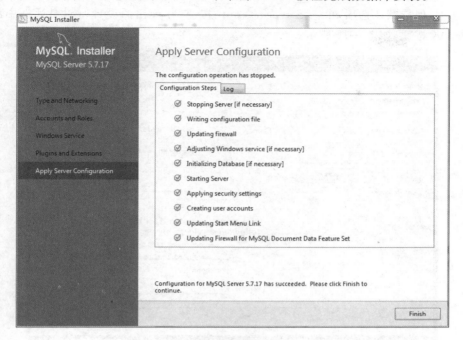

图 8-10　安装数据库完成

(11) 数据库安装完成之后会自动弹出如图 8-11 所示的界面。

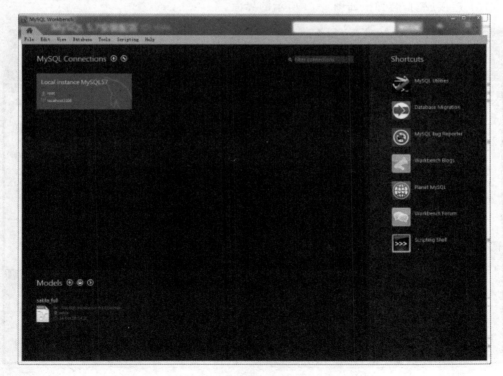

图 8-11　数据库安装完成后弹出的界面

（12）在 MySQL WorkBench 界面，选择 Database→Connect to Database，弹出连接数据库对话框，保持默认选项，单击 Stroe in Vault 按钮，在弹出的设置密码对话框中添加密码，单击 OK 按钮，如图 8-12 所示。

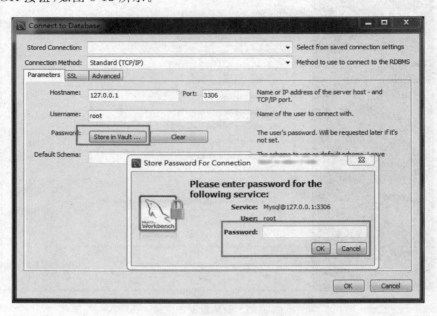

图 8-12　连接服务器界面

（13）连接成功，会弹出如图 8-13 所示的界面。

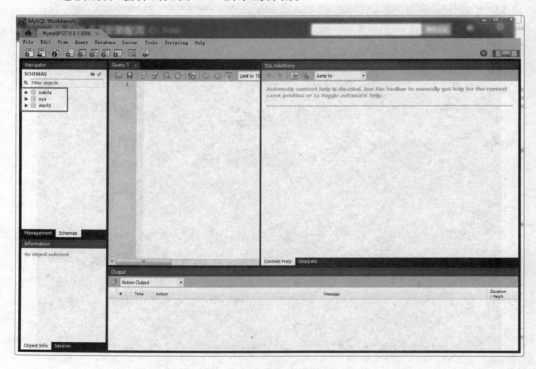

图 8-13　连接成功界面

至此 MySQL 安装完成。

8.3 JDBC 概述

实际的项目中都需要用到主流的关系型数据库，因此掌握 JDBC 技术是非常重要的。JDBC 是用于执行 SQL 语句的 API 类包，由一组用 Java 语言编写的类和接口组成。JDBC 提供了一种标准的应用程序设计接口，通过它可以访问各类关系数据库。下面介绍 JDBC 技术。

8.3.1 JDBC 技术介绍

JDBC 全称为 Java DataBase Connectivity(Java 数据库连接)。它由一组用 Java 语言编写的类和接口组成，是 Java 开发人员和数据库厂商达成的协议，也就是由 Sun 公司定义的一组接口，由数据库厂商来实现，并规定了 Java 开发人员访问数据库所使用的方法的规范。通过它可访问各类关系数据库。JDBC 也是 Java 核心类库的组成部分。

JDBC 的最大特点是它独立于具体的关系数据库。与 ODBC（Open DataBase Connectivity，开放数据库连接）类似，JDBC API 中定义了一些 Java 类和接口，分别用来实现与数据库的连接（Connection）、发送 SQL 语句（SQL Statement）、获取结果集（Result Set）以及其他的数据库对象，使得 Java 程序能方便地与数据库交互并处理所得的结果。JDBC 的 API 在 java.sql、javax.sql 等包中。

8.3.2 JDBC 驱动程序

JDBC 驱动程序用于解决应用程序与数据库通信的问题，它可以分为 JDBC-ODBC Bridge、JDBC-Native API Bridge、JDBC-Middleware 和 Pure JDBC Driver 4 种，下面分别进行介绍。

（1）JDBC-ODBC Bridge：桥接器型的驱动程序，这种驱动程序的特色是必须在使用者计算机上事先安装好 ODBC 驱动程序，然后通过 JDBC-ODBC 的调用方法，进而通过 ODBC 类存取数据库。

（2）JDBC-Native API Bridge：也是桥接器型驱动程序之一，如同 JDBC-ODBC Bridge，这种驱动程序也必须先在使用者计算机上安装好特定的驱动程序（类似 ODBC），然后通过 JDBC-Native API 桥接器的转换，把 Java API 调用转换成特定驱动程序的调用方法，进而存取数据库。

（3）JDBC-Middleware：这种驱动程序最大的好处是省去了在使用者计算机上安装任何驱动程序的麻烦，只需在服务器端安装好 Middleware，而 Middleware 会负责所有存取数据库时必要的转换。

（4）Pure JDBC Driver：这种驱动程序是最成熟的 JDBC 驱动程序，不但不需要在使用者计算机上安装任何额外的驱动程序，也不需要在服务器端安装任何的中介程序（Middleware），所有存取数据库的操作都直接由驱动程序来完成。

8.4 JDBC 中的常用接口

JDBC 提供了许多接口和类,通过这些接口和类,可以实现与数据库的通信,本节将介绍一些常用的 JDBC 接口和类。

8.4.1 驱动程序接口 Driver

Driver 接口在 java.sql 包中定义,每种数据库的驱动程序都提供一个实现该接口的类,简称 Driver 类,应用程序必须首先加载它。加载的目的就是创建自己的实例并向 java.sql.DriverManager 类注册该实例,以便驱动程序管理类(DriverManager)对数据库驱动程序的管理。

通常情况下,通过 java.lang.Class 类的静态方法 forName(String className),加载欲连接的数据库驱动程序类,该方法的入口参数为欲加载的数据库驱动程序完整类名。对于每种驱动程序,其完整类名的定义也不一样,以下做简单说明。

如果使用第 1 种驱动程序(JDBC-ODBC Bridge),则其加载方法:

```
Class.forName("sun.jdbc.odbc.JdbcOdbcDriver");
```

如果使用第 4 种驱动程序(Pure JDBC Driver),则其加载方法:

```
Class.forName("com.microsoft.sqlserver.jdbc.SQLServerDriver");
```

这是 SQL Server 2005 的驱动程序加载方法,且如果版本不一样,驱动程序名也会不同。

同样,其他数据库(如 MySQL、Oracle)的驱动程序加载方法也类同,这里不再说明。

若加载成功,系统会将驱动程序注册到 DriverManager 类中。如果加载失败,将抛出 ClassNotFoundException 异常。以下是加载驱动程序的代码:

```
try {
    Class.forName(driverName);                    //加载 JDBC 驱动器
} catch (ClassNotFoundException ex) {
    ex.printStackTrace();
}
```

需要注意的是,加载驱动程序行为属于单例模式,也就是说,整个数据库应用中,只加载一次就可以了。

8.4.2 驱动程序管理器 DriverManager 类

数据库驱动程序加载成功后,接下来就由 DriverManager 类来处理了,所以该类是 JDBC 的管理层,作用于用户和驱动程序之间。它跟踪可用的驱动程序,并在数据库和相应驱动程序之间建立连接。另外,DriverManager 类也处理诸如驱动程序登录时间、登录管理和消息跟踪等事务。

DriverManager 类的主要作用是管理用户程序与特定数据库(驱动程序)的连接。一般情况下，DriverManager 类可以管理多个数据库驱动程序。当然，对于中小规模应用项目，可能只用到一种数据库。JDBC 允许用户通过调用 DriverManager 类的 getDriver()、getDrivers()和 registerDriver()等方法，实现对驱动程序的管理，进一步，通过这些方法实现对数据库连接的管理。但多数情况下，不建议采用上述方法，如果没有特殊要求，对于一般应用项目，建议让 DriverManager 类自动管理。

DriverManager 类是用静态方法 getConnection()来获得用户与特定数据库连接。在建立连接过程中，DriverManager 类将检查注册表中的每个驱动程序，查看它是否可以建立连接，有时，可能有多个 JDBC 驱动程序可以和给定数据库建立连接。例如，与给定远程数据库连接时，可以使用 JDBC-ODBC Bridge 驱动程序、JDBC 到通用网络协议驱动程序或数据库厂商提供的驱动程序。在这种情况下，加载驱动程序的顺序至关重要，因为 DriverManager 类将使用它找到的第一个可以成功连接到给定的数据库驱动程序进行连接。

用 DriverManager 类建立连接，主要有以下几种方法。

(1) static Connection getConnection(String url)：url 实际上标识给定数据库（驱动程序），它由 3 部分组成，用"："分隔。格式为"jdbc:子协议名:子名称"。其中 jdbc 是唯一的，JDBC 只有这种协议；子协议名主要用于识别数据库驱动程序，不同的数据库有不同的子协议名，如 SQL Server 2005 为 sqlserver；子名称属于专门驱动程序，对于 SQL Server 2005，指的是数据库的名称、服务端口号等信息，例如"//localhost:1433;databasename＝jdbc_text"。

(2) static Connection getConnection(String url, String userName, String password)：与第一种方法相比，多了数据库服务的登录名和密码，这个容易理解。

8.4.3 数据库连接接口 Connection

Connection 对象代表数据库连接，只有建立了连接，用户程序才能操作数据库。Connection 接口是 JDBC 中最重要的接口之一，使用频度高，读者必须掌握。

Connection 接口的实例是由驱动程序管理类的静态方法 getConnection()产生，数据库连接实例是宝贵的资源，它类似电话连接，在一个会话期内，是由用户程序独占的，且需要耗费内存，因此，每个数据库的最大连接数是受限的。所以，用户程序访问数据库结束后，必须及时关闭连接，以方便其他用户使用该资源。Connection 接口的主要功能（或方法）是获得各种发送 SQL 语句的运载类，以下简要列出该接口的主要方法。

(1) close()方法：关闭到数据库的连接，在使用完连接后必须关闭，否则连接会保持一段比较长的时间，直到超时。

(2) commit()方法：提交对数据库的更改，使更改生效。这个方法只有调用了 setAutoCommit(false)方法后才有效，否则对数据库的更改会自动提交到数据库。

(3) createStatement()方法：创建一个 Statement，Statement 用于执行 SQL 语句。

(4) createStatement(int resultSetType, int resultSetConcurrency)方法：创建一个 Statement，并且产生指定类型的结果集(Result Set)。相关参数在下面章节中会详细介绍。

(5) getAutoCommit()方法：为这个连接对象，获取当前 auto-commit 模式。

(6) getMetaData()方法：获得一个 DatabaseMetaData 对象，其中包含了关于数据库的元数据。

（7）isClosed()方法：判断连接是否关闭。

（8）prepareStatement(String sql)方法：使用指定的 SQL 语句创建一个预处理语句，SQL 参数中往往包含一个或者多个"?"占位符。

（9）rollback()方法：回滚当前执行的操作，只有调用了 setAutoCommit(false)才可以使用。

（10）setAutoCommit(boolean autoCommit)方法：设置操作是否自动提交到数据库，默认情况下是 true。

由于数据库不同，驱动程序的形式和内容也不相同，主要体现在获得连接的方式和相关参数的不同。因此，在 JDBC 项目中，根据面向对象的设计思想，一般把连接管理设计成为一个类——连接管理器类，主要负责连接的获得和关闭。

8.4.4　执行 SQL 语句接口 Statement

Statement、PreparedStatement 和 CallableStatement 这 3 个接口都是用来执行 SQL 语句的，都由 Connction 中的相关方法产生，但它们有所不同。Statement 接口用于执行静态 SQL 语句并返回它所生成的结果集对象；PreparedStatement 表示带 IN 或不带 IN 的预编译 SQL 语句对象，SQL 语句被预编译并存储在 PreparedStatement 对象中；CallableStatement 用于执行 SQL 存储过程的接口。下面首先介绍 Statement 接口的使用。

因为 Statement 是一个接口，它没用构造函数，所以不能直接创建一个实例。创建一个 Statement 对象必须通过 Connection 接口提供的 createStatement()方法进行创建。其代码片段如下：

```
Statement statement = connection.createStatement();
```

创建完 Statement 对象后，用户程序就可以根据需要调用它的常用方法，如 executeQuery()、executeUpdate()、execute()、executeBatch()等。

1. executeQuery 方法

该方法用于执行产生单个结果集的 SQL 语句，如 Select 语句，该方法返回一个结果集 ResultSet 对象。完整的方法声明如下：

```
ResultSet executeQuery(String sql) throws SQLException
```

使用 executeQuery()方法执行查询 SQL 语句，并返回结果集。

2. executeUpdate()方法

该方法执行给定 SQL 语句，该语句可能为 INSERT、UPDATE 或 DELETE 语句，或者不返回任何内容的 SQL 语句（如 SQL DDL 语句）。完整的方法声明如下：

```
int executeUpdate(String sql) throws SQLException
```

对于 SQL 数据操纵语言（DML）语句，返回行计数；对于什么都不返回的 SQL 语句，返回 0。

3. execute()方法

该方法执行给定的 SQL 语句,该语句可能返回多个结果。在某些不常见情形下,单个 SQL 语句可能返回多个结果集和更新记录数,这一点通常可以忽略,除非正在执行已知可能返回多个结果的存储过程或者动态执行未知 SQL 字符串。一般情况下,execute()方法执行 SQL 语句并返回第一个结果的形式。然后,用户程序必须使用方法 getResultSet()或 getUpdateCount()来获取结果,使用 getMoreResults()来移动后续结果。该方法的完整声明如下:

```
boolean execute(String sql) throws SQLException
```

该方法是一个通用方法,既可以执行查询语句,也可以执行修改语句。该方法可以用来处理动态的未知的 SQL 语句。

4. executeBatch()方法

该方法将一批命令提交给数据库来执行,如果全部命令执行成功,则返回一个和添加命令时顺序一样的整型数组,数组元素的排序对应于这一批命令,这一批命令根据被添加到其中顺序排序,数组中的元素值可能为以下值之一。

(1) 大于或等于 0 的数:指示成功处理了命令,其值为执行命令所影响数据库中行数的更新计数。

(2) SUCCESS_NO_INFO:指示成功执行了命令,但受影响的行数是未知的。如果批量更新中的命令之一无法正确执行,方法则抛出 BatchUpdateException,并且 JDBC 驱动程序可能继续处理批处理中的剩余命令,也可能不执行。无论如何,驱动程序的行为必须与特定的 DBMS 一致,要么始终继续处理命令,要么永远不继续处理命令。

(3) EXECUTE_FAILED:指示未能成功执行命令,仅当命令失败后,驱动程序继续处理命令时出现。

该方法完整的声明如下:

```
int[] executeBatch() throwsSQLException
```

对于批处理操作,另外还有两个辅助方法:addBatch(),向批处理中加入一个更新语句;clearBatch(),清空批处理中的更新语句。

8.4.5 执行动态 SQL 语句接口 PreparedStatement

PreparedStatement 是 Statement 的子接口,PreparedStatement 的实例已经包含编译的 SQL 语句,所以它的执行速度快于 Statement。PreparedStatement 的对象创建同样需要 Connection 接口提供的 prepareStatement()方法,同时需要制定 SQL 语句。核心代码如下:

```
Connection connection = DBConnection.getConn();
    String sql = "delete from person where name = ?";
PreparedStatement pstm = connection.prepareStatement(sql);
```

上面的SQL语句中有"?"号,指的是SQL语句中的占位符,表示SQL语句中的可替换参数,也称作IN参数,在执行前必须赋值。因此PreparedStatement还添加了一些设置IN参数的方法。同时,execute()、executeQuery()和executeUpdate()方法也变了,无须再传入SQL语句,因为前面已经指定了SQL语句。

用PreparedStatement接口,不但代码的可读性好,且执行效率也大大提高。

每一种数据库都会尽最大努力对预编译语句提供最大的性能优化,因为预编译语句有可能被重复调用,所以SQL语句在被数据库系统的编译器编译后,其执行代码被缓存下来,下次调用时,只要是相同的预编译语句(如插入记录操作),就不需要编译了,只要将参数直接传入已编译的语句,就会得到执行,这个过程类似于函数调用。而对于Statement,即使是相同操作,由于每次操作的数据不同(如插入不同记录),数据库必须重新编译才能执行。需要说明的是,并不是所有预编译语句在任何时候都一定会被缓存,数据库本身会用一种策略,如使用频度等因素来决定什么时候不再缓存已有的预编译结果,以保存有更多的空间存储新的预编译语句。

其实,用PreparedStatement接口不但效率高,而且安全性好,可以防止恶意的SQL注入,如下面代码所示:

String sql = "select * from tb_name where name = '" + varname + "' and passwd = '" + varpasswd + "'";

以上代码是常用的登录处理SQL语句,用户从登录页面输入用户名和密码,应用程序用varname和varpasswd来接收,并查询数据库。若结果集有一条记录(假设用户名不能重复),则表示登录成功。一般情况下,这种处理是没有问题的,但如果恶意用户用下列方法输入用户名和密码,则情形大不同了。

用户名:任意取,如abc。

密码:输入'or '1' = '1。

若为以上输入,则SQL语句成为:

select * from tb_name where name = 'abc' and passwd = '' or '1' = '1';

因为'1'='1'肯定成立,所以可以通过任何验证。更有甚者,把[';drop table tb_name;]作为varpasswd值传入,当然,有些数据库是不会让你成功的,但也有很多数据库可以使这些语句得到执行。而如果使用预编译语句,则传入的任何内容都不会和原来的语句发生任何匹配的关系。也就不会产生这些问题。因此,建议尽量使用预编译语句(PreparedStatement)。

8.4.6 执行存储过程接口CallableStatement

CallableStatement是PreparedStatement的子接口,是用于执行SQL存储过程的接口。JDBC的API提供了一个存储过程的SQL转义语法,该语法允许对所有RDBMS使用标准方式调用存储过程。此转义语法有一个包含结果参数的形式和一个不包含结果参数的形式。如果使用结果参数,则必须将其注册为OUT参数。其他参数可用于输入、输出或同时用于二者。参数是根据编号顺序引用的,第一个参数的编号为1。

IN参数值是通过set()方法(继承自PreparedStatement的)来设置。在执行存储过程之前,必须注册所有OUT参数的类型;它们的值是在执行后,通过该类提供的get()方法获取。CallableStatement 可以返回一个或多个 ResultSet 对象。ResultSet 对象使用继承自 Statement 的相关方法处理。为了获得最大的可移植性,ResultSet 对象和更新计数应该在获得输出参数值之前被处理。

8.4.7 访问结果集接口 ResultSet

Statement 执行一条查询 SQL 语句后,会得到一个 ResultSet 对象,称之为结果集,它是存放每行数据记录的集合。有了这个结果集,用户程序就可以从这个对象中检索出所需的数据并进行处理。ResultSet 对象具有指向当前数据行的光标。最初,光标被置于第一行之前(Beforefirst),next()方法将光标移动到下一行,该方法返回类型为 boolean 型,若 ResultSet 对象没有下一行时,返回 false,所以可以用 while 循环来迭代结果集。默认的 ResultSet 对象不可更新,仅有一个向前移动的光标。因此,只能迭代它一次,并且只能从第一行到最后一行的顺序进行。当然,可以生成可滚动和可更新的 ResultSet 对象。另外,结果集对象与数据库连接(Connection)是密切相关的,若连接被关闭,则建立在该连接上的结果集对象被系统回收,一般情况下,一个连接只能产生一个结果集。

1. 默认的 ResultSet 对象

ResultSet 对象可由 3 种 Statement 语句来创建,分别需要调用 Connection 接口的方法创建。以下为 3 种方法的核心代码。

```
Statement stmt = connection.createStatement();
ResultSet rs = stmt.executeQuery(sql);
PreparedStatement pstmt = connection.prepareStatement(sql);
ResultSet rs = pstmt.executeQuery();
CallableStatement cstmt = connection.prepareCall(sql);
ResultSet rs = cstmt.executeQuery();
```

ResultSet 对象的常用方法主要包括行操作方法和列操作方法,这些方法可以让用户程序方便地遍历结果集中所有数据元素。下面分别说明。

(1) boolean next()行操作方法系列:将游标从当前位置向前移一行,当无下一行时返回 false。游标的初始位置在第一行前面,所以要访问结果集数据,首先要调用该方法。

(2) getXXX(int columnIndex)列方法系列:获取所在行指定列的值。"XXX"实际上与列(字段)的数据类型有关,若列为 String 型,则方法为 getString();若列为 int 型,则方法为 getInt()。columnIndex 表示列号,其值从 1 开始编号,如为第 2 列,则值为 2。

(3) getXXX(String columnName)列方法系列:获取所在行指定列的值。columnName 表示列名(字段名)。如 getString("name")表示得到当前行字段名为 name 的列值。

2. 可滚动的、可修改的 ResultSet 对象

相比默认的 ResultSet 对象,可滚动的、可修改的 ResultSet 对象功能更加强大,以适应用户程序的不同需求。一方面,可滚动的 ResultSet 对象可以使行操作更加方便,可以任意地指向任意行,这对用户程序是很有用的。另一方面,如上所述,结果集是与数据库连接相

关联的,而且与数据库的源表也是相关联的,可以通过修改结果集对象,达到同步更新数据库的目的,当然,这种用法很少被实际采用。同样,3种Statement语句分别需要调用Connection接口的相关方法,来创建的ResultSet对象。

Statement对应createStatement(int resultSetType, int resultSetConcurrency)方法。

预编译类型对应prepareStatement(String sql, int resultSetType, int resultSetConcurrency)方法。

存储过程对应prepareCall(String sql, int resultSetType, int resultSetConcurrency)方法。

其中,resultSetType参数用于指定滚动类型,常用值如下。

TYPE_FORWARD_ONLY:该常量指示光标只能向前移动的ResultSet对象的类型。

TYPE_SCROLL_INSENSITIVE:该常量指示可滚动但通常不受ResultSet所连接数据更改影响的ResultSet对象的类型。

TYPE_SCROLL_SENSITIVE:该常量指示可滚动并且通常受ResultSet所连接数据更改影响的ResultSet对象的类型。

resultSetConcurrency参数用于指定是否可以修改结果集。常用值如下。

CONCUR_READ_ONLY:该常量指示不可以更新的ResultSet对象的并发模式。

CONCUR_UPDATABLE:该常量指示可以更新的ResultSet对象的并发模式。

常用方法与默认的ResultSet对象相比,多了行操作方法和修改结果集列值(字段)的方法。以下分别说明。

boolean absolute(int row):将光标移动到此ResultSet对象的给定行编号。

void afterLast():将光标移动到此ResultSet对象的末尾,位于最后一行之后。

void beforeFirst():将光标移动到此ResultSet对象的开头,位于第一行之前。

boolean first():将光标移动到此ResultSet对象的第一行。

boolean isAfterLast():获取光标是否位于此ResultSet对象的最后一行之后。

boolean isBeforeFirst():获取光标是否位于此ResultSet对象的第一行之前。

boolean isFirst():获取光标是否位于此ResultSet对象的第一行。

boolean isLast():获取光标是否位于此ResultSet对象的最后一行。

boolean last():将光标移动到此ResultSet对象的最后一行。

boolean previous():将光标移动到此ResultSet对象的上一行。

boolean relative(int rows):按相对行数(或正或负)移动光标。

void updateXXX(int columnIndex, XXX x)方法系列:按列号修改当前行中指定列值为x,其中x的类型为方法名中的XXX所对应的Java数据类型。

void updateXXX(int columnName, XXX x)方法系列:按列名修改当前行中指定列值为x,其中x的类型为方法名中的XXX所对应的Java数据类型。

void updateRow():用此ResultSet对象的当前行的新内容更新所连接的数据库。

void insertRow():将插入行的内容插入到此ResultSet对象和数据库中。

void deleteRow():从此ResultSet对象和连接的数据库中删除当前行。

void cancelRowUpdates():取消对ResultSet对象中的当前行所做的更新。

void moveToCurrentRow():将光标移动到标记的光标位置,通常为当前行。

void moveToInsertRow()：将光标移动到插入行。

8.5 连接数据库

在对数据库进行操作时，首先需要连接数据库。在 JSP 中连接数据库大致可分为加载 JDBC 驱动程序、创建数据库连接、创建 Statement 实例、执行 SQL 语句、获得查询结果、关闭连接 6 个步骤，下面详细介绍。

8.5.1 加载 JDBC 驱动程序

在连接数据库之前，首先要加载要连接的数据库的驱动到 JVM(Java 虚拟机)，这通过 java.lang.Class 类的静态方法 forName(String className)实现。

例如：

```
try{
//1.加载驱动程序
Class.forName("com.mysql.jdbc.Driver");
}catch(ClassNotFoundException e){
System.out.println("找不到驱动程序类,加载驱动失败!");
e.printStackTrace();
}
```

成功加载后，会将 Driver 类的实例注册到 DriverManager 类中。

8.5.2 创建数据库连接

首先 JDBC 连接的 URL 定义了连接数据库时的协议、子协议、数据源标识。
书写形式为：

协议：子协议：数据源标识

协议：在 JDBC 中总是以 jdbc 开始。
子协议：桥连接的驱动程序或数据库管理系统名称。
数据源标识：标记找到数据库来源的地址与连接端口。
如 MySQL 的连接 URL 如下：

jdbc:mysql:
//localhost:3306/mydb?useUnicode = true&characterEncoding = gbk;

注意：useUnicode＝true 表示使用 Unicode 字符集。如果 characterEncoding 设置为 gb2312 或者 GBK，本参数必须设置为 true。characterEncoding＝gbk 表示字符编码方式。

要连接数据库，需要向 java.sql.DriverManager 请求并获得 Connection 对象，该对象就代表一个数据库的连接。

使用 DriverManager 的 getConnection(String url,String username,String password)

方法，传入指定的欲连接的数据库的路径、数据库的用户名和密码。

例如：

```
//2.取得连接,连接MySQL数据库,用户名和密码都是root
String url = "jdbc:mysql://localhost:3306/mydb";
String username = "root";
String password = "root";
try {
Connectioncon = DriverManager.getConnection(url,username,password);
}catch(SQLException se){
System.out.println("数据库连接失败!");
e.printStackTrace();
}
```

8.5.3 创建 Statement 实例

要执行 SQL 语句，必须获得 Statement 实例。

（1）执行静态 SQL 语句，通常通过 Statement 实例实现。具体实现代码：

```
Statement stmt = con.createStatement();
```

（2）执行动态 SQL 语句，通常通过 PreparedStatement 实例实现。具体实现代码：

```
PreparedStatement pstmt = con.prepareStatement(sql);
```

（3）执行数据库存储过程，通常通过 CallableStatement 实例实现。具体实现代码：

```
CallableStatement cstmt = con.prepareCall("{CALL demoSp(?,?)}");
```

8.5.4 执行 SQL 语句

Statement 接口提供了 3 种执行 SQL 语句的方法：executeQuery()、executeUpdate() 和 execute()。

（1）ResultSet executeQuery(String sqlString)：执行查询数据库的 SQL 语句，返回一个结果集对象。具体实现代码：

```
ResultSet rs = stmt.executeQuery("SELECT * FROM …");
```

（2）int executeUpdate(String sqlString)：用于执行 INSERT、UPDATE 或者 DELETE 语句以及 SQL DDL 语句。具体实现代码：

```
int rows = stmt.executeUpdate("INSERT INTO …");
```

（3）execute(sqlString)：用于执行返回多个结果集、多个更新技术或两者结合的语句。具体实现代码：

```
boolean flag = stmt.execute(String sql);
```

8.5.5 获得查询结果

有以下两种情况。
（1）执行更新返回的是本次操作影响到的记录数。
（2）执行查询返回的结果是一个 ResultSet 对象。

```
while(rs.next()){
    String name = rs.getString("name");
    String pass = rs.getString(1);      //此方法比较高效,列是从左到右编号的,并且从列 1 开始
}
```

8.5.6 关闭 JDBC 对象

操作完成后要把所有使用的 JDBC 对象全部关闭,以释放 JDBC 资源,关闭顺序和声明顺序相反。步骤如下。
（1）关闭记录集。
（2）关闭声明。
（3）关闭连接对象。

```
if(rs!= null){                                      //关闭记录集
try {
    rs.close();
    rs = null;
}catch(SQLException ex){
    ex.printStackTrace();
}
}
if(stmt!= null){                                    //关闭声明
try {
    stmt.close();
    stmt = null;
}catch(SQLException ex){
    ex.printStackTrace();
}
}
if(con!= null){                                     //关闭连接对象
try {
    con.close();
    con = null;
}catch(SQLException ex){
    ex.printStackTrace();
}
}
```

实训 26 JDBC Driver for MySQL 的下载和使用

【实训目的】
（1）掌握下载 JDBC Driver for MySQL 的方法。

(2) 学会如何加载此驱动包。

(3) 掌握利用此包连接 MySQL 数据库并写出较完善的程序。

【实训要求】

(1) JDBC Driver for MySQL 的下载和使用。

(2) 创建 index.jsp 文件连接 MySQL 数据库。

【实训步骤】

下面介绍 JDBC Driver for MySQL 的下载和使用。

(1) 登录网站 http://www.mysql.com，单击 Products，选择 MySQL Database Drivers，单击 JDBC Driver for MySQL 下的 Download 按钮，选择 Windows 下的安装包进行下载，如图 8-14 所示。

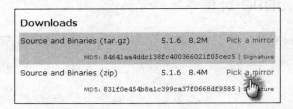

图 8-14 选择 Windows 下的安装包

(2) 下载解压后，找到文件 mysql-connector-java-5.1.6-bin.jar。

(3) 新建一个名为 JDBCPro 的 Web 项目。

(4) 粘贴 mysql-connector-java-5.1.6-bin.jar 包到工程中，如图 8-15 所示。

(5) 右击 mysql-connector-java-5.1.6-bin.jar，如图 8-16 所示。选择 Build Path→Add to Build Path。

图 8-15 粘贴 mysql-connector-java-5.1.6-bin.jar
        包到工程中

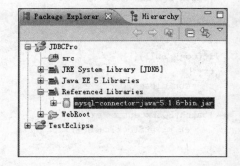

图 8-16 把 jar 文件添加到运行 Path 中

(6) 创建一 JSP 文件，利用此包连接 MySQL 数据库，尽量写出完善的程序。代码如下：

例 8-1　MySQL 数据库的连接(JDBCPro/index.jsp)。

```jsp
<%@ page language="Java" import="java.sql.*" pageEncoding="GB2312" %>
<html>
  <body>
    <%
      Connection con = null;
      Statement stmt = null;
      ResultSet rs = null;
      try {
        //1.加载驱动程序
        Class.forName("com.mysql.jdbc.Driver");
        //2.取得连接
        con = DriverManager.getConnection(
            "jdbc:mysql://localhost:3306/mydb","root", "root");
        //3.执行SQL语句
        stmt = con.createStatement();
        rs = stmt.executeQuery("select * from student");
        //4.得到结果集
        while(rs.next()){
          //5.显示结果数据
          out.println("<table>");
          out.println("<tr>");
          out.println("<td>" + rs.getString("sid") + "</td>");
          out.println("<td>" + rs.getString("spassword") + "</td>");
          out.println("<td>" + rs.getInt("sage") + "</td>");
          out.println("</tr>");
          out.println("</table>");
        }
      }
      catch(ClassNotFoundException ex) {
        ex.printStackTrace();
      }
      catch(SQLException ex1) {
        ex1.printStackTrace();
      }
      finally{
        //6.关闭所有对象
        try {
          if(rs!=null){
            rs.close();
            rs = null;
          }
          if(stmt!=null){
            stmt.close();
            stmt = null;
          }
          if(con!=null){
            con.close();
            con = null;
```

                }
            }
            catch(SQLException ex) {
                ex.printStackTrace();
            } }
        %>
    </body>
</html>

8.6 典型 JSP 数据库连接

8.6.1 SQL Server 2005 数据库的连接

首先下载 Microsoft SQL Server 2005 JDBC Driver 的 sqljdbc.jar 包,利用此包连接数据库。

```
Class.forName("com.microsoft.sqlserver.jdbc.SQLServerDriver").newInstance();
String url = "jdbc:sqlserver://localhost:1433;DatabaseName = mydb";
//mydb 为数据库
String user = "sa";
String password = "";
Connection conn = DriverManager.getConnection(url,user,password);
```

8.6.2 Access 数据库的连接

直接使用 ODBC,代码如下:

```
Class.forName("sun.jdbc.odbc.JdbcOdbcDriver");
String url = "jdbc:odbc:Driver = {MicroSoft Access Driver (*.mdb)};DBQ = " + application.getRealPath("/Data/ReportDemo.mdb");
Connection conn = DriverManager.getConnection(url,"","");
Statement stmtNew = conn.createStatement();
```

8.6.3 MySQL 数据库的连接

首先下载 JDBC Driver for MySQL 包,然后利用此包连接数据库。代码如下:

```
Class.forName("com.mysql.jdbc.Driver").newInstance();
String url = "jdbc:mysql://localhost/myDB? user = soft&password = soft1234&useUnicode = true&characterEncoding = 8859_1";
//myDB 为数据库名
Connection conn = DriverManager.getConnection(url);
```

实训 27 JSP 连接不同类型数据库

【实训目的】

(1) 掌握连接 SQL Server 2005 数据库的方法。

(2) 掌握连接 Access 数据库的方法。
(3) 掌握连接 MySQL 数据库的方法。

【实训要求】

(1) 创建 SQLServer2005.jsp 文件连接 SQL Server 2005 数据库。
(2) 创建 Access.jsp 文件连接 Access 数据库。
(3) 创建 MySQL.jsp 文件连接 MySQL 数据库。

【实训步骤】

下面依次介绍 JSP 连接不同数据库的代码。

(1) SQL Server 2005 数据库的连接(SQLServer2005.jsp)。

```jsp
<%@ page language="Java" import="java.util.*" pageEncoding="GB2312" %>
<%@ page import="java.sql.*" %>
<html>
    <head>
        <title>SQL Server 2005</title>
    </head>
    <body>
        连接 SQL Server 2005 数据库
        <br>
        <%
            String driverClass =
                "com.microsoft.sqlserver.jdbc.SQLServerDriver";
            String url =
                "jdbc:sqlserver://127.0.0.1:1433;DatabaseName=mydb";
            String username = "sa";
            String password = "";
            Class.forName(driverClass);
            Connection conn = DriverManager.getConnection(url, username,
                    password);
            Statement stmt = conn.createStatement();
            ResultSet rs = stmt.executeQuery("select * from tb_user");
            while(rs.next()) {
                out.println("<br>用户名:" + rs.getString(2) + "  密码:"
                    + rs.getString(3));
            }
            rs.close();
            stmt.close();
            conn.close();
        %>
    </body>
</html>
```

(2) Access 数据库的连接(Access.jsp)。

```jsp
<%@ page language="Java" import="java.sql.*" pageEncoding="GB2312" %>
<html>
```

```
<head><title>Access</title></head>
<body>
    连接 Access 数据库
    <br>
    <%
        String driverClass = "sun.jdbc.odbc.JdbcOdbcDriver";
        String path = request.getRealPath("");
        String url =
         "jdbc:odbc:driver={Microsoft Access Driver (*.mdb)};DBQ="
                + path + "/db_database08.mdb";
        System.out.println("URL:" + url);
        String username = "";
        String password = "";
        Class.forName(driverClass);                //加载数据库驱动
        Connection conn = DriverManager.getConnection(url, username,
                password);
        Statement stmt = conn.createStatement();
        ResultSet rs = stmt.executeQuery("select * from tb_user");
        while(rs.next()) {
            out.println("<br>用户名:" + rs.getString(2) + "  密码:"
                    + rs.getString(3));
        }
        rs.close();
        stmt.close();
        conn.close();
    %>
</body>
</html>
```

(3) MySQL 数据库的连接(MySQL.jsp)。

```
<%@ page language="Java" import="java.sql.*" pageEncoding="GB2312" %>
<html>
    <head><title>MySQL</title></head>
    <body>
        连接 MySQL 数据库
        <br>
        <%
            String driverClass = "com.mysql.jdbc.Driver";
            String url = "jdbc:mysql://localhost:3306/db_database08";
            String username = "root";
            String password = "111";
            Class.forName(driverClass);                //加载数据库驱动
            Connection conn = DriverManager.getConnection(url, username,
                    password);                         //建立连接
            Statement stmt = conn.createStatement();
            //执行 SQL 语句
            ResultSet rs = stmt.executeQuery("select * from tb_user");
            while(rs.next()) {
```

```
            out.println("<br>用户名: " + rs.getString(2) + "  密码: "
                + rs.getString(3));
        }
        rs.close();
        stmt.close();
        conn.close();
    %>
    </body>
</html>
```

8.7 数据库操作技术

8.7.1 添加操作

JDBC 提供了两种实现数据添加操作的方法：一种是通过 Statement 对象执行静态 SQL 语句实现；另一种是通过 PreparedStatement 对象执行动态 SQL 语句实现。

(1) 应用 Statement 对象向数据表 student 中添加数据的关键代码如下：

```
stmt = con.createStatement();
int rtn = stmt.executeUpdate("insert into student (sid,spassword,sage) values ('2014','2014', 21)");
```

(2) 应用 PreparedStatement 对象向数据表 student 中添加数据的关键代码如下：

```
PreparedStatement pstmt = con.prepareStatement("insert into student (sid,spassword,sage) values(?,?,?)");
    pstmt.setString(1,"2015");
    pstmt.setString(2,"2015");
    pstmt.setInt(3,22);
    int rtn = pstmt.executeUpdate();
```

8.7.2 更新操作

JDBC 提供了两种实现数据更新操作的方法：一种是通过 Statement 对象执行静态 SQL 语句实现；另一种是通过 PreparedStatement 对象执行动态 SQL 语句实现。

(1) 应用 Statement 对象更新数据表 student 中 sid 值为 2014 的记录，关键代码如下：

```
stmt = con.createStatement();
int rtn = stmt.executeUpdate("update student set sid = '20144',spassword = '20144' where sid = '2014'");
```

(2) 应用 PreparedStatement 对象更新数据表 student 中 sid 值为 2015 的记录，关键代码如下：

```
PreparedStatement pstmt = con.prepareStatement("update student set sid = ?,spassword = ? where sid = ?");
```

```
pstmt.setString(1,"20155");
pstmt.setString(2,"20155");
pstmt.setString(3,"2015");
int rtn = pstmt.executeUpdate();
```

8.7.3 修改操作

与添加操作相同,JDBC 中也提供了两种实现数据修改操作的方法:一种是通过 Statement 对象执行静态 SQL 语句实现;另一种是通过 PreparedStatement 对象执行动态 SQL 语句实现。

通过 Statement 对象和 PreparedStatement 对象实现数据修改操作的方法与实现添加操作的方法基本相同,所不同的就是执行的 SQL 语句不同,实现数据修改操作使用的 SQL 语句为 UPDATE 语句,其语法格式如下:

```
UPDATE table_name
SET <column_name> = <expression>
    [...,<last column_name> = <last expression>]
[WHERE <search_condition>]
```

(1) 应用 Statement 对象修改数据表 tb_user 中 name 字段值为 dream 的记录,关键代码如下:

```
Statement stmt = conn.createStatement();
int rtn = stmt.executeUpdate("update tb_user set name = 'hope',pwd = '222' where name = 'dream'");
```

(2) 应用 PreparedStatement 对象修改数据表 tb_user 中 name 字段值为 hope 的记录,关键代码如下:

```
PreparedStatement pStmt = conn.prepareStatement("update tb_user set name = ?,pwd = ? where name = ?");
pStmt.setString(1,"dream");
pStmt.setString(2,"111");
pStmt.setString(3,"hope");
int rtn = pStmt.executeUpdate();
```

说明:在实际应用中,经常是先将要修改的数据查询出来并显示到相应的表单中,然后将表单提交到相应处理页,在处理页中获取要修改的数据,并执行修改操作,完成数据修改。

8.7.4 删除操作

JDBC 提供了两种实现数据删除操作的方法:一种是通过 Statement 对象执行静态 SQL 语句实现;另一种是通过 PreparedStatement 对象执行动态 SQL 语句实现。

(1) 应用 Statement 对象删除数据表 student 中 sid 值为 2014 的记录,关键代码如下:

```
stmt = con.createStatement();
int rtn = stmt.executeUpdate("delete student where sid = '2014'");
```

(2) 应用 PreparedStatement 对象删除数据表 student 中 sid 值为 2015 的记录,关键代

码如下：

```
PreparedStatement pstmt = con.prepareStatement("delete student where sid = ?");
    pstmt.setString(1,"2015");
    int rtn = pstmt.executeUpdate();
```

建议大家把以上代码补充完整并使其保持健壮性。

实训 28 利用 JDBC 实现数据库的操作

【实训目的】

（1）掌握利用 JDBC 实现数据库的添加操作。
（2）掌握利用 JDBC 实现数据库的更新操作。
（3）利用 JDBC 实现数据库的查询操作。
（4）利用 JDBC 实现数据库的删除操作。

【实训要求】

（1）创建 insert.jsp 页面，利用 JDBC 实现数据库的添加操作。
（2）创建 update.jsp 页面，利用 JDBC 实现数据库的更新操作。
（3）创建 query.jsp 页面，利用 JDBC 实现数据库的查询操作。
（4）创建 delete.jsp 页面，利用 JDBC 实现数据库的删除操作。

【实训步骤】

（1）利用 JDBC 实现数据库的添加操作（insert.jsp）。

```jsp
<%@ page contentType = "text/html; charset = GBK" %>
<% -- 引入数据库操作类包 -- %>
<%@ page import = "java.sql.*" %>
<html><head><title>插入记录示例</title></head>
<body>
<%
    Connection con = null;
    Statement stmt = null;
    try {
      //1.加载驱动程序
      Class.forName("com.microsoft.sqlserver.jdbc.SQLServerDriver");
      //2.取得连接
      con = DriverManager.getConnection(
"jdbc:sqlserver://127.0.0.1:1433;DatabaseName = mydb","sa", "");
      //3.执行 SQL 语句
      stmt = con.createStatement();
      //4.创建添加 SQL 语句
      String sql = "insert into users(id,name,password) values(5,'hehe','asdf')";
      ///5.执行 SQL 语句
      stmt.execute(sql);
    }
    catch(ClassNotFoundException ex) {
      ex.printStackTrace();
    }
```

```
            catch(SQLException ex1) {
              ex1.printStackTrace();
            }
            finally{
              //6.关闭所有对象
              try {
                 if(stmt!= null){
                   stmt.close();
                   stmt = null;
                 }
                 if(con!= null){
                   con.close();
                   con = null;
                 }
              }
              catch(SQLException ex) {
                 ex.printStackTrace();
              }  }
    %>
    </center>
  </body>
</html>
```

(2) 利用 JDBC 实现数据库的更新操作(update.jsp)。

```
<%@ page contentType = "text/html; charset = GBK" %>
<%@ page import = "java.sql.*" %>
<%-- 引入数据库操作类包 --%>
<html><head><title>更新记录示例</title></head>
<body>
<h3>更新记录示例</h3>
<%
    Connection con = null;
    Statement stmt = null;
    try {
        //1.加载驱动程序
        Class.forName("com.microsoft.sqlserver.jdbc.SQLServerDriver");
        //2.取得连接
        con = DriverManager.getConnection(
"jdbc:sqlserver://127.0.0.1:1433;DatabaseName = mydb","sa", "");
        //3.执行 SQL 语句
        stmt = con.createStatement();
        //4.创建更新 SQL 语句
        String updateStr = "update users set name = 'hehe' where id = 6";
        //5.执行更新操作语句
        stmt.executeUpdate(updateStr);
        out.println("<p>成功更新记录<p>");
    }
    catch(ClassNotFoundException ex) {
```

```
                ex.printStackTrace();
            }
            catch(SQLException ex1) {
                ex1.printStackTrace();
            }
            finally{
                //6.关闭所有对象
                try {
                    if(stmt!=null){
                        stmt.close();
                        stmt = null;
                    }
                    if(con!=null){
                        con.close();
                        con = null;
                    }
                }
                catch(SQLException ex) {
                    ex.printStackTrace();
                }   }
%>
</center>
</body>
</html>
```

(3) 利用 JDBC 实现数据库的查询操作（query.jsp）。

```
<%@ page contentType="text/html;charset=GBK" %>
<%--引入数据库操作类包--%>
<%@ page import="java.sql.*" %>
<html><head><title>查询示例</title></head>
<body>
<%
  try{
    //使用 JDBC 创建数据库连接
    Class.forName("com.microsoft.sqlserver.jdbc.SQLServerDriver");
    //使用 DriverManager 类的 getConnection()方法建立连接
    con = DriverManager.getConnection(
"jdbc:sqlserver://127.0.0.1:1433;DatabaseName=mydb","sa","");
    //创建 SQL 语句执行类
    Statement smt=conn.createStatement(
    ResultSet.TYPE_SCROLL_INSENSITIVE,ResultSet.CONCUR_UPDATABLE);
    ResultSet rst=smt.executeQuery("SELECT * from users");
%>
<table width="50%" border="2">
<%
    //移动记录指针到第一条记录之前
    rst.beforeFirst();
    out.println("所有记录：");
```

```jsp
        //移动记录指针到下一条记录
        while(rst.next())
        {
%>
        <tr>
        <td><%=rst.getInt(1)%></td>
        <td><%=rst.getString(2)%></td>
        <td><%=rst.getString(3)%></td>
        </tr>
<%}%>
        </table><p>
<%
        //移动记录指针到第一条记录
        rst.first();
        out.println("第一条记录:");
%>
        <table width="50%" border="2">
          <tr>
            <td><%=rst.getInt(1)%></td>
            <td><%=rst.getString(2)%></td>
            <td><%=rst.getString(3)%></td>
            <td><%=rst.getString(4)%></td>
          </tr>
        </table><p>
        <%
          //移动记录指针到最后一条记录
          rst.last();
          out.println("最后一条记录:");
        %>
        <table width="50%" border="2">
          <tr>
            <td><%=rst.getString(1)%></td>
            <td><%=rst.getString(2)%></td>
            <td><%=rst.getString(3)%></td>
            <td><%=rst.getString(4)%></td>
          </tr>
        </table><p>
    <%
        //移动记录指针到第三条记录
        rst.absolute(3);
        out.println("第三条记录:");
    %>
        <table width="50%" border="2">
          <tr>
            <td><%=rst.getString(1)%></td>
            <td><%=rst.getString(2)%></td>
            <td><%=rst.getString(3)%></td>
            <td><%=rst.getString(4)%></td>
          </tr>
        </table><p>
<%
```

```
            rst.close();
            smt.close();
            conn.close();
        }
        catch(SQLException SE)
        {
            SE.printStackTrace();
        }
    %>
</body>
</html>
```

(4) 利用 JDBC 实现数据库的删除操作(delete.jsp)。

```jsp
<%@ page contentType="text/html; charset=GBK" %>
<%-- 引入数据库操作类包 --%>
<%@ page import="java.sql.*" %>
<html><head><title>删除记录示例</title></head>
<body>
<%
    Connection con = null;
    Statement stmt = null;
    try {
        //1.加载驱动程序
        Class.forName("com.microsoft.sqlserver.jdbc.SQLServerDriver");
        //2.取得连接
        con = DriverManager.getConnection(
"jdbc:sqlserver://127.0.0.1:1433;DatabaseName=mydb","sa","");
        //3.执行 SQL 语句
        stmt = con.createStatement();
        //4.创建删除 SQL 语句
        String sql = "delete from users where id=6";
        //5.执行删除操作语句
        stmt.execute(sql);
    }
    catch(ClassNotFoundException ex) {
        ex.printStackTrace();
    }
    catch(SQLException ex1) {
        ex1.printStackTrace();
    }
    finally{
        //6.关闭所有对象
        try {
            if(stmt!=null){
                stmt.close();
                stmt = null;
            }
            if(con!=null){
```

```
            con.close();
            con = null;
        }
    }
    catch(SQLException ex) {
      ex.printStackTrace();
    }  }
%>
</center>
</body>
</html>
```

实训 29　JSP+JavaBean 模式开发数据库

【实训目的】
掌握 JSP+JavaBean 模式开发数据库的方法。
【实训要求】
(1) 创建连接数据库的 JavaBean，名称为 conn.java。
(2) 创建 JSP 文件 index.jsp，调用刚创建的 JavaBean 来读取数据库。
【实训步骤】
JSP 页面最好不要有大量的 Java 代码，可以把代码写在类里。
(1) 创建连接数据库的 JavaBean，名称为 conn.java。
① 新建一个包：右击项目中的 src 目录，依次选择 New→Package，在弹出的对话框中的 Name 文本框中输入包名 com.gx.bean，单击 Finish 按钮完成创建。
② 新建类：右击创建的 com.gx.bean 包，依次选择 New→Class，在弹出的对话框中的 Name 文本框中输入要创建的 JavaBean 名，如 conn，其他保留默认值，单击 Finish 按钮完成 JavaBean 的初步创建。
conn.java 的具体代码如下：

```
package com.gx.bean;
import java.sql.*;
public class conn {
    public Connection getConn() {
        Connection conn = null;
        try {
            Class.forName("com.mysql.jdbc.Driver");
            conn = DriverManager.getConnection(
            "jdbc:mysql://localhost:3306/mydata", "root", "liqing");
        } catch(ClassNotFoundException e) {
            e.printStackTrace();
        } catch(SQLException e) {
            e.printStackTrace();
        }
        return conn;
```

```java
    }

    public PreparedStatement prepare(Connection conn, String sql) {
        PreparedStatement pstmt = null;
        try {
            if(conn != null) {
                pstmt = conn.prepareStatement(sql);
            }
        } catch(SQLException e) {
            e.printStackTrace();
        }
        return pstmt;
    }

    public Statement getStatement(Connection conn) {
        Statement stmt = null;
        try {
            if(conn != null) {
                stmt = conn.createStatement();
            }
        } catch(SQLException e) {
            e.printStackTrace();
        }
        return stmt;
    }

    public ResultSet getResultSet(Statement stmt, String sql) {
        ResultSet rs = null;
        try {
            if(stmt != null) {
                rs = stmt.executeQuery(sql);
            }
        } catch(SQLException e) {
            e.printStackTrace();
        }
        return rs;
    }

    public void executeUpdate(Statement stmt, String sql) {
        try {
            if(stmt != null) {
                stmt.executeUpdate(sql);
            }
        } catch(SQLException e) {
            e.printStackTrace();
        }
    }

    public void close(Connection conn) {
        try {
            if(conn != null) {
```

```java
                    conn.close();
                    conn = null;
                }
            } catch(SQLException e) {
                e.printStackTrace();
            }
        }

        public void close(Statement stmt) {
            try {
                if(stmt != null) {
                    stmt.close();
                    stmt = null;
                }
            } catch(SQLException e) {
                e.printStackTrace();
            }
        }

        public void close(ResultSet rs) {
            try {
                if(rs != null) {
                    rs.close();
                    rs = null;
                }
            } catch(SQLException e) {
                e.printStackTrace();
            }
        }
    }
```

(2) 创建 JSP 文件,调用刚创建的 JavaBean 来操作数据库。

修改例 8-1,使其变为 JSP+JavaBean 的开发模式,创建一个 JSP 页面,调用上面刚创建的 JavaBean 文件 conn.java。

下面是修改后的 index.jsp 代码:

```jsp
<%@ page language="Java" import="java.sql.*" pageEncoding="GB2312"%>
<html>
    <body>
        <jsp:useBean id="DB" class="com.gx.bean.conn" />
        <%
        Connection conn = DB.getConn();
        Statement stmt = DB.getStatement(conn);
        ResultSet rs = DB.getResultSet(stmt, "select * from student");
        try {
            while(rs.next()) {
                out.println("<table>");
                out.println("<tr>");
```

```
            out.println("<td>" + rs.getString("sid") + "</td>");
            out.println("<td>" + rs.getString("spassword") + "</td>");
            out.println("<td>" + rs.getInt("sage") + "</td>");
            out.println("</tr>");
            out.println("</table>");
        }
    } catch(SQLException e) {
        e.printStackTrace();
    } finally {
        DB.close(rs);
        DB.close(stmt);
        DB.close(conn);
    }
%>
</body>
</html>
```

同样的道理,可以利用JSP+JavaBean模式来处理添加、删除和修改操作。

8.8 连接池技术

本节将详细介绍数据库连接池技术、数据库连接池的配置方法,以及通过JNDI从连接池中获得数据库连接的方法。

8.8.1 连接池简介

通常情况下,在每次访问数据库之前都要先建立与数据库的连接,这将消耗一定的资源,并延长了访问数据库的时间,如果是访问量相对较低的系统还可以,如果访问量较高,将严重影响系统的性能。为了解决这一问题,引入了连接池的概念。所谓连接池,就是预先建立好一定数量的数据库连接,模拟存放在一个池中,由池里的数据库连接负责对这些数据库进行管理。这样,当需要访问数据库时,就可以通过已经建立好的连接访问数据库了,从而免去了每次在访问数据库之前建立数据库连接的开销。

连接池还解决了数据库连接数量限制的问题。由于数据库能够承受的连接数量是有限的,当达到一定程度时,数据库的性能就会下降,甚至崩溃,而池化管理机制,通过有效地使用和调度这些连接池中的连接,则解决了这个问题(在这里不讨论连接池对连接数量限制的问题)。

1. 连接池的具体实施办法

连接池的具体实施办法如下。

(1) 预先创建一定数量的连接,存放在连接池中。

(2) 当程序请求一个连接时,连接池是为该请求分配一个空闲连接,而不是去重新建立一个连接;当程序使用完连接后,该连接将重新回到连接池中,而不是直接将连接释放。

(3) 当连接池中的空闲连接数量低于下限时,连接池将根据管理机制追加创建一定数量的连接；当空闲连接数量高于上限时，连接池将释放一定数量的连接。

在每次用完 Connection 后，要及时调用 Connection 对象的 close()或 dispose()方法显式关闭连接，以便连接可以及时返回到连接池中，非显式关闭的连接可能不会添加或返回到连接池中。

2．连接池的优点

（1）创建一个新的数据库连接所耗费的时间主要取决于网络的速度以及应用程序和数据库服务器的(网络)距离，而且这个过程通常是一个很耗时的过程，而采用数据库连接池后，数据库连接请求则可以直接通过连接池满足，不需要为该请求重新连接、认证到数据库服务器，从而节省了时间。

（2）提高了数据库连接的重复使用率。

（3）解决了数据库对连接数量的限制。

3．连接地的缺点

与此同时，连接池具有下列缺点。

（1）连接池中可能存在多个与数据库保持连接但未被使用的连接，在一定程度上浪费了资源。

（2）要求开发人员和使用者准确估算系统需要提供的数据库连接的最大数目。

8.8.2 在 Tomcat 中配置连接池

在通过连接池技术访问数据库时，首先需要在 Tomcat 下配置数据库连接池，下面以 SQL Server 2005 为例介绍在 Tomcat 8 下配置数据库连接池的方法。

（1）将 SQL Server 数据库的 JDBC 驱动包复制到 Tomcat 安装路径下的 common\lib 文件夹中。

（2）配置数据源。在配置数据源时，可以将其配置到 Tomcat 安装目录下的 conf\server.xml 文件中，也可以将其配置到 Web 工程目录下的 META-INF\context.xml 文件中，建议采用后者，因为这样配置的数据源更有针对性。配置数据源的具体代码如下：

```
<Context>
<Resource name = "TestJNDI" type = "javax.sql.DataSource" auth = "Container" driverClassName = "com.microsoft.jdbc.sqlserver.SQLServerDriver" url = "jdbc:microsoft:sqlserver://127.0.0.1:1433;DatabaseName = db_db_database08" username = "sa" password = "" maxActive = "4" maxIdle = "2" maxWait = "6000" />
</Context>
```

在配置数据源时需要配置的<Resource>元素的属性及其说明如表 8-8 所示。

表 8-8 需要配置的<Resource>元素的属性及其说明

属 性	说 明
name	设置数据源的 JNDI 名
type	设置数据源的类型

续表

属性	说明
auth	设置数据源的管理者,有 Container 和 Application 两个可选值,Container 表示由容器来创建和管理数据源,Application 表示由 Web 应用来创建和管理数据源
driverClassName	设置连接数据库的 JDBC 驱动程序
url	设置连接数据库的路径
username	设置连接数据库的用户名
password	设置连接数据库的密码
maxActive	设置连接池中处于活动状态的数据库连接的最大数目,0 表示不受限制
maxIdle	设置连接池中处于空闲状态的数据库连接的最大数目,0 表示不受限制
maxWait	设置当连接池中没有处于空闲状态的连接时,请求数据库连接的最长等待时间(单位为 ms),如果超出该时间则抛出异常,-1 表示无限期等待

8.8.3 使用连接池技术访问数据库

JDBC 2.0 提供了 javax.sql.DataSource 接口,负责与数据库建立连接,在应用时不需要编写连接数据库代码,可以直接从数据源中获得数据库连接。在 DataSource 中预先建立了多个数据库连接,这些数据库连接保存在数据库连接池中,当程序访问数据库时,只需从连接池中取出空闲的连接,访问结束后,再将连接归还给连接池。DataSource 对象由容器(例如 Tomcat)提供,不能通过创建实例的方法来获得 DataSource 对象,需要利用 Java 的 JNDI(Java Nameing and Directory Interface,Java 命名和目录接口)来获得 DataSource 对象的引用。

JNDI 是一个应用程序设计的 API,为开发人员提供了查询和访问各种命名和目录服务的通用的、统一的接口,类似 JDBC,都是构建在抽象层上的。JNDI 提供了一种统一的方式,可以用在网络上查找和访问 JDBC 服务中,通过指定一个资源名称,可以返回数据库连接建立所必需的信息。

实训 30　JSP 利用连接池连接数据库

【实训目的】
学会利用连接池连接数据库的方法。

【实训要求】
应用连接池技术访问数据库 mydb,并显示数据表 tb_user 中的全部数据。

【实训步骤】
应用连接池技术访问数据库 mydb,并显示数据表 tb_user 中的全部数据。
(1) 将 SQL Server 2005 的数据库的驱动包复制到 Tomcat 安装路径下的 lib(Tomcat 中为 common\lib)文件夹中。或将其配置在 Web 工程目录下的 META-INF\context.xml 文件中,建议采用后者,因为这样配置的数据源更有针对性。配置数据源的具体代码如下:

```
<Context>
<Resource name = "TestJNDI" type = "javax.sql.DataSource" auth = "Container" driverClassName =
"com.microsoft.jdbc.sqlserver.SQLServerDriver" url = "jdbc:microsoft:sqlserver://127.0.0.1:
```

1433;DatabaseName = mydb" username = "sa" password = "" maxActive = "4" maxIdle = "2" maxWait = "6000" />

（2）编写 databasepool.jsp 文件，用于通过数据库连接池访问 mydb 数据库，并显示数据表 tb_user 中的全部数据。代码如下：

```jsp
<%@ page language = "Java" import = "javax.naming.*" pageEncoding = "GB2312" %>
<%@ page import = "javax.sql.*" %>
<%@ page import = "java.sql.*" %>
<html>
    <head>
        <title>JSP通过数据库连接池连接数据库</title>
    </head>
    <body>
<%
try{
    Context ctx = new InitialContext();
    ctx = (Context) ctx.lookup("java:comp/env");
    //获取连接池对象
    DataSource ds = (DataSource) ctx.lookup("TestJNDI");
    Connection conn = ds.getConnection();
    Statement stmt = conn.createStatement();
    String sql = "SELECT * FROM tb_user";
    ResultSet rs = stmt.executeQuery(sql);
    while(rs.next()){
        out.println("<br>用户名：" + rs.getString(2) + "    密码：" + rs.getString(3));
    }
    rs.close();
    stmt.close();
    conn.close();
} catch(NamingException e) {
    e.printStackTrace();
}
%>
    </body>
</html>
```

8.9 小结

本章首先介绍了 JDBC 技术以及 JDBC 中常用接口的应用，然后介绍了连接及访问数据库的方法以及各种常用的数据库的连接方法，接着介绍了数据库的查询、添加、修改和删除操作，最后介绍了数据库连接池的应用。这些技术都是开发动态网站时必需的技术，读者应重点掌握并灵活应用。通过本章的学习，读者完全可以编写出基于数据库的 Web 应用程序。

习题

8-1 在 Windows 2008 Server 操作系统中，通过 JDBC 连接 SQL Server 2005 数据库需要进行什么操作？

8-2 简述 JDBC 连接数据库的基本步骤。

8-3 写出 SQL Server 2005 数据库的驱动及连接本地机器上的数据库 mysqldb 的 URL 地址。

8-4 执行动态 SQL 语句的接口是什么？

8-5 Statement 实例又可以分为哪三种类型？功能分别是什么？

8-6 JDBC 中提供的两种实现数据查询的方法分别是什么？

8-7 简述数据库连接池的优缺点。

第9章 JSP高级程序设计

本章主要介绍 JSP 高级程序设计的相关技术，内容包括 Java Web 开发中应用的框架技术以及 Ajax 技术在 JSP 中的应用。通过本章的学习，读者应了解 Struts、Hibernate 和 Spring 框架技术，并学会搭建 Struts、Hibernate 和 Spring 的开发环境；掌握 Ajax 技术，并能够应用 Ajax 技术实现无须重新加载整个网页的情况下，只更新部分网页的操作。

9.1 Java EE 应用

9.1.1 Java EE 概述

Java EE(Java Platform, Enterprise Edition)是 Sun 公司推出的企业级应用程序版本，以前称为 J2EE。Java EE 有助于开发和部署可移植、健壮、可伸缩且安全的服务器端 Java 应用程序。Java EE 是在 Java SE 的基础上构建的，它提供 Web 服务、组件模型、管理和通信 API，可以用来实现企业级的面向服务体系结构(Service-Oriented Architecture, SOA)和 Web 2.0 应用程序。

Java EE 核心是一组技术规范与指南，其中所包含的各类组件、服务架构及技术层次，均有共同的标准及规格，让各种依循 Java EE 架构的不同平台之间，存在良好的兼容性。Java EE 平台由一整套服务(Service)、应用程序接口(API)和协议构成，它对开发基于 Web 的多层应用提供了功能支持。下面对 Java EE 中的 13 种技术规范进行简单的描述。

1. JDBC

JDBC API 为访问不同数据库提供了一种统一的途径。与 ODBC 类似，JDBC 对开发者屏蔽了一些细节问题。另外，JDBC 对数据库的访问也具有平台无关性。

2. JNDI

JNDI(Java Name and Directory Interface)API 被用于执行名字和目录服务。它提供了一致的模型来存取和操作企业级的资源(例如 DNS 和 LDAP)、本地文件系统或应用服务器中的对象。

3. EJB

EJB 提供了一个框架来开发和实施分布式的商务逻辑，由此，显著地简化了可伸缩性和高度复杂的企业级应用的开发。EJB 规范定义了 EJB 组件在何时、如何与它们的容器进行交互作用。

容器负责提供公用的服务，例如目录服务、事务管理、安全性、资源缓冲池以及容错性。但是，EJB 并不是实现 J2EE 的唯一途径。正是由于 J2EE 的开放性，使得所有的厂商的开发都能够与 EJB 的发展相平行。

4. RMI

RMI(Remote Method Invoke)协议调用远程对象上的方法。它使用了序列化的方式在客户端和服务器端传递数据。RMI 是一种被 EJB 使用的较底层的协议。

5. Java IDL/CORBA

在 Java IDL 的支持下，开发人员可以将 Java 和 CORBA 集成在一起。它们可以创建 Java 对象并使之可在 CORBA ORB 中展开，或者它们还可以创建 Java 类并作为和其他 ORB 一起展开的 CORBA 对象的客户。后一种方法提供了另外一种途径，通过它，Java 可以将新的应用和旧的系统相集成。

6. JSP

JSP 页面由 HTML 页面和嵌入其中的 Java 代码所组成，它可以接收客户端的请求并动态地生成 HTML 响应页面。

7. Java Servlet

Servlet 是一种小型的 Java 程序，它扩展了 Web 服务器的功能。Servlet 作为一种服务器的应用，当被请求时开始执行，这和 CGI Perl 脚本很相似。Servlet 提供的功能大多与 JSP 类似，不过实现的方式不同。JSP 通常是在 HTML 页面中嵌入少量的 Java 代码，而 Servlet 全部由 Java 写成并生成 HTML 页面。

8. XML

XML(Extensible Markup Language)是一种可以用来定义其他标记语言的语言，它通常被用来在不同的系统或不同的商务过程之间共享数据。XML 的发展和 Java 是相互独立的，但是，它和 Java 具有相同的目标——平台独立性。通过将 Java 和 XML 组合，可以得到一个完美的、独立性的企业系统集成方案。

9. JMS

JMS(Java Message Service)是用来和面向对象消息的中间件相互通信的应用程序接口。它既支持点对点类型的域，又支持"发布/订阅"类型的域，并且提供对下列类型的支持：经认可的消息传递、事务型消息的传递、一致性消息和具有持久性的订阅者支持。

10. JTA

JTA(Java Transaction Architecture)定义了一种标准 API，应用程序可以利用它来访

问和实现各种事务。

11. JTS

JTS(Java Transaction Service)是 CORBA OTS 事务监控的基本实现,它规定了事务管理的实现方法。该事务管理器是在高层支持 JTA 规范,并且在较低层实现 OMG OTS Specification 和 Java 映像。JTS 事务管理器向应用服务器、资源管理器、独立的应用以及通信资源管理器提供了事务服务。

12. JavaMail

JavaMail 是用于存取邮件服务器的 API。它提供了一套邮件服务器的抽象类,不仅支持 SMTP 服务器,也支持 IMAP 服务器。

13. JAF

JavaMail 利用 JAF(JavaBeans Activation Framework)来处理 MIME 编码的邮件附件,MIME 的字节流可以被转换成 Java 对象,大多数应用都可以不需要直接使用 JAF。

9.1.2 Java EE 应用的分层模型

不管是经典的 Java EE 架构还是轻量级 Java EE 架构,大致上都可分为如下几层。
- Domain Object(领域对象)层:此层由系列的 POJO(Plain Old Java Object,普通的、传统的 Java 对象)组成,这些对象是该系统的 Domain Object,往往包含了各自所需要实现的业务逻辑方法。
- DAO(Data Access Object,数据访问对象)层:此层由系列的 DAO 组件组成,这些 DAO 实现了对数据库的创建、查询、更新和删除(CRUD)等原子操作。

注:在经典 Java EE 应用中,DAO 层也被改称为 EAO 层,EAO 层组件的作用与 DAO 层组件的作用基本相似。只是 EAO 层主要完成对实体(Entity)的 CRUD 操作,因此简称为 EAO 层。

- 业务逻辑层:此层由系列的业务逻辑对象组成,这些业务逻辑对象实现了系统所需要的业务逻辑方法。这些业务逻辑方法可能仅仅用于暴露 Domain Object 对象所实现的业务逻辑方法,也可能是依赖 DAO 组件实现的业务逻辑方法。
- 控制器层:此层由系列控制器组成,这些控制器用于拦截用户请求,并调用业务逻辑组件的业务逻辑方法,处理用户请求,并根据处理结果转发到不同的表现层组件。
- 表现层:此层由系列的 JSP 页面、Velocity 页面、PDF 文档视图组件组成。此层负责收集用户请求,并将显示处理结果。

大致上,Java EE 应用架构如图 9-1 所示。

以上各层的 Java EE 组件之间以松耦合的方式耦合在一起,各组件并不以硬编码方式耦合,这种方式是为了应用以后的扩展性。从上向下,上面组件的实现依赖于下面组件的功能;从下向上,下面组件支持上面组件的实现。

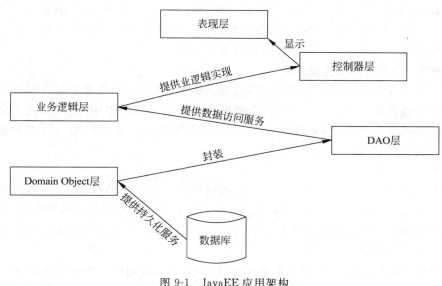

图 9-1　JavaEE 应用架构

9.2　表现层框架 Struts2 技术

Struts 框架是最早出现的 MVC 框架,多年来,Struts 也是 Java EE 应用中使用最广泛的 MVC 框架。经过多年的发展,Struts1 已经成为一个高度成熟的框架,不管是稳定性还是可靠性都得到了广泛的证明。

但对于 Struts1 框架而言,由于与 JSP/Servlet 耦合非常紧密,因而导致了一些严重的问题。

(1) Struts1 支持的表现层技术单一。由于 Struts1 出现的年代比较早,当时没有 FreeMarker、Velocity 等技术,因此它不可能与这些视图层的模板技术进行整合。

(2) Struts1 与 Servlet API 的紧密耦合,使应用难于测试。

(3) Struts1 代码严重依赖于 Struts1 API,属于侵入性框架。

另外,从现在的技术层面上看,出现了许多与 Struts1 竞争的视图层框架,如 JSF、Tapestry 和 Spring MVC 等。这些框架由于出现的年代比较近,应用了最新的设计理念,克服了很多不足。这些框架的出现促进了 Struts 的发展。现在,在传统的 Struts1 的基础上,融合了另外一个优秀 Web 框架 WebWork 的 Struts2 出现了。

Struts2 虽然是在 Struts1 的基础上发展起来的,但其实质上是以 WebWork 为核心的。Struts2 是 Struts1 和 Webwork 结合的产物。

在介绍 Struts2 之前下面先介绍 MVC 设计模式。

9.2.1　MVC 设计模式

MVC 全名是 Model View Controller,是模型(Model)— 视图(View)— 控制器(Controller)的缩写。MVC 模式的目的是实现一种动态的程序设计,使后续对程序的修改和扩展简化，并且使程序某一部分的重复利用成为可能。除此之外，此模式通过对复杂度的简化，使程序结构更加直观。软件系统通过对自身基本部分分离的同时也赋予了各个基本部分应有的功能。专业人员可以通过自身的专长分组。

（1）模型：应用程序的主体部分。

模型代表了业务数据和业务逻辑。当数据发生改变时，它要负责通知视图部分。一个模型能为多个视图提供数据。由于同一个模型可以被多个视图重用，所以提高了应用的可重用性。程序员编写程序应有的功能（实现算法等），数据库专家进行数据管理和数据库设计（可以实现具体的功能）。

（2）视图：数据的展现。

视图是用户看到并与之交互的界面。视图向用户显示相关的数据，并能接收用户的输入数据，但是它并不进行任何实际的业务处理。视图可以向模型查询业务状态，但不能改变模型。视图还能接收模型发出的数据更新事件，从而对用户界面进行同步更新。界面设计人员进行图形界面设计。

（3）控制器：逻辑处理、控制实体数据在视图上展示、调用模型处理业务请求。

当 Web 用户单击 Web 页面中的"提交"按钮来发送 HTML 表单时，控制器接收请求并调用相应的模型组件去处理请求，然后调用相应的视图来显示模型返回的数据。

除了将应用程序划分为 3 种组件外，MVC 设计、定义它们之间的相互作用。

（1）模型用于封装与应用程序的业务逻辑相关的数据以及对数据的处理方法。模型有对数据直接访问的权力，例如对数据库的访问。模型不依赖视图和控制器，也就是说，模型不关心它会被如何显示或如何被操作。但是模型中数据的变化一般会通过一种刷新机制被公布。为了实现这种机制，那些用于监视此模型的视图必须事先在此模型上注册，从而，视图可以了解在数据模型上发生的改变。

（2）视图能够实现数据有目的的显示（理论上，这不是必需的）。在视图中一般没有程序上的逻辑。为了实现视图上的刷新功能，视图需要访问它监视的数据模型，因此应该事先在被它监视的数据那里注册。

（3）控制器起到不同层面间的组织作用，用于控制应用程序的流程。它处理事件并做出响应。事件包括用户的行为和数据模型上的改变。

Java EE 为模型对象（Model Object）定义了一个规范。

（1）模型。模型则是由一个实体 Bean 来实现。

（2）控制器。在 Java EE 应用中，控制器可能是一个 Servlet，现在一般用 Struts2/Spring Framework 实现。

（3）视图。在 Java EE 应用程序中，视图可能由 JSP 承担。生成视图的代码则可能是一个 Servlet 的一部分，特别是在客户端与服务端交互的时候。

9.2.2　Struts2 架构介绍

Struts2 其实并不是一个陌生的 Web 框架，Struts2 是以 WebWork 的设计思想为核心，吸收了 Struts1 的优点，因此，可以认为 Struts2 是 Struts1 和 WebWork 结合的产物。

Struts2 看似是从 Struts1 发展而来，但实际上 Struts2 与 Struts1 在框架的设计思想上面还是有很大的区别，Struts2 是以 WebWork 的设计思想为核心。为什么 Struts2 不沿用

Struts1 的设计思想，毕竟 Struts1 在目前的企业应用中还是有非常大的市场在的，是因为 Struts1 具有如下缺点。

（1）支持的表现层技术单一。

（2）与 Servlet API 严重耦合，这点可以从 Action 的 execute()方法声明里面就可以看出来。

（3）代码依赖 Struts1 API，有侵入性，这点可以从写 Action 类和 FormBean 的时候可以看出来，Action 必须实现 Struts 的 Action 类。

而 Struts2 以 WebWork 的设计思想为其核心，WebWork 没有 Struts1 上面所述的那些缺点，更符合 MVC 的设计思想，也更利于代码的复用。

基于以上介绍可以看出，Struts2 体系结构与 Struts1 体系结构有很大的差别，Struts1 是使用 ActionServlet 作为其中心处理器，Struts2 则使用一个拦截器（FilterDispatcher）作为其中心处理器，这样做的一个好处就是将 Action 类和 Servlet API 进行了分离。

9.2.3　Struts2 的工作机制

一个请求在 Struts2 框架中的处理大概分为以下几个步骤。

（1）客户端初始化一个指向 Servlet 容器（例如 Tomcat）的请求。

（2）这个请求经过一系列的过滤器（Filter）（这些过滤器中有一个叫作 ActionContextCleanUp 的可选过滤器，这个过滤器对于 Struts2 和其他框架的集成很有帮助）。

（3）FilterDispatcher 被调用，FilterDispatcher 询问 ActionMapper 来决定这个请求是否需要调用某个 Action。

（4）如果 ActionMapper 决定需要调用某个 Action，FilterDispatcher 把请求的处理交给 ActionProxy。

（5）ActionProxy 通过 Configuration Manager 询问框架的配置文件，找到需要调用的 Action 类。

（6）ActionProxy 创建一个 ActionInvocation 的实例。

（7）ActionInvocation 实例使用命名模式来调用，在调用 Action 的过程前后，涉及相关拦截器（Intercepter）的调用。

（8）一旦 Action 执行完毕，ActionInvocation 负责根据 struts.xml 中的配置找到对应的返回结果。返回结果通常是（但不总是，也可能是另外的一个 Action 链）一个需要被表示的 JSP 或者 FreeMarker 的模板。在表示的过程中可以使用 Struts2 框架中继承的标签。在这个过程中需要涉及 ActionMapper。

9.2.4　Struts2 的下载及默认自带示例学习

目前 Struts2 的最新版本为 2.5.18，由于这个版本的 App 例子中没有 struts2-blank.war，所以我们下载的版本是 2.3.16，本书所介绍的例子基于这个版本进行。

下面介绍 Struts2 的下载和安装过程。

（1）登录 http://struts.apache.org/download.cgi 站点，下载 Struts2 的 2.3.16 版本。

下载时有如下选项。
- Full Distribution：下载 Struts2 的完整版,通常建议下载该项,该项包含 Struts 的示例程序、空示例应用、核心库、源代码和文档等。
- Example Applications：仅下载 Struts2 的示例应用,这些示例应用对于学习 Struts2 有较大帮助,下载 Struts2 的完整版时已包含此项。
- Essential Dependencies Only：仅下载 Struts2 的核心库,下载 Struts2 的完整版时已包含此项。
- All Dependencies：下载 Struts2 的完整版时已包含此项。
- Documentation：仅下载 Struts2 的相关文档,包含 Struts2 的使用文档、参考手册和 API 文档等。下载 Struts2 的完整版时已包含此项。
- Source：下载 Struts2 的源代码,下载 Struts2 的完整版时已包含此项。

建议下载 Struts2 的完整版,将下载的 struts-2.3.16.3-all.zip 文件解压缩,该文件夹包含如下文件结构。
- apps：该文件夹下包含基于 Struts2 的示例应用,是非常有用的资料。
- docs：该文件夹下包含了 Struts2 的相关文档,包含 Struts2 的快速入门、Struts2 的文档和 API 文档等内容。
- lib：该文件夹下包含了 Struts2 框架的核心类库,以及 Struts2 的第三方插件类库。
- src：该文件夹下包含了 Struts2 框架的全部源代码。

(2) 进入 apps 文件夹里面是所有项目例子,如图 9-2 所示。下面以第一个默认示例为例进行学习。

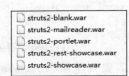

图 9-2 apps 文件夹内所有项目例子

所有的 WAR 包都是直接可以放到 Tomcat 中运行的,但是为了研究,可把它解开,第一步先从第一个 struts2-blank.war 示例开始学习,此示例可作为模板套用使用,用 Winrar 解压 struts2-blank.war,如图 9-3 所示。

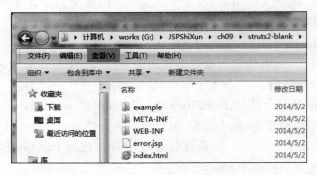

图 9-3 struts2-blank.war 示例

启动 MyEclipse2018,创建一个 Web Project,名字为 struts2-blank,如图 9-4 所示。

① 把 struts2-blank.war 解压后的所有文件都复制到新建项目 struts2-blank 的 WebRoot 下,如果 MyEclipse 提示是否覆盖文件,选择"是"。

② 然后把 WEB-INF/src/java 下的所有文件都复制到 struts-blank 项目的 src 目录下,这是真正的源代码。

③ 删除 WEB-INF/src 目录,清空 WEB-INF/classes 目录。

最终工程图如图 9-5 所示。

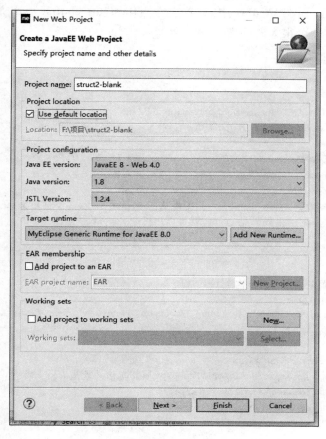

图 9-4 创建 Web 工程 struts2-blank

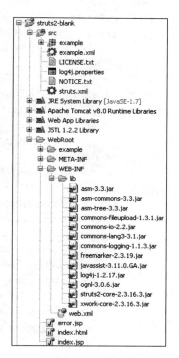

图 9-5 struts2-blank 工程图

工程创建完后,MyEclipse 建立一个基于 Tomcat 8 的 Server 来部署项目,然后把 struts2-blank 这个 Web 项目加到 Tomcat 8 Server 中,启动 Server 就能看到 Tomcat Server 在启动,然后就是 Struts2 启动的日志了。

在浏览器中运行 http://localhost:8080/struts2-blank/,就能看到如图 9-6 所示的简单界面。

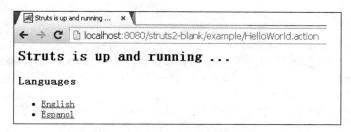

图 9-6 运行 struts2-blank 结果图

(3) 学习 struts2-blank 工程源代码。首先看到 struts.xml 是直接放在 MyEclipse 项目的 src 目录下,这就意味着运行时 MyEclipse 会自动把它复制到 WEB-INF/classes 目录下,和编译过的 java class 文件放在一起,而在 Struts1 中,配置文件叫作 struts-config.xml,是直接放在 WEB-INF 目录下的,这是一个很大的区别。

struts.xml 文件内容如下:

```xml
<?xml version="1.0" encoding="UTF-8" ?>
<!DOCTYPE struts PUBLIC
    "-//Apache Software Foundation//DTD Struts Configuration 2.3//EN"
    "http://struts.apache.org/dtds/struts-2.3.dtd">
<struts>
    <constant name="struts.enable.DynamicMethodInvocation" value="false" />
    <constant name="struts.devMode" value="true" /><!-- 指定开发模式 -->
    <package name="default" namespace="/" extends="struts-default">
        <default-action-ref name="index" /><!-- 指定默认的 Action 引用,在下面定义 -->
        <!-- Global result,Action 的结果如果是 error,就可以用这个 result -->
        <global-results>
            <result name="error">/error.jsp</result>
        </global-results>
        <!-- 把所有的代码异常都映射到 error 这个 result -->
        <global-exception-mappings>
            <exception-mapping exception="java.lang.Exception" result="error"/>
        </global-exception-mappings>
        <action name="index">
            <result type="redirectAction">
                <!-- 调用另一 Action: /example/HelloWorld,namespace 其实指的就是 url -->
                <param name="actionName">HelloWorld</param>
                <param name="namespace">example</param>
            </result>
        </action>
    </package>
    <!-- include 别的文件,模块化,支持团队开发 -->
    <include file="example.xml"/>
    <!-- Add packages here -->
</struts>
```

再来看看 example.xml 文件。

```xml
<struts>
    <package name="example" namespace="/example" extends="default">
        <!-- 注意 namespace 是/example, 即这个 package 下面的所有 action 调用都得这么写: -->
        <action name="HelloWorld" class="example.HelloWorld">
            <!-- 此 Action 实现类是 HelloWorld, 执行成功的话调用 HelloWorld.jsp -->
            <result>/example/HelloWorld.jsp</result>
        </action>
        <action name="Login_*" method="{1}" class="example.Login">
            <result name="input">/example/Login.jsp</result>
            <result type="redirectAction">Menu</result>
        </action>
        <action name="*" class="example.ExampleSupport">
```

```
            <result>/example/{1}.jsp</result>
        </action>
        <!-- Add actions here -->
    </package>
</struts>
```

查看 HelloWorld.java 文件。

```java
package example;
/**
 * <code>Set welcome message.</code>
 */
public class HelloWorld extends ExampleSupport {
    //此方法会被调用,设置一个消息的 key(HelloWorld.message)然后返回 sucess
    //在 package.properties 中能看到 HelloWorld.message,但是 Struts2 到底是怎么调用它的呢
    public String execute() throws Exception {
        setMessage(getText(MESSAGE));
        return SUCCESS;
    }
    /**
     * Provide default valuie for Message property.
     */
    public static final String MESSAGE = "HelloWorld.message";
    /**
     * Field for Message property.
     */
    private String message;
    /**
     * Return Message property.
     *
     * @return Message property
     */
    public String getMessage() {
        return message;
    }
    /**
     * Set Message property.
     *
     * @param message Text to display on HelloWorld page.
     */
    public void setMessage(String message) {
        this.message = message;
    }
}
```

在 HelloWorld.jsp 中,有<h2><s:property value="message"/></h2>一句,可以猜测这里的 message 应该和 Action 中的 getMessage()有关联,要不然 Struts2 如何拿到 message 的值?

这样，基本的流程就走完了，我们看到了 Struts2 的 Action 定义是在 struts.xml（以及其他被 include 的 xml 文件）中，Action 的 execute()方法会被调用，jsp 中可以引用 Action 中设置的属性的值。Struts2 到底是通过什么配置起作用的？答案当然是在 web.xml 中。

```xml
<?xml version="1.0" encoding="UTF-8"?>
<web-app id="WebApp_9" version="2.4" xmlns="http://java.sun.com/xml/ns/j2ee"
xmlns:xsi="http://www.w3.org/2001/XMLSchema-instance"
xsi:schemaLocation="http://java.sun.com/xml/ns/j2ee
http://java.sun.com/xml/ns/j2ee/web-app_2_4.xsd">
    <display-name>Struts Blank</display-name>
    <filter>
        <filter-name>struts2</filter-name>
            <filter-class>org.apache.struts2.dispatcher.ng.filter.StrutsPrepareAnd
            ExecuteFilter</filter-class>
    </filter>
    <filter-mapping>
        <filter-name>struts2</filter-name>
        <url-pattern>/*</url-pattern>
    </filter-mapping>
    <welcome-file-list>
        <welcome-file>index.html</welcome-file>
    </welcome-file-list>
</web-app>
```

和 Struts1 不同，Struts2 是用一个 filter 来处理所有请求的。

如果有 Struts2 开发经验的话，可能会注意到这里使用的不是 FilterDispatcher，而是 StrutsPrepareAndExecuteFilter。

这是因为对于 Struts2 的老版本，使用的是 FilterDispatcher，对于 2.1.3 以上的版本，就开始使用 StrutsPrepareAndExecuteFilter 了。

实训 31　利用 MyEclipse 2018 创建 Struts2 简单应用程序

【实训目的】
(1) 熟练掌握 Struts2 开发框架。
(2) 掌握利用 MyEclipse 工具开发 Struts2 框架的步骤。

【实训要求】
创建简单的 Struts2 应用程序。

【实训步骤】
(1) 基于 9.2.4 节介绍的 Struts2 的下载方法，下载 Struts2 软件包。
(2) 打开 MyEclipse 新建 Web 工程。

选择 File→New→Project，出现如图 9-7 所示的对话框，选择 MyEclipse 下的 Java Enterprise Projects 下的 Web Project，创建 Struts2_HelloWorld 工程。

(3) 参照 9.2.4 节中 struts2-blank 工程中的所有的 jar，找到如下 jar 包复制到 WEB-INF/lib 下，如图 9-8 所示。

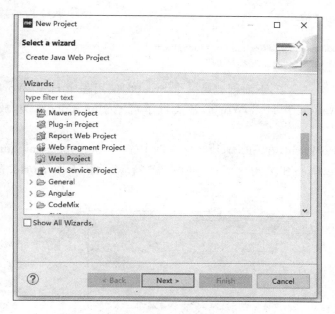

图 9-7　新建 Web 工程　　　　　　图 9-8　复制的 jar 包

（4）在 WEB-INF 目录下创建 web.xml，在 web.xml 配置文件中，配置 Struts2 的核心 Filter。代码如下：

```
<web-app id="WebApp_9" version="2.4" xmlns="http://java.sun.com/xml/ns/j2ee"
xmlns:xsi="http://www.w3.org/2001/XMLSchema-instance"
xsi:schemaLocation="http://java.sun.com/xml/ns/j2ee
http://java.sun.com/xml/ns/j2ee/web-app_2_4.xsd">
<display-name>Struts Blank</display-name>
<filter>
    <filter-name>struts2</filter-name>
    <filter-class>org.apache.struts2.dispatcher.ng.filter.StrutsPrepareAndExecuteFilter</filter-class>
</filter>
<filter-mapping>
    <filter-name>struts2</filter-name>
    <url-pattern>/*</url-pattern>
</filter-mapping>
<welcome-file-list>
    <welcome-file>index.jsp</welcome-file>
</welcome-file-list>
</web-app>
```

其中，filter-name 的字段名可以任意书写，但要保证 filter 中的 filter-name 和 filter-mapping 中的 filter-name 保持一致。

filter-class 是固定值。

url-pattern 里面输入的是 /*，表示在路径里输入任何内容都会引发该过滤器。

（5）为了让 Struts 运行起来，在 src 目录下创建 Struts.xml 配置文件。

```
<?xml version="1.0" encoding="UTF-8"?>
<!DOCTYPE struts PUBLIC
    "-//Apache Software Foundation//DTD Struts Configuration 2.3//EN"
    "http://struts.apache.org/dtds/struts-2.3.dtd">
```

至此,Struts2 的最基础配置就完成了,下面创建第一个 Struts2 应用程序 HelloWorld。

(6) 创建处理用户请求的 Action 类 HelloWorld,该类继承自 ActionSupport 类,放在类包(package)lmc.bcu 中。

在 Name 文本框中输入 HelloWorld,在 Superclass 文本框中输入 com.opensymphony.xwork2.ActionSupport,单击 Finish 按钮关闭对话框,如图 9-9 所示。将 HelloWorld.java 的内容修改为:

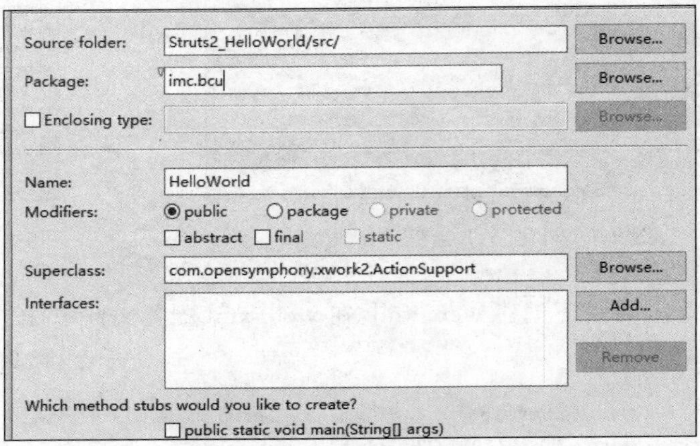

图 9-9 新建 Java 类对话框

```java
package lmc.bcu;
import com.opensymphony.xwork2.ActionSupport;
public class HelloWorld extends ActionSupport {
    private String name;
    public String getName() {
        return name;
    }
    public void setName(String name) {
        this.name = name;
    }
    public String execute() {
        name = "Hello, " + name + "!";
        return SUCCESS;
    }
}
```

(7) 在 Struts.xml 中添加 action 映射(mapping)。

```xml
<struts>
    <constant name="struts.enable.DynamicMethodInvocation" value="false" />
    <constant name="struts.devMode" value="true" />
    <package name="lmc.bcu" extends="struts-default">
        <action name="HelloWorld" class="lmc.bcu.HelloWorld">
```

```
            <result>/HelloWorld.jsp</result>
        </action>
    </package>
</struts>
```

(8) 新建 SayHello.jsp，内容为：

```
<%@ page language="Java" import="java.util.*" pageEncoding="ISO-8859-1"%>
<%@ page contentType="text/html; charset=UTF-8" %>
<%@ taglib prefix="s" uri="/struts-tags" %>
<html>
    <head>
        <title>Say Hello</title>
    </head>
    <body>
        <h3>Say "Hello" to:</h3>
        <s:form action="HelloWorld">
            Name: <s:textfield name="name" />
            <s:submit />
        </s:form>
    </body>
</html>
```

(9) 新建 HelloWorld.jsp，内容为：

```
<%@ page language="Java" import="java.util.*" pageEncoding="ISO-8859-1"%>
<%@ page contentType="text/html; charset=UTF-8" %>
<%@ taglib prefix="s" uri="/struts-tags" %>
<!DOCTYPE HTML PUBLIC "-//W3C//DTD HTML 4.01 Transitional//EN">
<html>
    <head>
        <title>Hello</title>
    </head>
    <body>
        <h3><s:property value="name" /></h3>
    </body>
</html>
```

(10) 在 MyEclipse 中发布应用程序。

(11) 在 MyEclipse 中启动 Tomcat，运行测试，打开 IE，输入 http://localhost:8080/Struts2_HelloWorld/SayHello.jsp，在文本框中输入"Struts2 应用"，如图 9-10 所示。

图 9-10　SayHello.jsp 页面

单击 Submit 按钮,得到的结果如图 9-11 所示。

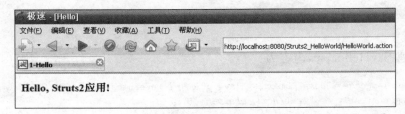

图 9-11 结果页面

实训 32 利用 MyEclipse 2018 创建 Struts2 另一个应用程序

【实训目的】

(1) 熟练掌握 Struts2 开发框架。

(2) 掌握利用 MyEclipse 工具开发 Struts2 框架的步骤。

【实训要求】

创建简单的 Struts2 应用程序。

【实训步骤】

(1) 打开 MyEclipse 2018 新建 Web 工程。

(2) 选择 File→New→Project,出现如图 9-12 所示的对话框,选择 MyEclipse 下 Java Enterprise Projects 下的 Web Project,创建 Struts2_MyDemo 工程。

(3) 为了让 Web 应用具有 Struts2 的支持功能,必须将 Struts2 框架的核心类库增加到 Web 应用中。参照 9.2.4 节中 struts2-blank 工程中所有的 jar,找到如图 9-13 所示的 jar 包复制到"%workspace%Struts2Demo\WebContent\WEB-INF\lib"路径下。

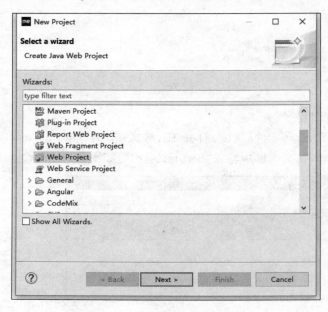

图 9-12 新建 Web 工程

图 9-13 要复制的 jar 包

(4) 在 WEB-INF 目录下创建 web.xml，在 web.xml 配置文件中，配置 Struts2 的核心 Filter。代码如下：

```xml
<?xml version="1.0" encoding="UTF-8"?>
<web-app id="WebApp_9" version="2.4" xmlns="http://java.sun.com/xml/ns/j2ee"
xmlns:xsi="http://www.w3.org/2001/XMLSchema-instance"
xsi:schemaLocation="http://java.sun.com/xml/ns/j2ee
http://java.sun.com/xml/ns/j2ee/web-app_2_4.xsd">
    <display-name>Struts Blank</display-name>
    <!-- 定义 Struts2 的核心 Filter -->
    <filter>
        <filter-name>struts2</filter-name>
        <filter-class>org.apache.struts2.dispatcher.ng.filter.StrutsPrepareAndExecuteFilter</filter-class>
    </filter>
    <!-- 让 Struts2 的核心 Filter 拦截所有请求 -->
    <filter-mapping>
        <filter-name>struts2</filter-name>
        <url-pattern>/*</url-pattern>
    </filter-mapping>
    <welcome-file-list>
        <welcome-file>index.html</welcome-file>
    </welcome-file-list>
</web-app>
```

其中，filter-name 的字段名可以任意书写，但要保证 filter 中的 filter-name 和 filter-mapping 中的 filter-name 保持一致。

filter-class 是固定值。

url-pattern 里面输入的是/*，表示在路径里输入任何内容都会引发该过滤器。

(5) 为了让 Struts 运行起来，在 src 目录下创建 Struts.xml 配置文件。代码如下：

```xml
<?xml version="1.0" encoding="UTF-8" ?>
<!DOCTYPE struts PUBLIC
    "-//Apache Software Foundation//DTD Struts Configuration 2.3//EN"
    "http://struts.apache.org/dtds/struts-2.3.dtd">
<struts>
    <constant name="struts.enable.DynamicMethodInvocation" value="false"/>
    <constant name="struts.devMode" value="true"/>
    <!-- package name="test" namespace="/test" extends="struts-default" -->
    <package name="default" namespace="/" extends="struts-default">
        <action name="login" class="test.LoginAction">
            <!-- 定义三个逻辑视图和物理资源之间的映射 -->
            <result name="input">/Login.jsp</result>
            <result name="error">/Error.jsp</result>
            <result name="success">/Welcome.jsp</result>
        </action>
    </package>
</struts>
```

(6) 创建处理用户请求的 Action 类，该类继承自 ActionSupport 类。代码如下：

```java
package test;
import javax.servlet.http.HttpServletRequest;
import org.apache.struts2.ServletActionContext;
import com.opensymphony.xwork2.ActionContext;
import com.opensymphony.xwork2.ActionSupport;

public class LoginAction extends ActionSupport{
    /**
     * 默认版本序列号
     */
    private static final long serialVersionUID = 1L;

    private String username;
    private String password;
    public String getUsername() {
        return username;
    }
    public void setUsername(String username) {
        this.username = username;
    }
    public String getPassword() {
        return password;
    }
    public void setPassword(String password) {
        this.password = password;
    }
    public String execute() throws Exception {
        if(getUsername().equals("bcu") && getPassword().equals("bcu")){
            ActionContext.getContext().getSession().put("user", getUsername());
            return "success";
        }else{
            return "error";
        }
    }
}
```

(7) 在 WEB-INF 目录下创建 Login.jsp、Error.jsp、Welcome.jsp 页面。

① Login.jsp 页面代码。

```
<%@ page language="java" contentType="text/html; charset=UTF-8"
    pageEncoding="UTF-8"%>
<%@taglib prefix="S" uri="/struts-tags" %>
<!DOCTYPE html PUBLIC "-//W3C//DTD HTML 4.01 Transitional//EN"
"http://www.w3.org/TR/html4/loose.dtd">
<html>
<head>
<meta http-equiv="Content-Type" content="text/html; charset=UTF-8">
<title>登录页面</title>
</head>
<body>
    <S:form action="login" method="post">
```

```
            <S:textfield   name = "username" label = "用户名"></S:textfield>
            <S:password    name = "password" label = "密码"></S:password>
            <S:submit text = "登录"></S:submit>
        </S:form>
    </body>
</html>
```

② Welcome.jsp 页面代码。

```
<%@ page language = "Java" contentType = "text/html; charset = UTF-8"
pageEncoding = "UTF-8" %>
<%@ taglib prefix = "S" uri = "/struts-tags" %>
<!DOCTYPE html PUBLIC "-//W3C//DTD HTML 4.01 Transitional//EN"
"http://www.w3.org/TR/html4/loose.dtd">
<html>
<head>
<meta http-equiv = "Content-Type" content = "text/html; charset = UTF-8">
<title>登录成功页面</title>
</head>
<body>
    ${sessionScope.user}你好,您已经登录!
</body>
</html>
```

③ Error.jsp 页面代码。

```
<%@ page language = "Java" contentType = "text/html; charset = UTF-8"
    pageEncoding = "UTF-8" %>
<!DOCTYPE html PUBLIC "-//W3C//DTD HTML 4.01 Transitional//EN"
"http://www.w3.org/TR/html4/loose.dtd">
<html>
<head>
<meta http-equiv = "Content-Type" content = "text/html; charset = UTF-8">
<title>登录失败页面</title>
</head>
<body>
    对不起,登录失败!
</body>
</html>
```

(8) 在 MyEclipse 中发布应用程序,首先单击  配置程序到 Tomcat 下,然后单击图 9-14 中 Tomcat 8.x 下的 Start 运行 Tomcat。

(9) 在 MyEclipse 中启动 Tomcat 后,运行测试,打开 IE,输入 http://localhost:8080/Struts2_MyDemo/Login.jsp,如图 9-15 所示,进入登录页面。

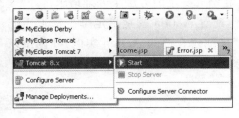

图 9-14　运行 Tomcat　　　　　　　　图 9-15　Login.jsp 页面

若在"用户名"文本框中输入 bcu,在"密码"文本框中输入 bcu,单击 Submit 按钮,得到的结果如图 9-16 所示。

若在文本框中输入非 bcu 内容,单击 Submit 按钮,得到的结果如图 9-17 所示。

图 9-16　输入 bcu 的结果页面

图 9-17　输入非 bcu 结果页面

经过上述流程,就完成了在 MyEclipse 中搭建 Struts 框架及其简单使用。

9.2.5　Struts2 应用的开发流程

下面简单介绍 Struts2 应用的开发流程。

(1) 在 web.xml 文件中定义核心 Filter 来拦截用户请求。

由于 Web 应用是基于请求/响应架构的应用,所以不管哪个 MVC Web 框架,都需要在 web.xml 中配置该框架的核心 Servlet 或 Filter,这样才可让框架介入 Web 应用中。

例如,开发 Struts2 应用的第一步就是在 web.xml 文件中增加如下配置片段:

```xml
<!-- 定义 Struts2 的核心 Filter -->
<filter>
    <filter-name>struts2</filter-name>
    <filter-class>org.apache.struts2.dispatcher.ng.filter.StrutsPrepareAnd
    ExecuteFilter</filter-class>
</filter>
<!-- 让 Struts2 的核心 Filter 拦截所有请求 -->
<filter-mapping>
    <filter-name>struts2</filter-name>
    <url-pattern>/*</url-pattern>
</filter-mapping>
<welcome-file-list>
    <welcome-file>index.html</welcome-file>
</welcome-file-list>
</web-app>
```

(2) 如果需要以 POST 方式提交请求,则定义包含表单数据的 JSP 页面。如果仅仅只是以 GET 方式发送请求,则无须经过这一步。

(3) 定义处理用户请求的 Action 类。这是所有 MVC 框架中都必不可少的,因为这个 Action 就是 MVC 框架中的控制器,该控制器负责调用 Model 里的方法来处理请求。

(4) 配置 Action。一般采用 XML 文件进行配置,配置 Action 就是指定哪个请求用哪个 Action 进行处理,从而让该核心控制器根据该配置来创建合适的 Action 实例,并调用该 Action 的业务控制方法。例如,通常采用如下代码进行配置:

```xml
<action name="login" class="test.LoginAction">
    …
</action>
```

(5) 配置处理结果和物理视图资源之间的对用关系。

当 Action 处理用户请求结束后，通常会返回一个处理结果（常用简单的字符串即可）。可认为该名称为逻辑视图名，这个逻辑视图名需要和指定物理视图资源关联才有价值。

例如，可通过如下代码配置处理结果和物理视图的映射关系：

```
<action name = "login" class = "test.LoginAction">
    <!-- 定义三个逻辑视图和物理资源之间的映射 -->
    <result name = "input">/Login.jsp</result>
    <result name = "error">/Error.jsp</result>
    <result name = "success">/Welcome.jsp</result>
</action>
```

当 LoginAction 返回 input 时，实际进入 Login.jsp 页面；当返回 error 时，实际进入/Error.jsp 页面；当返回 success 时，实际进入 Welcome.jsp 页面。

(6) 编写视图资源页面，包括如下页面：Login.jsp、Error.jsp 和 Welcome.jsp。

经过上面 6 个步骤，基本完成一个 Struts2 应用流程的开发，也就是可以执行一次完整的请求/响应过程。

9.3 持久层 Hibernate 技术

Hibernate 是轻量级 Java EE 应用的持久层解决方案，是一个轻量级的 ORMapping 框架，它不仅管理 Java 类到数据库表的映射，还提供数据查询和获取数据的方法，可以大幅度缩短使用 JDBC 处理数据持久化的时间。

9.3.1 Hibernate 持久层概述

介绍 Hibernate 持久层之前，首先介绍应用程序的分层体系结构。随着计算机应用软件的发展，应用程序逐渐由单层体系结构发展为多层体系结构。其中，三层结构是目前典型的一种应用软件结构。

- 表示层：提供与用户交互的界面，如 GUI（图形用户界面）、Web 页面等。
- 业务逻辑层：负责各种业务逻辑，直接访问数据库，提供对业务数据的保存、更新、删除和查询操作。
- 数据库层：负责存放管理应用的持久性业务数据。

三层结构的特点是：所有下层向上层提供调用的接口，具体实现细节对上层透明。层与层之间存在自上而下的依赖关系，即上层会访问下层的 API，但下层不依赖于上层。

Hibernate 在原有三层架构（MVC）的基础上，从业务逻辑层又分离出一个持久层，专门负责数据的持久化操作，使业务逻辑层可以真正地专注于业务逻辑的开发，不再需要编写复杂的 SQL 语句。增加了持久层的 Hibernate 软件分层结构如图 9-18 所示。

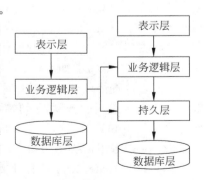

图 9-18 Hibernate 软件分层结构

持久(Persistence),即把数据(如内存中的对象)保存到可永久保存的存储设备(如磁盘)中。持久化的主要应用是将内存中的数据存储在关系数据库中,当然也可以存储在磁盘文件中、XML数据文件中等。

Hibernate持久层(Persistence Layer),即专注于实现数据持久化应用领域的某个特定系统的一个逻辑层面,将数据使用者和数据实体相关联。

9.3.2 Hibernate简介

Hibernate是一个开放源代码的对象关系映射框架,它对JDBC进行了非常轻量级的对象封装,使得Java程序员可以随心所欲地使用对象编程思维来操纵数据库。Hibernate可以应用在任何使用JDBC的场合,既可以在Java的客户端程序中使用,也可以在Servlet/JSP的Web应用中使用,同时Hibernate可以在应用EJB的J2EE架构中取代CMP,完成数据持久化。

Java是一种面向对象的编程语言,但是通过JDBC方式操作数据库,运用的是面向过程的编程思想。为了解决这一问题,提出了对象-关系映射(Object Relational Mapping,ORM)模式。通过ORM模式,可以实现运用面向对象的编程思想操作关系数据库。Hibernate技术为ORM提供了具体的解决方案,实际上就是将Java中的对象与关系数据库中的表做一个映射,实现它们之间自动转换的解决方案。

ORM模式是用于将对象与对象之间的关系对应到数据库表与表之间的关系的一种模式。简单地说,ORM模式是通过使用描述对象和数据库之间映射的元数据,将Java程序中的对象自动持久化到关系数据库中。对象和关系数据是业务实现的两种表现形式,业务实体在内存中表现为对象,在数据库中表现为关系数据。内存中的对象之间存在着关联和继承关系。而在数据库中,关系数据无法直接表达多对多关联和继承关系。因此,ORM系统一般以中间件的形式存在,主要实现程序对象到关系数据库数据的映射。一般的ORM包括4个部分:对持久类对象进行CRUD操作的API、用来规定类和类属性相关查询的语言或API、规定映射元数据(Mapping Metadata)的工具,以及可以让ORM实现同事务对象一起进行"脏检查(Dirty Checking)"、隋性关联损取(Lazy Association Fetching)和其他优化操作的技术。

Hibernate在Java对象与关系数据库之间起到了一个桥梁的作用,负责两者之间的映射。在Hibernate内部还封装了JDBC技术,向上一层提供面向对象的数据访问API接口。它通过配置文件(hibernate.cfg.xml或hibernate.properties)和映射文件(*.hbm.xml)把Java对象或持久化对象(Persistent Object,PO)映射到数据库中的数据表,然后通过操作PO,对数据库中的表进行各种操作,其中PO就是POJO(普通Java对象)加映射文件。

Hibernate的特点如下。

(1) 它负责协调软件与数据库的交互,提供了管理持久性数据的完整方案,让开发者能够专注于业务逻辑的开发,不再需要考虑所使用的数据库及编写复杂的SQL语句,使开发变得更加简单和高效。

(2) 应用者不需要遵循太多的规则和设计模式,让开发人员能够灵活地运用。

(3) Hibernate支持各种主流的数据源,目前所支持的数据源包括DB2、MySQL、Oracle、Sybase、SQL Server、PostgreSQL、WebLogic Driver和纯Java驱动程序等。

（4）它是一个开放源代码的映射框架，对 JDBC 只做了轻量级的封装，让 Java 程序员可以随心所欲地运用面向对象的思想操纵数据库，无须考虑资源的问题。

9.3.3 ORM 基本对应规则

ORM 基本对应规则如下。
（1）类与表相对应。
（2）类的属性与表的字段相对应。
（3）类的实例与表中具体的一条记录相对应。
（4）一个类可以对应多个表，一个表也可以对应对个类。
（5）DB 中的表可以没有主键，但是 Object 中必须设置主键字段。
（6）DB 中表与表之间的关系（如外键）映射成为 Object 之间的关系。
（7）Object 中属性的个数和名称可以与表中定义的字段个数和名称不一样。

9.3.4 下载 Hibernate 开发包

登录 http://hibernate.org/站点，在官网上选择 Hibernate ORM，可以下载最新的 Hibernate。当前最新版本是 5.4.0。在 Windows 平台下载 hibernate-search-5.4.0.Final.zip 包，在 Linux 平台下载 hibernate-distribution-5.4.0.Final.tar.gz 包。

下载后解压得到如下文件结构。

dist：该路径下存放了 Hibernate 编译和运行所依赖的类库。

docs：该路径下存放了 Hibernate 的相关文档。

project：是 Hibernate 的应用程序。

实训 33 利用 MyEclipse 2018 创建简单 Hibernate 应用程序

【实训目的】
（1）掌握 Hibernate 的开发框架。
（2）掌握 Hibernate 的开发步骤。

【实训要求】
学会创建简单的 Hibernate 应用程序。

【实训步骤】
（1）登录 http://hibernate.org/站点，在官网上选择 Hibernate ORM，可下载最新的 Hibernate。当前最新版本是 5.4.0。在 Windows 平台下载 hibernate-release-5.4.0.Final.zip 包。

（2）打开 MyEclipse 新建 Java 工程，选择 File→New→Java Project，创建 Hibernate_HelloWorld 工程。图 9-19 给出工程的目录结构。

（3）安装工程所需库文件。
在工程 Hibernate_HelloWorld 上右击，选择 Build Path→Add External Archives，这里的 Hibernate 类库

图 9-19 Hibernate_HelloWorld 工程的目录结构

选择 hibernate-release-5.4.0.Final\lib\中的所有 jar 文件，另外还需要加上数据库的 connector 文件 mysql-connector-java-5.1.6-bin.jar，还需要另外下载一个 MySQL 的 JDBC jar 包。可以从 MySQL 的官方网站 http://dev.mysql.com/downloads/connector/j/下载，下载后得到一个 msi 文件，双击即可安装。安装后，默认会产生文件夹 C:\Program Files (x86)\MySQL\MySQL Connector，这里就有一个 mysql-connector-java-x.x.x-bin.jar 包。

(4) 创建数据库文件。

在 MySQL 数据库中创建数据库 studb，并创建表 student，如图 9-20 所示。

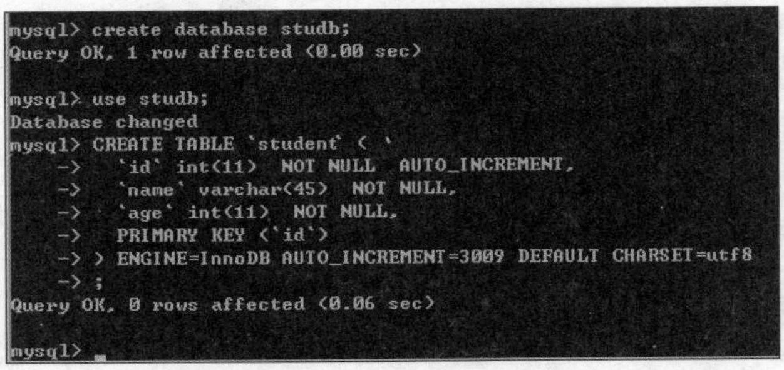

```
mysql> create database studb;
Query OK, 1 row affected (0.00 sec)

mysql> use studb;
Database changed
mysql> CREATE TABLE `student` ( `
    ->    `id` int(11)  NOT NULL  AUTO_INCREMENT,
    ->    `name` varchar(45)  NOT NULL,
    ->    `age` int(11)  NOT NULL,
    ->    PRIMARY KEY (`id`)
    -> ) ENGINE=InnoDB AUTO_INCREMENT=3009 DEFAULT CHARSET=utf8
    -> ;
Query OK, 0 rows affected (0.06 sec)

mysql>
```

图 9-20　创建 MySQL 数据库及表

(5) 创建 hibernate.cfg.xml。

可把 project\orm\src\test\resources\org\hibernate\search\test\spatial 中的 hiberante.cfg.xml 作为 Hibernate 的配置文档，或者可使用 docs\reference\en-US\html\index.html 作为模板。在 src 文件夹下新建一个文件，并命名为 hibernate.cfg.xml(不可命名为其他文件名)。最基础的配置文件可参考如下代码：

```
<?xml version='1.0'encoding='utf-8'?>
<!DOCTYPE hibernate-configuration PUBLIC
        "-//Hibernate/Hibernate Configuration DTD 3.0//EN"
        "http://www.hibernate.org/dtd/hibernate-configuration-3.0.dtd">
<hibernate-configuration>
    <session-factory>
    <!-- Database connection settings -->
    <!--指定数据库所用的驱动 -->
    <property name="connection.driver_class">com.mysql.jdbc.Driver</property>
    <!--指定 URL -->
    <property name="connection.url">jdbc:mysql://127.0.0.1:3306/studb</property>
    <property name="connection.username">root</property>
    <property name="connection.password">fei12qin</property>
    <!-- JDBC connection pool (use the built-in) -->
    <!-- <property name="connection.pool_size">1</property> -->
    <!-- SQL dialect -->
    <property name="dialect">org.hibernate.dialect.MySQLDialect</property>
    <!-- Echo all executed SQL tostdout -->
    <property name="show_sql">true</property>
    <!-- Enable Hibernate's automatic session context management -->
    <!--<property name="current_session_context_class">thread</property>-->
```

```xml
<!-- Drop and re-create the database schema on startup -->
<!-- <property name="hbm2ddl.auto">create</property> -->
<!-- Disable the second-level cache -->
<property name="cache.provider_class">org.hibernate.cache.NoCacheProvider</property>
<!--    property name="javax.persistence.validation.mode">none</property> -->
<mapping resource="com/sun/hibernate/model/Student.hbm.xml"/>
</session-factory>
</hibernate-configuration>
```

（6）新建一个简单的类，放在 com.sun.hibernate.model 包下。代码如下：

```java
package com.sun.hibernate.model;
public class Student {
    private int id;
    private String name;
    private int age;
    public int getId() {
        return id;
    }
    public void setId(int id) {
        this.id = id;
    }
    public String getName() {
        return name;
    }
    public void setName(String name) {
        this.name = name;
    }
    public int getAge() {
        return age;
    }
    public void setAge(int age) {
        this.age = age;
    }
}
```

（7）创建类 mapping 文件，新建一个文件，命名为 Student.hbm.xml，放在 com.sun.hibernate.model 包下。代码如下：

```xml
<?xml version="1.0" encoding="UTF-8"?>
<!DOCTYPE hibernate-mapping PUBLIC
    "-//Hibernate/Hibernate Mapping DTD 3.0//EN"
    "http://www.hibernate.org/dtd/hibernate-mapping-3.0.dtd">
<hibernate-mapping package="com.sun.hibernate.model">
    <class name="Student">
        <id name="id"></id>
        <property name="name"></property>
        <property name="age"></property>
```

```
    </class>
</hibernate-mapping>
```

(8) 新建 StudentTest 测试类，新增 Student.java 的 junit 测试类 StudentTest.java，放在 com.sun.hibernate.model 包下。代码如下：

```java
package com.sun.hibernate.model;
import org.hibernate.Session;
import org.hibernate.SessionFactory;
import org.hibernate.Transaction;
import org.hibernate.cfg.Configuration;
public class StudentTest {
public static void main(String[] args) {
        SessionFactory sf = new Configuration().configure().buildSessionFactory();
        Session s = null;
        Transaction t = null;
        try{
            //准备数据
            Student st = new Student();
            st.setId(1);
            st.setName("s1");
            st.setAge(1);
            s = sf.openSession();
            t = s.beginTransaction();
            s.save(st);
            t.commit();
        }catch(Exception err){
            t.rollback();
            err.printStackTrace();
        }finally{
            s.close();
        }
    }
}
```

(9) 运行 StudentTest.java 类，具体为：在类 StudentTest.java 上右击，选择 Run As→Java Application。查询数据库，可发现数据已存储到 student 数据表中。虽然 MyEclipse 会提示 buildSessionFactory()函数已过时，不建议再使用，但实际上程序还是可以运行成功的。

9.4 业务层框架 Spring 技术

9.4.1 Spring 的基本概念

Spring 是一个从实际开发中抽取出来的框架，因此它完成了大量开发中的通用步骤，留给开发者的仅仅是特定应用相关部分,从而大大提高企业应用的开发效率。

Spring 是一个开源框架,是为了解决应用程序开发复杂性而创建的。框架的主要优势之一就是其分层架构,分层架构允许选择使用哪一个组件,同时为 J2EE 应用程序开发提供集成的框架。Spring 使用基本的 JavaBean 来完成以前只可能由 EJB 完成的事情。

Spring 为企业应用开发提供一个轻量级解决方案,该解决方案包括:基于依赖注入的核心机制、基于 AOP 的声明式事务管理、与多种持久层技术的整合,以及优秀的 Web MVC 框架等。

Spring MVC 是传统的 Web 架构的视图,使用 Struts 作为表现层。但是如果试用 Spring 自带的 MVC,会发现 Spring 在一般场合完全可以取代 Struts。从某些角度来说,Spring 的 MVC 设计得更加合理,有兴趣的话不妨尝试下单个 Spring 的 MVC。

9.4.2　Spring 基本框架模块

Spring 框架是一个分层架构,由 7 个定义良好的模块组成。Spring 模块构建在核心容器之上,核心容器定义了创建、配置和管理 Bean 的方式。组成 Spring 框架的每个模块(或组件)都可以单独存在,或者与其他一个或多个模块联合实现。每个模块介绍如下。

- Spring Core 模块:核心容器提供 Spring 框架的基本功能。核心容器的主要组件是 BeanFactory,它是工厂模式的实现。BeanFactory 使用控制反转(IOC)模式将应用程序的配置和依赖性规范与实际的应用程序代码分开。
- Spring Context 模块:Spring 上下文是一个配置文件,向 Spring 框架提供上下文信息。Spring 上下文包括企业服务,例如 JNDI、EJB、电子邮件、国际化、校验和调度功能。
- Spring AOP 模块:通过配置管理特性,Spring AOP 模块直接将面向方面的编程功能集成到了 Spring 框架中。所以,可以很容易地使 Spring 框架管理的任何对象支持 AOP。Spring AOP 模块为基于 Spring 的应用程序中的对象提供了事务管理服务。通过使用 Spring AOP,不用依赖 EJB 组件,就可以将声明性事务管理集成到应用程序中。
- Spring DAO 模块:JDBC DAO 抽象层提供了有意义的异常层次结构,可用该结构来管理异常处理和不同数据库供应商抛出的错误消息。异常层次结构简化了错误处理,并且极大地降低了需要编写的异常代码数量(例如打开和关闭连接)。Spring DAO 的面向 JDBC 的异常遵从通用的 DAO 异常层次结构。
- Spring ORM 模块:Spring 框架插入了若干个 ORM 框架,从而提供了 ORM 的对象关系工具,其中包括 JDO、Hibernate 和 iBatis SQL Map。所有这些都遵从 Spring 的通用事务和 DAO 异常层次结构。
- Spring Web 模块:Web 上下文模块建立在应用程序上下文模块之上,为基于 Web 的应用程序提供了上下文。所以,Spring 框架支持与 Jakarta Struts 的集成。Spring Web 模块还简化了处理多部分请求以及将请求参数绑定到域对象的工作。
- Spring Web MVC 框架:MVC 框架是一个全功能的构建 Web 应用程序的 MVC 实现。通过策略接口,MVC 框架变成为高度可配置的,MVC 容纳了大量视图技术,其中包括 JSP、Velocity、Tiles、iText 和 POI。

Spring框架的功能可以用在任何J2EE服务器中,大多数功能也适用于不受管理的环境。Spring的核心要点是:支持不绑定到特定J2EE服务的可重用业务和数据访问对象。毫无疑问,这样的对象可以在不同J2EE环境(Web或EJB)、独立应用程序、测试环境之间重用。

9.4.3 Spring的下载和安装

下载和安装Spring请按如下步骤进行。

(1) 登录站点,下载Spring的最新稳定版本。Spring官方网站改版后,建议都是通过Maven和Gradle下载,对不使用Maven和Gradle开发项目的,下载就非常麻烦,Spring Framework jar 官方直接下载路径为 http://repo.springsource.org/libs-release-local/org/springframework/spring/。

最新版本为spring 5.1.x(Spring Framework 5.1.3),下载地址为 https://repo.spring.io/libs-release-local/org/springframework/spring/5.1.3.RELEASE/spring-framework-5.1.3.RELEASE-dist.zip。

下载spring-framework-5.1.3.RELEASE-dist.zip,这个压缩包不仅包含Spring的开发包,而且包含Spring编译和运行所依赖的第三方类库。

解压缩下载的压缩包,解压缩后的文件夹应有如下几个文件夹。

- lib:该文件夹下含有3类压缩包spring-xxx-5.1.3.RELEASE.jar、spring-xxx-5.1.3.RELEASE-javadoc.jar和spring-xxx-5.1.3.RELEASE-sources.jar,通常只需导入spring-xxx-5.1.3.RELEASE.jar即可。
- docs:该文件夹下包含Spring的相关文档、开发指南及API参考文档。
- 解压缩后的文件夹下,还包含一些关于Spring的License和项目相关文件。

(2) 将所有spring-xxx-5.1.3.RELEASE.jar复制到项目的CLASSPATH路径下,对于Web应用,将所有spring-xxx-5.1.3.RELEASE.jar文件复制到WEB-INF/lib路径下,该应用即可以利用Spring框架了。

(3) 通常Spring的框架还依赖于其他一些jar文件,因此还须将lib下对应的包复制到WEB-INF/lib路径下,具体要复制哪些jar文件,取决于应用所需要使用的项目。通常需要复制cglib、dom4j、jakarta-commons、log4j等文件夹下的jar文件。

实训34 利用MyEclipse 2018创建简单Spring应用程序

【实训目的】

(1) 掌握Spring的开发框架。
(2) 掌握Spring的开发步骤。

【实训要求】

学会创建简单的Spring应用程序。

【实训步骤】

(1) 下载Spring包。

下载Spring的最新稳定版。在此下载的是spring-framework-5.1.3.RELEASE-dist.

zip 包。

（2）打开 MyEclipse，新建 Java 工程。

选择 File→New→Java Project，创建名为 spring5 的 Java 工程。

（3）为该项目增加 Spring 支持。添加用户库 spring5.1.3 和 common-logging。首先在 spring5 工程上右击，选择 Build Path→Add Libraries，如图 9-21 所示。

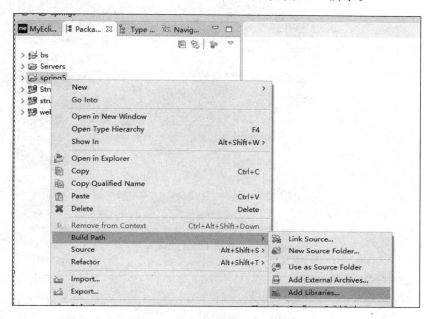

图 9-21 添加库文件

（4）在弹出的 Add Library 对话框中选择 User Library，如图 9-22 所示。

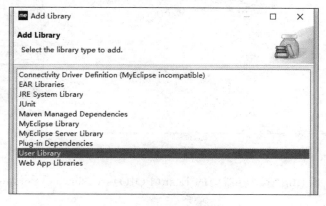

图 9-22 选择 User Library

（5）如图 9-23 所示的对话框中单击 User Libraries，创建 2 个用户库 spring5.1.3 和 common-logging，相应地为每个库添加进相应的 jar 包。spring5.1.3 用户库中添加外部包已经下载好的所有类似 spring-xxx-5.1.3.RELEASE.jar 的 jar 包（见图 9-24），common-logging 用户库中添加之前 Struts 下载的 jar 包中的 commons-logging-1.1.3.jar。

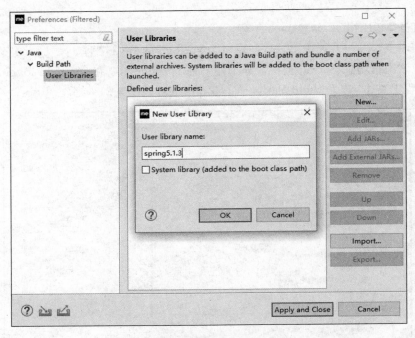

图 9-23　新建 User Library

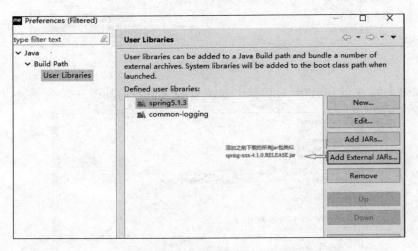

图 9-24　添加之前下载的 jar 包

(6) 定义一个 Spring 管理容器中的 Bean(POJO)src\service\PersonService.java,代码如下:

```
package service;
public class PersonService {
    private String name;
    //name 属性的 setXXX()方法
    public void setName(String name) {
        this.name = name;
    }
```

```
//测试Person类的info()方法
public void info() {
    System.out.println("此人名为: " + name);
}
}
```

注：Spring可以管理任何的POJO，并不要求java类是一个标准的JavaBean。

(7) 编写主程序，该程序初始化Spring容器src\gx\SpringTest.java，代码如下：

```
package gx;
import service.PersonService;
import org.springframework.context.ApplicationContext;
import org.springframework.context.support.ClassPathXmlApplicationContext;
public class SpringTest {
public static void main(String[] args) {
        //创建Spring的ApplicationContext
        ApplicationContext ctx = new ClassPathXmlApplicationContext("bean.xml");
        System.out.println(ctx);                         //输出Spring容器
        //通过Spring容器获取Person实例，并为Person实例设置属性值(这种方式称为控制反转,IoC)
        PersonService p = (PersonService)ctx.getBean("personService", PersonService.class);
        p.info();
    }
}
```

(8) 将PersonService类部署在Spring配置文件src\bean.xml中，代码如下：

```
<?xml version = "1.0" encoding = "UTF - 8"?>
< beans xmlns:xsi = "http://www.w3.org/2001/XMLSchema - instance"
    xmlns = "http://www.springframework.org/schema/beans"
    xsi:schemaLocation = "http://www.springframework.org/schema/beans
    http://www.springframework.org/schema/beans/spring - beans - 3.0.xsd">
    <!-- 将PersonService类部署成Spring容器中的Bean -->
    < bean id = "personService" class = "service.PersonService">
        < property name = "name" value = "wawa"/>
    </bean>
</beans>
```

(9) 在SpringTest.java上右击，选择Run As→Java Application，运行程序，结果如图9-25所示。

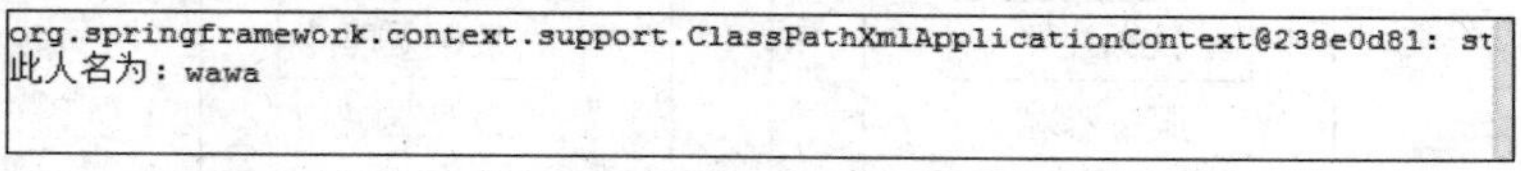

```
org.springframework.context.support.ClassPathXmlApplicationContext@238e0d81: st
此人名为: wawa
```

图 9-25　运行结果

9.5　JSP 与 Ajax 技术

Ajax 是 Asynchronous JavaScript and XML 的缩写，意思是异步的 JavaScript 与 XML。Ajax 并不是一门新的语言或技术，它是 JavaScript、XML、CSS、DOM 等多种已有技

术的组合,它可以实现客户端的异步请求操作。这样可以实现在不需要刷新页面的情况下与服务器进行通信,从而减少了用户的等待时间。

9.5.1 Ajax 简介

Ajax 是指一种创建交互式网页应用的网页开发技术。使用 Ajax 可以构建更为动态和响应更灵敏的 Web 应用程序。该方法的关键在于对浏览器端的 JavaScript、DHTML 和服务器异步通信的组合。

Ajax 是由 JavaScript、XML、CSS、DOM 等几种技术以新的方式组合而成,Ajax 包含:
- 基于 XHTML 和 CSS 标准的表示;
- 使用 Document Object Model 进行动态显示和交互;
- 使用 XMLHttpRequest 与服务器进行异步通信;
- 使用 JavaScript 绑定一切。

9.5.2 Ajax 的工作原理

Ajax 的工作原理是在用户和服务器之间加一中间层,使用户操作与服务器响应异步化。并不是所有的用户请求都提交给服务器,如数据验证和数据处理等都交给 Ajax 引擎来做,只有确定需要从服务器读取新数据时再由 Ajax 引擎代为向服务器提交请求,如图 9-26 所示。

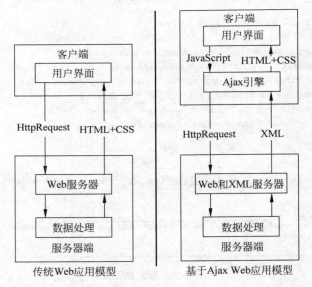

图 9-26 传统 Web 应用模型和基于 Ajax Web 应用模型

Ajax 是传统 Web 应用程序的一个转变。以前服务器每次生成 HTML 页面并返回给客户端(浏览器)。在大多数网站中,很多页面中至少 90% 都是一样的,如结构、格式、页头、页尾、广告等,所不同的只是一小部分的内容,但每次服务器都会生成所有的页面再返回给客户端,不管是对于用户的时间、带宽、CPU 耗用,还是对于 ISP 的高价租用的带宽和空间来说,这无形之中是一种浪费。而 Ajax 可以作为客户端和服务器的中间层,来处理客户端的请求，并根据需要向服务器端发送请求，用什么就取什么、用多少就取多少，就不会有数据的冗余和浪费，减少了数据下载总量，而且更新页面时不用重载全部内容，只更新需要更新的那部分即可，相对于纯后台处理并重载的方式缩短了用户等待时间，也把对资源的浪费降到最低。基于标准化的并被广泛支持的技术，并且不需要插件或下载小程序，所以 Ajax 对于用户和 ISP 来说是双赢的。

Ajax 使 Web 中的界面与应用分离（也可以说是数据与呈现分离），而在以前两者是没有清晰的界限，数据与呈现分离，有利于分工合作、减少非技术人员对页面的修改造成的 Web 应用程序错误、提高效率，也更加适用于现在的发布系统。也可以把以前的一些服务器负担的工作转嫁到客户端，以利于客户端闲置的处理能力来处理。

9.5.3　Ajax 使用的技术

1．JavaScript

JavaScript 是一种在 Web 页面中添加动态脚本代码的解释性程序语言，其核心已经嵌入到目前主流的 Web 浏览器中。虽然平时应用最多的是通过 JavaScript 实现一些网页特效及表单数据验证等功能，其实 JavaScript 可以实现的功能远不止这些。JavaScript 是一种具有丰富的面向对象特性的程序设计语言，利用它能执行许多复杂的任务，例如，Ajax 就是利用 JavaScript 将 DOM、XHTML（或 HTML）、XML 以及 CSS 等技术综合起来，并控制它们的行为。因此要开发一个复杂高效的 Ajax 应用程序，就必须对 JavaScript 有深入的了解。

2．XMLHttpRequest

Ajax 技术之中，最核心的技术就是 XMLHttpRequest，它是一个具有应用程序接口的 JavaScript 对象，能够使用超文本传输协议（HTTP）连接一个服务器，是微软公司为了满足开发者的需要，于 1999 年在 IE 5.0 浏览器中率先推出的。现在许多浏览器都对其提供了支持，不过实现方式与 IE 浏览器有所不同。

通过 XMLHttpRequest 对象，Ajax 可以像桌面应用程序一样只同服务器进行数据层面的交换，而不用每次都刷新页面，也不用每次都将数据处理的工作交给服务器来做，这样既减轻了服务器负担又加快了响应速度，缩短了用户等待的时间。

在使用 XMLHttpRequest 对象发送请求和处理响应之前，首先需要初始化该对象，由于 XMLHttpRequest 不是一个 W3C 标准，所以对于不同的浏览器，初始化的方法也是不同的。

1）IE 浏览器

IE 浏览器把 XMLHttpRequest 实例化为一个 ActiveX 对象。具体方法如下：

var http_request = new ActiveXObject("Msxml2.XMLHTTP");

或者

var http_request = new ActiveXObject("Microsoft.XMLHTTP");

上面语法中的 Msxml2.XMLHTTP 和 Microsoft.XMLHTTP 是针对 IE 浏览器的不

同版本而进行设置的,目前比较常用的是这两种。

2) Mozilla、Safari 等其他浏览器

Mozilla、Safari 等其他浏览器把它实例化为一个本地 JavaScript 对象。具体方法如下:

var http_request = new XMLHttpRequest();

为了提高程序的兼容性,可以创建一个跨浏览器的 XMLHttpRequest 对象。创建一个跨浏览器的 XMLHttpRequest 对象其实很简单,只需要判断一下不同浏览器的实现方式,如果浏览器提供了 XMLHttpRequest 类,则直接创建一个实例,否则使用 IE 浏览器的 ActiveX 控件。具体代码如下:

```
if(window.XMLHttpRequest){
    //Mozilla 浏览器
    XMLHttpReq = new XMLHttpRequest();
    if(XMLHttpReq.overrideMimeType){
        XMLHttpReq.overrideMimeType('text/xml');
    }
}else{
    //IE 浏览器
    if(window.ActiveXObject){
        try{
            XMLHttpReq = new ActiveXObject("Msxml2.XMLHTTP");
        }catch(e){
            try{
                XMLHttpReq = new ActiveXObject("Microsoft.XMLHTTP");
            }catch(e){}
        }
    }
}
```

说明:由于 JavaScript 具有动态类型特性,而且 XMLHttpRequest 对象在不同浏览器上的实例都是兼容的,所以可以用同样的方式访问 XMLHttpRequest 实例的属性的方法,不需要考虑创建该实例的方法是什么。

下面对 XMLHttpRequest 对象的常用方法进行详细介绍。

(1) open()方法。

open()方法用于设置进行异步请求目标的 URL、请求方法以及其他参数信息,具体语法如下:

open("method","URL"[,asyncFlag[,"userName"[, "password"]]]);

在上面的语法中,method 用于指定请求的类型,一般为 get 或 post;URL 用于指定请求地址,可以使用绝对地址或者相对地址,并且可以传递查询字符串;asyncFlag 为可选参数,用于指定请求方式,同步请求为 true,异步请求为 false,默认情况下为 true;userName 为可选参数,用于指定求用户名,没有时可省略;password 为可选参数,用于指定请求密码,没有时可省略。

(2) send()方法。

send()方法用于向服务器发送请求。如果请求声明为异步,则该方法将立即返回,否则

将等到接收到响应为止。具体语法如下：

```
send(content);
```

在上面的语法中，content 用于指定发送的数据，可以是 DOM 对象的实例、输入流或字符串。如果没有参数需要传递则可以设置为 null。

（3）setRequestHeader()方法。

setRequestHeader()方法为请求的 HTTP 头设置值。具体语法如下：

```
setRequestHeader("label", "value");
```

在上面的语法中，label 用于指定 HTTP 头；value 用于为指定的 HTTP 头设置值。

注意：setRequestHeader()方法必须在调用 open()方法之后才能调用。

（4）abort()方法。

abort()方法用于停止当前异步请求。

（5）getAllResponseHeaders()方法。

getAllResponseHeaders()方法用于以字符串形式返回完整的 HTTP 头信息，当存在参数时，表示以字符串形式返回由该参数指定的 HTTP 头信息。

XMLHttpRequest 对象的常用属性及说明如表 9-1 所示。

表 9-1　XMLHttpRequest 对象的常用属性及说明

属　　性	说　　明
onreadystatechange	每个状态改变时都会触发这个事件处理器，通常会调用一个 JavaScript 函数
readyState	请求的状态。有以下 5 个取值： 0 = "未初始化"； 1 = "正在加载"； 2 = "已加载"； 3 = "交互中"； 4 = "完成"
responseText	服务器的响应，表示为字符串
responseXML	服务器的响应，表示为 XML，这个对象可以解析为一个 DOM 对象
status	返回服务器的 HTTP 状态码，如： 200 = "成功"； 202 = "请求被接收,但尚未成功"； 400 = "错误的请求"； 404 = "文件未找到"； 500 = "内部服务器错误"
statusText	返回 HTTP 状态码对应的文本

3. XML

XML 是 Extensible Markup Language(可扩展标记语言)的缩写，它提供了用于描述结构化数据的格式。XMLHttpRequest 对象与服务器交换的数据，通常采用 XML 格式，但也可以是基于文本的其他格式。

4. DOM

DOM 是 Document Object Model(文档对象模型)的缩写,是表示文档(如 HTML 文档)和访问、操作构成文档的各种元素(如 HTML 标记和文本串)的应用程序接口(API)。W3C 定义了标准的文档对象模型,它以树形结构表示 HTML 和 XML 文档,定义了遍历树和添加、修改、查找树的节点的方法和属性。在 Ajax 应用中,通过 JavaScript 操作 DOM,可以达到在不刷新页面的情况下实时修改用户界面的目的。

5. CSS

CSS 是 Cascading Style Sheet(层叠样式表)的缩写,用于(增强)控制网页样式并允许将样式信息与网页内容分离的一种标记性语言。在 Ajax 出现以前,CSS 已经广泛地应用到传统的网页中。在 Ajax 中,通常使用 CSS 进行页面布局,并通过改变文档对象的 CSS 属性控制页面的外观和行为。

9.5.4 Ajax 开发需要注意的几个问题

1. 浏览器兼容性问题

Ajax 使用了大量的 JavaScript 和 Ajax 引擎,而这些内容需要浏览器提供足够的支持。目前提供这些支持的浏览器有 IE 5.0 及以上版本、Mozilla 1.0、Netscape 7 及以上版本。Mozilla 虽然也支持 Ajax,但是提供 XMLHttpRequest 对象的方式不一样。所以使用 Ajax 的程序必须针对各个浏览器测试兼容性。

2. XMLHttpRequest 对象封装

Ajax 技术的实现主要依赖于 XMLHttpRequest 对象,但是在调用其进行异步数据传输时,由于 XMLHttpRequest 对象的实例在处理事件完成后就会被销毁,所以如果不对该对象进行封装处理,在下次需要调用它时就得重新构建,而且每次调用都需要写一大段的代码,使用起来很不方便。不过,现在很多开源的 Ajax 框架都提供了对 XMLHttpRequest 对象的封装方案,其详细内容这里不做介绍,请参考相关资料。

3. 性能问题

由于 Ajax 将大量的计算从服务器端移到了客户端,这就意味着浏览器将承受更大的负担,而不再是只负责简单的文档显示。由于 Ajax 的核心语言是 JavaScript,而 JavaScript 并不以高性能著名。另外,JavaScript 对象也不是轻量级的,特别是 DOM 元素耗费了大量的内存。因此,如何提高 JavaScript 代码的性能对 Ajax 开发者来说尤为重要。下面是 3 种优化 Ajax 应用执行速度的方法。

(1) 优化 for 循环。
(2) 将 DOM 节点附加到文档上。
(3) 尽量减少点".".号操作符的使用。

4. 中文编码问题

Ajax 不支持多种字符集，它默认的字符集是 UTF-8，所以在应用 Ajax 技术的程序中应及时进行编码转换，否则程序中出现的中文字符将变成乱码。一般情况下，有以下两种情况可以产生中文乱码。

(1) 发送路径的参数中包括中文，在服务器端接收参数值时产生乱码。

将数据提交到服务器有两种方法：一种是使用 GET() 方法提交；另一种是使用 POST() 方法提交。使用不同的方法提交数据，在服务器端接收参数时解决中文乱码的方法是不同的。具体解决方法如下：

① 当接收使用 GET 方法提交的数据时，要将编码转换为 GB2312，关键代码如下：

```
String name = request.getParameter("name");
out.println("姓名" + new String(name.getBytes("iso-8859-1"),"gb2312")); //解决中文乱码
```

② 由于应用 POST() 方法提交数据时，默认的字符编码是 UTF-8，所以当接收使用 POST() 方法提交的数据时，要将编码转换为 UTF-8，关键代码如下：

```
String name = request.getParameter("name");
out.println("姓名" + new String(name.getBytes("iso-8859-1"), "utf-8")); //解决中文乱码
```

(2) 返回 responseText 或 responseXML 的值中包含中文时产生乱码。

由于 Ajax 在接收 responseText 或 responseXML 的值时是按照 UTF-8 的编码格式进行解码的，所以如果服务器端传递的数据不是 UTF-8 格式，在接收 responseText 或 responseXML 的值时，就可能产生乱码。解决的办法是保证从服务器端传递的数据采用 UTF-8 的编码格式。

实训 35 应用 Ajax 局部刷新显示用户

【实训目的】

(1) 体验 Ajax 技术的应用并了解 Ajax 程序的基本框架。

(2) 掌握 Ajax 程序的基本框架、Ajax 技术在 JSP 中使用的一般形式、Ajax 技术在 JSP 中的应用。

(3) 熟练掌握数据局部刷新技术。

【实训要求】

局部刷新显示用户姓名。

【实训步骤】

(1) 首先创建 Web 项目 Ajax_001。

(2) 创建 JSP 页面。

在此 JSP 页面，使用 JavaScript 创建 XMLHttpRequest 对象。通过这个对象把用户的输入信息作为参数传输给服务器。而且在 JSP 页面中，还接收服务器返回的处理结果，并在指定的区域中显示处理结果。

该 JSP 页面 Show.jsp 的代码如下：

```jsp
<%@ page language="Java" import="java.util.*" pageEncoding="GB2312"%>
<html>
    <head>
    <title>Say hello -- Ajax 请求响应方式</title>
    <script language="JavaScript">
    //创建 XMLHttpRequest 对象
    var XMLHttpReq = false;
    function createXMLHttpRequest(){
        if(window.XMLHttpRequest){
            //Mozilla 浏览器
            XMLHttpReq = new XMLHttpRequest();
            if(XMLHttpReq.overrideMimeType){
                XMLHttpReq.overrideMimeType('text/xml');
            }
        }else{
            //IE 浏览器
            if(window.ActiveXObject){
                try{
                    XMLHttpReq = new ActiveXObject("Msxml2.XMLHTTP");
                }catch(e){
                    try{
                        XMLHttpReq = new ActiveXObject("Microsoft.XMLHTTP");
                    }catch(e){}
                }
            }
        }
    }
    //处理服务器响应结果
    function handleResponse(){
        //判断对象状态
        if(XMLHttpReq.readyState == 4){
            //信息已经成功返回,开始处理信息
            if(XMLHttpReq.status == 200){
                var out = "";
                var res = XMLHttpReq.responseXML;
                var response = res.getElementsByTagName("response")[0].firstChild.nodeValue;
                document.getElementById("hello").innerHTML = response;
            }
        }
    }
    //发送客户端的请求
    function sendRequest(url){
        createXMLHttpRequest();
        XMLHttpReq.open("GET",url,true);
        //指定响应函数
        XMLHttpReq.onreadystatechange = handleResponse;
        //发送请求
```

```
            XMLHttpReq.send(null);
        }
        //开始调用Ajax的功能
        function sayHello(){
            var name = document.getElementById("name").value;
            //发送请求
            sendRequest("SayHello?name=" + name);
        }
    </script>
</head>
<body>
    姓名：
    <input type="text" id="name" />
    <input type="button" value="提交" onclick="sayHello()" />
    <div id="hello"></div>
</body>
</html>
```

(3) 编写 Servlet 用于接收来自客户端的请求。在 Servlet 中，接收 XMLHttpRequest 对象传递过来的参数，并且根据处理的结果生成 XML 文档，然后把这个 XML 文档返回给 JSP 页面。

该 JSP 页面 servlets/SayHello.java 的代码如下：

```
package servlets;
import java.io.IOException;
import java.io.PrintWriter;
import javax.servlet.ServletException;
import javax.servlet.http.HttpServlet;
import javax.servlet.http.HttpServletRequest;
import javax.servlet.http.HttpServletResponse;
public class SayHello extends HttpServlet {
    public void doPost(HttpServletRequest request, HttpServletResponse response) throws ServletException, IOException {
        //设置生成文件的类型和编码格式
        response.setContentType("text/xml;charset=gbk");
        response.setHeader("Cache-Control", "no-cache");
        PrintWriter out = response.getWriter();
        String output = "";
        //处理接收到的参数，生成响应的 XML 文档
        if(request.getParameter("name")!= null && request.getParameter("name").length()>0)
            output = "<response>Hello " + request.getParameter("name") + "</response>";
        out.println(output);
        out.close();
    }
    public void doGet(HttpServletRequest request, HttpServletResponse response) throws ServletException, IOException {
```

```
        doPost(request,response);
    }
}
```

(4) 修改配置文件 web.xml。

```xml
<?xml version="1.0" encoding="UTF-8"?>
<web-app version="2.5"
    xmlns="http://java.sun.com/xml/ns/javaee"
    xmlns:xsi="http://www.w3.org/2001/XMLSchema-instance"
    xsi:schemaLocation="http://java.sun.com/xml/ns/javaee
    http://java.sun.com/xml/ns/javaee/web-app_2_5.xsd">
  <servlet>
    <!-- SayHello 配置开始 -->
    <servlet-name>SayHello</servlet-name>
    <servlet-class>servlets.SayHello</servlet-class>
  </servlet>
  <servlet-mapping>
    <servlet-name>SayHello</servlet-name>
    <url-pattern>/SayHello</url-pattern>
  </servlet-mapping>
  <welcome-file-list>
    <welcome-file>index.jsp</welcome-file>
  </welcome-file-list>
</web-app>
```

(5) 部署。

(6) 启动 Tomcat，在浏览器中输入 http://localhost:8080/Ajax_001/Show.jsp，运行结果如图 9-27 所示。

图 9-27　运行结果

9.6　小结

本章介绍了 Java Web 开发中比较优秀的开源框架 Struts2、Hibernate 和 Spring，使用这些框架技术可以很好地提高开发效率；还介绍了 Ajax 技术，使用 Ajax 技术可以实现很多局部刷新效果，增加页面的友好感。希望读者参考这方面的资料进行学习，从而提高自己的开发能力。

习题

9-1 什么是 Ajax？简述 Ajax 中使用的技术。
9-2 如何利用 Ajax 实现局部刷新的效果？
9-3 如何搭建 Struts2 开发环境？
9-4 如何搭建 Hibernate 开发环境？
9-5 如何搭建 Spring 开发环境？

第10章 投票系统

10.1 需求分析

本系统实现了网络上较为常用的投票功能,为调查、收集、统计各类用户的反馈信息提供易用的网上平台。

10.1.1 系统概述

本系统是一个简单的投票系统,主要提供以下功能:系统首页上显示所有投票选项的列表,用户可以通过选中某个选项并单击"投票"按钮进行投票操作。

另外还提供查看投票详细信息的超链接,用户单击后可在页面上看到投票结果,主要是各选项所得的票数、占总票数的百分比等信息,并以柱形图显示各选项的得票率,可以让用户很直观地看到得票情况。

最后提供系统维护功能,当用户以管理员身份登录后,可添加、删除投票选项。

10.1.2 系统运行环境

1. 硬件环境

- 处理器:Inter Pentium 166 MX 或更高。
- 内存:32MB 或更高。
- 硬盘空间:1GB。
- 显卡:SVGA 显示适配器。

2. 软件环境

- 操作系统:Windows 2003/XP/2008。
- Web 服务器:Tomcat 4.1.2 或以上版本。
- 数据库:SQL Server。
- 客户端:IE 5.0 或以上版本。
- 开发语言:JSP、Java。

10.1.3 功能需求

本系统主要是为用户提供方便易用的投票界面,同时要有查看投票、添加和删除投票选项的功能。主要功能如下。

(1) 投票:用户在系统首页上,可以通过选中某个选项并单击"投票"按钮进行投票操作。

(2) 查看投票:用户在首页上单击"查看投票"超链接查看最新投票情况,主要是各选项所得的票数、占总票数的百分比等信息,并以柱形图显示各选项的得票率,可以让用户很直观地看到得票情况。

(3) 管理员登录:当用户在投票系统首页上单击"投票系统维护"超链接时,需要用户输入合法的用户名和密码,成功登录后,可使用系统维护功能。

(4) 删除投票项:用户作为管理员进入系统维护界面后,可通过单击显示在每个投票项右边的"删除"超链接来删除对应的投票项。

(5) 添加投票项:用户作为管理员进入系统维护界面后,可通过在文本框中输入新的投票项名称并单击"提交"按钮来添加新的投票项。

10.2 总体设计

10.2.1 开发和设计的总体思想

系统采用 B/S 模式,使用 JSP+JavaBean 进行服务器端动态网页的开发。

10.2.2 系统模块结构图

依需求分析的结果,系统分 3 个模块:数据库访问模块、投票功能模块和系统维护模块,如图 10-1 所示。

10.2.3 模块设计

(1) 数据库访问模块:提供连接、访问数据库的功能,利用 JavaBean 实现,当 JSP 页面中访问数据库时直接调用这个 JavaBean。

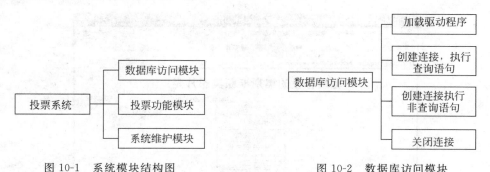

图 10-1　系统模块结构图　　　　图 10-2　数据库访问模块

(2) 投票功能模块:提供投票功能以及查看投票功能,用户通过"投票"按钮对选中的项进行投票,还可以通过"查看投票"超链接查看各个投票项目前的得票情况,如图 10-3 所示。

(3) 系统维护模块:包括管理员登录,投票项的添加、删除功能,如图 10-4 所示。

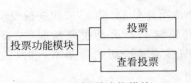

图 10-3　投票功能模块

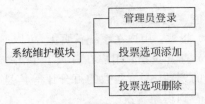

图 10-4　系统维护模块

10.2.4　系统流程描述

系统流程如图 10-5 所示。

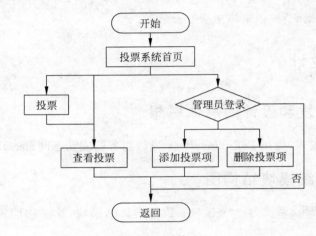

图 10-5　系统流程

10.2.5　界面设计

(1) 投票系统的主页面 index.jsp 如图 10-6 所示。

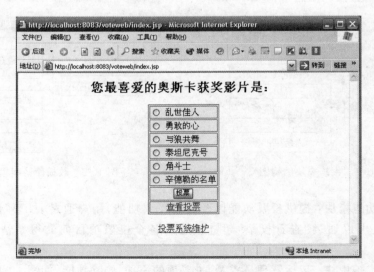

图 10-6　主页面

（2）查看投票页面 Info.jsp 如图 10-7 所示。

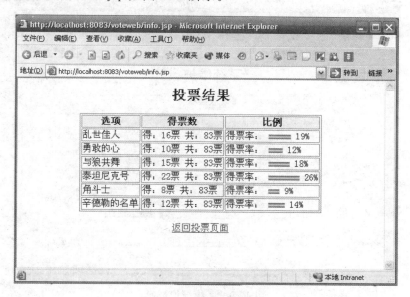

图 10-7　查看投票页面

（3）管理员登录页面 login.jsp 如图 10-8 所示。

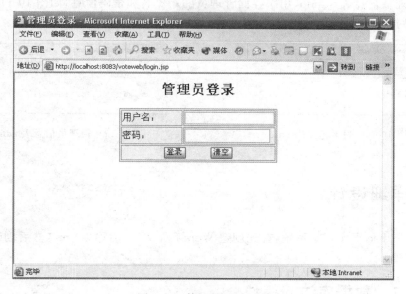

图 10-8　管理员登录页面

（4）系统维护页面 process.jsp 如图 10-9 所示。

10.2.6　数据库设计

本系统采用 SQL Server 2000 数据库，名称为 vote，数据库表结构设计如下。

（1）投票信息表 vote，用来存储投票选项的 id 号（自动编号）、名称、得票数（默认为 0）

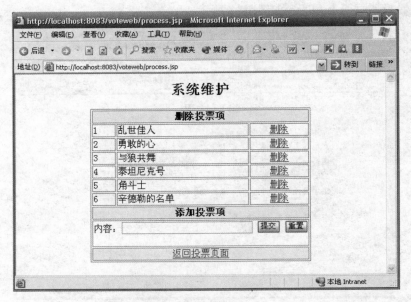

图 10-9　系统维护页面

信息,表的结构如图 10-10 所示。

（2）管理员信息表 admin,用来存储管理员的用户名和密码信息,如图 10-11 所示,注意 id（自动编号）。

图 10-10　投票信息表 vote　　　　　　图 10-11　管理员信息表 admin

10.3　详细设计

在 MyEclipse 下实现本系统,首先创建 Web 工程文件,名称为 vote,然后创建 JavaBean 和各 JSP 文件。

10.3.1　数据库访问模块

本系统用一个 JavaBean 来专门完成数据库的连接、访问等操作,当某几个 JSP 页面中需要访问数据库时,直接调用这个 JavaBean 即可,不必重复写代码。

1. 模块描述

负责完成与数据库的连接、访问、关闭等操作。

2. 类的设计和实现

名称为 DBBean.java,代码如下:

```java
package vote;
import java.sql.*;
public class DBBean {
    private Connection conn = null;
    private Statement stmt = null;
    public DBBean() {
        try {    Class.forName("com.microsoft.sqlserver.jdbc.SQLServerDriver");
        } catch(ClassNotFoundException ex) {
            System.out.println(ex.getMessage());
        }
    }

    public ResultSet executeQuery(String sql) {
        ResultSet rs = null;
        try {
            conn = DriverManager.getConnection(
"jdbc:sqlserver://127.0.0.1:1433;DatabaseName=vote","sa", "fei12qin");
            stmt = conn.createStatement();
            rs = stmt.executeQuery(sql);
        } catch(SQLException ex) {
            System.out.println(ex.getMessage());
        }
        return rs;
    }

    public int executeUpdate(String sql) {
        int result = 0;
        try {
            conn = DriverManager.getConnection(
"jdbc:sqlserver://127.0.0.1:1433;DatabaseName=vote","sa", "");
            stmt = conn.createStatement();
            result = stmt.executeUpdate(sql);
        } catch(SQLException ex) {
            System.out.println(ex.getMessage());
        }
        return result;
    }

    public void close() {
        try {
            stmt.close();
            conn.close();
        } catch(SQLException ex) {
```

```
            System.out.println(ex.getMessage());
        }
    }
}
```

10.3.2 投票功能模块

1. 模块描述

提供投票功能、查看投票功能。

2. 源文件定义

1) 名称为 index.jsp

功能：主要负责把数据表 vote 中的所有记录读出并显示在页面上供用户投票。另外还提供"查看投票"超链接供用户查看当前的所有投票结果。

代码如下：

```jsp
<%@ page contentType="text/html;charset=gb2312" import="java.sql.*" %>
<jsp:useBean id="db" class="vote.DBBean" scope="session"/>

<html><body>
<center>
<h2>您最喜爱的奥斯卡获奖影片是：</h2>
  <table border bordercolor="#0066FF" bgcolor="#CCFFFF">
    <form method="post" action="vote.jsp">
<%
    ResultSet rs = db.executeQuery("select * from vote");
    while(rs.next())
    {
        out.println("<tr>");
        out.println("<td><input type='radio' name='id' value='" + rs.getString("id") + "'>");
        out.println(rs.getString("item"));
        out.println("</td>");
    }
    rs.close();
    db.close();
    session.setMaxInactiveInterval(-1);
%>
<tr><td align="center"><input type="submit" value="投票"></td></tr>
</form>
<tr><td align="center"><a href="info.jsp">查看投票</a></td></tr>
</table>
<p><a href="manage.jsp">投票系统维护</a></p>
</center>
</body>
</html>
```

2) 名称为 info.jsp

功能：主要负责显示当前的得票结果，包括投票项名称、得票数、总得票数、得票百分比和柱形图片。

代码如下：

```jsp
<%@ page contentType="text/html;charset=gb2312" import="java.sql.*" %>
<jsp:useBean id="db" class="vote.DBBean" scope="session"/>
<center>
<h2>投票结果</h2>
<table border bordercolor="#0099FF">
<tr><th bgcolor='#CCFFFF'>选项</th><th bgcolor='#CCFFFF'>得票数</th><th bgcolor='#CCFFFF'>比例</th>
  <%
    int totalNum = 0;
    ResultSet rs = db.executeQuery("select sum(count) from vote");
    if(rs.next())
        totalNum = rs.getInt(1);
    rs.close();
    rs = db.executeQuery("select * from vote");
    while(rs.next()&&totalNum!=0)
    {
        out.println("<tr>");
        int num = rs.getInt("count");
        out.println("<td>" + rs.getString("item") + "</td>");
        out.println("<td>得：" + num + "票　共：" + totalNum + "票</td>");
        out.println("<td>得票率：");
        out.println("<img src='back.gif' width='" + num*200/totalNum + "' height='8'>");
        out.println(num*100/totalNum + "%</td>");
    }
    rs.close();
    db.close();
  %>
</table>
<p><a href="index.jsp">返回投票页面</a></p>
</center>
```

3) 名称为 vote.jsp

功能：主要负责处理投票，对用户在 index.jsp 中选定的投票项的得票数进行增 1 操作，并重定向回 info.jsp，让用户可以查看当前最新的得票结果。

代码如下：

```jsp
<%@ page contentType="text/html;charset=gb2312" import="java.sql.*" %>
<jsp:useBean id="db" class="vote.DBBean" scope="session" />

<%
    String id = request.getParameter("id");
    ResultSet rs = db.executeQuery("select * from vote where id=" + id);
```

```
        int num = 0;
        if(rs.next())
          num = rs.getInt("count");
        num++;
        rs.close();
        db.executeUpdate("update vote set count = " + num + " where id = " + id);
        db.close();
%>
<jsp:forward page = "info.jsp" />
```

10.3.3 系统维护模块

1. 模块描述

提供管理员登录,添加投票项、删除投票项功能。

2. 源文件定义

1) 名称为 login.jsp

功能:显示管理员登录菜单,包括用户名和密码两项,并且当输入的信息不正确时,显示错误提示信息。

代码如下:

```
<%@ page contentType = "text/html;charset = gb2312" %>
<html><head><title>管理员登录</title></head>
    <body>
        <center>
            <h2>管理员登录</h2>
            <form method = "post" action = "process.jsp">
                <table border bordercolor = "#0099FF" bgcolor = '#CCFFFF'>
                    <tr>
                        <td width = "40%">
                            用户名:
                        </td>
                        <td>
                            <input type = "text" name = "user">
                        </td>
                    <tr>
                        <td width = "40%">
                            密码:
                        </td>
                        <td>
                            <input type = "password" name = "pw">
                        </td>
                    <tr>
                        <td colspan = "2" align = "center">
                            <input type = "submit" value = "登录">
                                
```

```
                        <input type="reset" value="清空">
                    </td>
                </table>
            </form>
            <%
                String warning = request.getParameter("warning");
                if(warning != null) {
                    warning = new String(warning.getBytes("8859_1"));
                    out.println("<h3>" + warning + ",请重新登录或<a href='index.jsp'>返回首页</a></h3>");
                }
            %>
        </center>
    </body>
</html>
```

2）名称为 process.jsp

功能：验证登录用户是否为合法的管理员。

处理：获取 login.jsp 表单提交过来的信息，验证是否为合法的管理员。若验证成功，则在 session 中写入标志变量并重定向到 manage.jsp 让用户进行系统维护操作；若验证失败，则重定向回 login.jsp 并显示出错信息。

代码如下：

```
<%@ page contentType="text/html;charset=gb2312" import="java.sql.*" %>
<jsp:useBean id="db" class="vote.DBBean" scope="session" />
<%
    String user = request.getParameter("user");
    String pw = request.getParameter("pw");
    String sql = "select * from admin where name='" + user + "' and password='" + pw + "'";
    ResultSet rs = db.executeQuery(sql);
    if(rs.next())
    {
        rs.close();
        db.close();
        session.setAttribute("admin","ok");
%>
<jsp:forward page="manage.jsp" />
<%
    }
    else
    {
        rs.close();
        db.close();
%>
<jsp:forward page="login.jsp">
    <jsp:param name="warning" value="对不起,您的用户名或密码不正确" />
</jsp:forward>
<%
```

```
    }
%>
```

3) 名称为 checkadmin.jsp

功能：验证用户是否作为管理员成功登录过。

处理：判断 session 中是否存储了标志变量 admin，若不存在则说明该用户没有使用管理员身份在本次会话连接中登录过系统。

代码如下：

```
<%
    if(session.getAttribute("admin") == null)
        response.sendRedirect("login.jsp");
%>
```

4) 名称为 manage.jsp

功能：主要负责对数据表 vote 中的所有记录进行显示，并且在每条记录的右边都显示一个"删除"超链接，当用户单击该超链接时，可删除相应记录。另外，还显示添加投票项的输入表单，用于获取用户输入的新增投票项信息。

代码如下：

```jsp
<%@ page contentType="text/html;charset=gb2312" import="java.sql.*" %>
<%@ include file="checkadmin.jsp" %>
<jsp:useBean id="db" class="vote.DBBean" scope="session" />
<center>
    <h2>
        系统维护
    </h2>
    <table border bordercolor="#0099FF">
        <tr>
            <th colspan="3" bgcolor='#CCFFFF'>
                删除投票项
            </th>
        <%
            ResultSet rs = db.executeQuery("select * from vote");
            int i = 1;
            while(rs.next()) {
                out.println("<tr>");
                out.println("<td>" + i + "</td>");
                out.println("<td>" + rs.getString("item") + "</td>");
                out.println("<td align='center'><a href='delete.jsp?delid="
                    + rs.getString("id") + "'>删除</a></td>");
                i++;
            }
            rs.close();
            db.close();
        %>
```

```html
        <tr>
            <th colspan="3" bgcolor='#CCFFFF'>
                添加投票项
            </th>
        <tr>
            <td colspan="3">
                <form method="post" action="add.jsp">
                    内容:
                    <input type="text" name="additem" size="30">
                    <input type="submit" value="提交">
                    <input type="reset" value="重置">
                </form>
            </td>
        <tr>
            <td colspan="3" align="center" bgcolor='#CCFFFF'>
                <a href="index.jsp">返回投票页面</a>
            </td>
    </table>
</center>
```

5) 名称为 add.jsp

功能：负责处理添加操作。

代码如下：

```jsp
<%@ page contentType="text/html;charset=gb2312" import="java.sql.*" %>
<jsp:useBean id="db" class="vote.DBBean" scope="session" />

<%
    request.setCharacterEncoding("gb2312");
    String additem = request.getParameter("additem");
    if(additem != null) {
      String sql = "insert into vote(item,count) values('" + additem + "'," + 0 + ")";
        db.executeUpdate(sql);
        db.close();
    }
%>
<jsp:forward page="manage.jsp" />
```

6) 名称为 delete.jsp

功能：主要负责处理删除操作。

代码如下：

```jsp
<%@ page contentType="text/html;charset=gb2312" import="java.sql.*" %>
<jsp:useBean id="db" class="vote.DBBean" scope="session" />

<%
    String delid = request.getParameter("delid");
```

```
        if(delid != null) {
            db.executeUpdate("delete from vote where id = " + delid);
            db.close();
        }
    %>
    <jsp:forward page = "manage.jsp" />
```

10.4 小结

本章通过一个投票系统,向读者介绍了在 JSP 页面中如何使用 JavaBean、如何在首页上显示所有投票选项的列表及如何选中某个选项并单击"投票"按钮进行投票操作的过程。

另外还提供查看投票详细信息的超链接,用户单击后可在一页面上看到投票结果,主要是各选项所得的票数、占总票数的百分比等信息,并以柱形图显示各选项的得票率,可以让用户很直观地看到得票结果。最后提供系统维护功能,当用户以管理员身份登录后,可添加、删除投票项。

第11章 实验室网上选课系统

本章通过介绍实验室网上选课系统来演示如何将数据库和 JSP 整合在一起,从而实现一个从信息收集、处理到查询的完整的处理方案。

本系统有以下亮点。

- 服务器端采用数据库、业务逻辑、用户界面相互独立的结构,各个模块自身扩充方便,且互相之间耦合度非常低,对逻辑层稍做扩充就可以实现一个功能更完善的系统。
- 在逻辑层实现了一个简单的日志记录系统,可以将任何信息记录到指定的日志文件中,方便服务器程序的跟踪和调试,同时可以记录一些重要的事务信息(如管理员的登录、重要信息的删除等),以便将来需要时查询。
- 逻辑层实现时使用事务(Transaction)保证数据的完整性。
- 使用单例设计模式(Singleton Design Pattern)设计逻辑层,大大降低数据库运行时的开销。

在熟悉了本系统的设计思想和一些技巧之后,读者可以轻松构建一些类似的信息处理系统。

11.1 系统概述

11.1.1 系统功能分析

为了实现系统功能,用户分为教师、学生和管理员 3 类角色。

(1) 学生角色:学生登录后只能查询和修改其个人的信息(如密码等),进入选课模块进行选课和退课,浏览和使用与学生角色相关的部分,如查看自己的选课信息,不能对敏感数据做任何修改。

(2) 教师角色:教师登录后,查询和修改其个人的信息(如密码等),进入开课系统进行开课,浏览修改自己所开课的信息(如选择此课的学生信息)。

(3) 管理员角色:管理员负责对系统各个部分的维护,除查询和修改个人信息外,可以添加教师和学生、对课程进行设置、对开课的班级进行设置等,具有最高权限。

11.1.2 系统预览

整个系统的主页面如图 11-1 所示,选择用户类型可以进入相应的子页面。

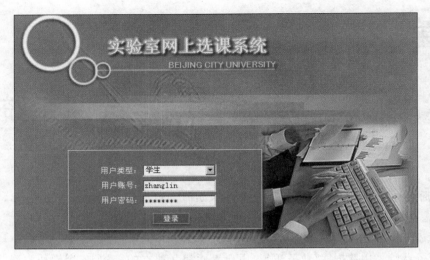

图 11-1　系统主页面

以学生角色登录后的界面(即学生主页面)如图 11-2 所示。学生单击"实验浏览",可查看实验信息,然后进行选课;单击"选课查询",可查看自己的选课信息,也可进行退课。

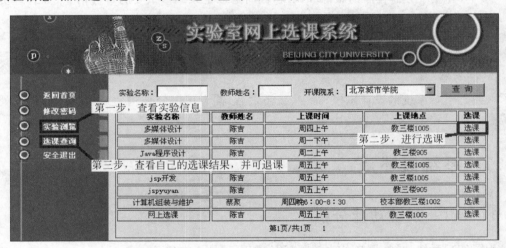

图 11-2　学生主页面

以教师角色登录后的界面(即教师主页面)如图 11-3 所示。教师单击"开设实验",可开设实验;单击"实验浏览",可查看实验信息;单击"开课查询",可查看自己的开课信息;单击"学生信息",可查看自己课程的学生选课情况;单击"添加学生",可给自己的课程添加学生。

以管理员角色登录后的界面(即管理员主页面)如图 11-4 所示。管理员单击"教师浏览",可查看所有分配的教师;单击"添加教师",可给教师分配角色;单击"实验浏览",可查看所有已经开设的实验;单击"学生截止时间",可设定学生选课的截止时间;单击"教师截止时间",可设定教师开设课程的截止时间;单击"统计功能",可把开课信息和学生信息导出到 Excel 中;单击"期末结束",可一次性结束所有开设的课程。

图 11-3　教师主页面

图 11-4　管理员主页面

11.1.3　系统特点

1．面向对象设计

使用面向对象技术,将各个角色(学生、教师、管理员)封装成类,这样能帮助程序员更直观地去理解整个业务流程,将重点放在业务逻辑的处理上,降低了开发难度,这样也便于将来的扩展。

2．逻辑层与表示层分离

服务器端使用三层体系结构,将逻辑层从表示层中抽出,使页面、业务逻辑和数据库开发互相独立、并行地进行,这样可以大大减少开发时间。同时这种设计方法降低了三层之间的耦合程度,日后在对某一层进行修改、扩充时,对其他层可以只产生很小的影响。

11.2 系统设计

本节将从一个较高的层面来介绍如何去设计一个系统。这其中有很大一部分思想来自长时间的开发所获得的经验,是一种积累和沉淀。而另一部分则是经高手指点,或者研究他人的成功案例所取得的收获,是一种学习并总结的过程。后续内容介绍了如何去实现一个系统,如何将一个系统设计得更完美。相比较设计而言,实现是一项技巧性更高的工作,需要对所采用的技术、体系结构甚至语言有一定程度的认识和理解。

11.2.1 系统设计思想

1. 表示层—逻辑层—数据库层三层结构

服务器端体系结构采用表示层—逻辑层—数据库层三层结构。

2. 角色模块设计

整个系统中有三种用户:学生、教师和管理员,他们之间没有相互的操作,因此可以封装到各自独立的类中。dboperation 包中设计了一个抽象父类 DBoperation,供具体的角色类(Student、Admin、Teacher)继承。将它的子类所公用的方法划分成两类进行设计。其中一类方法在各个子类内部的具体实现相同,这些方法被直接设计在 DBoperation 类中,供子类继承;另一类方法在各个子类内部的具体实现不相同,这些方法被设计成抽象方法,由子类负责实现。

3. 与数据库的连接

设计一个类只负责与数据库的连接工作,当与数据库成功连接后,该类将返回一个可靠的数据库连接对象供其他类使用。详细介绍请参考后面有关 choosecourse.db.DBConnectionManager 类的说明。

4. 日志记录

为了便于调试与服务器信息的记录,设计一个类负责将需要的信息记入本地硬盘的日志文件中。详细介绍请参考后面有关 choosecourse.db.Debug 类的说明。

5. 辅助事务处理

设计一个类专门负责处理一些辅助性的事务,如字符串的转码工作。详细介绍请参考后面有关 choosecourse.db.Util 类的说明。

11.2.2 系统功能分析

系统根据用户的不同,本系统包括学生子系统、教师子系统和管理员子系统。其功能模块设计如图 11-5 所示。

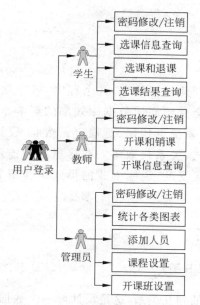

图 11-5　系统的功能模块设计

11.2.3　业务流程

图 11-6 详细说明了整个系统的业务流程。

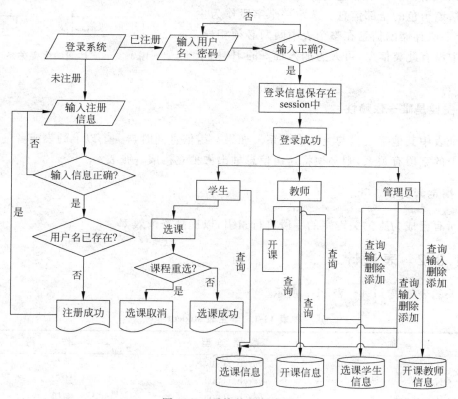

图 11-6　系统的业务流程

11.3 数据库设计

开发系统涉及数据库时,其运行效率、冗余程度、可靠性、稳定性等评价指标除了与上层的代码有关外,更多地会受到底层数据库效率的影响。因此,一个好的数据库设计(至少是规范的)能够让你的系统更顺畅、更稳定。然而,设计一个规范的数据库需要一定的计算机专业知识,如范式、关系代数等。在这里不会连篇累牍地罗列出相关理论知识,而只是以一种更容易被接受的、说明书式的形式来介绍如何去设计一个比较规范的数据库。

11.3.1 设计思路

1. 确定实体间的关系(E-R图)

首先确定各个实体之间的相互关系,这是设计好一个数据库的基础。本系统中实体间的主要关系如图 11-7 所示。

2. 将实体和关系转化为表

将各个角色的所有信息分别放在独立的表中,其中包括该角色的全部信息。选定一个字段作为主键,这个字段存储的信息在整个表中两两必须相异。如果表中没有此类信息,可人为加入唯一的 ID 用于标志。

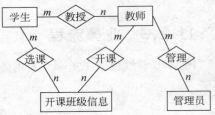

图 11-7 实体间的主要关系

3. 主健是唯一依赖性

保证表中其他字段只与主键有关系。如果一组信息同时与一个以上的表或者一个表中一个以上的字段有关,则必须将这组信息抽出去独立构成一张表。

4. 指定索引

对所有会成为查询关键字的字段进行索引,以提高查询效率。

11.3.2 表设计

相关的表如表 11-1~表 11-9 所示。

表 11-1 学生表 student

名 称	数 据 类 型	作 用
ID	varchar(50)	学号
Name	varchar(50)	姓名
PassWord	varchar(50)	密码

续表

名 称	数 据 类 型	作 用
Sex	char(2)	性别
Department	varchar(50)	院部
Class	varchar(50)	班级
EnrollTime	smalldatetime	入学日期

表 11-2 教师表 teacher

名 称	数 据 类 型	作 用
ID	nvarchar(50)	教师 ID
Name	varchar(50)	姓名
PassWord	varchar(50)	密码
Sex	char(1)	性别
E_mail	varchar(50)	E-mail 地址
Depart	varchar(50)	所属学部
Phone	varchar(50)	电话
Prof	varchar(50)	职称
Intro	text	教师简介

表 11-3 管理员表 admin

名 称	数 据 类 型	作 用
ID	nvarchar(50)	管理员 ID
Name	varchar(50)	姓名
PassWord	varchar(50)	密码
Sex	char(2)	性别
E_mail	varchar(50)	E-mail 地址
Phone	varchar(50)	电话

表 11-4 开课班级信息表 class

名 称	数 据 类 型	作 用
ID	int(4)	开课班级序号
Name	varchar(50)	开课班级名
CourseName	nvarchar(50)	课程名称
TeacherID	nvarchar(50)	教师 ID
Capicity	int	班级允许最多选课人数
StartWeek	int	开始周
EndWeek	int	结束周
SinOrDou	char(1)	单周还是双周
WeekHour	int	每周学时数
Depart	varchar(50)	所属学部
CourseTime	varchar(50)	上课时间
CourseAddress	varchar(50)	上课地点
EndTime	smalldatetime(4)	该班选课结束时间

续表

名称	数据类型	作用
Content	text	课程简介
Unit	varchar(50)	所属实验室
RegTime	datetime	开课时间
IsOver	char(1)	课程是否结课
Allhour	int	所有学时

表 11-5 学生选课表 select_class

名称	数据类型	作用
StudentID	varchar(50)	学号
ClassID	int(4)	开课班级序号

表 11-6 教师开设课程截止时间表 date

名称	数据类型	作用
KaiOverTime	varchar(50)	教师开设课程截止时间

表 11-7 学部信息表 depart

名称	数据类型	作用
departID	varchar(50)	学部号
departName	varchar(50)	学部名称

表 11-8 教师副表 teacherWait

名称	数据类型	作用
ID	nvarchar(50)	教师 ID
Name	varchar(50)	姓名
PassWord	varchar(50)	密码
Sex	char(1)	性别
E_mail	varchar(50)	E_mail 地址
Depart	varchar(50)	所属学部
Phone	varchar(50)	电话
Prof	varchar(50)	职称
Intro	text	教师简介

表 11-9 实验室信息表 lab

名称	数据类型	作用
labID	varchar(50)	实验室号
Unit	varchar(100)	实验室名称

11.3.3 表关系图

表关系如图 11-8 所示。

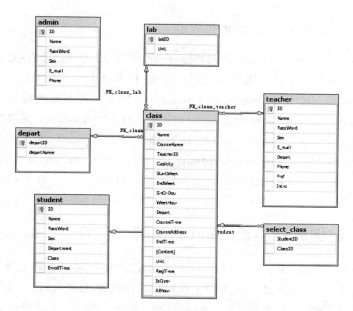

图 11-8　表关系图

11.4　逻辑层的设计与实现

11.4.1　逻辑层包结构设计

这一节将介绍如何在逻辑层进行编程，通过 JDBC 来对数据库进行操作。建议读者对 JDBC(java.sql.*包)有一定了解，因为本节着重于说明如何使用一些高级技巧(如事务处理、异常)来保证数据的完整性，而不会过多介绍 JDBC 的一些基本类和方法。

1．choosecourse 包概述

整个逻辑层封装在 choosecourse 包中。

2．choosecourse.db 包概述

choosecourse.db 包封装了整个网站用于完成基础功能的类，如数据库连接、日志记录等。

- choosecourse.db.Util：辅助类，用于完成一些 ASP 中常用的功能，如字符集的转换。
- choosecourse.db.InitServlet：初始化整个 Servlet 环境。
- choosecourse.db.DBConnectionManager：与数据库建立连接，返回 Connection 对象。
- db.properties：主要用来配置 JDBC 驱动和连接池的属性文件。
- choosecourse.db.Debug：记录日志，将信息写入指定的日志文件中。

3. choosecourse.db.dboperation 包概述

choosecourse.db.dboperatinn 包封装了所有与用户角色有关的模型。其中 DBOperation 类是一个抽象类,用于建立用户模型,供具体角色类继承。

- choosecourse.db.dboperation.DBOperation:建立用户的抽象模型,供子类继承。
- choosecourse.db.dboperatinn.Student:继承自 DBOperation,定义学生模型。
- choosecourse.db.dboperation.Teacher:继承自 DBOperation,定义教师模型。
- choosecourse.dh.dboperation.Admin:继承自 DBOperation,定义管理员模型。
- choosecourse.db.dboperation.InvalidUserException:继承自 Exception,用以封装一个表示"非法用户名"的异常。

11.4.2 数据库连接池 Bean 的编写

这是一个公共类 DBConnectionManager.java,其他类如果要连接数据库,只需要构造这个类的对象就可以了,但是这个类用到了设计模式中的单态模式,该类在内存中仅仅存在一个实例,它的构造函数是私有的,无法通过 new() 来创建它,但可以通过它的另一个方法 getInstance() 来获得该类的实例。代码如下:

```java
package choosecourse.db;
//数据库连接池的实现
import java.io.*;
import java.sql.*;
import java.util.*;
import java.util.Date;
/** 连接池
 * 管理类 DBConnectionManager 支持对一个或多个由属性文件定义的数据库连接
 * 池的访问.客户程序可以调用 getInstance() 方法访问本类的唯一实例.
 */
public class DBConnectionManager {
  static private DBConnectionManager instance;        //唯一实例
  static private int clients;
  private Vector drivers = new Vector();
  private PrintWriter log;
  private Hashtable pools = new Hashtable();
  /**
   * 返回唯一实例.如果是第一次调用此方法,则创建实例
   *
   * @return DBConnectionManager 唯一实例
   */
  static synchronized public DBConnectionManager getInstance() {
    if( instance == null) {
      instance = new DBConnectionManager();
    }
    clients++;
    return instance;
  }
```

```java
/**
 * 建构私有函数以防止其他对象创建本类实例
 */
private DBConnectionManager() {
    init();
}
/**
 * 将连接对象返回给由名字指定的连接池
 *
 * @param name 在属性文件中定义的连接池名称
 * @param con 连接对象
 */
public void freeConnection(String name, Connection con) {
    DBConnectionPool pool = (DBConnectionPool) pools.get(name);
    if(pool != null) {
        pool.freeConnection(con);
    }
}
/**
 * 获得一个可用的(空闲的)连接.如果没有可用连接,且已有连接数小于最大连接数
 * 限制,则创建并返回新连接
 *
 * @param name 在属性文件中定义的连接池名称
 * @return Connection 可用连接或null
 */
public Connection getConnection(String name) {
    DBConnectionPool pool = (DBConnectionPool) pools.get(name);
    if(pool != null) {
        return pool.getConnection();
    }
    return null;
}
/**
 * 获得一个可用连接.若没有可用连接,且已有连接数小于最大连接数限制,
 * 则创建并返回新连接.否则,在指定的时间内等待其他线程释放连接.
 *
 * @param name 连接池名称
 * @param time 以毫秒计的等待时间
 * @return Connection 可用连接或null
 */
public Connection getConnection(String name, long time) {
    DBConnectionPool pool = (DBConnectionPool) pools.get(name);
    if(pool != null) {
        return pool.getConnection(time);
    }
    return null;
}
/**
 * 关闭所有连接,撤销驱动程序的注册
 */
public synchronized void release() {
```

```java
        //等待直到最后一个客户程序调用
        if( -- clients != 0) {
          return;
        }
        Enumeration allPools = pools.elements();
        while(allPools.hasMoreElements()) {
          DBConnectionPool pool = (DBConnectionPool) allPools.nextElement();
          pool.release();
        }
        Enumeration allDrivers = drivers.elements();
        while(allDrivers.hasMoreElements()) {
          Driver driver = (Driver) allDrivers.nextElement();
          try {
            DriverManager.deregisterDriver(driver);
            log("撤销 JDBC 驱动程序 " + driver.getClass().getName()+"的注册");
          }
          catch(SQLException e) {
            log(e, "无法撤销下列 JDBC 驱动程序的注册: " + driver.getClass().getName());
          }
        }
      }
      /**
       * 根据指定属性创建连接池实例.
       *
       * @param props 连接池属性
       */
      private void createPools(Properties props) {
        Enumeration propNames = props.propertyNames();
        while(propNames.hasMoreElements()) {
          String name = (String) propNames.nextElement();
          if(name.endsWith(".url")) {
            String poolName = name.substring(0, name.lastIndexOf("."));
            String url = props.getProperty(poolName + ".url");
            if(url == null) {
              log("没有为连接池" + poolName + "指定 URL");
              continue;
            }
            String user = props.getProperty(poolName + ".user");
            String password = props.getProperty(poolName + ".password");
            String maxconn = props.getProperty(poolName + ".maxconn", "0");
            int max;
            try {
              max = Integer.valueOf(maxconn).intValue();
            }
            catch(NumberFormatException e) {
              log("错误的最大连接数限制: " + maxconn + " .连接池: " + poolName);
              max = 0;
            }
            DBConnectionPool pool =
                new DBConnectionPool(poolName, url, user, password, max);
            pools.put(poolName, pool);
```

```java
      log("成功创建连接池" + poolName);
    }
  }
}
/**
 * 读取属性完成初始化
 */
private void init() {
  InputStream is = getClass().getResourceAsStream("db.properties");
  Properties dbProps = new Properties();
  try {
    dbProps.load(is);
  }
  catch(Exception e) {
    System.err.println("不能读取属性文件. " +
              "请确保db.properties在CLASSPATH指定的路径中");
    return;
  }
  String logFile = dbProps.getProperty("logfile", "DBConnectionManager.log");
  try {
    log = new PrintWriter(new FileWriter(logFile, true), true);
  }
  catch(IOException e) {
    System.err.println("无法打开日志文件: " + logFile);
    log = new PrintWriter(System.err);
  }
  loadDrivers(dbProps);
  createPools(dbProps);
}
/**
 * 加载和注册所有JDBC驱动程序
 *
 * @param props 属性
 */
private void loadDrivers(Properties props) {
  String driverClasses = props.getProperty("drivers");
  StringTokenizer st = new StringTokenizer(driverClasses);
  while(st.hasMoreElements()) {
    String driverClassName = st.nextToken().trim();
    try {
      Driver driver = (Driver)
Class.forName(driverClassName).newInstance();
      DriverManager.registerDriver(driver);
      drivers.addElement(driver);
      log("成功注册JDBC驱动程序" + driverClassName);
    }
    catch(Exception e) {
      log("无法注册JDBC驱动程序:" +
          driverClassName + ",错误:" + e);
    }
  }
}
```

```java
    }
    /**
     * 将文本信息写入日志文件
     */
    private void log(String msg) {
        log.println(new Date() + ": " + msg);
    }
    /**
     * 将文本信息与异常写入日志文件
     */
    private void log(Throwable e, String msg) {
        log.println(new Date() + ": " + msg);
        e.printStackTrace(log);
    }
    /**
     * 此内部类定义了一个连接池.它能够根据要求创建新连接,直到预定的
     * 最大连接数为止.在返回连接给客户程序之前,它能够验证连接的有效性.
     */
    class DBConnectionPool {
        private int checkedOut;
        private Vector freeConnections = new Vector();
        private int maxConn;
        private String name;
        private String password;
        private String URL;
        private String user;
        /**
         * 创建新的连接池
         *
         * @param name 连接池名字
         * @param URL 数据库的 JDBC URL
         * @param user 数据库账号,或 null
         * @param password 密码,或 null
         * @param maxConn 此连接池允许建立的最大连接数
         */
        public DBConnectionPool(String name, String URL, String user, String password, int maxConn)
        {
            this.name = name;
            this.URL = URL;
            this.user = user;
            this.password = password;
            this.maxConn = maxConn;
        }
        /**
         * 将不再使用的连接返回给连接池
         *
         * @param con 客户程序释放的连接
         */
        public synchronized void freeConnection(Connection con) {
            //将指定连接加入到向量末尾
            freeConnections.addElement(con);
```

```java
      checkedOut -- ;
      notifyAll();
  }
  /**
   * 从连接池获得一个可用连接.如没有空闲的连接且当前连接数小于最大连接
   * 数限制,则创建新连接.如原来登记为可用的连接不再有效,则从向量删除之,
   * 然后递归调用自己以尝试新的可用连接.
   */
  public synchronized Connection getConnection() {
    Connection con = null;
    if(freeConnections.size() > 0) {
    //获取向量中第一个可用连接
      con = (Connection) freeConnections.firstElement();
      freeConnections.removeElementAt(0);
      try {
        if(con.isClosed()) {
          log("从连接池" + name + "删除一个无效连接");
          //递归调用自己,尝试再次获取可用连接
          con = getConnection();
        }
      }
      catch(SQLException e) {
        log("从连接池" + name + "删除一个无效连接");
        //递归调用自己,尝试再次获取可用连接
        con = getConnection();
      }
    }
    else if(maxConn == 0 || checkedOut < maxConn) {
      con = newConnection();
    }
    if(con != null) {
      checkedOut++;
    }
    return con;
  }
  /**
   * 从连接池获取可用连接.可以指定客户程序能够等待的最长时间
   * 参见前一个getConnection()方法.
   *
   * @param timeout 以毫秒计的等待时间限制
   */
  public synchronized Connection getConnection(long timeout) {
    long startTime = new Date().getTime();
    Connection con;
    while((con = getConnection()) == null) {
      try {
        wait(timeout);
      }
      catch(InterruptedException e) {}
      if((new Date().getTime() - startTime) >= timeout) {
        //wait()返回的原因是超时
```

```java
        return null;
      }
    }
    return con;
  }
  /**
   * 关闭所有连接
   */
  public synchronized void release() {
    Enumeration allConnections = freeConnections.elements();
    while(allConnections.hasMoreElements()) {
      Connection con = (Connection) allConnections.nextElement();
      try {
        con.close();
        log("关闭连接池" + name + "中的一个连接");
      }
      catch(SQLException e) {
        log(e, "无法关闭连接池" + name + "中的连接");
      }
    }
    freeConnections.removeAllElements();
  }
  /**
   * 创建新的连接
   */
  private Connection newConnection() {
    Connection con = null;
    try {
      if(user == null) {
        con = DriverManager.getConnection(URL);
      }
      else {
        con = DriverManager.getConnection(URL, user, password);
      }
      log("连接池" + name + "创建一个新的连接");
    }
    catch(SQLException e) {
      log(e, "无法创建下列 URL 的连接：" + URL);
      return null;
    }
    return con;
  }
}
```

11.4.3 记录日志的 Debug 类

代码如下：

```java
package choosecourse.db;
import java.io.*;
import java.util.Date;
import java.text.SimpleDateFormat;

/**
 * 本类用于将网站运行时遇到的异常信息记录到文件中
 */
public final class Debug{
    private static Debug instance = null;
    private static SimpleDateFormat dateFormat = null;
    private static FileOutputStream fos = null;
    private Debug(){
    }
    /**
     * 初始化 Debug 对象
     * 参数:
     * path - 日志文件存储路径
     * 返回值 - Debug 单例对象
     */
    static synchronized Debug init(String path){
        String file = "";
        String fullPath = "";
        if(instance == null){
            instance = new Debug();
            dateFormat = new SimpleDateFormat("yyyy-MM-dd HH:mm:ss");
            file = "" + (new SimpleDateFormat("yyyy-MM-dd"))
                        .format(new Date()) + ".log";
            try{
                fullPath = path + "\\" + file;
                fos = new FileOutputStream(fullPath, true);
            }
            catch(IOException ioe){
                System.err.println("Cannot open file " + file + "," + fullPath);
            }
        }
        return instance;
    }
    /**
     * 将信息记入日志文件
     * 参数:
     * msg - 信息
     */
    public static synchronized void log(String msg){
        String s2 = dateFormat.format(new Date()) + " " + msg + "\r\n";
                                        //只有这样才能正确换行
        if(instance != null)
            instance.writeFile(s2);
        else
            System.err.println(s2);
```

```java
        }
        /**
         *将信息记入日志文件,供 log(String msg)调用
         */
        private String writeFile(String msg){
            if(fos == null){
                return "Log file cannot be opened";
            }
            try{
                fos.write(msg.getBytes());
                fos.flush();
            }
            catch(IOException ex){
                return ex.getMessage();
            }
            return null;
        }
        /**
         *生成格式化异常信息
         *
         *参数:
         * e-异常
         *
         *返回值-格式化后的异常信息
         */
        public static String getExceptionMsg(Exception e){
            StackTraceElement ste = e.getStackTrace()[0];
            String msg = ste.getClassName() + "." + ste.getMethodName() + "() Ln " + ste.getLineNumber() + ":   " + e.getMessage();

            return msg;
        }
    }
```

11.4.4 初始化 Servlet 的 InitServlet 类

代码如下:

```java
package choosecourse.db;
import javax.servlet.*;
import javax.servlet.http.*;
/**
 *本类用于初始化 Servlet
 *
 */
public class InitServlet extends HttpServlet{
    /**
     *该方法从 HttpServlet 类继承,在初始化 Servlet 时会自动调用
```

```java
     */
    public void init()
            throws ServletException{
        String logPath = getServletContext().getRealPath("/log/");
        Debug.init(logPath);
        Debug.log("Server started.");
    }
    /**
     * 该方法从 HttpServlet 类继承,销毁 Servlet 对象时会自动调用
     */
    public void destroy(){
        Debug.log("Server shutted down.");
    }
}
```

11.4.5 抽象用户模型 DBOperation 类

代码如下:

```java
package choosecourse.db.dboperation;
import java.sql.*;
import choosecourse.db.*;

/**
 * 抽象类,用以封装子类需要用到的数据库操作对象和方法
 */
abstract class DBOperation{
    protected DBConnectionManager db;
    protected Connection con = null;
    protected ResultSet rs = null;
    protected ResultSet result = null;
    protected Statement st = null;
    protected String strSQL;
    protected String id;
    /**
     * 构造器
     *
     * 参数:
     * id - 用户 ID
     */
    protected DBOperation(String id)throws InvalidUserException{
        //利用连接池连接数据库
        this.db = DBConnectionManager.getInstance();
        this.con = this.db.getConnection("idb");
        this.id = id;
        this.result = null;
        try{
            this.checkUser(id);
```

```java
        }
        catch(InvalidUserException iue){
            throw iue;
        }
    }
    /**
     * 返回数据集
     *
     * 返回值 - 数据集对象
     */
    public ResultSet getResultSet(){
        return result;
    }
    /**
     * 用户登录,需要子类实现
     *
     * 参数:
     * password - 密码
     *
     * 返回值 - 操作结果代码
     */
    protected abstract int login(String password);
    /**
     * 释放数据库资源<p>
     * PreparedStatement 和 ResultSet 将关闭,Connection 返回给连接池
     * @param     无
     * @repurn    无
     * @exception  SQLException
     *
     */
    public void freeCon(){
      try {
        if(this.rs!= null)
          this.rs.close() ;
        if(this.st!= null)
          this.st.close() ;
      }
      catch(SQLException ex) {
        Debug.log(Debug.getExceptionMsg(ex));
      }
      if(this.db!= null)
        this.db.freeConnection("idb",con) ;
    }
    /**
     * 查询用户名的合法性,需要子类实现
     *
     * 参数:
     * id - 用户标识符
     */
    protected abstract void checkUser(String id)
              throws InvalidUserException;
}
```

11.4.6 学生 Student 类

代码如下：

```java
package choosecourse.db.dboperation;
import java.sql.*;
import choosecourse.db.*;
import java.util.*;
import java.text.*;
/**
 * 本类从 DBOperation 抽象类继承,用于封装管理员角色
 */

public class Student extends DBOperation{
/**
 * 构造器
 *
 * 参数:
 * id-管理员用户名
 */
public Student(String id) throws InvalidUserException
{
    super(id);
}


/**
 * 学生登录
 *
 * 参数:
 * password-密码
 *
 * 返回值-执行结果代码:
 * 1-登录成功
 * 0-抛出一般异常
 * -1-抛出数据库异常
 * -2-登录失败
 */
public int login(String password){
    int res = 0;
    //conn = DBConnection.getConnection();
    try{
        strSQL = "SELECT ID,PassWord FROM student WHERE ID = '" + this.id +
                 "' AND PassWord = '" + password + "'";
        st = con.createStatement();
        rs = st.executeQuery(strSQL);
        if(!rs.next())
            throw new IllegalAccessException("Password invalid.");
        res = 1;
        Debug.log("Student '" + this.id + "' logged in.");
```

```java
            }
            catch(SQLException sqle){
                Debug.log(Debug.getExceptionMsg(sqle));
                con.rollback();
                res = -1;
            }
            catch(IllegalAccessException iae){
                Debug.log(Debug.getExceptionMsg(iae));
                res = -2;
            }
            catch(Exception e){
                res = 0;
            }
            finally{
                return res;
            }
    }
    /**
     * 修改密码
     *
     * 返回值 - 执行结果代码:
     * 1 - 修改成功
     * 0 - 抛出一般异常
     * -1 - 抛出数据库异常
     * -2 - 密码输入不正确,账户不存在
     */
    public synchronized int editPassWord(String oldPassword,String newPassword){
        int res = 0;
        strSQL = "SELECT ID FROM student WHERE ID = '" + this.id + "' AND PassWord = '" + oldPassword + "'";
        try{
            st = con.createStatement();
            rs = st.executeQuery(strSQL);
            if(!rs.next())
                throw new IllegalArgumentException("Student " + this.id + " does not exist or Password does not correct.");
            st = con.createStatement();
            //从 student 中修改密码
            strSQL = "update student set PassWord = '" + newPassword + "' where ID = '" + this.id + "'";
            st.executeUpdate(strSQL);
            res = 1;
        }
        catch(IllegalArgumentException iae){
            res = -2;
            Debug.log(Debug.getExceptionMsg(iae));
        }
        catch(SQLException sqle){
            res = -1;
            con.rollback();
            Debug.log(Debug.getExceptionMsg(sqle));
```

```java
        }
        catch(Exception e){
            res = 0;
            Debug.log(Debug.getExceptionMsg(e));
        }
        finally{
            return res;
        }
    }
    /**
     * 学生选课
     *
     * 参数:
     * classid - 开课班级 ID
     * 返回值 - 执行结果代码:
     * 1 - 操作成功
     * 0 - 抛出一般异常
     * -1 - 抛出数据库异常
     * -2 - 学生已经选择此门课程
     * -3 - 选课时间段已过,不能进行选课
     * -4 - 课程人数已满
     */
    public synchronized int selectClass(String classid)
    {
        int res = 0;
        String endtime = "";                              //限选时间
        int stunum = 0;                                   //class 表中限选人数
        int currenttotal = 0;                             //目前选课人数
        try{
            //1.判断当前时间>限选时间时,表示选课时间段已过,不能进行选课,可个人到教师处修改
            strSQL = "SELECT ID, Name, CourseName, TeacherID, Capicity, StartWeek, EndWeek, SinOrDou, WeekHour, CourseTime, CourseAddress, EndTime, Content, Unit, RegTime "
                + "FROM class where ID = '" + classid + "' and IsOver = '0' ORDER BY IDASC";
            st = con.createStatement();
            rs = st.executeQuery(strSQL);
            while(rs.next())
            {
                stunum = rs.getInt("Capicity");
                endtime = rs.getString("EndTime");
                endtime = endtime + " 00:00:00";
                //System.out.println(endtime + "," + stunum);
            }
            SimpleDateFormat formatter = new SimpleDateFormat("yyyy-MM-dd HH:mm:ss");

            ParsePosition pos = new ParsePosition(0);
            java.util.Date dt1 = formatter.parse(endtime, pos);
            long l = dt1.getTime() - new java.util.Date().getTime();
            //System.out.println(l);
            if(l<0)//判断当前时间>限选时间
            {
```

```java
            res = -3;
            return res;
        }
        //2.判断学生是否已经选择此班
        strSQL = "select StudentID from select_class where StudentID='" +
            this.id + "' and ClassID=" + Integer.parseInt(classid);
        st = con.createStatement();
        rs = st.executeQuery(strSQL);
        if(rs.next())
            throw new IllegalArgumentException("学生已经选择此班");
        //3.判断当前的人数<实验的限选的人数,则
        strSQL = "select COUNT(*) AS num from select_class where ClassID=" + Integer.parseInt(classid);
        st = con.createStatement();
        rs = st.executeQuery(strSQL);
        while(rs.next())
        {
           currenttotal = rs.getInt("num");
           //System.out.println(currenttotal);
        }
        if(currenttotal == stunum)
        {
           res = -4;
           return res;
        }
        //4.插入选课表
        strSQL = "INSERT INTO select_class(StudentID,ClassID) VALUES ('" +
            this.id + "'," + Integer.parseInt(classid) + ")";
        st = con.createStatement();
        st.execute(strSQL);
        res = 1;
    }
    catch(SQLException sqle){
        Debug.log(Debug.getExceptionMsg(sqle));
        con.rollback();
        res = -1;
    }
    catch(IllegalArgumentException iae){
        Debug.log(Debug.getExceptionMsg(iae));
        res = -2;
    }
    catch(Exception e){
        res = 0;
    }
    finally{
        return res;
    }
}

/**
 *学生删除自己选课信息
```

```java
     *
     * 参数:
     * id - 班级 ID
     *
     * 返回值 - 执行结果代码:
     * 1 - 操作成功
     * 0 - 抛出一般异常
     * -1 - 抛出数据库异常
     * -2 - 学生不存在
     * -3 - 选课时间已过,也就是退课时间已过
     */
    public synchronized int removePersonClass(String ClassID)
    {
        int res = 0;
        String endtime = "";
        try{
            //1.判断当前时间>限选时间时,表示选课时间段已过,不能进行选课,可个人到教师处修改
            strSQL = "SELECT ID,Name,CourseName,TeacherID,Capicity,StartWeek,EndWeek,SinOrDou,WeekHour,CourseTime,CourseAddress,EndTime,Content,Unit,RegTime "
                + "FROM class where ID = '" + ClassID + "' and IsOver = '0' ORDER BY ID ASC";
            st = con.createStatement();
            rs = st.executeQuery(strSQL);
            while(rs.next())
            {
                endtime = rs.getString("EndTime");
                endtime = endtime + " 00:00:00";
            }
            SimpleDateFormat formatter = new SimpleDateFormat ("yyyy-MM-dd HH:mm:ss");

            ParsePosition pos = new ParsePosition(0);
            java.util.Date dt1 = formatter.parse(endtime,pos);
            long l = dt1.getTime() - new java.util.Date().getTime();
            if(l<0)//判断当前时间>限选时间
            {
                res = -3;
                return res;
            }
            //2.判断学生是否选择此课
            strSQL = "SELECT StudentID FROM select_class WHERE StudentID = '" + this.id + "' and ClassID = " + Integer.parseInt(ClassID);

            st = con.createStatement();
            rs = st.executeQuery(strSQL);
            if(!rs.next())
                throw new IllegalArgumentException("学生没选此课");

            st = con.createStatement();
            //3.从 select_class 表中删除
            strSQL = "DELETE FROM select_class WHERE StudentID = '" + this.id + "' and ClassID = " + Integer.parseInt(ClassID);
            st.execute(strSQL);
```

```java
                res = 1;
            }
            catch(IllegalArgumentException iae){
                res = -2;
                Debug.log(Debug.getExceptionMsg(iae));
            }
            catch(SQLException sqle){
                res = -1;
                con.rollback();
                Debug.log(Debug.getExceptionMsg(sqle));
            }
            catch(Exception e){
                res = 0;
                Debug.log(Debug.getExceptionMsg(e));
            }
            finally{
                return res;
            }
        }
    /**
    * 获取所有开课班级信息
    *
    * 返回值-执行结果代码:
    * 1-查询成功
    * 0-抛出一般异常
    * -1-抛出数据库异常
    * -2-开课班级信息不存在
    */
    public int getAllClass(){
        int res = 0;
        //为配合分页功能,第一步:ORDER BY ID ASC,以升序的方式进行排序
        strSQL = "SELECT class.ID,class.Name,class.CourseName,teacher.Name,class.Capicity,"
            + " class.StartWeek, class.EndWeek, class.SinOrDou, class.WeekHour, depart.departName,"
            + "class.CourseTime, class.CourseAddress, class.EndTime, lab.Unit, class.RegTime, class.Allhour "
            + "FROM class "
            + "JOIN teacher ON class.TeacherID = teacher.ID "
            + "JOIN depart ON class.depart = depart.departID "
            + "JOIN lab ON class.Unit = lab.labID "
            + "where class.IsOver = '0' "
            + "ORDER BY class.ID ASC";
        try{
            //分页功能,第二步:只有这样,才能用 rs.last(),re.first()等,下几步在
            //getAllClass.jsp 中
            st = con.createStatement(ResultSet.TYPE_SCROLL_SENSITIVE,ResultSet.CONCUR_UPDATABLE);
            rs = st.executeQuery(strSQL);
            if(!rs.next())
                throw new IllegalArgumentException("暂时没有开课班级信息");
            result = rs;
```

```java
                res = 1;
            }
            catch(SQLException sqle){
                res = -1;
                con.rollback();
                Debug.log(Debug.getExceptionMsg(sqle));
            }
            catch(IllegalArgumentException iae){
                res = -2;
                Debug.log(Debug.getExceptionMsg(iae));
            }
            catch(Exception e){
                res = 0;
            }
            finally{
                return res;
            }
    }

    /**
     * 获取某开课班信息
     *
     * 返回值-执行结果代码:
     * 1-查询成功
     * 0-抛出一般异常
     * -1-抛出数据库异常
     */
    public synchronized int getClassInfo(String id){
        int res = 0;
        //ORDER BY ID ASC,以升序的方式进行排序
        strSQL = "SELECT class.ID,class.Name,class.CourseName,teacher.Name,class.Capicity,"
    + "class.StartWeek,class.EndWeek,class.SinOrDou,class.WeekHour,depart.departName,"
    + " class.CourseTime,class.CourseAddress,class.EndTime,class.Content,lab.Unit,class.RegTime,class.Allhour "
            + "FROM class "
            + "JOIN teacher ON class.TeacherID = teacher.ID "
            + "JOIN depart ON class.depart = depart.departID "
            + "JOIN lab ON class.Unit = lab.labID "
            + "where class.ID = '" + id
            + "' ORDER BY class.ID ASC";
        try{
            //只有这样,才能用rs.last(),re.first()等
            st = con.createStatement(ResultSet.TYPE_SCROLL_SENSITIVE,ResultSet.CONCUR_UPDATABLE);
            rs = st.executeQuery(strSQL);
            if(!rs.next())
                throw new IllegalArgumentException("不存在此开课班级");
            result = rs;
            res = 1;
        }
        catch(SQLException sqle){
            res = -1;
```

```java
                con.rollback();
                Debug.log(Debug.getExceptionMsg(sqle));
        }
        catch(Exception e){
                res = 0;
                Debug.log(Debug.getExceptionMsg(e));
        }
        finally{
                return res;
        }
}

/**
 * 获取查询的开课班级信息
 *
 * 返回值 - 执行结果代码:
 * 1 - 查询成功
 * 0 - 抛出一般异常
 * -1 - 抛出数据库异常
 * -2 - 开课班级信息不存在
 */
public int getClass(String sql){
        int res = 0;
        //为配合分页功能,第一步:ORDER BY ID ASC,以升序的方式进行排序
        strSQL = "SELECT class.ID,class.Name,class.CourseName,teacher.Name,class.Capicity,"
                + "class.StartWeek,class.EndWeek,class.SinOrDou,class.WeekHour,depart.departName,"
                + "class.CourseTime,class.CourseAddress,class.EndTime,lab.Unit,class.RegTime,class.Allhour"
                + "FROM class "
                + "JOIN teacher ON class.TeacherID = teacher.ID "
                + "JOIN depart ON class.depart = depart.departID "
                + "JOIN lab ON class.Unit = lab.labID "
                + sql + " ORDER BY class.ID ASC";

        try{
                //分页功能,第二步:只有这样,才能用rs.last(),re.first()等,下几步在
                //getClassInfo.jsp 中
st = con.createStatement(ResultSet.TYPE_SCROLL_SENSITIVE,ResultSet.CONCUR_UPDATABLE);
                rs = st.executeQuery(strSQL);
                if(!rs.next())
                        throw new IllegalArgumentException("暂时没有开课班级信息");
                result = rs;
                res = 1;
        }
        catch(SQLException sqle){
                res = -1;
                con.rollback();
                Debug.log(Debug.getExceptionMsg(sqle));
        }
        catch(IllegalArgumentException iae){
                res = -2;
                Debug.log(Debug.getExceptionMsg(iae));
```

```java
        }
        catch(Exception e){
            res = 0;
        }
        finally{
            return res;
        }
    }

    /**
     * 获取某一位教师的账户信息
     *
     * 返回值-执行结果代码:
     * 1 - 查询成功
     * 0 - 抛出一般异常
     * -1 - 抛出数据库异常
     * -2 - 当前教师信息不存在
     */
    public synchronized int getOneTeacher(String id){
        int res = 0;
        strSQL = "SELECT teacher.ID,teacher.NAME,teacher.Sex,teacher.E_mail,teacher.Depart,teacher.Phone,teacher.Prof,teacher.Intro "
                + "FROM teacher JOIN class ON teacher.ID = class.TeacherID where class.ID = '" + id + "' ORDER BY teacher.ID ASC";
        try{
            st = con.createStatement();
            rs = st.executeQuery(strSQL);
            if(!rs.next())
                throw new IllegalArgumentException("当前教师信息不存在");
            result = rs;
            res = 1;
        }
        catch(SQLException sqle){
            res = -1;
            con.rollback();
            Debug.log(Debug.getExceptionMsg(sqle));
        }
        catch(Exception e){
            res = 0;
            Debug.log(Debug.getExceptionMsg(e));
        }
        finally{
            return res;
        }
    }

    /**
     * 获取个人开课班级信息,提交表单的时候
     *
     * 返回值-执行结果代码:
     * 1 - 查询成功
```

* 0-抛出一般异常
 * -1-抛出数据库异常
 * -2-开课班级信息不存在
 */
public int getPersonClass(String classlist){
    int res = 0;
    //为配合分页功能,第一步：ORDER BY ID ASC,以升序的方式进行排序
    strSQL = " SELECT ID, Name, CourseName, TeacherID, Capicity, StartWeek, EndWeek, SinOrDou, WeekHour,CourseTime,CourseAddress,EndTime,Unit "
        + "FROM class where ID in (" + classlist + ")ORDER BY ID ASC";
    try{
        //分页功能,第二步：只有这样,才能用rs.last(),re.first()等,下几步在
        //getAllClass.jsp 中
        st = con.createStatement(ResultSet.TYPE_SCROLL_SENSITIVE,ResultSet.CONCUR_UPDATABLE);
        rs = st.executeQuery(strSQL);
        if(!rs.next())
            throw new IllegalArgumentException("您暂时没有选择开课班级");
        result = rs;
        res = 1;
    }
    catch(SQLException sqle){
        res = -1;
        con.rollback();
        Debug.log(Debug.getExceptionMsg(sqle));
    }
    catch(IllegalArgumentException iae){
        res = -2;
        Debug.log(Debug.getExceptionMsg(iae));
    }
    catch(Exception e){
        res = 0;
    }
    finally{
        return res;
    }
}

/**
 * 获取个人开课班级信息
 *
 * 返回值-执行结果代码：
 * 1-查询成功
 * 0-抛出一般异常
 * -1-抛出数据库异常
 * -2-开课班级信息不存在
 */
public int getPersonClassInfo(){
    int res = 0;
    //为配合分页功能,第一步：ORDER BY ID ASC,以升序的方式进行排序
    strSQL = " SELECT class.ID, class.Name, class.CourseName, teacher.Name, class.Capicity, class.StartWeek, class.EndWeek, class.SinOrDou, class.WeekHour, class.CourseTime, class.

```java
        CourseAddress,class.EndTime,class.Unit "
                + "FROM class JOIN select_class ON class.ID = select_class.ClassID "
                + "JOIN teacher ON teacher.ID = class.TeacherID where select_class.StudentID = '
" + this.id + "' ORDER BY class.ID ASC";
    try{
            //分页功能,第二步:只有这样,才能用 rs.last(),re.first()等,下几步在
            //getAllClass.jsp 中
            st = con.createStatement(ResultSet.TYPE_SCROLL_SENSITIVE,ResultSet.CONCUR_UPDATABLE);
            rs = st.executeQuery(strSQL);
            if(!rs.next())
                throw new IllegalArgumentException("您暂时没有选择开课班级信息");
            result = rs;
            res = 1;
    }
    catch(SQLException sqle){
            res = -1;
            con.rollback();
            Debug.log(Debug.getExceptionMsg(sqle));
    }
    catch(IllegalArgumentException iae){
            res = -2;
            Debug.log(Debug.getExceptionMsg(iae));
    }
    catch(Exception e){
            res = 0;
    }
    finally{
            return res;
    }
}


/**
 * 检查用户名是否存在
 *
 * 参数:
 * id - 学生 ID
 */
protected void checkUser(String id)throws InvalidUserException{
    strSQL = "SELECT ID FROM student WHERE ID = '" + id + "'";
    try{
        st = con.createStatement();
        rs = st.executeQuery(strSQL);
        if(!rs.next())
            throw new InvalidUserException();
        }
        catch(SQLException sqle){
            Debug.log(Debug.getExceptionMsg(sqle));
        }
    }
}
```

11.4.7 教师 Teacher 类

代码如下：

```java
package choosecourse.db.dboperation;
import java.sql.*;
import choosecourse.db.*;
import jxl.*;
import jxl.format.UnderlineStyle;
import jxl.write.*;
import jxl.write.Number;
import jxl.write.Boolean;
import java.io.*;
import java.util.Vector;
import java.util.*;
import java.text.*;
/**
 * 本类从 DBOperation 抽象类继承,用于封装教师角色
 *
 *
 */
public class Teacher extends DBOperation{
  public static final String NAME = "Name";
  public static final String SECTION = "Section";
  public static final String ANONYMOUS = "anonymous";
/**
 * 构造器
 *
 * 参数:
 * id-教师用户名
 */
public Teacher(String id) throws InvalidUserException
{
    super(id);
}
/**
 * 教师登录
 *
 * 参数:
 * password-密码
 *
 * 返回值-执行结果代码:
 * 1-登录成功
 * 0-抛出一般异常
 * -1-抛出数据库异常
 * -2-登录失败
 */
public int login(String password){
    int res = 0;
```

```java
        try{
            strSQL = "SELECT ID,PassWord FROM teacher WHERE ID = '" + this.id +
                                "' AND PassWord = '" + password + "'";
            st = con.createStatement();
            rs = st.executeQuery(strSQL);
            if(!rs.next())
                throw new IllegalAccessException("Password invalid.");
            res = 1;
            Debug.log("Teacher '" + this.id + "' logged in.");
        }
        catch(SQLException sqle){
            Debug.log(Debug.getExceptionMsg(sqle));
            con.rollback();
            res = -1;
        }
        catch(IllegalAccessException iae){
            Debug.log(Debug.getExceptionMsg(iae));
            res = -2;
        }
        catch(Exception e){
            res = 0;
        }
        finally{
            return res;
        }
}

/**
 * 用户注册
 *
 * 参数:
 * id - 教师 ID
 * name - 姓名
 * password - 密码
 * sex - 性别
 * email - E - mail 地址
 * phone - 联系电话
 * pro - 职称
 * 返回值 - 执行结果代码:
 * 1 - 操作成功
 * 0 - 抛出一般异常
 * -1 - 抛出数据库异常
 * -2 - 教师账户信息已存在
 */
public synchronized int addTeacher(String id,String name,String password,String sex,String
email,String depart,String phone,String pro,String intro)
{
    int res = 0;
    //判断两个表 teacher 和 teacherWait 中是否有此 ID
    int exit = 0;
    try{
```

```java
            strSQL = "select ID from teacherWait where ID = '" + id + "'";
            st = con.createStatement();
            rs = st.executeQuery(strSQL);
            if(rs.next()) exit = 1;
            strSQL = "select ID from teacher where ID = '" + id + "'";
            st = con.createStatement();
            rs = st.executeQuery(strSQL);
            if(rs.next()) exit = 1;
            if(exit == 1)
                throw new IllegalArgumentException("教师 ID '" + id + "' already exists.");
            strSQL = " INSERT INTO teacherWait(ID,Name,PassWord,Sex,E_mail,Depart,Phone,Prof,Intro) VALUES ('" +
                id + "','" + name + "','" + password + "','" + sex + "','" + email + "','" +
                depart + "','" + phone + "','" + pro + "','" + intro + "')";
            st = con.createStatement();
            st.execute(strSQL);
            res = 1;
        }
        catch(SQLException sqle){
            Debug.log(Debug.getExceptionMsg(sqle));
            con.rollback();
            res = -1;
        }
        catch(IllegalArgumentException iae){
            Debug.log(Debug.getExceptionMsg(iae));
            res = -2;
        }
        catch(Exception e){
            res = 0;
        }
        finally{
            return res;
        }
    }
    /**
    * 获取当前教师的账户信息
    *
    * 返回值 - 执行结果代码:
    * 1 - 查询成功
    * 0 - 抛出一般异常
    * -1 - 抛出数据库异常
    * -2 - 当前教师信息不存在
    */
    public synchronized int getTeacherPerson(){
        int res = 0;
        strSQL = "SELECT ID,NAME,Sex,E_mail,Depart,Phone,Prof,Intro FROM teacher where ID = '" + this.id + "'";
        try{
            st = con.createStatement();
            rs = st.executeQuery(strSQL);
            if(!rs.next())
```

```java
                throw new IllegalArgumentException("当前教师信息不存在");
            result = rs;
            res = 1;
        }
        catch(SQLException sqle){
            res = -1;
            con.rollback();
            Debug.log(Debug.getExceptionMsg(sqle));
        }
        catch(Exception e){
            res = 0;
            Debug.log(Debug.getExceptionMsg(e));
        }
        finally{
            return res;
        }
    }
    /**
     * 获取当前教师的账户信息
     *
     * 返回值-执行结果代码:
     * 1-查询成功
     * 0-抛出一般异常
     * -1-抛出数据库异常
     * -2-当前教师信息不存在
     */
    public synchronized int getTeacherInfo(String name){
        int res = 0;
        strSQL = "SELECT ID,NAME,Sex,E_mail,Phone,Prof,Intro FROM teacher where Name = '" + name + "'";
        try{
            st = con.createStatement();
            rs = st.executeQuery(strSQL);
            if(!rs.next())
                throw new IllegalArgumentException("当前教师信息不存在");
            result = rs;
            res = 1;
        }
        catch(SQLException sqle){
            res = -1;
            con.rollback();
            Debug.log(Debug.getExceptionMsg(sqle));
        }
        catch(Exception e){
            res = 0;
            Debug.log(Debug.getExceptionMsg(e));
        }
        finally{
            return res;
        }
    }
}
```

```java
/**
 * 获取某一位教师的账户信息
 *
 * 返回值-执行结果代码:
 * 1-查询成功
 * 0-抛出一般异常
 * -1-抛出数据库异常
 * -2-当前教师信息不存在
 */
public synchronized int getOneTeacher(String id){
    int res = 0;
    strSQL = "SELECT teacher.ID,teacher.NAME,teacher.Sex,teacher.E_mail,teacher.Depart,teacher.Phone,teacher.Prof,teacher.Intro "
            + "FROM teacher JOIN class ON teacher.ID = class.TeacherID where class.ID = '" + id + "' ORDER BY teacher.ID ASC";
    try{
        st = con.createStatement();
        rs = st.executeQuery(strSQL);
        if(!rs.next())
            throw new IllegalArgumentException("当前教师信息不存在");
        result = rs;
        res = 1;
    }
    catch(SQLException sqle){
        res = -1;
        con.rollback();
        Debug.log(Debug.getExceptionMsg(sqle));
    }
    catch(Exception e){
        res = 0;
        Debug.log(Debug.getExceptionMsg(e));
    }
    finally{
        return res;
    }
}
/**
 * 更新教师信息
 *
 * 参数:
 * id-教师ID
 * name-姓名
 * sex-性别
 * departmentID-所属学部编号
 * email-E-mail地址
 * phone-联系电话
 * prof-职称
 * 返回值-执行结果代码:
 * 1-操作成功
 * 0-抛出一般异常
 * -1-抛出数据库异常
```

```java
 * -2- 教师账户不合法
 */
public synchronized int updateTeacher(String name,String sex,String email,String depart,
String phone,String prof,String intro)
{
    int res = 0;
    try{
        strSQL = "UPDATE teacher SET  Name = '" + name + "',Sex = '" + sex + "',
Phone = '" + phone + "',E_mail = '" + email + "',Depart = '" + depart + "',Prof = '" + prof + "',
Intro = '" + intro + "' where ID = '"  + this.id + "'";
        st = con.createStatement();
        st.executeUpdate(strSQL);
        res = 1;
    }
    catch(SQLException sqle){
        Debug.log(Debug.getExceptionMsg(sqle));
        con.rollback();
        res = -1;
    }
    catch(IllegalArgumentException iae){
        Debug.log(Debug.getExceptionMsg(iae));
        res = -2;
    }
    catch(Exception e){
        res = 0;
    }
    finally{
        return res;
    }
}
/**
 * 更新教师信息
 *
 * 参数:
 * id- 班级 ID
 * name- 开课班级名称
 * coursename- 课程名称
 * capicity- 班级允许的最多选课人数
 * startweek- 起始周
 * endweek- 终止周
 * sinordouweek- 单双周
 * weekhour- 课时
 * coursetime- 上课时间
 * courseaddress- 上课地点
 * endtime- 选课结束时间
 * 返回值- 执行结果代码:
 * 1- 操作成功
 * 0- 抛出一般异常
 * -1- 抛出数据库异常
 * -2- 班级信息已存在
 */
```

```java
public synchronized int updateClass(String id,String name,String coursename,String capicity,
String startweek, String endweek, String sinordouweek, String weekhour, String depart, String
coursetime,String courseaddress,String content,String unit)
{
    int res = 0;
    try{
        //计算总学时
        int startw = Integer.parseInt(startweek);
        int endw = Integer.parseInt(endweek);
        int allhour = 0;
        if(sinordouweek.equals(String.valueOf('0')))    //单双周
        {
            allhour = (endw - startw + 1) * Integer.parseInt(weekhour);
        }
        if(sinordouweek.equals(String.valueOf('1')))    //单周
        {
            allhour = ((endw - startw + 1)/2 + startw % 2) * Integer.parseInt(weekhour);
        }
        if(sinordouweek.equals(String.valueOf('2')))    //双周
        {
            allhour = ((endw - startw + 1)/2 + (startw - 1) % 2) * Integer.parseInt(weekhour);
        }
        //int iid = Integer.parseInt(id);
        //System.out.println(iid);
        strSQL = "UPDATE class SET Name = '" + name + "',CourseName = '" + coursename + "',
Capicity = " + Integer.parseInt(capicity)
            + ", StartWeek = " + Integer.parseInt(startweek) + ", EndWeek = " + Integer.
parseInt(endweek) + ",SinOrDou = '" + sinordouweek + "',WeekHour = "
            + Integer.parseInt(weekhour) + ", Depart = '" + depart + "', CourseTime = '" +
coursetime + "', CourseAddress = '" + courseaddress
            + "', Content = '" + content + "', Unit = '" + unit + "', Allhour = " + allhour + " where
ID = '" + id + "'";
        //System.out.println(strSQL);
        st = con.createStatement();
        st.executeUpdate(strSQL);
        res = 1;
    }
    catch(SQLException sqle){
        Debug.log(Debug.getExceptionMsg(sqle));
        con.rollback();
        res = -1;
    }
    catch(IllegalArgumentException iae){
        Debug.log(Debug.getExceptionMsg(iae));
        res = -2;
    }
    catch(Exception e){
        res = 0;
    }
    finally{
        return res;
```

        }
    }
    /**
    * 修改密码
    *
    * 返回值-执行结果代码:
    * 1-修改成功
    * 0-抛出一般异常
    * -1-抛出数据库异常
    * -2-密码输入不正确,账户不存在
    */
    public synchronized int editPassWord(String oldPassword,String newPassword){
        int res = 0;
        strSQL = "SELECT ID FROM teacher WHERE ID = '" + this.id + "' AND PassWord = '" + oldPassword + "'";
        try{
            st = con.createStatement();
            rs = st.executeQuery(strSQL);
            if(!rs.next())
                throw new IllegalArgumentException("Teacher " + this.id + " does not exist or Password does not correct.");
            st = con.createStatement();
            //从 admin 中修改密码
            strSQL = "update teacher set PassWord = '" + newPassword + "' where ID = '" + this.id + "'";
            st.executeUpdate(strSQL);
            res = 1;
        }
        catch(IllegalArgumentException iae){
            res = -2;
            Debug.log(Debug.getExceptionMsg(iae));
        }
        catch(SQLException sqle){
            res = -1;
            con.rollback();
            Debug.log(Debug.getExceptionMsg(sqle));
        }
        catch(Exception e){
            res = 0;
            Debug.log(Debug.getExceptionMsg(e));
        }
        finally{
            return res;
        }
    }
    /**
    * 判断教师的开课时间是否已过
    *
    * 返回值-执行结果代码:
    * 1-没过
    * 0-抛出一般异常
    * -1-抛出数据库异常

```java
 *  -2-已经过了
 */
public synchronized int IsKaiOver()
{
    String endtime = "";                                    //限选时间
    int res = 0;
    try{
        //判断开课时间是否已过
        strSQL = "select kaiOverTime from data";
        st = con.createStatement();
        rs = st.executeQuery(strSQL);
        while(rs.next())
        {
            endtime = rs.getString("kaiOverTime");
            endtime = endtime + " 00:00:00";
        }
        SimpleDateFormat formatter = new SimpleDateFormat ("yyyy-MM-dd HH:mm:ss");
        ParsePosition pos = new ParsePosition(0);
        java.util.Date dt1 = formatter.parse(endtime,pos);
        long l = dt1.getTime() - new java.util.Date().getTime();
        //System.out.println(l);
        if(l<0)            //判断当前时间>限选时间时,表示教师的开课时间已过
        {
            throw new IllegalArgumentException("教师开课时间已过");
        }
        res = 1;
    }
    catch(SQLException sqle){
        Debug.log(Debug.getExceptionMsg(sqle));
        con.rollback();
        res = -1;
    }
    catch(IllegalArgumentException iae){
        Debug.log(Debug.getExceptionMsg(iae));
        res = -2;
    }
    catch(Exception e){
        res = 0;
    }
    finally{
        return res;
    }
}

/**
 * 添加 class
 *
 * 参数:
 * id-班级 ID
 * name-开课班级名称
 * coursename-课程名称
```

```
 * capicity - 班级允许的最多选课人数
 * startweek - 起始周
 * endweek - 终止周
 * sinordouweek - 单双周
 * weekhour - 课时
 * coursetime - 上课时间
 * courseaddress - 上课地点
 * endtime - 选课结束时间
 * 返回值 - 执行结果代码:
 * 1 - 操作成功
 * 0 - 抛出一般异常
 * -1 - 抛出数据库异常
 * -2 - 教师账户信息已存在
 * -3 - 教师开课时间已过
 */
public synchronized int addClass(String name, String coursename, String capicity, String startweek,String endweek,
                String sinordouweek,String weekhour,String depart,String coursetime,String courseaddress,
                String content,String unit)
{
    String endtime = "";                              //限选时间
    int res = 0;
    try{
        //1.再判断开课的班级是否存在
        strSQL = "select ID from class where Name = '" + name + "'";
        st = con.createStatement();
        rs = st.executeQuery(strSQL);
        if(rs.next())
            throw new IllegalArgumentException("开课班级 " + name + "' already exists.");
        //2.计算总学时
        int startw = Integer.parseInt(startweek);
        int endw = Integer.parseInt(endweek);
        int allhour = 0;
        if(sinordouweek.equals(String.valueOf('0')))    //单双周
        {
            allhour = (endw - startw + 1) * Integer.parseInt(weekhour);
        }
        if(sinordouweek.equals(String.valueOf('1')))    //单周
        {
            allhour = ((endw - startw + 1)/2 + startw % 2) * Integer.parseInt(weekhour);
        }
        if(sinordouweek.equals(String.valueOf('2')))    //双周
        {
            allhour = ((endw - startw + 1)/2 + (startw - 1) % 2) * Integer.parseInt(weekhour);
        }
        //3.插入纪录
        strSQL = "INSERT INTO class(Name,CourseName,TeacherID,Capicity,StartWeek,EndWeek,SinOrDou,WeekHour,Depart,CourseTime,CourseAddress,Content,Unit,Allhour) VALUES ('" +
name + "','" + coursename + "','" + this.id + "'," + Integer.parseInt(capicity) + "," +
Integer.parseInt(startweek) + ","
```

```java
                    + Integer.parseInt(endweek) + ",'" + sinordouweek + "','" + Integer.parseInt
(weekhour) + ",'" + depart + "','" + coursetime + "','"
                    + courseaddress + "','"  + content + "','"  + unit + "','" + allhour + ")";
            st = con.createStatement();
            st.execute(strSQL);
            res = 1;
        }
        catch(SQLException sqle){
            Debug.log(Debug.getExceptionMsg(sqle));
            con.rollback();
            res = -1;
        }
        catch(IllegalArgumentException iae){
            Debug.log(Debug.getExceptionMsg(iae));
            res = -2;
        }
        catch(Exception e){
            res = 0;
        }
        finally{
            return res;
        }
    }
    /**
    * 增加自己班的学生
    *
    * 参数:
    * stuid - 学生 ID
    * classid - 开课班级 ID
    * 返回值 - 执行结果代码:
    * 1 - 操作成功
    * 0 - 抛出一般异常
    * -1 - 抛出数据库异常
    * -2 - 学生 ID 不存在或学生已经选择此门课???是否能分开判断
    */
    public synchronized int addPersonStudent(String stuid,String classid)
    {
        int res = 0;
        try{
            //判断学生 ID 是否存在
            strSQL = "select ID from student where ID = '" + stuid + "'";
            st = con.createStatement();
            rs = st.executeQuery(strSQL);
            if(!rs.next())
                throw new IllegalArgumentException("学生 ID 不正确");
            //判断学生是否已经选择此班
            strSQL = "select StudentID from select_class where StudentID = '" + stuid + "' and
ClassID = " + Integer.parseInt(classid);
            st = con.createStatement();
            rs = st.executeQuery(strSQL);
            if(rs.next())
```

```java
            throw new IllegalArgumentException("学生已经选择此班");
        //插入选课表
        strSQL = "INSERT INTO select_class(StudentID,ClassID) VALUES ('" + stuid + "','" +
Integer.parseInt(classid) + ")";
        st = con.createStatement();
        st.execute(strSQL);
        res = 1;
    }
    catch(SQLException sqle){
        Debug.log(Debug.getExceptionMsg(sqle));
        con.rollback();
        res = -1;
    }
    catch(IllegalArgumentException iae){
        Debug.log(Debug.getExceptionMsg(iae));
        res = -2;
    }
    catch(Exception e){
        res = 0;
    }
    finally{
        return res;
    }
}
/**
 * 获取自己开课班级信息
 *
 * 返回值 - 执行结果代码:
 * 1 - 查询成功
 * 0 - 抛出一般异常
 * -1 - 抛出数据库异常
 * -2 - 开课班级信息不存在
 */
public int getPersonClass(){
    int res = 0;
    //为配合分页功能,第一步: ORDER BY ID ASC,以升序的方式进行排序
    strSQL = " SELECT ID, Name, CourseName, TeacherID, Capicity, StartWeek, EndWeek, SinOrDou, WeekHour, CourseTime, CourseAddress, EndTime, Unit "
            + "FROM class where TeacherID = '" + this.id + "' ORDER BY ID ASC";
    try{
        //分页功能,第二步:只有这样,才能用 rs.last(),re.first()等,下几步在
        //getPersonClass.jsp 中
        st = con.createStatement(ResultSet.TYPE_SCROLL_SENSITIVE,ResultSet.CONCUR_UPDATABLE);
        rs = st.executeQuery(strSQL);
        if(!rs.next())
            throw new IllegalArgumentException("您没有开课");
        result = rs;
        res = 1;
    }
    catch(SQLException sqle){
        res = -1;
```

```java
            con.rollback();
            Debug.log(Debug.getExceptionMsg(sqle));
        }
        catch(IllegalArgumentException iae){
            res = -2;
            Debug.log(Debug.getExceptionMsg(iae));
        }
        catch(Exception e){
            res = 0;
        }
        finally{
            return res;
        }
    }


    /**
    * 删除开课信息
    *
    * 参数:
    * id - 班级ID
    *
    * 返回值 - 执行结果代码:
    * 1 - 操作成功
    * 0 - 抛出一般异常
    * -1 - 抛出数据库异常
    * -2 - 班级不存在
    */

    public synchronized int removeClass(String id){
        int res = 0;
        strSQL = "SELECT ID FROM class WHERE ID = '" + id + "'";
        try{
            st = con.createStatement();
            rs = st.executeQuery(strSQL);
            if(!rs.next())
                throw new IllegalArgumentException("Class " + id + " does not exist.");
            //con.setAutoCommit(false);                    //事务处理开始
            st = con.createStatement();
            //从 select_class 中删除选择此班的 studentID,classID
            strSQL = "delete  from select_class where ClassID = " + Integer.parseInt(id);
            st.addBatch(strSQL);
            //从 class 表中删除此班级
            strSQL = "DELETE FROM class WHERE ID = " + Integer.parseInt(id);
            st.addBatch(strSQL);
            st.executeBatch();
            //con.commit();
            res = 1;
        }
        catch(IllegalArgumentException iae){
            res = -2;
            Debug.log(Debug.getExceptionMsg(iae));
```

```java
        }
        catch(SQLException sqle){
            res = -1;
            con.rollback();
            Debug.log(Debug.getExceptionMsg(sqle));
        }
        catch(Exception e){
            res = 0;
            Debug.log(Debug.getExceptionMsg(e));
        }
        finally{
            return res;
        }
}
/**
 * 删除学生信息
 *
 * 参数:
 * id - 班级 ID
 *
 * 返回值 - 执行结果代码:
 * 1 - 操作成功
 * 0 - 抛出一般异常
 * -1 - 抛出数据库异常
 * -2 - 学生不存在
 */
public synchronized int removeStudent(String StudentID,String ClassID){
    int res = 0;
    strSQL = "SELECT StudentID FROM select_class WHERE StudentID = '" + StudentID + "' and ClassID = '" + ClassID + "'";
    try{
        st = con.createStatement();
        rs = st.executeQuery(strSQL);
        if(!rs.next())
            throw new IllegalArgumentException("StudentID " + id + " does not exist.");
        st = con.createStatement();
        //从 select_class 表中删除
        strSQL = "DELETE FROM select_class WHERE StudentID = '" + StudentID + "' and ClassID = '" + ClassID + "'";
        st.execute(strSQL);
        res = 1;
    }
    catch(IllegalArgumentException iae){
        res = -2;
        Debug.log(Debug.getExceptionMsg(iae));
    }
    catch(SQLException sqle){
        res = -1;
        con.rollback();
        Debug.log(Debug.getExceptionMsg(sqle));
    }
```

```java
        catch(Exception e){
            res = 0;
            Debug.log(Debug.getExceptionMsg(e));
        }
        finally{
            return res;
        }
    }
    /**
     *获取所有开课班级信息
     *
     *返回值-执行结果代码:
     * 1-查询成功
     * 0-抛出一般异常
     * -1-抛出数据库异常
     * -2-开课班级信息不存在
     */
    public int getAllClass(){
        int res = 0;
        //为配合分页功能,第一步: ORDER BY ID ASC,以升序的方式进行排序
        //strSQL = " SELECT ID, Name, CourseName, TeacherID, Capicity, StartWeek, EndWeek, SinOrDou, WeekHour, CourseTime, CourseAddress, EndTime, Content "
        // + "FROM class   ORDER BY ID ASC";
        strSQL = "SELECT class.ID,class.Name,class.CourseName,teacher.Name,class.Capicity,"
            + "class.StartWeek,class.EndWeek,class.SinOrDou,class.WeekHour,depart.departName,"
            + "class.CourseTime,class.CourseAddress,class.EndTime,lab.Unit,class.RegTime,class.Allhour"
            + "FROM class "
            + "JOIN teacher ON class.TeacherID = teacher.ID "
            + "JOIN depart ON class.depart = depart.departID "
            + "JOIN lab ON class.Unit = lab.labID "
            + "where class.IsOver = '0' "
            + "ORDER BY class.ID ASC";
        try{
            //分页功能,第二步: 只有这样,才能用 rs.last(),re.first()等,下几步在
            //getAllClass.jsp 中
            st = con.createStatement(ResultSet.TYPE_SCROLL_SENSITIVE,ResultSet.CONCUR_UPDATABLE);
            rs = st.executeQuery(strSQL);
            if(!rs.next())
                throw new IllegalArgumentException("暂时没有开课班级信息");

            result = rs;
            res = 1;
        }
        catch(SQLException sqle){
            res = -1;
            con.rollback();
            Debug.log(Debug.getExceptionMsg(sqle));
        }
        catch(IllegalArgumentException iae){
            res = -2;
            Debug.log(Debug.getExceptionMsg(iae));
```

```java
        }
        catch(Exception e){
            res = 0;
        }
        finally{
            return res;
        }
    }
    /**
    * 获取某开课班信息
    *
    * 返回值-执行结果代码:
    * 1-查询成功
    * 0-抛出一般异常
    * -1-抛出数据库异常
    */
    public synchronized int getClassInfo(String id){
        int res = 0;
        //ORDER BY ID ASC,以升序的方式进行排序
        strSQL = "SELECT class.ID,class.Name,class.CourseName,teacher.Name,class.Capicity,"
                + "class.StartWeek,class.EndWeek,class.SinOrDou,class.WeekHour,class.depart,"
                + "class.CourseTime,class.CourseAddress,class.EndTime,class.Content,lab.Unit,class.RegTime,class.Allhour "
                + "FROM class "
                + "JOIN teacher ON class.TeacherID = teacher.ID "
                + "JOIN lab ON class.Unit = lab.labID "
                + "where class.ID = '" + id
                + "' ORDER BY class.ID ASC";
        try{
            //只有这样,才能用rs.last(),re.first()等
            st = con.createStatement(ResultSet.TYPE_SCROLL_SENSITIVE,ResultSet.CONCUR_UPDATABLE);
            rs = st.executeQuery(strSQL);
            if(!rs.next())
                throw new IllegalArgumentException("不存在此开课班级");
            result = rs;
            res = 1;
        }
        catch(SQLException sqle){
            res = -1;
            con.rollback();
            Debug.log(Debug.getExceptionMsg(sqle));
        }
        catch(Exception e){
            res = 0;
            Debug.log(Debug.getExceptionMsg(e));
        }
        finally{
            return res;
        }
    }
    /**
```

```java
 * 获取查询的开课班级信息
 *
 * 返回值 - 执行结果代码:
 * 1 - 查询成功
 * 0 - 抛出一般异常
 * -1 - 抛出数据库异常
 * -2 - 开课班级信息不存在
 */
public int getClass(String sql){
    int res = 0;
    //为配合分页功能,第一步: ORDER BY ID ASC,以升序的方式进行排序
    strSQL = "SELECT class.ID,class.Name,class.CourseName,teacher.Name,class.Capicity,"
        + "class.StartWeek,class.EndWeek,class.SinOrDou,class.WeekHour,depart.departName,"
        + "class.CourseTime,class.CourseAddress,class.EndTime,lab.Unit,class.RegTime,class.Allhour "
        + "FROM class "
        + "JOIN teacher ON class.TeacherID = teacher.ID "
        + "JOIN depart ON class.depart = depart.departID "
        + "JOIN lab ON class.Unit = lab.labID "
        + sql + " ORDER BY class.ID ASC";
    try{
        //分页功能,第二步:只有这样,才能用 rs.last(),re.first()等,下几步在
        //getClassInfo.jsp 中
        st = con.createStatement(ResultSet.TYPE_SCROLL_SENSITIVE,ResultSet.CONCUR_UPDATABLE);
        rs = st.executeQuery(strSQL);
        if(!rs.next())
            throw new IllegalArgumentException("暂时没有开课班级信息");
        result = rs;
        res = 1;
    }
    catch(SQLException sqle){
        res = -1;
        con.rollback();
        Debug.log(Debug.getExceptionMsg(sqle));
    }
    catch(IllegalArgumentException iae){
        res = -2;
        Debug.log(Debug.getExceptionMsg(iae));
    }
    catch(Exception e){
        res = 0;
    }
    finally{
        return res;
    }
}


/**
 * 获取所有开课班级的学生信息
 *
 * 返回值 - 执行结果代码:
```

```java
 * 1 - 查询成功
 * 0 - 抛出一般异常
 * -1 - 抛出数据库异常
 * -2 - 开课班级学生信息不存在
 */
public int getClassStudent(String classID){
    int res = 0;
    //为配合分页功能,第一步：ORDER BY ID ASC,以升序的方式进行排序
    strSQL = "SELECT ID,Name,Sex,Department,Class,EnrollTime FROM student "
        + "where ID in(select StudentID from select_class where ClassID = '" + classID + "') ORDER BY ID ASC";
    try{
        //分页功能,第二步：只有这样,才能用rs.last(),re.first()等,下几步在
        //getAllClass.jsp 中
        st = con.createStatement(ResultSet.TYPE_SCROLL_SENSITIVE,ResultSet.CONCUR_UPDATABLE);
        rs = st.executeQuery(strSQL);
        if(!rs.next())
            throw new IllegalArgumentException("没有学生选择此门课");
        result = rs;
        res = 1;
    }
    catch(SQLException sqle){
        res = -1;
        con.rollback();
        Debug.log(Debug.getExceptionMsg(sqle));
    }
    catch(IllegalArgumentException iae){
        res = -2;
        Debug.log(Debug.getExceptionMsg(iae));
    }
    catch(Exception e){
        res = 0;
    }
    finally{
        return res;
    }
}
/**
 * 获取所有开课班级信息
 *
 * 返回值 - 执行结果代码：
 * 1 - 查询成功
 * 0 - 抛出一般异常
 * -1 - 抛出数据库异常
 * -2 - 开课班级信息不存在
 */
public int getClassInfo(){
    int res = 0;
    //为配合分页功能,第一步：ORDER BY ID ASC,以升序的方式进行排序
    strSQL = " SELECT class.ID,class.Name,class.CourseName,teacher.Name,class.Capicity,class.StartWeek,class.EndWeek,"
```

```java
        + "class.SinOrDou,class.WeekHour,class.CourseTime,class.CourseAddress,class.EndTime,class."
        + "Content,class.Unit " + "FROM class JOIN teacher ON class.TeacherID = teacher.ID ORDER BY class.ID ASC";
    try{
        //分页功能,第二步:只有这样,才能用 rs.last(),re.first()等,下几步在 getClassInfo.jsp 中
        st = con.createStatement(ResultSet.TYPE_SCROLL_SENSITIVE,ResultSet.CONCUR_UPDATABLE);
        rs = st.executeQuery(strSQL);
        if(!rs.next())
            throw new IllegalArgumentException("暂时没有开课班级信息");
        result = rs;
        res = 1;
    }
    catch(SQLException sqle){
        res = -1;
        con.rollback();
        Debug.log(Debug.getExceptionMsg(sqle));
    }
    catch(IllegalArgumentException iae){
        res = -2;
        Debug.log(Debug.getExceptionMsg(iae));
    }
    catch(Exception e){
        res = 0;
    }
    finally{
        return res;
    }
}


/**
 * 把 SQL Server 数据库中的数据导入到 Excel 文件中
 * 思路
 * 返回值-执行结果代码:
 * 1-导入成功
 * 0-抛出一般异常
 * -1-抛出数据库异常
 */

public synchronized int getClassStudentToExcel()
{
    int res = 0;
    String title = "";
    try
    {
        //找到相对路径,把 Excel 文件统一存到此文件夹下
        File f = new File(".");
        int lastindex = f.getAbsolutePath().toString().lastIndexOf(".");
        String path = f.getAbsolutePath().toString().substring(0,lastindex - 1);
        WritableWorkbook book =
```

```java
Workbook.createWorkbook(new File(path + "\\excel\\" + this.id + ".xls"));
WritableFont font1 =
new WritableFont(WritableFont.TIMES,10,WritableFont.NO_BOLD);
WritableCellFormat format1 = new WritableCellFormat(font1);
//Label label = new Label(0,0,"data 4 test",format1)
//把水平对齐方式指定为居中
format1.setAlignment(jxl.format.Alignment.CENTRE);
//把垂直对齐方式指定为居中
format1.setVerticalAlignment(jxl.format.VerticalAlignment.CENTRE);
//加上边框
format1.setBorder(jxl.format.Border.ALL,jxl.format.BorderLineStyle.THIN);
int sheetnum = 0;
if(getPersonClass() == 1)
{
    //读出所有的班级存入向量中
    Vector classvector = new Vector();            //班级 ID 向量
    Vector sheetvector = new Vector();            //sheet 表向量
    String classid = String.valueOf(rs.getInt("ID"));
    String classname = rs.getString("Name");
    classvector.add(classid);
    sheetvector.add(classname);
    while(rs.next()) {
        classid = String.valueOf(rs.getInt("ID"));
        classvector.add(classid);
        classname = rs.getString("Name");
        sheetvector.add(classname);
    }
    for(int sheetv = 0; sheetv < classvector.size(); sheetv++) {
        //生成名为班级名称的工作表,参数 0 表示第一页,依次类推
        title = sheetvector.elementAt(sheetv).toString();
        WritableSheet sheet = book.createSheet(sheetvector.elementAt(sheetv).
                                        toString(), sheetv);
        //将第 6 列的宽度设为 30
        sheet.setColumnView(5,30);
        //表头
        sheet.mergeCells(0, 0, 5, 0);
        Label label = new Label(0,0,title,format1);
        sheet.addCell(label);
        //构造第一行(0,0)
        label = new Label(0, 1, "学生 ID", format1);
        sheet.addCell(label);
        label = new Label(1, 1, "姓名", format1);
        sheet.addCell(label);
        label = new Label(2, 1, "性别", format1);
        sheet.addCell(label);
        label = new Label(3, 1, "学部", format1);
        sheet.addCell(label);
        label = new Label(4, 1, "班级", format1);
        sheet.addCell(label);
        label = new Label(5, 1, "入学时间", format1);
        sheet.addCell(label);
```

```java
                //读取特定班级的学生信息
                if(getClassStudent(classvector.elementAt(sheetv).toString()) == 1) {
                 int row = 2;
                 sheet.addCell(new Label(0, row, rs.getString("ID"), format1));
                 sheet.addCell(new Label(1, row, rs.getString("Name"), format1));
                 sheet.addCell(new Label(2, row, rs.getString("Sex"), format1));
                 sheet.addCell(new Label(3, row, rs.getString("Department"), format1));
                 sheet.addCell(new Label(4, row, rs.getString("Class"), format1));
                 sheet.addCell(new Label(5, row, rs.getString("EnrollTime"), format1));
                 row++;
                 while(rs.next()) {
                  sheet.addCell(new Label(0, row, rs.getString("ID"), format1));
                  sheet.addCell(new Label(1, row, rs.getString("Name"), format1));
                  sheet.addCell(new Label(2, row, rs.getString("Sex"), format1));
                  sheet.addCell(new Label(3, row, rs.getString("Department"),
                                        format1));
                  sheet.addCell(new Label(4, row, rs.getString("Class"), format1));
                  sheet.addCell(new Label(5, row, rs.getString("EnrollTime"),
                                        format1));
                  row++;
                 }
                }
               }
            }
            res = 1;
            //写入数据并关闭文件
            book.write();
            book.close();
           }catch(Exception e)
           {
               System.out.println(e);
           }
           finally{
               return res;
           }
       }
    }

    /**
     * 获取
     *
     * 返回值-执行结果代码:
     * 1-查询成功
     * 0-抛出一般异常
     * -1-抛出数据库异常
     * -2-开课班级信息不存在
     */
    public String getID(){
        return this.id;
    }
```

```java
/**
 * 检查用户名是否存在
 *
 * 参数:
 * id - 教师ID
 */
protected void checkUser(String id)
                throws InvalidUserException{
    strSQL = "SELECT ID FROM teacher WHERE ID = '" + id + "'";
    if(id.equals(Teacher.ANONYMOUS))
    return;
    try{
        st = con.createStatement();
        rs = st.executeQuery(strSQL);
        if(!rs.next())
            throw new InvalidUserException();
    }
    catch(SQLException sqle){
        Debug.log(Debug.getExceptionMsg(sqle));
    }
}
}
```

11.4.8 管理员 Admin 类

代码如下:

```java
package choosecourse.db.dboperation;
import java.sql.*;
import choosecourse.db.*;
import jxl.*;
import jxl.format.UnderlineStyle;
import jxl.write.*;
import jxl.write.Number;
import jxl.write.Boolean;
import java.io.*;
import java.util.Vector;
/**
 * 本类从 DBOperation 抽象类继承,用于封装管理员角色
 *
 */
public class Admin extends DBOperation{

/**
 * 构造器
 *
 * 参数:
 * id - 管理员用户名
```

```java
 */
public Admin(String id) throws InvalidUserException
{
    super(id);
}
/**
 * 管理员登录
 *
 * 参数:
 * password - 密码
 *
 * 返回值 - 执行结果代码:
 * 1 - 登录成功
 * 0 - 抛出一般异常
 * -1 - 抛出数据库异常
 * -2 - 登录失败
 */
public int login(String password){
    int res = 0;
    try{
        strSQL = "SELECT ID,PassWord FROM admin WHERE ID = '" + this.id +
                                "' AND PassWord = '" + password + "'";
        st = con.createStatement();
        rs = st.executeQuery(strSQL);
        if(!rs.next())
            throw new IllegalAccessException("Password invalid.");
        res = 1;
        Debug.log("Administrator '" + this.id + "' logged in.");
    }
    catch(SQLException sqle){
        Debug.log(Debug.getExceptionMsg(sqle));
        con.rollback();
        res = -1;
    }
    catch(IllegalAccessException iae){
        Debug.log(Debug.getExceptionMsg(iae));
        res = -2;
    }
    catch(Exception e){
        res = 0;
    }
    finally{
        return res;
    }
}

/**
 * 添加教师账户
 **
 * 参数:
 * id - 教师 ID
```

```
 * name - 姓名
 * password - 密码
 * sex - 性别
 * email - E - mail 地址
 * phone - 联系电话
 * pro - 职称
 * 返回值 - 执行结果代码:
 * 1 - 操作成功
 * 0 - 抛出一般异常
 * -1 - 抛出数据库异常
 * -2 - 教师账户信息已存在
 */
public synchronized int addTeacher(String id, String name, String password, String sex, String
email, String depart, String phone, String pro, String intro)
{
    int res = 0;
    try{
        strSQL = "select ID from teacher where ID = '" + id + "'";
        st = con.createStatement();
        rs = st.executeQuery(strSQL);
        if(rs.next())
            throw new IllegalArgumentException("教师 ID '" + id + "' already exists.");
        strSQL = "INSERT INTO teacher(ID, Name, PassWord, Sex, E_mail, Depart, Phone, Prof, Intro) VALUES ('" +
                id + "','" + name + "','" + password + "','" + sex + "','" + email + "','" +
                depart + "','" + phone + "','" + pro + "','" + intro + "')";
        st = con.createStatement();
        st.executeUpdate(strSQL);
        res = 1;
    }
    catch(SQLException sqle){
        Debug.log(Debug.getExceptionMsg(sqle));
        con.rollback();
        res = -1;
    }
    catch(IllegalArgumentException iae){
        Debug.log(Debug.getExceptionMsg(iae));
        res = -2;
    }
    catch(Exception e){
        res = 0;
    }
    finally{
        return res;
    }
}
```

/**
 * 从 teacherWait 表中添加教师账户
 *
 * 参数:

```
 * id - 教师 ID
 * name - 姓名
 * password - 密码
 * sex - 性别
 * email - E-mail 地址
 * phone - 联系电话
 * pro - 职称
 * 返回值 - 执行结果代码:
 * 1 - 操作成功
 * 0 - 抛出一般异常
 * -1 - 抛出数据库异常
 * -2 - 教师账户信息已存在
 */
public synchronized int addWaitTeacher(String id, String name, String password, String sex,
String email, String depart, String phone, String pro, String intro)
{
    int res = 0;
    try{
        strSQL = "select ID from teacher where ID = '" + id + "'";
        st = con.createStatement();
        rs = st.executeQuery(strSQL);
        if(rs.next())
            throw new IllegalArgumentException("教师 ID '" + id + "' already exists.");
        //插入 teacher 表
        strSQL = "INSERT INTO teacher(ID,Name,PassWord,Sex,E_mail,Depart,Phone,Prof,Intro) VALUES ('" +
            id + "','" + name + "','" + password + "','" + sex + "','" + email + "','" +
            depart + "','" + phone + "','" + pro + "','" + intro + "')";
        //con.setAutoCommit(false);                    //事务处理开始
        st = con.createStatement();
        st.addBatch(strSQL);
        //从 teacherWait 表中删除此人
        strSQL = "DELETE FROM teacherWait WHERE ID = '" + id + "'";
        st.addBatch(strSQL);
        st.executeBatch();
        //con.commit();
        res = 1;
    }
    catch(SQLException sqle){
        Debug.log(Debug.getExceptionMsg(sqle));
        con.rollback();
        res = -1;
    }
    catch(IllegalArgumentException iae){
        Debug.log(Debug.getExceptionMsg(iae));
        res = -2;
    }
    catch(Exception e){
        res = 0;
    }
    finally{
```

```java
            return res;
        }
    }
    /**
     * 删除教师账户信息
     *
     * 参数:
     * id - 教师 ID
     *
     * 返回值 - 执行结果代码:
     * 1 - 操作成功
     * 0 - 抛出一般异常
     * -1 - 抛出数据库异常
     * -2 - 教师账户不存在
     */
    public synchronized int removeTeacher(String id){
        int res = 0;
        strSQL = "SELECT ID FROM teacher WHERE ID = '" + id + "'";
        try{
            st = con.createStatement();
            rs = st.executeQuery(strSQL);
            if(!rs.next())
                throw new IllegalArgumentException("Teacher " + id + " does not exist.");
            //con.setAutoCommit(false);                    //事务处理开始
            st = con.createStatement();
            //从 select_class 中删除选择此班的 studentID,classID
            strSQL = "delete select_class from select_class,class where class.TeacherID = '" + id
                + "' and select_class.ClassID = class.ID";
            st.addBatch(strSQL);
            //从 class 表中删除此教师开课的班级
            strSQL = "DELETE FROM class WHERE TeacherID = '" + id + "'";
            st.addBatch(strSQL);
            //从 teacher 表中删除教师登录账号(以上三个表有先后顺序)
            strSQL = "DELETE FROM teacher WHERE ID = '" + id + "'";
            st.addBatch(strSQL);
            st.executeBatch();
            //con.commit();
            res = 1;
        }
        catch(IllegalArgumentException iae){
            res = -2;
            Debug.log(Debug.getExceptionMsg(iae));
        }
        catch(SQLException sqle){
            res = -1;
            con.rollback();
            Debug.log(Debug.getExceptionMsg(sqle));
        }
        catch(Exception e){
            res = 0;
            Debug.log(Debug.getExceptionMsg(e));
```

```java
            }
            finally{
                return res;
            }
        }

        /**
         * 删除需审批的教师账户信息
         *
         * 参数:
         * id - 教师 ID
         *
         * 返回值 - 执行结果代码:
         * 1 - 操作成功
         * 0 - 抛出一般异常
         * -1 - 抛出数据库异常
         * -2 - 教师账户不存在
         */
        public synchronized int removeWaitTeacher(String id){
            int res = 0;
            strSQL = "SELECT ID FROM teacherWait WHERE ID = '" + id + "'";
            try{
                st = con.createStatement();
                rs = st.executeQuery(strSQL);
                if(!rs.next())
                    throw new IllegalArgumentException("Teacher " + id + " does not exist.");
                st = con.createStatement();
                //从 teacher 表中删除教师登录账号(以上三个表有先后顺序)
                strSQL = "DELETE FROM teacherWait WHERE ID = '" + id + "'";
                st.executeUpdate(strSQL);
                res = 1;
            }
            catch(IllegalArgumentException iae){
                res = -2;
                Debug.log(Debug.getExceptionMsg(iae));
            }
            catch(SQLException sqle){
                res = -1;
                con.rollback();
                Debug.log(Debug.getExceptionMsg(sqle));
            }
            catch(Exception e){
                res = 0;
                Debug.log(Debug.getExceptionMsg(e));
            }
            finally{
                return res;
            }
        }

        /**
```

```java
 * 获取教师账户信息
 *
 * 返回值 - 执行结果代码:
 * 1 - 查询成功
 * 0 - 抛出一般异常
 * -1 - 抛出数据库异常
 * -2 - 教师账户不存在
 */
public int getTeacherInfo(){
    int res = 0;
    //为配合分页功能,第一步: ORDER BY ID ASC,以升序的方式进行排序
    strSQL = "SELECT ID,Name,Sex,E_mail,Depart,Phone,Prof FROM teacher ORDER BY ID ASC";
    try{
        //分页功能,第二步:只有这样,才能用 rs.last(),re.first()等,下几步在
        //getTeacherInfo.jsp 中
        st = con.createStatement(ResultSet.TYPE_SCROLL_SENSITIVE,ResultSet.CONCUR_UPDATABLE);
        rs = st.executeQuery(strSQL);
        if(!rs.next())
            throw new IllegalArgumentException("暂时没有教师信息");
        result = rs;
        res = 1;
    }
    catch(SQLException sqle){
        res = -1;
        con.rollback();
        Debug.log(Debug.getExceptionMsg(sqle));
    }
    catch(IllegalArgumentException iae){
        res = -2;
        Debug.log(Debug.getExceptionMsg(iae));
    }
    catch(Exception e){
        res = 0;
    }
    finally{
        return res;
    }
}

/**
 * 获取教师账户信息
 *
 * 返回值 - 执行结果代码:
 * 1 - 查询成功
 * 0 - 抛出一般异常
 * -1 - 抛出数据库异常
 * -2 - 教师账户不存在
 */
public int getOneWaitTeacher(String id){
    int res = 0;
    strSQL = "SELECT ID,Name,PassWord,Sex,E_mail,Depart,Phone,Prof,Intro FROM teacherWait
```

```java
            where ID = '" + id + "'";
        try{
            st = con.createStatement();
            rs = st.executeQuery(strSQL);
            if(!rs.next())
                throw new IllegalArgumentException("没有此教师信息");
            result = rs;
            res = 1;
        }
        catch(SQLException sqle){
            res = -1;
            con.rollback();
            Debug.log(Debug.getExceptionMsg(sqle));
        }
        catch(IllegalArgumentException iae){
            res = -2;
            Debug.log(Debug.getExceptionMsg(iae));
        }
        catch(Exception e){
            res = 0;
        }
        finally{
            return res;
        }
    }

    /**
    * 获取待批准的教师账户信息
    *
    * 返回值 - 执行结果代码:
    * 1 - 查询成功
    * 0 - 抛出一般异常
    * -1 - 抛出数据库异常
    * -2 - 教师账户不存在
    */
    public int getWaitTeacher(){
        int res = 0;
        //为配合分页功能,第一步: ORDER BY ID ASC,以升序的方式进行排序
        strSQL = "SELECT ID,Name,Sex,E_mail,Depart,Phone,Prof FROM teacherWait ORDER BY ID ASC";
        try{
            //分页功能,第二步: 只有这样,才能用 rs.last(),re.first()等,下几步在
            //getTeacherInfo.jsp 中
            st = con.createStatement(ResultSet.TYPE_SCROLL_SENSITIVE,ResultSet.CONCUR_UPDATABLE);
            rs = st.executeQuery(strSQL);
            if(!rs.next())
                throw new IllegalArgumentException("暂时没有教师信息");
            result = rs;
            res = 1;
        }
        catch(SQLException sqle){
            res = -1;
```

```java
            con.rollback();
            Debug.log(Debug.getExceptionMsg(sqle));
        }
        catch(IllegalArgumentException iae){
            res = -2;
            Debug.log(Debug.getExceptionMsg(iae));
        }
        catch(Exception e){
            res = 0;
        }
        finally{
            return res;
        }
    }

    /**
    * 获取当前管理员的账户信息
    *
    * 返回值 - 执行结果代码：
    * 1 - 查询成功
    * 0 - 抛出一般异常
    * -1 - 抛出数据库异常
    */
    public synchronized int getAdminPerson(){
        int res = 0;
        strSQL = "SELECT ID,NAME,Password,Sex,E_mail,Phone FROM admin where ID = '" + this.id + "'";
        try{
            st = con.createStatement();
            rs = st.executeQuery(strSQL);
            if(!rs.next())
                throw new IllegalArgumentException("管理员账号不存在");
            result = rs;
            res = 1;
        }
        catch(SQLException sqle){
            res = -1;
            con.rollback();
            Debug.log(Debug.getExceptionMsg(sqle));
        }
        catch(Exception e){
            res = 0;
            Debug.log(Debug.getExceptionMsg(e));
        }
        finally{
            return res;
        }

    }
    /**
    * 更新教师信息
    *
```

```
 * 参数:
 * id - 教师 ID
 * name - 姓名
 * password - 密码
 * sex - 性别
 * departmentID - 所属学部编号
 * email - E - mail 地址
 * phone - 联系电话
 * 返回值 - 执行结果代码:
 * 1 - 操作成功
 * 0 - 抛出一般异常
 * -1 - 抛出数据库异常
 * -2 - 教师账户信息已存在
 */
public synchronized int updateTeacher(String name, String password, String sex, String email, String phone)
{
    int res = 0;
    try{
        strSQL = "UPDATE admin SET  Name = '" + name + "',Password = '" + password + "',Sex = '" + sex + "',Phone = '" + phone + "',E_mail = '" + email + "' where ID = '" + this.id + "'";
        st = con.createStatement();
        st.executeUpdate(strSQL);
        res = 1;
    }
    catch(SQLException sqle){
        Debug.log(Debug.getExceptionMsg(sqle));
        con.rollback();
        res = -1;
    }
    catch(IllegalArgumentException iae){
        Debug.log(Debug.getExceptionMsg(iae));
        res = -2;
    }
    catch(Exception e){
        res = 0;
    }
    finally{
        return res;
    }
}


/**
 * 获取所有开课班级信息
 *
 * 返回值 - 执行结果代码:
 * 1 - 查询成功
 * 0 - 抛出一般异常
 * -1 - 抛出数据库异常
 * -2 - 开课班级信息不存在
```

```java
 */
public int getClassInfo(){
    int res = 0;
    //为配合分页功能,第一步:ORDER BY ID ASC,以升序的方式进行排序
    strSQL = "SELECT class.ID,class.Name,class.CourseName,teacher.Name,class.Capicity,"
        + "class.StartWeek,class.EndWeek,class.SinOrDou,class.WeekHour,depart.departName,"
        + "class.CourseTime,class.CourseAddress,class.EndTime,lab.Unit,class.RegTime,class.Allhour"
        + "FROM class "
        + "JOIN teacher ON class.TeacherID = teacher.ID "
        + "JOIN depart ON class.depart = depart.departID "
        + "JOIN lab ON class.Unit = lab.labID "
        + "where class.IsOver = '0' "
        + "ORDER BY class.ID ASC";
    try{
        //分页功能,第二步:只有这样,才能用 rs.last(),re.first()等,下几步在
        //getClassInfo.jsp 中
        st = con.createStatement(ResultSet.TYPE_SCROLL_SENSITIVE,ResultSet.CONCUR_UPDATABLE);
        rs = st.executeQuery(strSQL);
        if(!rs.next())
            throw new IllegalArgumentException("暂时没有开课班级信息");
        result = rs;
        res = 1;
    }
    catch(SQLException sqle){
        res = -1;
        con.rollback();
        Debug.log(Debug.getExceptionMsg(sqle));
    }
    catch(IllegalArgumentException iae){
        res = -2;
        Debug.log(Debug.getExceptionMsg(iae));
    }
    catch(Exception e){
        res = 0;
    }
    finally{
        return res;
    }
}
/**
 * 获取查询的开课班级信息
 *
 * 返回值-执行结果代码:
 * 1-查询成功
 * 0-抛出一般异常
 * -1-抛出数据库异常
 * -2-开课班级信息不存在
 */
public int getClassInfo(String sql){
    int res = 0;
    //为配合分页功能,第一步:ORDER BY ID ASC,以升序的方式进行排序
```

```java
        strSQL = "SELECT class.ID,class.Name,class.CourseName,teacher.Name,class.Capicity,"
            + "class.StartWeek,class.EndWeek,class.SinOrDou,class.WeekHour,depart.departName,"
            + "class.CourseTime,class.CourseAddress,class.EndTime,lab.Unit,class.RegTime,class.Allhour"
            + "FROM class "
            + "JOIN teacher ON class.TeacherID = teacher.ID "
            + "JOIN depart ON class.depart = depart.departID "
            + "JOIN lab ON class.Unit = lab.labID "
            + sql + " ORDER BY class.ID ASC";
        try{
            //分页功能,第二步：只有这样,才能用 rs.last(),re.first()等,下几步在
            //getClassInfo.jsp 中
            st = con.createStatement(ResultSet.TYPE_SCROLL_SENSITIVE,ResultSet.CONCUR_UPDATABLE);
            rs = st.executeQuery(strSQL);

            if(!rs.next())
                throw new IllegalArgumentException("暂时没有开课班级信息");
            result = rs;
            res = 1;
        }
        catch(SQLException sqle){
            res = -1;
            con.rollback();
            Debug.log(Debug.getExceptionMsg(sqle));
        }
        catch(IllegalArgumentException iae){
            res = -2;
            Debug.log(Debug.getExceptionMsg(iae));
        }
        catch(Exception e){
            res = 0;
        }
        finally{
            return res;
        }
    }
    /**
     * 获取某开课班信息
     *
     * 返回值-执行结果代码：
     * 1-查询成功
     * 0-抛出一般异常
     * -1-抛出数据库异常
     */
    public synchronized int getOneClass(String id){
        int res = 0;
        //ORDER BY ID ASC,以升序的方式进行排序
        strSQL = "SELECT class.ID,class.Name,class.CourseName,teacher.Name,class.Capicity,"
            + "class.StartWeek,class.EndWeek,class.SinOrDou,class.WeekHour,depart.departName,"
            + "class.CourseTime,class.CourseAddress,class.EndTime,class.Content,lab.Unit,
```

```java
            class.RegTime,class.Allhour "
                + "FROM class "
                + "JOIN teacher ON class.TeacherID = teacher.ID "
                + "JOIN depart ON class.depart = depart.departID "
                + "JOIN lab ON class.Unit = lab.labID "
                + "where class.ID = '" + id
                + "' ORDER BY class.ID ASC";

        try{
            //只有这样,才能用rs.last(),re.first()等
            st = con.createStatement(ResultSet.TYPE_SCROLL_SENSITIVE,ResultSet.CONCUR_UPDATABLE);
            rs = st.executeQuery(strSQL);
            if(!rs.next())
                throw new IllegalArgumentException("不存在此开课班级");
            result = rs;
            res = 1;
        }
        catch(SQLException sqle){
            res = -1;
            con.rollback();
            Debug.log(Debug.getExceptionMsg(sqle));
        }
        catch(Exception e){
            res = 0;
            Debug.log(Debug.getExceptionMsg(e));
        }
        finally{
            return res;
        }
    }
    /**
     * 获取某一位教师的账户信息
     *
     * 返回值-执行结果代码:
     * 1-查询成功
     * 0-抛出一般异常
     * -1-抛出数据库异常
     * -2-当前教师信息不存在
     */
    public synchronized int getOneTeacher(String id){
        int res = 0;
        strSQL = "SELECT teacher.ID,teacher.NAME,teacher.Sex,teacher.E_mail,teacher.Depart,teacher.Phone,teacher.Prof,teacher.Intro "
                + "FROM teacher JOIN class ON teacher.ID = class.TeacherID where class.ID = '" + id + "' ORDER BY teacher.ID ASC";
        try{
            st = con.createStatement();
            rs = st.executeQuery(strSQL);
            if(!rs.next())
                throw new IllegalArgumentException("当前教师信息不存在");
            result = rs;
```

```java
                    res = 1;
                }
                catch(SQLException sqle){
                    res = -1;
                    con.rollback();
                    Debug.log(Debug.getExceptionMsg(sqle));
                }
                catch(Exception e){
                    res = 0;
                    Debug.log(Debug.getExceptionMsg(e));
                }
                finally{
                    return res;
                }
            }

    /**
     *修改密码
     *
     *返回值-执行结果代码:
     * 1-修改成功
     * 0-抛出一般异常
     * -1-抛出数据库异常
     * -2-密码输入不正确,账户不存在
     */
    public synchronized int editPassWord(String oldPassword,String newPassword){
        int res = 0;
        strSQL = "SELECT ID FROM admin WHERE ID = '" + this.id + "' AND PassWord = '" + oldPassword
 + "'";

        try{
            st = con.createStatement();
            rs = st.executeQuery(strSQL);
            if(!rs.next())
                throw new IllegalArgumentException("Admin " + this.id + " does not exist or Password does not correct.");
            st = con.createStatement();
            //从 admin 中修改密码
            strSQL = "update admin set PassWord = '" + newPassword + "' where ID = '" + this.id + "'";
            st.executeUpdate(strSQL);
            res = 1;
        }
        catch(IllegalArgumentException iae){
            res = -2;
            Debug.log(Debug.getExceptionMsg(iae));
        }
        catch(SQLException sqle){
            res = -1;
            con.rollback();
            Debug.log(Debug.getExceptionMsg(sqle));
        }
```

```java
        catch(Exception e){
            res = 0;
            Debug.log(Debug.getExceptionMsg(e));
        }
        finally{
            return res;
        }
    }
    /**
     * 把 SQL Server 数据库中的数据导入到 Excel 文件中
     * 思路
     * 返回值-执行结果代码:
     * 1-导入成功
     * 0-抛出一般异常
     * -1-抛出数据库异常
     */
    public synchronized int getClassInfoToExcel()
    {
        int res = 0;
        try
        {
            //找到相对路径,把 Excel 文件统一存到此文件夹下
            File f = new File(".");
            int lastindex = f.getAbsolutePath().toString().lastIndexOf(".");
            String path = f.getAbsolutePath().toString().substring(0,lastindex-1);
            WritableWorkbook book =
            Workbook.createWorkbook(new File(path + "\\excel\\kaike.xls"));
            //生成名为"开课信息"的工作表,参数 0 表示第一页
            WritableSheet sheet = book.createSheet("开课信息",0);
            WritableFont font1 =
            new WritableFont(WritableFont.TIMES,10,WritableFont.NO_BOLD);
            WritableCellFormat format1 = new WritableCellFormat(font1);
            //Label label = new Label(0,0,"data 4 test",format1)
            //把水平对齐方式指定为居中
            format1.setAlignment(jxl.format.Alignment.CENTRE);
            //把垂直对齐方式指定为居中
            format1.setVerticalAlignment(jxl.format.VerticalAlignment.CENTRE);
            //加上边框
            format1.setBorder(jxl.format.Border.ALL,jxl.format.BorderLineStyle.THIN);
            //1.生成一个大框架
            //在 Label 对象的构造中指明单元格位置是第一列第一行(0,0)以及单元格内容为 test
            //表头
            sheet.mergeCells(0, 0, 15, 0);
            Label label = new Label(0,0,"开课信息",format1);
            sheet.addCell(label);
            label = new Label(0,1,"班级序号",format1);
            sheet.addCell(label);
            label = new Label(1,1,"班级名称",format1);
            sheet.addCell(label);
            label = new Label(2,1,"实验名称",format1);
```

```java
        sheet.addCell(label);
        label = new Label(3,1,"教师姓名",format1);
        sheet.addCell(label);
        label = new Label(4,1,"班级容量",format1);
        sheet.addCell(label);
        label = new Label(5,1,"起始周",format1);
        sheet.addCell(label);
        label = new Label(6,1,"终止周",format1);
        sheet.addCell(label);
        label = new Label(7,1,"单双周",format1);
        sheet.addCell(label);
        label = new Label(8,1,"学时",format1);
        sheet.addCell(label);
        label = new Label(9,1,"总学时",format1);
        sheet.addCell(label);
        label = new Label(10,1,"学部",format1);
        sheet.addCell(label);
        label = new Label(11,1,"开课时间",format1);
        sheet.addCell(label);
        label = new Label(12,1,"开课地点",format1);
        sheet.addCell(label);
        label = new Label(13,1,"选课结束时间",format1);
        sheet.addCell(label);
        label = new Label(14,1,"开课实验室",format1);
        sheet.addCell(label);
        label = new Label(15,1,"课程登记时间",format1);
        sheet.addCell(label);

        /*生成一个保存数字的单元格
        必须使用 Number 的完整包路径,否则有语法歧义
        单元格位置是第二列第一行,值为 789.123*/
        /*
        jxl.write.Number number = new jxl.write.Number(1,0,789.123);
        sheet.addCell(number);
        */
        if(getClassInfo() == 1){
            int row = 2;
            sheet.addCell(new jxl.write.Number(0, row, rs.getInt(1),format1));
            sheet.addCell(new Label(1, row, rs.getString(2),format1));
            sheet.addCell(new Label(2, row, rs.getString(3),format1));
            sheet.addCell(new Label(3, row, rs.getString(4),format1));
            sheet.addCell(new jxl.write.Number(4, row, rs.getInt(5),format1));
            sheet.addCell(new jxl.write.Number(5, row, rs.getInt(6),format1));
            sheet.addCell(new jxl.write.Number(6, row, rs.getInt(7),format1));
            sheet.addCell(new Label(7, row, rs.getString(8),format1));
            sheet.addCell(new jxl.write.Number(8, row, rs.getInt(9),format1));
            sheet.addCell(new jxl.write.Number(9, row, rs.getInt(16),format1));
            sheet.addCell(new Label(10, row, rs.getString(10),format1));
            sheet.addCell(new Label(11, row, rs.getString(11),format1));
            sheet.addCell(new Label(12, row, rs.getString(12),format1));
            sheet.addCell(new Label(13, row, rs.getString(13),format1));
```

```java
            sheet.addCell(new Label(14, row, rs.getString(14),format1));
            sheet.addCell(new Label(15, row, rs.getString(15),format1));
            row++;
            while(rs.next()) {
              sheet.addCell(new jxl.write.Number(0, row, rs.getInt(1),format1));
              sheet.addCell(new Label(1, row, rs.getString(2),format1));
              sheet.addCell(new Label(2, row, rs.getString(3),format1));
              sheet.addCell(new Label(3, row, rs.getString(4),format1));
              sheet.addCell(new jxl.write.Number(4, row, rs.getInt(5),format1));
              sheet.addCell(new jxl.write.Number(5, row, rs.getInt(6),format1));
              sheet.addCell(new jxl.write.Number(6, row, rs.getInt(7),format1));
              sheet.addCell(new Label(7, row, rs.getString(8),format1));
              sheet.addCell(new jxl.write.Number(8, row, rs.getInt(9),format1));
              sheet.addCell(new jxl.write.Number(9, row, rs.getInt(16),format1));
              sheet.addCell(new Label(10, row, rs.getString(10),format1));
              sheet.addCell(new Label(11, row, rs.getString(11),format1));
              sheet.addCell(new Label(12, row, rs.getString(12),format1));
              sheet.addCell(new Label(13, row, rs.getString(13),format1));
              sheet.addCell(new Label(14, row, rs.getString(14),format1));
              sheet.addCell(new Label(15, row, rs.getString(15),format1));
              row++;
            }
        }
        res = 1;
        //写入数据并关闭文件
        book.write();
        book.close();
      }catch(Exception e)
      {
          System.out.println(e);
      }
      finally{
          return res;
      }
  }
  /**
   * 管理员的统计功能
   * 把 SQL Server 数据库中的数据导入到 Excel 文件中
   * 思路
   * 返回值－执行结果代码：
   * 1－导入成功
   * 0－抛出一般异常
   * －1－抛出数据库异常
   */
  public synchronized int getClassStatisticsToExcel(String starttime, String endtime, String depart,String unit)
  {
      int res = 0;
      String depart1 = "",unit1 = "";
      try
      {
```

```java
//找到相对路径,把 Excel 文件统一存到此文件夹下
File f = new File(".");
int lastindex = f.getAbsolutePath().toString().lastIndexOf(".");
String path = f.getAbsolutePath().toString().substring(0,lastindex-1);
WritableWorkbook book =
Workbook.createWorkbook(new File(path + "\\excel\\statistics.xls"));
//生成名为"开课信息"的工作表,参数 0 表示第一页
WritableSheet sheet = book.createSheet("开课信息",0);
WritableFont font1 =
new WritableFont(WritableFont.TIMES,10,WritableFont.NO_BOLD);
WritableCellFormat format1 = new WritableCellFormat(font1);
//Label label = new Label(0,0,"data 4 test",format1)
//把水平对齐方式指定为居中
format1.setAlignment(jxl.format.Alignment.CENTRE);
//把垂直对齐方式指定为居中
format1.setVerticalAlignment(jxl.format.VerticalAlignment.CENTRE);
//加上边框
format1.setBorder(jxl.format.Border.ALL,jxl.format.BorderLineStyle.THIN);
//1.列出表头,分别转换 depart,unit 为名称
strSQL = "select departID,departName from depart where departID = '" + depart + "'";
st = con.createStatement();
rs = st.executeQuery(strSQL);
while(rs.next())
{
   depart1 = rs.getString("departName");
}
strSQL = "select labID,Unit from lab where labID = '" + unit + "'";
st = con.createStatement();
rs = st.executeQuery(strSQL);
while(rs.next())
{
   unit1 = rs.getString("Unit");
}
sheet.mergeCells(0, 0, 5, 0);
String title = "";
if(unit.equals("所有实验室"))
   title = depart1 + "   " + starttime + " --- " + endtime + "开放实验信息";
else
   title = depart1 + "   " + unit1 + "   " + starttime + " --- " + endtime + "开放实验信息";
Label label = new Label(0,0,title,format1);
sheet.addCell(label);
//2.第一行
label = new Label(0,1,"实验序号",format1);
sheet.addCell(label);
label = new Label(1,1,"实验名称",format1);
sheet.addCell(label);
label = new Label(2,1,"人数",format1);
sheet.addCell(label);
label = new Label(3,1,"总学时",format1);
sheet.addCell(label);
label = new Label(4,1,"开课教师",format1);
```

```java
          sheet.addCell(label);
          label = new Label(5,1,"实验室名称",format1);
          sheet.addCell(label);
          /*生成一个保存数字的单元格
          必须使用Number的完整包路径,否则会有语法歧义
          单元格位置是第二列第一行,值为789.123*/
          /*
          jxl.write.Number number = new jxl.write.Number(1,0,789.123);
          sheet.addCell(number);
          */
          //3.具体的数据
          if(getClassStatistics(starttime,endtime,depart,unit) == 1){
             int row = 2;
             sheet.addCell(new jxl.write.Number(0, row, rs.getInt(1),format1));
             sheet.addCell(new Label(1, row, rs.getString(2),format1));
             sheet.addCell(new jxl.write.Number(2, row, rs.getInt(3),format1));
             sheet.addCell(new jxl.write.Number(3, row, rs.getInt(4),format1));
             sheet.addCell(new Label(4, row, rs.getString(5),format1));
             sheet.addCell(new Label(5, row, rs.getString(6),format1));
             row++;
             while(rs.next()) {
                sheet.addCell(new jxl.write.Number(0, row, rs.getInt(1),format1));
                sheet.addCell(new Label(1, row, rs.getString(2),format1));
                sheet.addCell(new jxl.write.Number(2, row, rs.getInt(3),format1));
                sheet.addCell(new jxl.write.Number(3, row, rs.getInt(4),format1));
                sheet.addCell(new Label(4, row, rs.getString(5),format1));
                sheet.addCell(new Label(5, row, rs.getString(6),format1));
                row++;
             }
          }
          res = 1;
          //写入数据并关闭文件
          book.write();
          book.close();
       }catch(Exception e)
       {
          System.out.println(e);
       }
       finally{
          return res;
       }
    }
    /**
     *把SQL Server数据库中的数据导入到Excel文件中
     *思路
     *返回值-执行结果代码:
     * 1-导入成功
     * 0-抛出一般异常
     * -1-抛出数据库异常
     */
    public synchronized int getClassStudentToExcel()
```

```java
{
    int res = 0;
    String title = "";
    try
    {
        //找到相对路径,把 Excel 文件统一存到此文件夹下
        File f = new File(".");
        int lastindex = f.getAbsolutePath().toString().lastIndexOf(".");
        String path = f.getAbsolutePath().toString().substring(0,lastindex - 1);
        WritableWorkbook book =
        Workbook.createWorkbook(new File(path + "\\excel\\student.xls"));
        WritableFont font1 =
        new WritableFont(WritableFont.TIMES,10,WritableFont.NO_BOLD);
        WritableCellFormat format1 = new WritableCellFormat(font1);
        //把水平对齐方式指定为居中
        format1.setAlignment(jxl.format.Alignment.CENTRE);
        //把垂直对齐方式指定为居中
        format1.setVerticalAlignment(jxl.format.VerticalAlignment.CENTRE);
        //加上边框
        format1.setBorder(jxl.format.Border.ALL,jxl.format.BorderLineStyle.THIN);
        int sheetnum = 0;
        if(getClassInfo() == 1)
        {
            //读出所有的班级存入向量中
            Vector classvector = new Vector();              //班级 ID 向量
            Vector sheetvector = new Vector();              //sheet 表向量
            String classid = String.valueOf(rs.getInt("ID"));
            String classname = rs.getString("Name");
            classvector.add(classid);
            sheetvector.add(classname);
            while(rs.next()) {
                classid = String.valueOf(rs.getInt("ID"));
                classvector.add(classid);
                classname = rs.getString("Name");
                sheetvector.add(classname);
            }
            for(int sheetv = 0; sheetv < classvector.size(); sheetv++) {
                title = sheetvector.elementAt(sheetv).toString();
                //生成名为班级名称的工作表,参数 0 表示第一页,依次类推
                WritableSheet sheet = book.createSheet(sheetvector.elementAt(sheetv).
                                                    toString(), sheetv);
                //将第 6 列的宽度设为 30
                sheet.setColumnView(5,30);
                //表头
                sheet.mergeCells(0, 0, 5, 0);
                Label label = new Label(0,0,title,format1);
                sheet.addCell(label);
                //构造第一行(0,0)
                label = new Label(0, 1, "学生 ID", format1);
                sheet.addCell(label);
                label = new Label(1, 1, "姓名", format1);
```

```java
        sheet.addCell(label);
        label = new Label(2, 1, "性别", format1);
        sheet.addCell(label);
        label = new Label(3, 1, "学部", format1);
        sheet.addCell(label);
        label = new Label(4, 1, "班级", format1);
        sheet.addCell(label);
        label = new Label(5, 1, "入学时间", format1);
        sheet.addCell(label);
        //读取特定班级的学生信息
        if(getClassStudent(classvector.elementAt(sheetv).
                                        toString()) == 1) {
          int row = 2;
          sheet.addCell(new Label(0, row, rs.getString("ID"), format1));
          sheet.addCell(new Label(1, row, rs.getString("Name"), format1));
          sheet.addCell(new Label(2, row, rs.getString("Sex"), format1));
          sheet.addCell(new Label(3, row, rs.getString("Department"), format1));
          sheet.addCell(new Label(4, row, rs.getString("Class"), format1));
          sheet.addCell(new Label(5, row, rs.getString("EnrollTime"), format1));
          row++;
          while(rs.next()) {
            sheet.addCell(new Label(0, row, rs.getString("ID"), format1));
            sheet.addCell(new Label(1, row, rs.getString("Name"), format1));
            sheet.addCell(new Label(2, row, rs.getString("Sex"), format1));
            sheet.addCell(new Label(3, row, rs.getString("Department"),
                            format1));
            sheet.addCell(new Label(4, row, rs.getString("Class"), format1));
            sheet.addCell(new Label(5, row, rs.getString("EnrollTime"),
                            format1));
            row++;
          }
        }
      }
    res = 1;
    //写入数据并关闭文件
    book.write();
    book.close();
    }catch(Exception e)
    {
        System.out.println(e);
    }
    finally{
        return res;
    }
}
/**
 * 获取所有开课班级的学生信息
 *
 * 返回值-执行结果代码:
 * 1-查询成功
```

```java
 *   0 - 抛出一般异常
 *  -1 - 抛出数据库异常
 *  -2 - 开课班级学生信息不存在
 */
public int getClassStudent(String classID){
    int res = 0;
    //为配合分页功能,第一步: ORDER BY ID ASC,以升序的方式进行排序
    strSQL = "SELECT ID,Name,Sex,Department,Class,EnrollTime FROM  student "
        + "where ID in(select StudentID from select_class where ClassID = '" + classID + "') ORDER BY ID ASC";
    try{
        //分页功能,第二步:只有这样,才能用rs.last(),re.first()等,下几步在
        //getAllClass.jsp中
        st = con.createStatement(ResultSet.TYPE_SCROLL_SENSITIVE,ResultSet.CONCUR_UPDATABLE);
        rs = st.executeQuery(strSQL);
        if(!rs.next())
            throw new IllegalArgumentException("没有学生选择此门课");
        result = rs;
        res = 1;
    }
    catch(SQLException sqle){
        res = -1;
        con.rollback();
        Debug.log(Debug.getExceptionMsg(sqle));
    }
    catch(IllegalArgumentException iae){
        res = -2;
        Debug.log(Debug.getExceptionMsg(iae));
    }
    catch(Exception e){
        res = 0;
    }
    finally{
        return res;
    }
}


/**
 * 获取统计信息
 *
 * 返回值 - 执行结果代码:
 *   1 - 查询成功
 *   0 - 抛出一般异常
 *  -1 - 抛出数据库异常
 *  -2 - 开课班级信息不存在
 */
public int getClassStatistics(String starttime,String endtime,String depart,String unit ){
    int res = 0;
    //System.out.println(starttime + endtime + depart + unit);
    if(depart.equals("北京城市学院")){//查询全部学校实验室
```

```java
            //为配合分页功能,第一步: ORDER BY ID ASC,以升序的方式进行排序
            strSQL = "select class.ID,class.CourseName,count(*) as num,class.Allhour,teacher.Name,lab.Unit" +
                " from select_class JOin class On class.ID = select_class.ClassID" +
                " Join lab On class.Unit = lab.labID" +
                " JOIN teacher ON class.TeacherID = teacher.ID" +
                " where class.RegTime between '" + starttime + "' and '" + endtime + "'" +
                " GROUP BY class.ID,class.CourseName,class.Allhour,teacher.Name,lab.Unit" +
                " ORDER BY class.ID ASC";}
        else
        {
            if(unit.equals("所有实验室"))                    //查询某学部的实验室
            {
                strSQL = "select class.ID,class.CourseName,count(*) as num,class.Allhour,teacher.Name,lab.Unit" +
                    " from select_class JOin class On class.ID = select_class.ClassID" +
                    " Join lab On class.Unit = lab.labID" +
                    " JOIN teacher ON class.TeacherID = teacher.ID" +
                    " where class.RegTime between '" + starttime + "' and '" + endtime + "' AND class.Depart = '" + depart + "'" +
                    " GROUP BY class.ID,class.CourseName,class.Allhour,teacher.Name,lab.Unit" +
                    " ORDER BY class.ID ASC";
            }
            else                                            //查询某个实验室
            {
                strSQL = "select class.ID,class.CourseName,count(*) as num,class.Allhour,teacher.Name,lab.Unit" +
                    " from select_class JOin class On class.ID = select_class.ClassID" +
                    " Join lab On class.Unit = lab.labID" +
                    " JOIN teacher ON class.TeacherID = teacher.ID" +
                    " where class.RegTime between '" + starttime + "' and '" + endtime + "' AND class.Unit = '" + unit + "'" +
                    " GROUP BY class.ID,class.CourseName,class.Allhour,teacher.Name,lab.Unit" +
                    " ORDER BY class.ID ASC";
            }
        }
        try{
            //分页功能,第二步: 只有这样,才能用rs.last(),re.first()等,下几步在
            //getClassInfo.jsp中
            st = con.createStatement(ResultSet.TYPE_SCROLL_SENSITIVE,ResultSet.CONCUR_UPDATABLE);
            rs = st.executeQuery(strSQL);
            if(!rs.next())
                throw new IllegalArgumentException("暂时没有开课班级信息");
            result = rs;
            res = 1;
        }
        catch(SQLException sqle){
            res = -1;
            con.rollback();
            Debug.log(Debug.getExceptionMsg(sqle));
        }
```

```java
            catch(IllegalArgumentException iae){
                res = -2;
                Debug.log(Debug.getExceptionMsg(iae));
            }
            catch(Exception e){
                res = 0;
            }
            finally{
                return res;
            }
    }

    /**
     * 设置学期结束,把 IsOver 设为 1
     *
     * 参数:
     */
    public synchronized int setIsOver() {
        //System.out.println(time);
        int res = 0;
        try{

            strSQL = "UPDATE class SET   IsOver = '1' where IsOver = '0'";
            st = con.createStatement();
            st.executeUpdate(strSQL);
            res = 1;
        }
        catch(SQLException sqle){
            Debug.log(Debug.getExceptionMsg(sqle));
            con.rollback();
            res = -1;
        }
        catch(IllegalArgumentException iae){
            Debug.log(Debug.getExceptionMsg(iae));
            res = -2;
        }
        catch(Exception e){
            res = 0;
        }
        finally{
            return res;
        }
    }

    /**
     * 设置限选时间
     *
     * 参数:
     */
    public synchronized int setTime(String time) {
        //System.out.println(time);
```

```java
    int res = 0;
    try{
        strSQL = "UPDATE class SET  EndTime = '" + time + "' where IsOver = '0'";
        st = con.createStatement();
        st.executeUpdate(strSQL);
        res = 1;
    }
    catch(SQLException sqle){
        Debug.log(Debug.getExceptionMsg(sqle));
        con.rollback();
        res = -1;
    }
    catch(IllegalArgumentException iae){
        Debug.log(Debug.getExceptionMsg(iae));
        res = -2;
    }
    catch(Exception e){
        res = 0;
    }
    finally{
        return res;
    }
}

/**
 * 设置限选时间
 * 参数:
 */
public synchronized int setTeacherTime(String time) {
    //System.out.println(time);
    int res = 0;
    try{
        strSQL = "select kaiOverTime from data";
        st = con.createStatement();
        rs = st.executeQuery(strSQL);
        if(rs.next())
        {
            strSQL = "UPDATE data SET  kaiOverTime = '" + time + "'";
            st = con.createStatement();
            st.executeUpdate(strSQL);
        }
        else
        {
            strSQL = "insert into data(kaiOverTime) VALUES ('" + time + "')";
            st = con.createStatement();
            st.executeUpdate(strSQL);
        }
        res = 1;
    }
```

```java
            catch(SQLException sqle){
                Debug.log(Debug.getExceptionMsg(sqle));
                con.rollback();
                res = -1;
            }
            catch(IllegalArgumentException iae){
                Debug.log(Debug.getExceptionMsg(iae));
                res = -2;
            }
            catch(Exception e){
                res = 0;
            }
            finally{
                return res;
            }
    }


    /**
     * 检查用户名是否存在
     * 参数:
     * id - 管理员 ID
     */
    protected void checkUser(String id) throws InvalidUserException{
        strSQL = "SELECT ID FROM admin WHERE ID = '" + id + "'";
        try{
            st = con.createStatement();
            rs = st.executeQuery(strSQL);
            if(!rs.next())
                throw new InvalidUserException();
        }
        catch(SQLException sqle){
            Debug.log(Debug.getExceptionMsg(sqle));
        }
    }
}
```

11.4.9 异常 InvalidUserException 类

代码如下:

```java
package choosecourse.db.dboperation;
/**
 * 继承自 Exception 类
 */
public class InvalidUserException extends Exception{
```

```
/**
 * 覆盖父类方法
 *
 * 返回值 - 异常信息
 */
public String getMessage(){
    return "Username or ID invalid.";
    }
}
```

11.5 表示层与逻辑层整合

逻辑层编写完毕后,只剩下最后一项工作——允许用户以适当的方式通过逻辑层与数据库层交互,而这正是表示层的工作。

1. 表示层

表示层就是界面设计。为实现同一风格,使用固定头尾界面,如图 11-9 所示。这样其他的 JSP 可以直接用 Include 指令包含此文件。

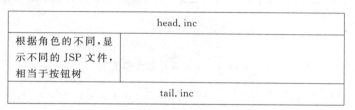

图 11-9 固定头尾界面

设计头尾文件 head.inc、tail.inc。

2. 表示层与逻辑层的整合

- 学生角色登录后,显示学生操作页面,学生具有的功能与 Student 类一起完成各种操作。
- 教师角色登录后,显示教师操作页面,教师具有的功能与 Teacher 类一起完成各种操作。
- 管理员角色登录后,显示管理员操作页面,管理员具有的功能与与 Admin 类一起完成各种操作。

这 3 项分别与对应的 Student 类、Teacher 类、Admin 类一并考虑。

综上所述共分 6 个模块:日志和初始化模块、学生模块、教师模块、管理员模块、查询模块、界面设计模块。

举一实例,如图 11-10 所示。管理员模块的设计除了完成逻辑层设计的 Admin 类之外,还要完成表示层与逻辑层的整合的所有 JSP 页面,如 editPassword.jsp、editPerson.jsp、 getTeacherInfo.jsp、getClassInfo.jsp、addTeacher.jsp、removeTeacher.jsp、logout.jsp等。

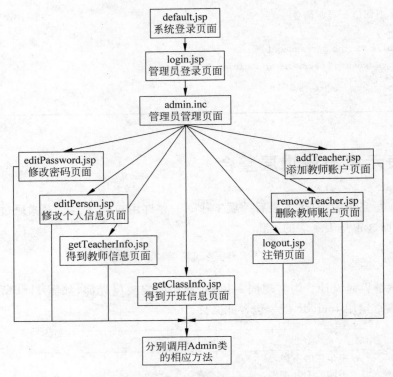

图11-9 管理员各界面间关系

下面是一个添加教师功能完整的 JSP 代码(Admin/addTeacher.jsp),并添加了行号,用此例来介绍如何将表示层和逻辑层整合起来。

```
<%@ page contentType = "text/html;charset = gb2312" %>
<%@ include file = "../include/ccs.inc" %>
<%@ page import = "choosecourse.db.dboperation.*" %>
<%@ page import = "choosecourse.db.*" %>
<%@ page import = "java.sql.*" %>
<html><head><title>网上选课系统 - 添加教师账户</title>
<script language = "JavaScript">
//JavaScript 正则表达式检验
//增加一个名为 trim 的函数作为
//String 构造函数的原型对象的一个方法
String.prototype.trim = function()
{
    //用正则表达式将前后空格
    //用空字符串替代
    return this.replace(/(^\s*)|(\s*$)/g,"");
}
function checkdata(){
    //检验编号:只能输入 5~20 个以字母开头,可带数字、"_"、"."的字符串
```

```javascript
//检验姓名:中文
var txt = document.forms[0].name.value.trim();
patrn = /^[\u4E00-\u9FA5]/;
if(!patrn.exec(txt)){
    alert("姓名只能是中文");
    document.forms[0].name.select();
    return false;
}
//检验密码:只能输入 6～20 个字母、数字、下画线
var password1 = document.forms[0].password.value.trim();
patrn = /^(\w){6,20}$/;
if(!patrn.exec(password1)) {
    alert("密码只能输入 6～20 个字母、数字、下画线");
    document.forms[0].password.select();
    return false;
}
//检验重复密码
var password2 = document.forms[0].password2.value.trim();
patrn = /^(\w){6,20}$/;
if(!patrn.exec(password2)) {
    alert("重复密码只能输入 6～20 个字母、数字、下画线");
    document.forms[0].password2.select();
    return false;
}
//输入的密码是否相同
if(password2!= password1){
    alert("输入的新密码不相同");
    return false;
}
//检验 E-mail
txt = document.forms[0].email.value.trim();
if (txt.search("^\\w+([-+.]\\w+)*@\\w+([-.]\\w+)*\\.\\w+([-.]\\w+)*$")!= 0){
    alert("请输入正确的 E-mail 格式");
    document.forms[0].email.select();
    return false;
}
//检验职称: 中文
txt = document.forms[0].pro.value.trim();
patrn = /^[\u4E00-\u9FA5]/;
if (!patrn.exec(txt)){
    alert("职称只能是中文");
    document.forms[0].pro.select();
    return false;
}
return true;
}
</script>
</head>
<%
String _addTeacher = "";
```

```jsp
String did="",name="",password="",sex="",email="",phone="",pro="",intro="",depart="";
Admin admin=(Admin)session.getAttribute("admin");
int a=8;                                       //通过判断是否是初始值来确定要不要显示表格
if(admin==null)
    _addTeacher="<a href=\"..\\main.jsp\">请先登录</a>";
else{
if(request.getParameter("add")!=null){
    did=request.getParameter("did").trim();
    //中文问题
    name=request.getParameter("name").trim();
    name=new String(name.getBytes("ISO8859_1"),"GBK");
    password=request.getParameter("password").trim();
    sex=request.getParameter("sex");
    email=request.getParameter("email").trim();
    depart=request.getParameter("depart").trim();
    depart=new String(depart.getBytes("ISO8859_1"),"GBK");
    phone=request.getParameter("phone").trim();
    //中文问题
    pro=request.getParameter("pro").trim();
    pro=new String(pro.getBytes("ISO8859_1"),"GBK");
    intro=request.getParameter("intro").trim();
    intro=new String(intro.getBytes("ISO8859_1"),"GBK");
    a=admin.addTeacher(did,name,password,sex,email,depart,phone,pro,intro);
    admin.freeCon();                                                //
    switch(a){
        case 1:
            _addTeacher="添加账户成功";
            break;
        case 0:
            _addTeacher="一般异常";
            break;
        case -1:
            _addTeacher="数据库异常";
            break;
        case -2:
            _addTeacher="教师已存在";
            break;
    }
}
}
%>
<body
oncontextmenu="window.event.returnValue=false"
onmousedown="event.returnValue=false"
bgcolor="#ffffff" background="/Choose/images/bg.gif" leftmargin="0" topmargin="0"
marginwidth="0" marginheight="0">
<noscript><iframe src="*"></iframe></noscript>
<table width="770" border="0" align="center" cellpadding="0" cellspacing="0">
    <%@ include file="../include/headadmin.inc"%>
    <tr>
    <td colspan="3"><img name="admin_r2_c1" src="/Choose/images/admin_r2_c1.jpg" width=
```

```
"153" height="27" border="0" alt=""></td>
    <%if(admin!=null){%>
    <td rowspan="27" align="center" valign="top" background="/Choose/images/admin_r2_c4.jpg" width="613" height="459" border="0" alt="">
    <%}else{%>
    <td rowspan="3" align="center" valign="top" background="/Choose/images/stu_r2_c4.jpg" width="613" height="458" border="0" alt="">
    <%}%>
      <br>
        <p><%=_addTeacher%></p>
<%if(admin!=null){%>
<%if(a==8){%>
<form action="addTeacher.jsp?add=true" name="addTeacher" method="POST" OnSubmit="return checkdata()">
<div align="center">
<table border="1" width="100%" align="center" bordercolor="#666666" id="table1" height="40%">
    <tr>
        <td width="200" height="20"><span style="font-size:10.0pt;font-family:宋体">编  号:</span></td>
        <td height="20"><input type="text" name="did" size="16"></td>
    </tr>
    <tr>
        <td width="200" height="20"><span style="font-size:10.0pt;font-family:宋体">姓  名:(中文)</span></td>
        <td height="20"><input type="text" name="name" size="16"></td>
    </tr>
    <tr>
        <td width="200" height="20"><span style="font-size:10.0pt;font-family:宋体">密  码:(6～20个字母、数字、下画线)</span></td>
        <td height="20"><input type="password" name="password" size="16"></td>
    </tr>
    <tr>
        <td width="200" height="20"><span style="font-size:10.0pt;font-family:宋体">重复密码:(6～20个字母、数字、下画线)</span></td>
        <td height="20"><input type="password" name="password2" size="16"></td>
    </tr>
    <tr>
        <td width="200" height="20"><span style="font-size:10.0pt;font-family:宋体">性  别:</span></td>
        <td height="20">
            <input type="radio" value="0" name="sex" checked>男  
            <input type="radio" value="1" name="sex">女  
        </td>
    </tr>
    <tr>
        <td width="200" height="20"><span style="font-size:9.0pt;font-family:宋体">E_mail:</span></td>
        <td height="20"><input type="text" name="email" size="16"></td>
    </tr>
    <tr>
```

```html
            <td width="200" height="20"><span style="font-size:9.0pt;font-family:宋体">院  系:</span></td>
            <td height="20">
                <select name="depart" size="1" style="width:125">
                    <option value="经管学部" selected>经管学部</option>
                    <option value="理工学部">理工学部</option>
                    <option value="信息学部">信息学部</option>
                    <option value="生物技术学部">生物技术学部</option>
                    <option value="软件工程学部">软件工程学部</option>
                    <option value="应用技术学部">应用技术学部</option>
                    <option value="大学城分校">大学城分校</option>
                    <option value="语言文化学部">语言文化学部</option>
                    <option value="艺术学部">艺术学部</option>
                    <option value="培训学部">培训学部</option>
                    <option value="成人教育学部">成人教育学部</option>
                    <option value="现在技术服务学部">现在技术服务学部</option>
                    <option value="计算机实验教学中心" selected>计算中心</option>
                    <option value="网络中心">网络中心</option>
                    <option value="人工智能研究所">人工智能研究所</option>
                    <option value="信息安全研究所">信息安全研究所</option>
                </select>
            </td>
        </tr>
        <tr>
            <td width="200" height="20"><span style="font-size:10.0pt;font-family:宋体">电  话:(固话或手机)</span></td>
            <td height="20"><input type="text" name="phone" size="16"></td>
        </tr>
        <tr>
            <td width="200" height="20"><span style="font-size:10.0pt;font-family:宋体">职  称:(中文)</span></td>
            <td height="20"><input type="text" name="pro" size="16"></td>
        </tr>
        <tr>
            <td width="200" height="20"><span style="font-size:10.0pt;font-family:宋体">教师简介:</span></td>
            <td>
                <textarea name="intro" cols="50" rows="5"></textarea>
            </td>
        </tr>
    </table>
</div>
<p><input type="submit" value="添 加">  <input type="reset" value=" 重 写 "></p>
</form>
<%}} %>
    </td>
    <% if(admin!=null){ %>
    <td rowspan="28"><img name="admin_r2_c5" src="/Choose/images/admin_r2_c5.jpg" width="4" height="485" border="0" alt=""></td>
    <% }else{ %>
```

```
    <td rowspan = "4"><img name = "admin_r2_c5" src = "/Choose/images/stu_r2_c5.jpg" width =
"4" height = "485" border = "0" alt = ""></td>
    <%}%>
    <td><img src = "/Choose/images/spacer.gif" width = "1" height = "27" border = "0" alt = "">
</td>
  </tr>
  <%@ include file = "../include/admin.inc"%>
</table>
</body>
</html>
<%
if(admin!= null)
  admin.freeCon();
%>
```

下面对以上 addTeacher.jsp 中的各个部分的功能加以详细说明,由此让读者了解一个完整的 JSP 页面代码的组成部分和实现方法。

1. 声明部分

这部分用"<%@…%>"包括,用于设定一些与 JSP 页面有关的信息。第 1 行定义了页面所使用的字符集(在这里是 gb2312),中文页面一般设为此字符集;第 2 行用<%@ includefile="../include/ccs. inc"%>引入头文件;第 3～4 行用<%@ page import = "…"%>定义了页面需要导入的包。

2. JavaScript 正则表达式检验

利用 JavaScript 正则表达式进行输入值的检验。

3. 生成表格部分

这部分更多地使用 HTML 代码把表格绘制出来并进行美化。通过设定 form 的 action 属性指定表单提交(单击"添加"按钮)后重定向到原来的页面,只不过在 URL 中添加了一个值为 true 的变量,add 变量配合 if(request. getParameter("add")!=null)决定了页面的运行流程。

4. 页面数据处理

这部分是整个 JSP 页面的核心部分,负责权限检查、从页面收集数据、对数据库进行操作、检测操作结果等。

1) 权限检查

从 session 中取出用户身份信息(此信息会在管理员登录后被设置),若不是合法的管理员用户,则显示出错信息,生成页面的基本部分。若是合法的管理员用户,则可对数据库进行操作。

2) 收集数据

调用 request. getPararneter(String para)从页面中获取数据,其中 para 参数是如 input

标签的 name 属性。

3）操作数据库

a = admin.addTeacher(…)调用 choosecourse.db.dboperation 包中各个角色类方法完成相应的功能。

4）检测、处理操作结果

根据 API 中各个方法的返回值做出相应的处理，显示相应的信息。

5．显示信息

处理页面数据时将相应的信息存储在_addTeacher 变量中，这行使用<%=…%>标签将这个变量显示在页面上。

6．释放数据库资源

调用 DBOperation 类中的 closeConnection()方法（被子类继承），释放数据库资源。

经过以上分析，相信读者对表示层与逻辑层的整合（即编写各个 JSP 页面）已十分清楚，由于这部分比较简单，而且美工所占比例相对较大，所以在此不再详述。

11.6 经验与技巧

1．页面模块化

本系统在界面设计上都采用了模块化处理思想，把很多页面的共有部分集成一个模块，例如页面的头、尾和导航条，这样在开发时，遇到这些相似的页面部分就不需要重新编写，而只要以一句<%@ include file="../include/headadmin.inc"%>重用这部分即可，大大提高了开发效率。

2．三层结构设计

本系统采用用户界面、业务逻辑和数据相互独立的结构，三层在实际的物理结构上也是独立的，业务逻辑处理层采用 JavaBean 实现，用户界面与业务逻辑分离，系统的安全性、可维护性、重用性和可扩展性都大大提高。

3．面向对象设计

在系统中将学生、教师和管理员都封装成相应的类，同时每个类都有自己对应的操作类，从而再次提高了对数据库操作的安全性和程序的可扩展性。

4．业务逻辑层的实现

由于本系统业务逻辑的复杂性，因此编程实现业务逻辑也成为实现本系统的一个难点。在程序中，每个类基本都对应着数据库的一个表，但是由于表与表之间的关系很复杂，因此在实现过程中，每个类之间也具有一定的关联性，特别是类之间方法的相互调用很多。

5. 软件工程思想的掌握

在本系统中，采用的是面向对象的分析和面向对象的设计。首先，系统根据功能划分成多个实体对象，通过分析每个实体对象，给出实体的属性和方法，这样就形成了系统的数据层。通过对系统的实体对象逻辑关系的分析和系统的需求功能分析，设计完成了本系统的业务逻辑层。因此，使用软件工程思想对本系统进行分析与设计也成为本系统的一个难点。

11.7 小结

本章介绍了一套小型的信息处理系统——实验室网上选课系统，以各个层为单位，详细地介绍了每一个功能模块的设计思路、具体实现和开发技巧。希望读者在学完本章后，能够大致了解如何开发一个信息处理系统，并能使用本章中提到的技术开发类似系统。

第12章 职业咨询预约系统

本章通过介绍职业咨询预约系统的其中一部分——对咨询师进行增、删、改、查,来演示如何在实际的项目中运用 Hibernate 和 Spring 框架来搭建分层的框架结构。通过代码演示 MVC 中的 control 层如何操作模型返回视图,且以 XML 文件进行 Bean 注入。通过开发表单中包含要求用户输入简单数据项的 CRUD 为导向的 Web 应用程序,使用 Hibernate 保存输入的数据到 Oracle 数据库。

本系统主要有以下特点。

- Spring 就是一个大工厂,可以将所有对象的创建和依赖关系的维护交给 Spring 管理。
- 使用 Hibernat 框架配置响应的 XML 进行数据库的增、删、改、查操作。不需要去写繁杂重复的 JDBC 语句和 SQL 语句,给开发带来很大的方便。

在熟悉了本系统的设计思想和一些技巧之后,读者可以轻松构建一些类似的信息处理系统。

12.1 Spring 框架流程

1. MVC 设计模式

首先来看一下 MVC 设计模式。

M——Model,模型(完成业务逻辑:Service+DAO+Entity)。

V——View,视图(做界面的展示:JSP,HTML 等)。

C——Controller,控制器(接收请求→调用业务类→派发页面)。

MVC 原理如图 12-1 所示。

2. Spring MVC 处理流程

Spring MVC 是 MVC 架构的整体实现,包括了 MVC 三项框架。Spring MVC 原理如图 12-2 所示。

处理流程如下。

(1)用户发送请求至 DispatcherServlet(前端控制器)。

(2)DispatcherServlet 收到请求调用 HandlerMapping(处理器映射器)。

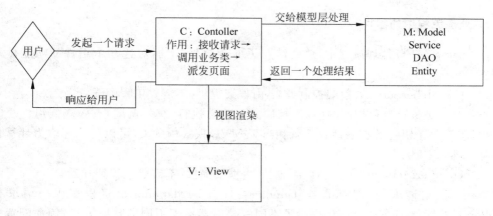

图 12-1　MVC 原理

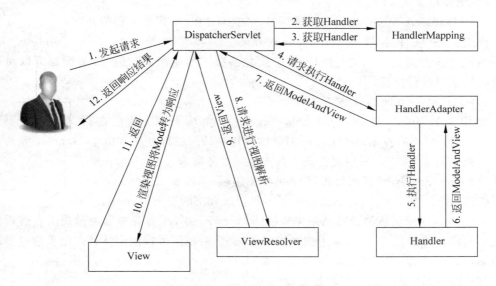

图 12-2　Spring MVC 原理

（3）HandlerMapping 找到具体的处理器，生成处理器对象及处理器拦截器一并返回给 DispatcherServlet。

（4）DispatcherServlet 发送执行给 HandlerAdapter（处理器适配器）。

（5）HandlerAdapter 经过适配调用具体的处理器（Controller，也叫后端控制器）。

（6）Controller 执行完成返回 ModelAndView。

（7）HandlerAdapter 将 Controller 执行结果 ModelAndView 返回给 DispatcherServlet。

（8）DispatcherServlet 将 ModelAndView 传给 ViewReslover（视图解析器）。

（9）ViewReslover 解析后返回具体 View。

（10）DispatcherServlet 根据 View 进行渲染视图（即将模型数据填充至视图中）。

（11）渲染完成后返回给 DispatcherServlet。

（12）DispatcherServlet 响应用户。

3. 处理流程中的组件

在 Spring MVC 处理流程中，总共涉及了 6 个组件，下面对这 6 个组件的功能做逐一说明。

(1) DispatcherServlet（前端控制器）：由框架提供，不需要工程师开发。

作用：它是整个流程控制的中心，控制其他组件执行，统一调度，有效降低组件之间的耦合性，提高每个组件的扩展性。它就相当于 MVC 模式中的 C，可以简单理解为计算机的中央处理器（CPU）。

(2) HandlerMapping（处理器映射器）：由框架提供，不需要工程师开发。

作用：根据请求的 URL 查找 Handler。HandlerMapping 负责根据用户请求找到 Handler 即处理器，Spring MVC 提供了不同的映射器实现不同的映射方式，例如配置文件方式、实现接口方式、注解方式等。

(3) HandlerAdapter（处理器适配器）：由框架提供，不需要工程师开发。

作用：按照特定规则（HandlerAdapter 要求的规则）去执行 Handler。通过 HandlerAdapter 对处理器进行执行，这是适配器模式的应用，通过扩展适配器可以对更多类型的处理器进行执行。

(4) Handler（处理器）：需要工程师开发。

作用：Handler 是继 DispatcherServlet（前端控制器）的后端控制器，在 DispatcherServlet 的控制下 Handler 对具体的用户请求进行处理。由于 Handler 涉及具体的用户业务请求，所以一般情况需要工程师根据业务需求开发 Handler。

(5) ViewResolver（视图解析器）：由框架提供，不需要工程师开发。

作用：进行视图解析，根据逻辑视图名解析成真正的视图（View）。

ViewResolver 负责将处理结果生成视图，ViewResolver 首先根据逻辑视图名解析成物理视图名即具体的页面地址，再生成视图对象，最后对视图进行渲染将处理结果通过页面展示给用户。

(6) View（视图）：需要工程师开发。

视图即展示给用户的界面。视图中通常需要标签语言展示模型数据。View 是一个接口，实现类支持不同的 View 类型（JSP、Freemarker、PDF…）。

12.2 系统说明

职业咨询中，学生将与咨询师一对一面谈学生在职业生涯方面的问题和困惑，咨询师会根据学生的需要，帮助他分析兴趣爱好、个性特征、能力特长，帮助他选择适合的职业发展方向，与他共同讨论如何应对职业选择和求职过程中遇到的困难和挑战，帮助他提高问题解决能力，发掘他自身的优势，提高他实现梦想的信心。

职业咨询预约系统主要针对高校本科生及研究生提供职业咨询的在线预约功能，将传统的邮件预约、辅导员从中联系学生及咨询师的模式变成学生统一网上预约、咨询师网上发布及确认预约的形式，将辅导员从烦琐的工作中解脱出来，提高了预约的效率及咨询师的使用率，进而提高了咨询量，为高校广大学生提供更优质的服务。

12.3 系统功能

职业咨询预约系统设计了三类角色：一是学生（包括本科生及研究生）；二是咨询师（包括在校老师及校外专家）；三是职业咨询预约系统管理员。角色功能如图12-3所示。

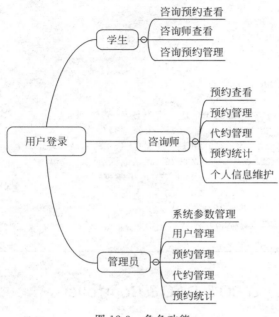

图 12-3　角色功能

12.4 系统实现

这里以咨询师的管理为例，具体演示框架中文件的相互关联关系，在实际的应用中都需要配置和编写哪些文件。框架文件结构如图12-4所示。

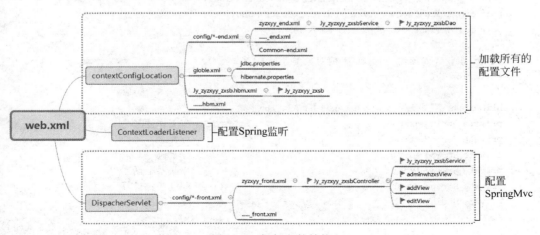

图 12-4　框架文件结构

12.4.1 创建表

代码如下：

```sql
CREATE TABLE JY_ZYZXYY_ZXSB
(
  GZZH    VARCHAR2(10 BYTE)                    NOT NULL,
  XM      VARCHAR2(100 BYTE),
  LXDH    VARCHAR2(20 BYTE),
  EMAIL   VARCHAR2(50 BYTE),
  GRJL    VARCHAR2(1000 BYTE)
)
COMMENT ON TABLE JY_ZYZXYY_ZXSB IS '职业咨询预约_咨询师表';
COMMENT ON COLUMN JY_ZYZXYY_ZXSB.GZZH IS '工作证号';
COMMENT ON COLUMN JY_ZYZXYY_ZXSB.XM IS '姓名';
COMMENT ON COLUMN JY_ZYZXYY_ZXSB.LXDH IS '联系电话';
COMMENT ON COLUMN JY_ZYZXYY_ZXSB.EMAIL IS '电子邮件';
COMMENT ON COLUMN JY_ZYZXYY_ZXSB.GRJL IS '个人简历';
ALTER TABLE JY_ZYZXYY_ZXSB ADD(
  CONSTRAINT PK_JY_ZYZXYY_ZXSB
  PRIMARY KEY(GZZH));
```

12.4.2 Model & BO & DAO & Controller

1. Model

Model 定义模型类用于存储数据库数据。代码如下：

```java
package com.career.vo;
import org.apache.commons.lang.builder.EqualsBuilder;
import org.apache.commons.lang.builder.HashCodeBuilder;
import org.apache.commons.lang.builder.ToStringBuilder;
import com.davidstudio.gbp.core.vo.BaseEntity;
/**
 * 说明：职业咨询预约_咨询师表 值对象类
 * @version 1.0
 */
public class Jy_zyzxyy_zxsb extends BaseEntity {
    private String gzzh;                    //工作证号
    private String xm;                      //姓名
    private String mm;                      //密码
    private String lxdh;                    //联系电话
    private String email;                   //电子邮件
    private String grjl;                    //个人简历
    /** 以下为 get()、set()方法 */
    public String getGzzh() {
```

```java
        return this.gzzh;
    }
    public void setGzzh(String gzzh) {
        this.gzzh = gzzh;
    }
    public String getId() {
        return this.gzzh;
    }
    public void setId(String gzzh) {
        this.gzzh = gzzh;
    }
    public String getXm() {
        return this.xm;
    }
    public void setXm(String xm) {
        this.xm = xm;
    }
    public String getMm() {
        return this.mm;
    }
    public void setMm(String mm) {
        this.mm = mm;
    }
    public String getLxdh() {
        return this.lxdh;
    }
    public void setLxdh(String lxdh) {
        this.lxdh = lxdh;
    }
    public String getEmail() {
        return this.email;
    }
    public void setEmail(String email) {
        this.email = email;
    }
    public String getGrjl() {
        return this.grjl;
    }
    public void setGrjl(String grjl) {
        this.grjl = grjl;
    }
    public String toString() {
        return ToStringBuilder.reflectionToString(this, TOSTRING_STYLE, false, BaseEntity.class);
    }
    public boolean equals(Object o) {
        return EqualsBuilder.reflectionEquals(this, o);
    }
    public int hashCode() {
        return HashCodeBuilder.reflectionHashCode(this);
    }
}
```

2. BO

以下是 BO(业务对象)接口和实现,用来实现业务功能,真正的数据库操作(CRUD)的工作不参与这一个类,而是有一个 DAO(Jy_zyzxyy_zxsbDao)类来做到这一点。代码如下:

```java
package com.career.bo;
import java.io.Serializable;
import java.util.List;
import com.career.dao.Jy_zyzxyy_zxsbDao;
import com.career.vo.Jy_zyzxyy_zxsb;
import com.davidstudio.gbp.core.admin.BaseService;
import com.davidstudio.gbp.core.orm.paged.IPagedList;
/*
 * 说明: 处理对职业咨询预约_咨询师表的业务操作
 * @version 1.0
 */
public class Jy_zyzxyy_zxsbService extends BaseService {
    //数据访问层对象
    private Jy_zyzxyy_zxsbDao jy_zyzxyy_zxsbDao;
    /**
     * 增加职业咨询预约_咨询师表
     */
    public void add(Jy_zyzxyy_zxsb jy_zyzxyy_zxsb) {
        this.jy_zyzxyy_zxsbDao.save(jy_zyzxyy_zxsb);
    }
    /**
     * 修改职业咨询预约_咨询师表
     */
    public void update(Jy_zyzxyy_zxsb jy_zyzxyy_zxsb) {
        this.jy_zyzxyy_zxsbDao.update(jy_zyzxyy_zxsb);
    }
    /**
     * 删除职业咨询预约_咨询师表
     */
    public void delete(Serializable id) {
        this.jy_zyzxyy_zxsbDao.removeById(id);
    }
    /**
     * 根据ID查询职业咨询预约_咨询师表的详细信息
     */
    public Jy_zyzxyy_zxsb queryById(Serializable jy_zyzxyy_zxsbid) {
        return this.jy_zyzxyy_zxsbDao.get(jy_zyzxyy_zxsbid);
    }
    /**
     * 获取所有的职业咨询预约_咨询师表对象
     */
    public List<Jy_zyzxyy_zxsb> queryAll() {
        return this.jy_zyzxyy_zxsbDao.getAll();
    }
```

```java
    /**
     * 组合条件查询
     */
    public List<Jy_zyzxyy_zxsb> queryByVO(Jy_zyzxyy_zxsb jy_zyzxyy_zxsb) {
        return this.jy_zyzxyy_zxsbDao.queryByObject(jy_zyzxyy_zxsb);
    }
    /**
     * 组合条件的分页查询
     */
    public IPagedList queryByVO(IPagedList records, Jy_zyzxyy_zxsb jy_zyzxyy_zxsb) {
        return this.jy_zyzxyy_zxsbDao.queryByObject(records, jy_zyzxyy_zxsb);
    }
    public void setJy_zyzxyy_zxsbDao(Jy_zyzxyy_zxsbDao jy_zyzxyy_zxsbDao) {
        this.jy_zyzxyy_zxsbDao = jy_zyzxyy_zxsbDao;
    }
}
```

3. DAO

以下是jy_zyzxyy_zxsbDao接口和实现，DAO实现类扩展了Spring的HibernateDaoSupport，以使Spring框架支持Hibernate。代码如下：

```java
package com.career.dao;
import java.util.List;
import org.apache.log4j.Logger;
import org.hibernate.criterion.DetachedCriteria;
import org.hibernate.criterion.MatchMode;
import org.hibernate.criterion.Order;
import org.hibernate.criterion.Restrictions;
import com.davidstudio.gbp.core.orm.OrmException;
import com.davidstudio.gbp.core.orm.hibernate.HibernatePagedDao;
import com.davidstudio.gbp.core.orm.paged.IPagedList;
import com.vo.Jy_zyzxyy_zxsb;
/**
 * 职业咨询预约_咨询师表对象的数据访问类
 * @version 1.0
 */
public class Jy_zyzxyy_zxsbDao extends HibernatePagedDao<Jy_zyzxyy_zxsb> {
    /**
     * Logger for this class
     */
    private static final Logger logger = Logger.getLogger(Jy_zyzxyy_zxsbDao.class);
    @Override
    public void save(Object o) throws OrmException {
        //进行基本校验
        check((Jy_zyzxyy_zxsb) o);
        super.save(o);
    }
```

```java
@Override
public void update(Object o) throws OrmException {
    //进行基本校验
    check((Jy_zyzxyy_zxsb) o);
    super.update(o);
}
//如果是复合主键,覆盖父类方法 get()
/**
 * 组合条件查询
 */
public List<Jy_zyzxyy_zxsb> queryByObject(Jy_zyzxyy_zxsb jy_zyzxyy_zxsb) {
    return find(buildCriteriaByVO(jy_zyzxyy_zxsb));
}
/**
 * 分页查询。<br>
 * 只有总记录数为-1时,才会应用传来的参数对象,否则使用前一次的查询参数。
 */
public IPagedList queryByObject(IPagedList records, Jy_zyzxyy_zxsb jy_zyzxyy_zxsb) {
    //如果 totalNum = -1,则将传来的参数构造为 DetachedCriteria 对象,并存入 IPagedList 的
    //param 属性之中
    if(records.getTotalNum() == -1) {
        records.setParam(buildCriteriaByVO(jy_zyzxyy_zxsb));
    }
    return pagedQuery(records, (DetachedCriteria) records.getParam());
}
private DetachedCriteria buildCriteriaByVO(Jy_zyzxyy_zxsb jy_zyzxyy_zxsb){
    DetachedCriteria dc = DetachedCriteria.forClass(getEntityClass(),"t");
    //处理查询条件
    //id
    if(jy_zyzxyy_zxsb.getId() != null ) {
        dc.add(Restrictions.eq("t.id", jy_zyzxyy_zxsb.getId()));
    }
    //姓名
    if(jy_zyzxyy_zxsb.getXm() != null && jy_zyzxyy_zxsb.getXm().length() > 0) {
        dc.add(Restrictions.like("t.xm", jy_zyzxyy_zxsb.getXm(), MatchMode.ANYWHERE));
    }
    //联系电话
    if(jy_zyzxyy_zxsb.getLxdh() != null && jy_zyzxyy_zxsb.getLxdh().length() > 0) {
        dc.add(Restrictions.like("t.lxdh", jy_zyzxyy_zxsb.getLxdh(), MatchMode.ANYWHERE));
    }
    //电子邮件
    if(jy_zyzxyy_zxsb.getEmail() != null && jy_zyzxyy_zxsb.getEmail().length() > 0) {
        dc.add(Restrictions.like("t.email", jy_zyzxyy_zxsb.getEmail(), MatchMode.ANYWHERE));
    }
    //个人简历
    if(jy_zyzxyy_zxsb.getGrjl() != null && jy_zyzxyy_zxsb.getGrjl().length() > 0) {
        dc.add(Restrictions.like("t.grjl", jy_zyzxyy_zxsb.getGrjl(), MatchMode.ANYWHERE));
    }
    //处理排序条件
    String p1 = null;
    String p2 = null;
```

```
        if(jy_zyzxyy_zxsb.getSort() != null) {
          p1 = jy_zyzxyy_zxsb.getSort().getP1();
          if(p1 != null && p1.length() > 0) {
            dc.addOrder(jy_zyzxyy_zxsb.getSort().isAsc1()?Order.asc("t." + p1): Order.desc("t." + p1));
          }
          p2 = jy_zyzxyy_zxsb.getSort().getP2();
          if(p2 != null && p2.length() > 0) {
            dc.addOrder(jy_zyzxyy_zxsb.getSort().isAsc2()?Order.asc("t." + p2): Order.desc("t." + p2));
          }
        }
        //如果没有排序条件,则默认以主键降序排列
        if((p1 == null || p1.length() == 0) && (p2 == null || p2.length() == 0)) {
          dc.addOrder(Order.desc("t.id"));
        }
        return dc;
    }
    //数据校验
    private void check(Jy_zyzxyy_zxsb jy_zyzxyy_zxsb) throws OrmException {
    }
}
```

4. Controller

代码如下：

```
package com.career.web;
import java.io.Serializable;
import java.util.List;
import javax.servlet.http.HttpServletRequest;
import javax.servlet.http.HttpServletResponse;
import org.apache.commons.logging.Log;
import org.apache.commons.logging.LogFactory;
import org.springframework.web.bind.ServletRequestUtils;
import org.springframework.web.servlet.ModelAndView;
import org.thcic.uniusermgr.common.ExtendUser;
import com.davidstudio.gbp.core.AppException;
import com.davidstudio.gbp.core.export.CsvExporter;
import com.davidstudio.gbp.core.export.ExcelExporter;
import com.davidstudio.gbp.core.export.ExportCallback;
import com.davidstudio.gbp.core.export.IExporter;
import com.davidstudio.gbp.core.orm.paged.CachePagedList;
import com.davidstudio.gbp.core.web.WebConfig;
import com.davidstudio.gbp.core.web.springmvc.BaseCURDController;
import com.career.bo.Jy_zyzxyy_zxsbService;
import com.career.common.SysConstant;
import com.career.vo.Jy_zyzxyy_zxsb;
import com.career.util.JyxtService;
/**
 * 说明：增加、修改、删除职业咨询预约_咨询师表的前端处理类
```

```java
 * @version 1.0
 */
public class Jy_zyzxyy_zxsbController extends BaseCURDController<Jy_zyzxyy_zxsb> {
    /**
     * logger 对象
     */
    protected static final Log logger = LogFactory.getLog(Jy_zyzxyy_zxsbController.class);
    //查询结果在 Session 里的存储名称
    private static final String QUERY_NAME = "query.jy_zyzxyy_zxsb";
    private Jy_zyzxyy_zxsbService jy_zyzxyy_zxsbService;         //逻辑层对象
    private static ExportCallback callback = new Jy_zyzxyy_zxsbExportCallback();
    private String adminwhzxsView;                               //咨询师信息维护
    public String jcGzzh(String gzzh ){
        if(!XgmsszsUtil.validateAuthZjhIsExsit( gzzh)) {
            if(gzzh.indexOf(SysConstant.APPINFO_HZ)>0) {
                gzzh = gzzh.substring(0,gzzh.indexOf(SysConstant.APPINFO_HZ));
            }
        }
        return gzzh;
    }
    public ModelAndView adminwhzxs(HttpServletRequest request, HttpServletResponse response)
    throws AppException {
        ModelAndView mnv = new ModelAndView(this.getAdminwhzxsView());
        String gzzh = request.getParameter("p_gzzh");
        String xm = request.getParameter("p_xm");
        Jy_zyzxyy_zxsb zxs = new Jy_zyzxyy_zxsb();
        if(null!= gzzh && gzzh.length()>0) {
            zxs.setGzzh(gzzh);
        }
        if(null!= xm && xm.length()>0) {
            zxs.setXm(xm);
        }
        List<Jy_zyzxyy_zxsb> zxslist = jy_zyzxyy_zxsbService.queryByVO(zxs);
        mnv.addObject("zxslist", zxslist );
        //保存查询条件
        Jy_zyzxyy_zxsb condition =  param2Object(request);
        request.setAttribute("condition", condition);
        return mnv;
    }
    //覆盖父类方法,默认执行 query(),分页显示数据
    @Override
    public ModelAndView index(HttpServletRequest request, HttpServletResponse response) throws AppException {
        return super.query(request, response);
    }
    //实现分页查询操作
    @Override
    protected void doQuery(HttpServletRequest request, HttpServletResponse response, ModelAndView mnv,
            CachePagedList records) {
        //设置每页显示的列表数
```

```java
        records.setPageSize(20);
        Jy_zyzxyy_zxsb jy_zyzxyy_zxsb = null;
        //如果是保存后dispatch到列表页面,则不处理传来的参数
        String method = ServletRequestUtils.getStringParameter(request, getParamName(), "");
        if("".equals(method)) {
            jy_zyzxyy_zxsb = param2Object(request);
            //将查询参数返回给页面
            mnv.addObject("condition", jy_zyzxyy_zxsb);
        }else {
            jy_zyzxyy_zxsb = new Jy_zyzxyy_zxsb();
        }
        this.jy_zyzxyy_zxsbService.queryByVO(records, jy_zyzxyy_zxsb);
    }
    //显示增加职业咨询预约_咨询师表页面前,准备相关数据
    @Override
    protected void beforeShowAdd(HttpServletRequest request, HttpServletResponse response, ModelAndView mnv)
        throws AppException {
    }
    //显示修改职业咨询预约_咨询师表页面前,准备数据
    @Override
    protected void beforeShowEdit(HttpServletRequest request, HttpServletResponse response, ModelAndView mnv) {
        String id = ServletRequestUtils.getStringParameter(request, "p_id", "-1");
        boolean isxnyh = false;
        Jy_zyzxyy_zxsb jy_zyzxyy_zxsb = this.jy_zyzxyy_zxsbService.queryById(id);
        if(null == jy_zyzxyy_zxsb) {
            showMessage(request, "未找到对应的职业咨询预约_咨询师表记录。请重试");
            mnv = query(request, response);
        }else {
            if(XgmsszsUtil.validateAuthZjhIsExsit(jy_zyzxyy_zxsb.getGzzh())) {
                isxnyh = true;
            }
            mnv.addObject("isxnyh", isxnyh);
            mnv.addObject(WebConfig.DATA_NAME, jy_zyzxyy_zxsb);
        }
    }
    private boolean isExist(String gzzh) {
        boolean isExist = false;
        if(null!= gzzh && gzzh.length()>0) {
            Jy_zyzxyy_zxsb zxs = jy_zyzxyy_zxsbService.queryById(gzzh);
            if(zxs != null ){
                isExist = true;
            }
        }
        return isExist;
    }
    /**
     * 保存新增职业咨询预约_咨询师表
     */
    public ModelAndView saveAdd(HttpServletRequest request, HttpServletResponse response) {
```

```java
//校验令牌
if(!isTokenValid(request, true)) {
  showMessage(request, "令牌(token)不正确,无法处理该请求。");
  return new ModelAndView(getAddView());
}
Jy_zyzxyy_zxsb jy_zyzxyy_zxsb = null;
try {
    jy_zyzxyy_zxsb = param2Object(request);
    if(XgmsszsUtil.validateAuthZjhIsExsit(jy_zyzxyy_zxsb.getGzzh())) {
    if(isExist(jy_zyzxyy_zxsb.getGzzh())) {
      showMessage(request, "该账号已经存在。");
            return new ModelAndView(getAddView(), WebConfig.DATA_NAME,
                jy_zyzxyy_zxsb);
    }else {
            this.jy_zyzxyy_zxsbService.add(jy_zyzxyy_zxsb);
            showMessage(request, "新增咨询师账号成功");
    }
    }else {//gzzh 用户不存在
    if(XgmsszsUtil.validateZjhIsExsit(jy_zyzxyy_zxsb.getGzzh()
            + SysConstant.APPINFO_HZ)) {//统一权限 gzzh@bkszs 用户是存在的
        if(isExist(jy_zyzxyy_zxsb.getGzzh())) {
            showMessage(request, "该账号已经存在。");
            return new ModelAndView(getAddView(),
                WebConfig.DATA_NAME, jy_zyzxyy_zxsb);
        } else {
            this.jy_zyzxyy_zxsbService.add(jy_zyzxyy_zxsb);
            showMessage(request, "新增咨询师账号成功");
        }
    }else {   //gzzh@bkszs 用户不存在
        //添加用户信息到统一权限用户列表中
        ExtendUser userInfo = new ExtendUser();
        userInfo.setZjh(jy_zyzxyy_zxsb.getGzzh() + SysConstant.APPINFO_HZ);  //登录号
        userInfo.setXm(jy_zyzxyy_zxsb.getXm());                              //姓名
        userInfo.setYhlb(SysConstant.APPINFO_ZXSLB);                         //用户类别
        userInfo.setMm(jy_zyzxyy_zxsb.getMm());                              //密码
        //创建用户,在统一身份认证权限系统中创建用户
        int ok = JyxtService.getInstance().createUser(userInfo);
        if(0!= ok){
            showMessage(request, "新增账号失败");
            return new ModelAndView(getAddView(),
                WebConfig.DATA_NAME, jy_zyzxyy_zxsb);
        }else {
            if(isExist(jy_zyzxyy_zxsb.getGzzh())) {
                this.jy_zyzxyy_zxsbService.update(jy_zyzxyy_zxsb);
                showMessage(request, "新增咨询师账号成功");
            } else {
                try {
                    this.jy_zyzxyy_zxsbService.add(jy_zyzxyy_zxsb);
                    showMessage(request, "新增账号成功");
                }catch(AppException e) {
                    logger.error("新增[" + jy_zyzxyy_zxsb + "]失败", e);
```

```java
                            int n = JyxtService.getInstance().deleteUser(jy_zyzxyy_zxsb.
getGzzh() + SysConstant.APPINFO_HZ);
                            showMessage(request, "新增失败：" + e.getMessage(), e);
                            //修改失败后,重新显示修改页面
                            return new ModelAndView(getAddView(),WebConfig.DATA_NAME,jy_zyzxyy_zxsb);
                        }
                    }
                }
            }}}
    catch(AppException e) {
        logger.error("新增职业咨询预约_咨询师表[" + jy_zyzxyy_zxsb + "]失败", e);
        showMessage(request, "新增职业咨询预约_咨询师表失败：" + e.getMessage(), e);
        //增加失败后,应将已填写的内容重新显示在职业咨询预约_咨询师表
        return new ModelAndView(getAddView(), WebConfig.DATA_NAME, jy_zyzxyy_zxsb);
    }
    return adminwhzxs(request, response);
}
/**
 * 保存修改的职业咨询预约_咨询师表
 */
public ModelAndView saveEdit(HttpServletRequest request, HttpServletResponse response) {
    //校验令牌
    if(!isTokenValid(request, true)) {
        showMessage(request, "令牌(token)不正确,无法处理该请求。");
        return edit(request, response);
    }
    Jy_zyzxyy_zxsb jy_zyzxyy_zxsb = null;
    try {
        jy_zyzxyy_zxsb = param2Object(request);
        //数据校验,如失败直接返回
        if(!validate(request, jy_zyzxyy_zxsb)) {
            return edit(request, response);
        }
        this.jy_zyzxyy_zxsbService.update(jy_zyzxyy_zxsb);
        showMessage(request, "修改咨询师信息成功");
    }catch(AppException e) {
        logger.error("修改职业咨询预约_咨询师表[" + jy_zyzxyy_zxsb + "]失败", e);
        showMessage(request, "修改咨询师信息失败：" + e.getMessage(), e);
        //修改失败后,重新显示修改页面
        return edit(request, response);
    }
    return adminwhzxs(request, response);
}
/**
 * 删除选中的职业咨询预约_咨询师表
 */
public ModelAndView delete(HttpServletRequest request, HttpServletResponse response) {
    Serializable[] jy_zyzxyy_zxsbs = ServletRequestUtils.getStringParameters(request, "p_id");
    //允许部分删除成功
    try {
        for(Serializable id : jy_zyzxyy_zxsbs) {
```

```java
            this.jy_zyzxyy_zxsbService.delete(id);
        }
        showMessage(request, "删除职业咨询预约_咨询师表成功");
    }catch(AppException e) {
        logger.error("批量删除职业咨询预约_咨询师表时失败", e);
        showMessage(request, "删除职业咨询预约_咨询师表失败: " + e.getMessage(), e);
    }
    return query(request, response);
}
/**
 * 不分页查询
 */
public ModelAndView queryAll(HttpServletRequest request, HttpServletResponse response)
        throws AppException {
    ModelAndView mnv = new ModelAndView(getIndexView());
    Jy_zyzxyy_zxsb jy_zyzxyy_zxsb = param2Object(request);
    mnv.addObject(WebConfig.DATA_NAME, this.jy_zyzxyy_zxsbService.queryByVO(jy_zyzxyy_zxsb));
    //将查询参数返回给页面
    mnv.addObject("condition", jy_zyzxyy_zxsb);
    return mnv;
}
/**
 * 导出数据为 CSV 格式
 */
public ModelAndView exportCSV(HttpServletRequest request, HttpServletResponse response)
        throws AppException {
    Jy_zyzxyy_zxsb jy_zyzxyy_zxsb = param2Object(request);
    IExporter exporter = new CsvExporter(this.jy_zyzxyy_zxsbService.queryByVO(jy_zyzxyy_zxsb));
    exporter.export(response, callback);
    return null;
}
/**
 * 导出数据为 XLS 格式
 */
public ModelAndView exportXLS(HttpServletRequest request, HttpServletResponse response)
        throws AppException {
    Jy_zyzxyy_zxsb jy_zyzxyy_zxsb = param2Object(request);
    IExporter exporter = new ExcelExporter(this.jy_zyzxyy_zxsbService.queryByVO(jy_zyzxyy_zxsb));
    exporter.export(response, callback);
    return null;
}
//指定分页查询记录在 Session 中的名称
@Override
protected String getQueryName() {
    return QUERY_NAME;
}
/** 以下为 set()、get()方法 */
public void setJy_zyzxyy_zxsbService(Jy_zyzxyy_zxsbService jy_zyzxyy_zxsbService) {
    this.jy_zyzxyy_zxsbService = jy_zyzxyy_zxsbService;
}
public String getAdminwhzxsView() {
```

```java
        return adminwhzxsView;
    }
    public void setAdminwhzxsView(String adminwhzxsView) {
        this.adminwhzxsView = adminwhzxsView;
    }
}
/**
 * 处理职业咨询预约_咨询师表数据导出的回调类
 * @version 1.0
 */
class Jy_zyzxyy_zxsbExportCallback implements ExportCallback {
    public String getFileName() {
        return "职业咨询预约_咨询师表";
    }
    public String[] getHeaders() {
        return new String[] { "id", "xm", "mm", "lxdh", "email", "grjl" };
    }
    public Object[] getRow(Object rowObject) {
        Jy_zyzxyy_zxsb jy_zyzxyy_zxsb = (Jy_zyzxyy_zxsb) rowObject;
        return new Object[] { jy_zyzxyy_zxsb.getId(), jy_zyzxyy_zxsb.getXm(), jy_zyzxyy_zxsb.getMm(), jy_zyzxyy_zxsb.getLxdh(), jy_zyzxyy_zxsb.getEmail(), jy_zyzxyy_zxsb.getGrjl() };
    }
    public String getTitle() {
        return "职业咨询预约_咨询师表列表";
    }
}
```

12.4.3 JSP 页面

1．index.jsp 页面

代码如下：

```jsp
<%@include file="../../../common/head.jsp"%>
<!-- js start -->
<script src="<c:url value='/'/>scripts/jyxt/choosesyd/s.js" language="JavaScript"
    type="text/javascript"></script>
<script src="<c:url value='/'/>scripts/jyxt/choosesyd/prototype-1.4.0.js"
    language="JavaScript" type="text/javascript"></script>
<!-- js end -->
<script>
window.document.title = "管理员查询咨询师";
function turn(p){//翻页函数
    document.frm.target = "";
    document.frm.page.value = p;
    if(confirmSubmited(document.frm)){
        document.frm.submit();
    }
}
```

```javascript
function addNew(){                              //新增
    var frm = window.document.frm;
    if(confirmSubmited(frm)){
        frm.m.value = "add";
        frm.submit();
    }
}
function doEdit(){                              //修改
    var m = 0;
    var zxzt = "";
    var frm = window.document.frm;
    if(frm.p_id == null){
        alert("无记录!");
        return;
    }
    //判断只有一条记录的时候
    if(frm.p_id.length == null && frm.p_id.checked){
        m = 1;
    }
      //有多条记录的时候
      for(var i = 0;i<frm.p_id.length;i++){
        if(frm.p_id[i].checked){
            m ++;
        }
    }
    if(m == 1){
        frm.m.value = "edit";
        frm.submit();
    }else{
        alert("请选择一条记录!");
    }
}
function doQuery(){//重新查询
    var frm = window.document.frm;
    document.frm.m.value = "adminwhzxs";
    document.frm.submit();
}
function openwindow(url,name,iWidth,iHeight)
 {
    var url;                                              //转向网页的地址
    var name;                                             //网页名称,可为空
    var iWidth;                                           //弹出窗口的宽度
    var iHeight;                                          //弹出窗口的高度
    var iTop = (window.screen.availHeight-30-iHeight)/2;  //获得窗口的垂直位置
    var iLeft = (window.screen.availWidth-10-iWidth)/2;   //获得窗口的水平位置
    window.open(url,name,'height='+iHeight+',,innerHeight='+iHeight+',width='+iWidth+',innerWidth='+iWidth+',top='+iTop+',left='+iLeft+',toolbar=no,menubar=no,scrollbars=yes,resizeable=no,location=no,status=no');
 }
</script>
<!-- 定义列样式,主要是设置列宽度和对齐 -->
```

```jsp
<script>
  <!--设置表头数据-->
  var gridColumns = [
    "<input class=\"infoDisInput\" type=\"checkbox\" name=\"checkboxAll\" onclick=\"checkAll(document.frm.p_id,this.checked);\">全选"
             ,"工作证号","姓名","联系电话","邮箱"
    ];
  <!--设置排序属性数组数据-->
  var sortParams = [

    ];
  <!--记录行数的变量-->
  <c:set var="rowNum" value="0"/>
  <!-- paged 变量指示分页显示还是不分页显示。grid.jsp里用到 -->
<%
if(request.getAttribute("data") instanceof java.util.List){
  request.setAttribute("paged",false);
}else{
  request.setAttribute("paged",true);
}
%>
  <c:if test="${paged}"><c:set var="pagedData" value="${data.list}" scope="request"/></c:if>
  <c:if test="${!paged}"><c:set var="pagedData" value="${data}"/></c:if>
  <!--定义数据行,第一列为选择框-->
  var gridData = [
      <c:forEach var="each" items="${zxslist}" varStatus="s">
        [
          "<input type='checkbox' name='p_id' value='${each.id}'>"
          ,"<c:out value='${fn:replace(each.id,"\\"","\'")}' />"
          ,"<c:out value='${fn:replace(each.xm,"\\"","\'")}' />"
          ,"<c:out value='${fn:replace(each.lxdh,"\\"","\'")}' />"
          ,"<c:out value='${fn:replace(each.email,"\\"","\'")}' />"

        ]<c:if test="${!s.last}">,</c:if>
        <c:set var="rowNum" value="${rowNum+1}"/>
      </c:forEach>
    ];
</script>
<style>
  .active-column-0{width:60px;text-align:center;}
  .active-column-1{width:90px;text-align:center;}
  .active-column-2{width:100px;text-align:center;}
  .active-column-3{width:100px;text-align:center;}
  .active-column-4{width:100px;text-align:center;}
</style>
<form name="frm" action="career.jy_zyzxyy_zxsb.do" target="_self" method="get">
    <input type="hidden" name="m" value="xsxxcx">
    <table border="0" cellpadding="0" cellspacing="0" class="infoTopSearch">
```

```html
<tr>
    <td>
        <table width="100%" border="0">
            <tr>
                <td>
                    <font face="宋体" size="2">工作证号</font>
                </td>
                <td>
                    <input name="p_gzzh" type="text" class="editMainText"
                        maxlength="12" value="${condition.gzzh}">
                </td>
                <td>
                    <font face="宋体" size="2">姓名</font>
                </td>
                <td>
                    <input type="text" name="p_xm" class="infoTopSelect" size="16"
                        value="${condition.xm}" />
                </td>
            </tr>
            <tr>
                <td colspan="4" align="left">
                </td>
                <td colspan="2" align="left">
                <input name="cx" type="button" class="infoTopButton" value="查 询"
                    onclick="doQuery();">
                    
                <input name="add" type="button" class="infoTopButton" value="增 加"
                    onclick="addNew() ;">
                    
                <input name="edit" type="button" class="infoTopButton" value="修 改"
                    onclick="doEdit() ;">
                </td>
            </tr>
        </table>
    </td>
</tr>
</table>
    <br>
<!-- 列表显示所需要的通用文件 -->
<%@ include file="../../../common/grid.jsp" %>
</form>
```

2. add.jsp 页面

add.jsp 页面如图 12-5 所示。代码如下:

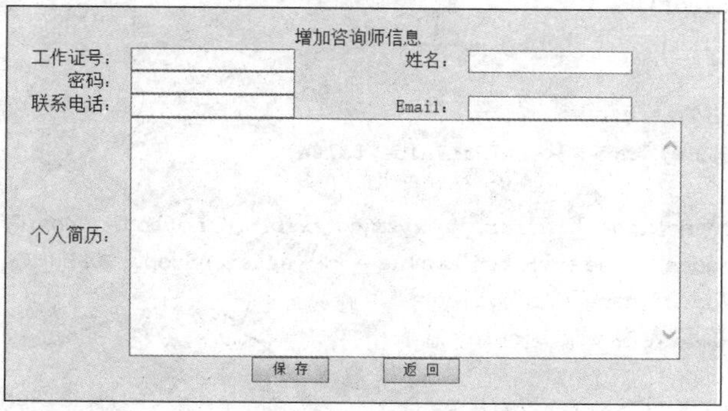

图 12-5 add.jsp 页面

```
<%@include file="../../../common/head.jsp"%>
<script type="text/javascript" src="scripts/jyxt/datepicker/WdatePicker.js"></script>
<script>
window.document.title = "咨询师信息维护";
function isEmp(v){
    return v.replace(/^\s*$/g,"") == "";
}
function doSave(){                                              //修改
var gzzh = document.frm.p_gzzh.value;
if(isEmp(gzzh)){
        alert("工作证号不能为空。");
        p_gzzh.focus();
        return ;
 }
var xm = document.frm.p_xm.value;
if(isEmp(xm)){
    alert("姓名不能为空。");
        p_xm.focus();
        return ;
 }
var email = document.frm.p_email.value;
  if(!isEmail(email)){
        alert("请输入合法的电子邮件!");
        document.frm.p_email.focus();
        return ;
   }
 var grjl = document.frm.p_grjl.value;
 if(grjl.length>1000){
  alert("个人简历字数超出范围!");
        document.frm.p_grjl.focus();
 return;
 }
  document.frm.m.value = "saveAdd";
  document.frm.submit();
}
//初始化下拉框的值
```

```jsp
function setInitValue(){
  with(document.frm){
  }
}
Event.observe(window, "load", setInitValue, false);
</script>
<form name="frm" action="career.jy_zyzxyy_zxsb.do" method="post">
<input type="hidden" name="token" value="${sessionScope.TOKEN_IN_SESSION}">
<input type="hidden" name="m" value="">
<!-- 信息编辑页面总表格 editDisplay 总表格样式 -->
    <tr>
      <td height="30"> </td>
    </tr>
    <tr>
      <td height="5"></td>
    </tr>
    <!-- 编辑部分表格 开始 -->
    <table border="0" align="center" cellpadding="0" cellspacing="0" class="editMainTable" style="width:600px;">
    <tr>
      <td width="100%">
        <table border="0" cellpadding="0" cellspacing="0" class="editMainTable" style="width:600px;">
          <tr>
            <td align="center" class="editMainBottomTD" colspan="4">
                <font class="editCaptionTitle">增加咨询师信息</font>
            </td>
          </tr>
          <tr>
            <td class="editMainLabelTD" align="right"> 工作证号: </td>
            <td class="editMainTD" align="left">
                <input type="text" name="p_gzzh" class="infoTopSelect" maxlength="10"
                         value="${data.id}" /> 
            </td>
            <td class="editMainLabelTD" align="right"> 姓名: </td>
            <td class="editMainTD" align="left">
                <input type="text" name="p_xm" class="infoTopSelect" maxlength="100"
                         value="${data.xm}" /> 
            </td>
          </tr>
          <tr>
            <td class="editMainLabelTD" align="right"> 密码: </td>
            <td colspan="3">
                <input type="text" name="p_mm" class="infoTopSelect" maxlength="20"
                         value="${data.mm}" />
            </td>
          </tr>
          <tr>
            <td class="editMainLabelTD" align="right"> 联系电话: </td>
            <td class="editMainTD" align="left">
                <input type="text" name="p_lxdh" class="infoTopSelect" maxlength="20"
```

```
                                                    value="${data.lxdh}"/>
                            </td>
                            <td class="editMainLabelTD" align="right"> Email: </td>
                            <td class="editMainTD" align="left">
                             <input name="p_email" id="p_email" type="text" class="editMainText"
                                    value="${data.email}" maxlength="50"/>
                            </td>
                         </tr>
                         <tr>
                            <td    class="editMainLabelTD" align="right">
                                个人简历: 
                            </td>
                            <td class="editMainTD" align="left" colspan="3">
                               <textarea name="p_grjl" id="p_grjl" cols="70" rows="14">${data.grjl}</textarea>
                            </td>
                       <tr>
                         <td colspan="4" align="center" class="editBottomTD">
                          <input name="wczx" type="button" class="editBottomButton" value="保 存"
                                    onclick="doSave();">
                              
                          <input type="button" class="editBottomButton" value="返 回" onClick="location=
'career.jy_zyzxyy_zxsb.do?m=adminwhzxs'">
                         </td>
                       </tr>
                     </table>
                 </td>
             </tr>
          </table>
                <!--编辑部分表格 结束-->
</form>
```

3. edit.jsp 页面

代码如下：

```
<%@include file="../../../common/head.jsp"%>
<script type="text/javascript" src="scripts/jyxt/datepicker/WdatePicker.js"></script>
<script>
window.document.title = "咨询师信息维护";
function isEmp(v){
    return v.replace(/^\s*$/g,"") == "";
}
function doSave(){                                              //修改
    var xm = document.frm.p_xm.value;
    if(isEmp(xm)){
        alert("姓名不能为空。");
        p_xm.focus();
        return;
```

```html
    }
    var email = document.frm.p_email.value;
    if(!isEmail(email)){
        alert("请输入合法的电子邮件!");
        document.frm.p_email.focus();
        return ;
    }
    var grjl = document.frm.p_grjl.value;
    if( grjl.length>1000){
    alert("个人简历字数超出范围!");
        document.frm.p_grjl.focus();
    return;
    }
    document.frm.m.value = "saveEdit";
    document.frm.submit();
}
//初始化下拉框的值
function setInitValue(){
    with(document.frm){
    }
}
Event.observe(window, "load", setInitValue,false);
</script>
<form name="frm" action="career.jy_zyzxyy_zxsb.do" method="post">
<input type="hidden" name="token" value="${sessionScope.TOKEN_IN_SESSION}">
<input type="hidden" name="m" value="">
<input type="hidden" name="p_id" value="${data.id}">
<!-- 信息编辑页面总表格 editDisplay总表格样式 -->
    <tr>
      <td height="30"> </td>
    </tr>
     <tr>
      <td height="5"></td>
    </tr>
    <!-- 编辑部分表格 开始 -->
    <table border="0" align="center" cellpadding="0" cellspacing="0" class="editMainTable" style="width:600px;">
    <tr>
      <td width="100%">
        <table border="0" cellpadding="0" cellspacing="0" class="editMainTable" style="width:600px;">
          <tr>
            <td align="center" class="editMainBottomTD" colspan="4">
                <font class="editCaptionTitle">维护咨询师信息</font>
            </td>
</tr>
          <tr>
            <td class="editMainLabelTD" align="right"> 工作证号: </td>
            <td class="editMainTD" align="left">
              ${data.id} 
            </td>
```

```
            <td class="editMainLabelTD" align="right"> 姓名： </td>
            <td class="editMainTD" align="left">
                <input type="text" name="p_xm" class="infoTopSelect" maxlength="100"
                       value="${data.xm}" /> 
            </td>
        </tr>
        <tr>
            <td class="editMainLabelTD" align="right"> 联系电话： </td>
            <td class="editMainTD" align="left">
                <input type="text" name="p_lxdh" class="infoTopSelect" maxlength="20"
                       value="${data.lxdh}" />
            </td>
            <td class="editMainLabelTD" align="right"> Email： </td>
            <td class="editMainTD" align="left">
                <input name="p_email" id="p_email" type="text" class="editMainText"
                    value="${data.email}" maxlength=50 />
            </td>
        </tr>
        <tr>
            <td   class="editMainLabelTD" align="right">
                 个人简历： 
            </td>
            <td class="editMainTD" align="left" colspan="3">
                <textarea name="p_grjl" id="p_grjl" cols="70" rows="14">${data.grjl}</textarea>
            </td>
        <tr>
            <td colspan="4" align="center" class="editBottomTD">
                <input name="wczx" type="button" class="editBottomButton" value="保 存"
                       onclick="doSave();">
                    
                <input type="button" class="editBottomButton" value="返 回" onClick="location='career.jy_zyzxyy_zxsb.do?m=adminwhzxs'">
            </td>
        </tr>
        </table>
    </td>
</tr>
</table>
    <!-- 编辑部分表格 结束 -->
</form>
```

12.4.4 资源配置

资源配置用于存储 Hibernate、Spring 等配置文件。

1. Hibernate 配置

Hibernate 是使用对象的方式访问数据库的一个第三方的类库，在使用过程中只要配置实体类和数据库中表的关系的 XML 文件就可以建立一种表和实体类联系。

创建 Hibernate 映射文件(Jy_zyzxyy_zxsb.hbm.xml)的表,代码如下:

```xml
<?xml version="1.0"?>
<!DOCTYPE hibernate-mapping PUBLIC
    "-//Hibernate/Hibernate Mapping DTD 3.0//EN"
    "http://hibernate.sourceforge.net/hibernate-mapping-3.0.dtd">
<hibernate-mapping>
    <class name="com.career.vo.Jy_zyzxyy_zxsb" table="JY_ZYZXYY_ZXSB">
        <id name="id" type="java.lang.String" column="GZZH">
            <generator class="assigned"/>
        </id>
        <property name="xm" type="java.lang.String" column="XM" length="100"/>
        <property name="lxdh" type="java.lang.String" column="LXDH" length="20"/>
        <property name="email" type="java.lang.String" column="EMAIL" length="50"/>
        <property name="grjl" type="java.lang.String" column="GRJL" length="1000"/>
    </class>
</hibernate-mapping>
```

2. Spring 配置

(1) 创建一个属性(jdbc.properties)文件数据库的详细信息,代码如下:

```
# jdbc properties
jdbc.driverClassName = oracle.jdbc.OracleDriver
jdbc.url = jdbc:oracle:thin:@166.111.*.*:1521:devdb
jdbc.username = user
jdbc.password = pass
jdbc.minPoolSize = 1
jdbc.acquireIncrement = 1
jdbc.maxPoolSize = 10
jdbc.jndiName = java\:comp/env/jdbc/OracleDB
```

(2) 创建一个属性(hibernate.properties)文件,代码如下:

```
hibernate.dialect = org.hibernate.dialect.Oracle9Dialect
hibernate.show_sql = false
hibernate.cache.use_query_cache = false
hibernate.cache.use_second_level_cache = false
```

(3) 创建一个 Bean 配置文件(global.xml),并从 jdbc.properties、hibernate.properties 导入属性,代码如下:

```xml
<?xml version="1.0" encoding="GBK"?>
<!DOCTYPE beans PUBLIC "-//SPRING//DTD BEAN//EN" "http://www.springframework.org/dtd/spring
```

```xml
- beans.dtd">
<beans>
    <!-- 加载全局配置文件 -->
    <bean class="org.springframework.beans.factory.config.PropertyPlaceholderConfigurer">
        <property name="locations">
            <list>
                <value>/WEB-INF/config/jdbc.properties</value>
                <value>/WEB-INF/config/hibernate.properties</value>
            </list>
        </property>
    </bean>
</beans>
```

(4) 创建一个会话工厂 Bean 配置文件(Common-end.xml),代码如下:

```xml
<?xml version="1.0" encoding="GBK"?>
<!DOCTYPE beans PUBLIC "-//SPRING//DTD BEAN//EN" "http://www.springframework.org/dtd/spring-beans.dtd">
<!-- 后台 Bean 关系类 -->
<beans>
    <bean id="dataSource" class="org.springframework.jndi.JndiObjectFactoryBean">
        <property name="jndiName" value="${jdbc.jndiName}" />
    </bean>
    <!-- Hibernate SessionFatory -->
    <bean id="sessionFactory" class="org.springframework.orm.hibernate3.LocalSessionFactoryBean">
        <property name="dataSource" ref="dataSource" />
        <property name="hibernateProperties">
            <props>
                <prop key="hibernate.dialect">${hibernate.dialect}</prop>
                <prop key="hibernate.show_sql">${hibernate.show_sql}</prop>
                <prop key="hibernate.cache.use_query_cache">${hibernate.cache.use_query_cache}</prop>
                <prop key="hibernate.cache.use_second_level_cache">${hibernate.cache.use_second_level_cache}</prop>
            </props>
        </property>
<!-- 打成 jar 包里的 vo 对应的 *.hbm.xml 需要单独列出来 -->
        <property name="mappingResources">
            <list>
                <value>com/career/vo/Jy_zyzxyy_zxsb.hbm.xml</value>
            </list>
        </property>
    </bean>

    <!-- Hibernate TransactionManager -->
    <bean id="transactionManager"
        class="org.springframework.orm.hibernate3.HibernateTransactionManager">
        <property name="sessionFactory" ref="sessionFactory" />
    </bean>
    <bean id="baseTxProxy"
        class="org.springframework.transaction.interceptor.TransactionProxyFactoryBean" abstract="true"
        lazy-init="true">
```

```xml
        <property name="transactionManager">
            <ref bean="transactionManager"/>
        </property>
        <property name="proxyTargetClass" value="true"/>
        <property name="transactionAttributes">
            <props>
                <prop key="query*">PROPAGATION_SUPPORTS,readOnly</prop>
                <prop key="*">PROPAGATION_REQUIRED</prop>
            </props>
        </property>
    </bean>
    <!-- dao类的基类。为简化配置 -->
    <bean id="baseDao" abstract="true">
        <property name="sessionFactory" ref="sessionFactory"/>
    </bean>
</beans>
```

(5) 创建一个 Bean 配置文件(zyzxyy_end.xml)的 BO 和 DAO 类,依赖的 DAO(jy_zyzxyy_zxsbDao)bean 注入到 bo(jy_zyzxyy_zxsbService)bean,代码如下:

```xml
<!-- 职业咨询预约_咨询师表管理 -->
<bean id="career.jy_zyzxyy_zxsbService" parent="baseTxProxy">
    <property name="target">
        <bean class="com.career.bo.Jy_zyzxyy_zxsbService">
            <property name="jy_zyzxyy_zxsbDao" ref="career.jy_zyzxyy_zxsbDao"/>
        </bean>
    </property>
</bean>
<bean id="career.jy_zyzxyy_zxsbDao" class="com.career.dao.Jy_zyzxyy_zxsbDao" parent="baseDao"/>
```

(6) 创建一个 Bean 配置文件(zyzxyy_front.xml),代码如下:

```xml
<!-- 处理职业咨询预约_咨询师表的增加、删除、修改、查询操作 -->
<bean name="/career.jy_zyzxyy_zxsb.do" class="com.career.web.Jy_zyzxyy_zxsbController">
    <property name="jy_zyzxyy_zxsbService" ref="career.jy_zyzxyy_zxsbService"/>
    <property name="adminwhzxsView" value="/WEB-INF/jsp/jyxt/zyzxyy/admin/zxswh/index"/>
    <property name="addView" value="/WEB-INF/jsp/jyxt/zyzxyy/admin/zxswh/add"/>
    <property name="editView" value="/WEB-INF/jsp/jyxt/zyzxyy/admin/zxswh/edit"/>
    <!-- 要求进行数据校验 -->
    <property name="validators" ref="validator.validator"/>
</bean>
```

(7) 在 web.xml 中导入所有的 Spring Bean 配置文件,代码如下:

```xml
<!-- Spring 配置文件 -->
<context-param>
    <param-name>contextConfigLocation</param-name>
    <param-value>
```

```xml
        /WEB-INF/config/global.xml,/WEB-INF/config/*-end.xml
      </param-value>
  </context-param>
  <!-- Spring请求入口 -->
  <servlet>
      <servlet-name>zyzxyy</servlet-name>
      <servlet-class>
          org.springframework.web.servlet.DispatcherServlet
      </servlet-class>
      <init-param>
          <param-name>contextConfigLocation</param-name>
          <param-value>/WEB-INF/config/*-front.xml</param-value>
      </init-param>
      <load-on-startup>1</load-on-startup>
  </servlet>
  <servlet-mapping>
      <servlet-name>zyzxyy</servlet-name>
      <url-pattern>*.do</url-pattern>
  </servlet-mapping>
```

12.5 小结

通过本章的学习，可以对 Hibernate+Spring 框架有更进一步的理解。

Hibernate 的功能就是将数据库的表格、视图等映射成为 Java 的类对象。这些类对象进行的操作，都通过 Hibernate 映射到对数据库的操作。Hibernate 就是数据库和 Java 逻辑功能的桥梁。Hibernate 封装了 Java 程序和数据库的连接关系，因此，一个简简单单的 save() 方法就能向数据库表中插入一个新的值，仅仅通过调用一个 get() 方法，就可以从数据库中加载出一个对象。同时，Hibernate 的封装还解决了 Java 程序和不同数据库连接时可能会出现的不同的 SQL 语句问题。如上述案例实现中的文件所示，要使用 Hibernate，需要数据库表、简单的 JavaBean 类、Hibernate 的配置文件，以及数据库表和 JavaBean 类的映射文件。

通过 Spring，各种不同特性的容器能够得到良好的融合。控制反转、依赖注入，可以理解为只要向 Spring 容器中注册一个对象，这个对象就能被其他已经在容器中存在的对象使用或者其自身通过 Spring 容器使用其他对象。掌握 Spring 的难点在于 Spring 的配置文件。Spring 的配置文件就是指定 Bean 之间的依赖和控制关系的。理解了框架的结构后，开发时只需要编写框架的核心配置文件，将声明对象都交给 Spring 框架来创建及初始化，例如 service 层的类、action 层的类、dao 层的类等，都可以交给 Spring 管理。这样不仅可以将我们从繁重的开发工作中解放出来，把关注点放在业务代码的编写上，而且框架的低耦合优势，将会给日后的修改和维护升级带来极大的方便。

参 考 文 献

[1] Brayn Basham,Kathy Sierra,Bert Bates. Head First Servlets and JSP[M]. 2nd ed. Cambridge:O'Reilly Media,2008.
[2] 贾铮,王韡,雷奇文. HTML+CSS 网页布局开发指南[M]. 北京:清华大学出版社,2008.
[3] 飞思科技产品研发中心. JSP 应用开发详解[M]. 3 版. 北京:电子工业出版社,2007.
[4] 林上杰,林康司. JSP 2.0 技术手册[M]. 北京:电子工业出版社,2004.
[5] 吴其庆. JSP 编程思想与实践[M]. 北京:冶金工业出版社,2003.
[6] 龙马工作室. JSP+Oracle 网站开发实例精讲[M]. 北京:人民邮电出版社,2007.
[7] 李刚. 轻量级 Java EE 企业应用实战——Struts2+Spring+Hibernate 整合开发[M]. 3 版. 北京:电子工业出版社,2011.
[8] 万峰科技. JSP 网站开发四"酷"全书[M]. 北京:电子工业出版社,2005.
[9] 鲁晓东,李育龙,杨健. JSP 软件工程案例精解[M]. 北京:电子工业出版社,2005.
[10] Bruce Eckel. Java 编程思想[M]. 4 版. 陈昊鹏,译. 北京:机械工业出版社,2007.
[11] 耿祥义,张跃平. Java 2 实用教程[M]. 3 版. 北京:机械工业出版社,2006.
[12] James Edwards,Cameron Adams. JavaScript 精粹[M]. 高铁军,译. 北京:人民邮电出版社,2007.
[13] Dave Crane,Eric Pascarello. Ajax in Action[M]. ajaxcn.org,译. 北京:人民邮电出版社,2006.
[14] 郑阿奇. JSP 实用教程[M]. 北京:电子工业出版社,2008.
[15] 郭珍,王国辉. JSP 程序设计教程[M]. 北京:人民邮电出版社,2008.